U0382143

实验、测量与科学

Experiment, Measure & Science

汪涛 著

人民东方出版传媒
東方出版社

图书在版编目（CIP）数据

实验、测量与科学 / 汪涛 著 . — 北京：
东方出版社，2017. 7
ISBN 978-7-5060-6937-3

Ⅰ.①实… Ⅱ.①汪… Ⅲ.①测量学—实验 Ⅳ.① P2-33

中国版本图书馆 CIP 数据核字（2017）第 082610 号

实验、测量与科学
（SHI YAN CE LIANG YU KE XUE）

作　　者： 汪　涛
责任编辑： 辛春来
出　　版： 东方出版社
发　　行： 人民东方出版传媒有限公司
地　　址： 北京市东城区朝阳门内大街 166 号
邮　　编： 100010
印　　刷： 鸿博昊天科技有限公司
版　　次： 2017 年 7 月第 1 版
印　　次： 2022 年 8 月第 2 次印刷
开　　本： 710 毫米 × 1000 毫米　1/16
印　　张： 36
字　　数： 500 千字
书　　号： ISBN 978-7-5060-6937-3
定　　价： 118.00 元
发行电话：（010）85924663　85924644　85924641

如有印装质量问题，请拨打电话：（010）85924602　85924603

CONTENTS 目录

不同学科领域专家序言

恽　良

教授／高级研究员，中船708研究所原副总工程师、哈尔滨工程大学兼职教授、英国皇家造船工程师协会上海分会副主席、上海国际高性能船舶会议组委会和学术委员会副主席、美国船舶和海洋工程杂志编辑、中国气垫船技术奠基人之一

汪涛先生将测量作为理解一切科学秘密的钥匙，既让人颇感意外，又在情理之中。在科学领域建立统一的测量学基础，也会为船舶领域的科学研究打开全新的视野，使得测量学研究成果可以更顺畅地应用于船舶领域。船舶领域中有很多试验设备，如水池试验、风洞试验、流动水槽试验、水筒试验等设备，都是基本的测量船舶技术参数的方法。但由于很多新的高性能船舶，如地效翼船、无人驾驶智能潜水器和水面舰船、节能（绿色）气泡船和仿生高速两栖飞轮艇等的出现，目前的理论流体力学已较难满足于设计实践，再加上海况的高度复杂性，无论有多么精确的理论计算支持，都需要在实际海况条件下进行大量的测量才能保证船舶的技术性能符合要求。因此“测量也是船舶科学最基本的认识方法”，从这个角度可以体现出本书具有重大的学术价值。

2017年3月9日于美国

罗　新

北京大学历史学系教授

在知识疯狂爆炸、最优秀的科学家都只是某一狭窄领域专家的时代，探寻贯穿一切学科的、广谱的科学规律，并用以判定某一专门学科的科学属性，以全科型知识系统重新规划和指导人类现有的科学发展，这不能不说是一个令人敬畏的、需要极大勇气和渊博学识的学术野心。如果新建立的全科型纯科学可以帮助我们破除各专门学科因各自传统而形成的语言壁垒，看到不同学科间的一致和相通，自由对话和互动，必定会在信息时代引发科学本身的爆炸性发展。历史学向来被认为在人文学科中最具有科学属性，是使用文学语言而不是数学语言的科学。按照汪涛本书的见解，历史学的科学属性取决于其逻辑性和测量数据的结合，这是非常有启发力的观察。把史料的搜集和处理，不仅仅是考古发掘的数据，而且包括文献性历史资料的基本工作，都看作符合测量学一般规则的一个过程，从而赋予史学研究以新的描述和判断，这看起来是非常有新意、有前景的。汪涛过去对人口和战争的研究已经令人耳目一新，相信这个更宏大的纯科学探索，更能引领时代新思维。

2017年3月13日于北京

梅杓春

南京邮电大学测量学教授、教育部仪器仪表学科教指委原委员、本书作者大学时电子测量课程老师

本书作者汪涛本科时就读于南京邮电大学测量技术与仪器专业，研究生期间学习了图像处理，工作涉及测量、通信、金融等领域。他在学生时代就有对测量学进行学术研究的理想，在IT行业不同领域的多年浸润，有三十多年对理想孜孜不倦的追求，终于在《实验、测量与科学》这一学术著作中把自己的研究成果呈现给大家。

科学始于测量，这早已是测量学界公认的论断。但是，如果真要把这个论断从整个科学的角度实现，却是一个相当困难的事情，因为这涉及要对所有学科从测量学角度进行统一的分析，它需要跨越所有自然科学与社会科学。因此，这个论断在过去准确地说应当被看作一个科学猜想。作者利用自己专业基础有效找到了证明这一猜想的逻辑路径。将人类本身的认识系统也看作一架特殊的测量仪器，这是一个将测量学与感觉生理学和心理学研究成果相结合的突破性尝试，反过来对测量学未来的发展也具有重大的价值。例如，对受控实验与测量之间的关系、测量学中相对较薄弱的系统误差分析和处理、相对误差与信息论的关系等都会带来全新的理解。

2017年3月24日于南京

胡瑞敏

武汉大学计算机学院院长、计算机科学博士生导师

本书作者汪涛是我的大学同学，而且还是我们引以为傲的同学。这一方面缘于当年他是我们这个年龄跨度颇大的班级中年龄最小的同学，另一方面当然是他的聪颖让我们印象深刻。时间过得很快，他再一次让我印象深刻的时间是2006年。那一年，他写出了《通播网宣言》，观点之新颖，眼界之开阔，问题之深刻，让我叹为观止。

我们都学的是测量技术与仪器专业，那时老实说我并不清楚测量有什么用。斗转星移，几十年的时间过去了，大数据、人工智能忽然一夜之间席卷全球。毕达哥拉斯说，数是万物的本原。科学知识从何而来？传统哲学认为要么来源于经验观察，要么来源于所谓正确的理论，大数据则通过数据挖掘“让数据发声”，提出了全新的“科学始于数据”这一知识生产新模式。数据则离不开科学地测量，而这正是我们学习生涯的起点。这时候，我才发现汪涛不仅在做着跨度极大的工作，而且是几十年不改初心的工作。

当前，我们国家已经走过了追赶、复制型的科学研究阶段。中国制造到中国创造不仅需要我们研究单一的技术，更需要我们站在科学整体的高度，思考科学、技术、数据、测量之间的本质联系，相信本书会给你新的启示。

2017年3月30日于武汉

郑 宏

国家杰出青年基金获得者、中国科学院武汉岩土力学研究所研究员、中国力学学会岩土力学专委会主任委员、北京工业大学教授

自从伽利略用斜面实验方法对落体的规律进行测量，并纠正了亚里士多德落体定律之后，实验方法就奠定了在近代科学中的基础性地位。学术界普遍认同一门学科是否有资格被称为科学，判定标准就在于该学科是否建立在实验方法基础之上，但这个标准事实上并没有被科学地系统研究过。

随着近代科学方法扩展的范围越来越广，实验方法也遇到越来越多的挑战。不仅是社会科学领域，而且很多自然科学领域也难以完全以实验方法作为科学理论与研究对象之间唯一的桥梁。即使是很多理论物理学问题，从其开始获得数据到理论验证都是基于测量方法，而不完全是通过实验。众所周知，弟谷的天文测量结果导致后来形成了开普勒三定律，而这也成为随后的牛顿力学最为重要的来源之一。广义相对论是利用日全食的天文测量获得验证，并不是通过实验方法。在地质科学及其相关领域，实验的科学地位甚至不如测量，对实际研究对象的测量数据的重要性也高于实验室的测量数据。

我甚至认为一门应用科学的测量水平决定了这门学科的整体发展水平。我们常说上天容易入地难，说的就是我们对地球内部的测量水平还远远未达到对大气、人造卫星和其他航天器的测量水平。倘若我们能够准确测量出地球内部的构造及其相关特性，大到地震，小到滑坡，就可以像天气预报那样比较准确地进行预测了。

然而，对实验、测量与科学如此重要和基本的关系，学术界并没有进行过系统的研究。本书作者利用自己测量学专业知识，再加上对其他相关领域的研究，找到了对这个问题进行系统研究的途径，这对认识和把握整个科学领域的发展规律是极具价值的。

2017 年 4 月 20 日

从通播网到纯科学

李进良

原信息产业部电子科学技术委员会委员、中国移动通信联合会常务理事、原电子工业部七所总工程师、《移动通信》杂志主编、中国移动通信尤其TD产业奠基人之一

古希腊的哲学主要研究宇宙的本源是什么，世界是由什么构成的等问题，后人称之为“自然哲学”。伟大的希腊哲学家苏格拉底开始研究人类本身，即研究人类的伦理问题，如什么是正义、非正义，什么是勇敢、怯懦，什么是诚实、虚伪，什么是智慧，知识是怎样得来的，等等，后人称之为“伦理哲学”。他使哲学“从天上回到了人间”，他认为对于自然真理的追求是无穷无尽的；感觉世界常变，因而得来的知识也是不确定的。他要追求一种不变的、确定的、永恒的真理，这就不能求诸自然外界，而要返求于己，研究自我。他的名言是“我知道我一无所知”，要认识你自己。从他开始，自我和自然明显地区别开来；人不再仅仅是自然的一部分，而是和自然不同的另一种独特的实体。他的思想在哲学史上具有伟大的意义。

世界是本原的自然存在，人类产生发展起来之后，通过人与世界的接触，靠自身眼、耳、鼻、舌、身五官获取世界的信息，从而对世界逐渐有些感性认识，人类逐步脱离了蒙昧的原始状态，日积月累，时间上通过传承，地域上借助传播，知识越积聚越丰富，经过比较、分析、实验、测量、整理、归纳、总结上升为理性认识，系统化后逐步形成科学，促使人类社会的文明日益进步。自科学革命以来，科学带给人类社会越来越广泛和深刻的影响。

大约 2600 年前，古希腊商人泰勒斯在埃及游学的时候利用太阳的影子结合相似三角形几何学原理测量了金字塔的高度。他通过继承古埃及的几何测量知识成为古希腊智者公认的科学创立者。1563 年 8 月，丹麦天文学家第谷 · 布拉赫观察到木星和土星相合的时间比当时的星历表预言早了一个月，由此写出了他的第一份天文观测资料，并意识到当时的星历表不够精确，因此开始研究并亲自实践更为精确的天文测量，发现了大量新的天文现象。开普勒就是以这些资料为基础总结出了著名的开普勒三定律。

信息技术为科学的发展提供了基础的工具，可以说古希腊科学就是羊皮纸和纸草承载的科学，而近代科学是中国造纸术和印刷术承载的科学。在当今全 IP、宽带数字移动通信网络技术的时代，应当会承载全新的科学发展。

2006 年，汪涛出版的第一本书《通播网宣言》是我写的序。此书主要探讨全 IP 及三网合一的网络体系及产业结构，对未来全球信息通信技术提出了众多具有独到见解和深度内涵的发展思路，为未来的通信、广播和计算机等诸多网络指明了发展方向。其对于学术问题能够以充足的测量数据为基础进行分析和研究，获得的结论建立在严格的逻辑和数学分析基础之上。他通过自己的调查研究和以纯粹的科学方法独立思考，对信息通信领域提出了一些与众不同的见解及富有前瞻性的思想。10 余年过去，书中很多极具独创性的思路在今天正逐步变为现实，如 SDN 等。

2015 年出版的《生态社会人口论》以考古学、地球科学、人口学、发展经济学等领域的大量实际测量数据为基础，采用公理化的方法建立了全新的人口生态学理论，以及人口经济学理论。此书还全面总结了 20 世纪科学界发展出的系统论、控制论、协同学、混沌学、超循环理论、耗散结构理论、突变论等新科学方法，通过在古典因果律中引入时延参数，建立了高度精简的“循环因果律”，从而真正解决了自古希腊苏格拉底“鸡和蛋谁先谁后”的延续千年的因果逻辑难题。这一工作使得所有上述现代科学方法与古典单向因果的科学方法获得了完美的统一。

2016年出版的《超越战争论》在大量战争历史数据的基础上，以循环因果律数学工具和公理化方法为基础，建立了全新的、数学化的战争理论。此书不仅证明了经验性的兰彻斯特定律，而且推导出了带恢复量的一般条件下的广义兰彻斯特定律，对古往今来更多以艺术化和定性方式体现的战争理论，如《孙子兵法》、毛泽东军事思想、克劳塞维茨《战争论》等给予了精确的，与测量数据可以建立起紧密科学联系的数学表述。

这次出版的《实验、测量与科学》一书延续了作者不唯上、不唯书、不人云亦云，同时又完全严格按科学方法研究问题的风格。其将纯科学总结为“3个专业1个理论”：数学、测量两大工具，信息技术，牛顿力学，它们是支撑一切科学的主干。对什么是科学的问题，书中以测量学为主线进行了系统的论述。作者首先用自己重新整理的科学历史研究方法来回顾科学自身的发展历史，对如何区分科学与非科学的问题作了系统和完备的讨论。书中主要的篇幅是论述作为一切科学基础的测量学。在总结各个学科领域测量知识的基础上，论述了测量与受控实验的关系，测量与计量，可测量的单因果化基础，测量误差，测量误差与信息论的关系，统计学相关性与测量误差的关系，等等。这些测量学的基本理论是适用于一切学科领域的，由此建立了所有领域学科建设的标准方法——共轭标准，就是一切科学的学科领域必须是理论与对应的测量基础成对同时建设，这是对一切科学发展都具有极强指导意义和实用价值的成果。量子力学发展中大量困惑的问题主要是属于测量学的问题，作者将量子力学的测不准原理与宏观条件下的误差理论完全统一，并对量子力学发展过程中的测量问题进行了详尽的讨论，给出了全新的理解。以上研究成果不仅适用于一切自然科学领域，而且适用于一切社会科学领域。作者系统研究了社会科学领域的特殊测量误差，如人类生理上的误差和心理上的情感误差，以及社会领域五大常见的主体误差。

通过纯科学的主干找到了理解一切科学的奥秘之后，在知识和信息压缩技术的基础上建立可以统摄和理解一切学科的“全科型”知识结构方法就顺理成章了，而做到这一点无疑是非常重大的突破，因为人们普遍认为在当今知识爆炸的时代，做到这一点几乎是不可能的。但作者不仅以信息压缩技术和大数据、云计算等信息技术等在理论上证明了这是可行的，并且指出做到这一点也是科学未来发展所必需的。

本书从测量学角度讨论了科学发展的问题。诺贝尔奖是对科学发展影响极为重大的活动，作者完全抛开普通人虚荣心的角度，从作为最伟大商人之一的诺贝尔、国家科技发展战略、汇聚效应等完全不同的角度，对此给出了全新的深刻理解。虽然整本书主要是从测量学角度讨论科学，但在最后一章作者还通过自身专业，展望了理想的第七代信息技术可能承载的科学发展空间，讨论了未来第三次科学革命的一些基本特点。

《实验、测量与科学》是第一次全方位地探索用科学方法认识科学自身的具有独创性的书籍，也是作者本人科学方法的集大成之作。既然是探索，就难免有瑕疵，需要后来者在此基础上去挖掘去发扬！本书值得每一个领域的学者作为发展各自学科的工具，并在此基础上进一步探索科学发展更宏伟的未来。

2017 年 4 月 10 日

自序

得科学者得天下

科学文明不断替代其他一切文明

在讨论人类社会和其文化、文明时，人们太多时候只是关注人文社会方面的东西：作为统治者的国王、皇帝、总统、将军，作为意识形态的政治、经济、法律制度，作为影响生活的宗教、艺术、哲学、思潮……但是，真正对社会产生最深远影响，并且可以决定一个社会长久发展的，只有科学。尤其在工业革命之后的历史时代，得科学者方能得天下。只有科学具有无穷的积累性和无止尽的纠错改进能力，一切真正科学的成就不会因科学家的离去而有减损和停止进步。只有科学可以提升一切文明的发展基础，并且从一切文明的发展中获取自身的发展动力。只有科学可以使人类对自然的认识越来越精确、完备，只有科学可以使人类获得越来越强的改造世界、最终改造自己的能力。因此，只有得科学者，才能无限提升自己的核心能力。

科学文明，是世界上唯一超脱于任何宗教、种族、国家和地域概念的文明。她的原始种子源于古埃及和古巴比伦，发芽于古希腊，流传保存于阿拉伯半岛，受惠于印度，在中国造纸术和印刷术等技术发明的支撑下在欧洲重获生机，与基督教结合在成为证明上帝工具的同时，流传和普及于所有基督教徒之中，在意大利文艺复兴中又开始与基督教分离，在英国与生产和市场结合爆发工业革命，在美国与金融和创投活动相结合孵化出高科技创新产业，让日本、韩国和东南亚国家产生经济奇迹，今日又让中国、印度等文明古国重现复兴的生机……她可以生产出战争武器杀人，产生化学污染的副产品破坏环境……也可以使人类需求获得空前满足，物资极大丰富。

过去几百年的工业革命进程已经充分地表明，科学发展的不同可以使人类社会之间形成多么巨大的差距。在生物界靠数以万年进化才能获得的竞争优势，通过科学在短短几年间就可以获得，而且科学技术进化的速度还越来越快。人类靠200多万年的时间从动物界超脱出来进化成为高度智慧的生物，形成了相对动物界绝对的优势。而通过工业革命之后短短上百年时间的进化，就可以使科学化的民族相对另一个未能科学化地区的落后人类文明差距，扩大到如同人类与动物之间的绝对差别。这样的事实或许难以让人接受，并且会为“人生而平等”的道义观念所拒绝。但是，残酷的历史事实却会充分地教训一切无视这一点的人们。当科学化武装起来的欧洲殖民者踏入美洲大陆后，巨大的武器代差形成的零伤亡作战模式，可以使几百名殖民者就拥有瞬间征服一个帝国的充分能力，这只有人和动物之间才会有这样巨大的差别。即使在今天，越是高喊“人权”的科技强国，越是拥有恣意践踏他国一切权利的权力。

未来，越是能够让科学渗透、武装和洗涤自己，就越是能够更充分地发挥科学的潜力。谁让自己社会生产和生活的所有方面全方位地科学化，建立纯科学的社会，谁就能够在未来的竞争中立于不败之地。一切不是全力去拥抱科学，将一切不是属于科学的东西全都扬弃的社会，最终都将被科学的超速发展所抛弃。

未来，在人类的认知领域，只有一种文化和文明可以生存下来，那就是科学文明和可以使科学更快发展的文明。一切文化传统，宗教和政治，世间习俗，凡是与科学相背离的，都将被科学取代。

什么是科学？

事实上，科学的这一崇高地位已经在几乎所有人类社会普遍认知，这个并不是问题。今天，“科学”一词已经深入人心，几乎成为真理的象征，一切认识世界的知识如果不被称为“科学”，就在相当大程度上等同于被否定。科学的地位是如此之高，因此几乎所有人都积极地把自己的知识直接打上科学的标签，这样一来反而使人们对科学本身的认识变得更困难了。

“要用科学的方法认识世界，要用科学的方法去解决问题。”

以上说法是我们经常都会听到的，但如果要问“到底什么是科学？”，不仅普通人难以回答上来，就是职业的顶尖科学家也没几个能准确和系统地回答上来。尽管今天的科学已经是如此地发达，但对“科学”本身的认识依然停留在相当含混不清的阶段上。

一方面，人们公认古希腊智者们创造的数学是一切科学的根基，公认伽利略因为引入实验方法而成为近代科学之父，整个科学界无论具体理论观点有何不同，其实潜意识中都公认有一套通行的、一切科学家都必须遵从的科学规则。但另一方面，很少人能真正说清楚这一套规则到底是什么，以及为什么科学家必须遵从它们。因此，当出现少数否认这样一套科学共同体规则的人时，其他人还真就很难说明白为什么这些人是错的。

研究科学的学科

科学本身是如此重要的研究对象，无疑应当有专门的学科来研究她。关于科学本身如何认识的问题，在过去散见于哲学、自然辩证法、科学史、科学哲学和科学学这几门学科中。哲学一直以不同的方式在讨论科学认识的基本问题，例如，马克思哲学所说的物质与意识关系问题。无论是古希腊哲学家泰勒斯对于世界本源的观念（他认为世界是由水组成的），还是毕达哥拉斯“万物皆数”的思想，尤其柏拉图的理念论，他们事实上都是要建立一个如何认识世界的架构。柏拉图的理念论在马克思哲学看来是“客观唯心主义”。其实问题并不在这里，柏拉图把理念看作比现实世界更高的存在，而这种“理念”其实就是数学和逻辑的对象，这极大助推了古希腊哲学家对数学和逻辑对象的研究不断深入。近代科学哲学家波普尔“三个世界”（世界1：现实的物质世界；世界2：精神世界；世界3：符号的世界）一定程度上延续了柏拉图的理念论。波普尔的“世界3”基本上就是柏拉图“理念”世界的翻版。哲学的世界观、认识论、方法论其实都是关于人类该如何认识世界的，如何认识社会的基本途径的，也就是研究科学本身的。近代科学引入实验，以及对实验、观察的结果进行归纳等方法时，哲学上就不断地讨论这里面的关系问题。从洛克的“白板论”，到莱布尼兹“有纹理的白板”，从贝克莱的“存在就是被感知”，到马赫“存在就是感觉要素的复合”，再到今天量子力学的测不准原理、玻尔互补原理与爱因斯坦对量子力学不完备的世纪之争，从哲学领域唯心、唯物的争论，到实验作用的“判决性实验”“休谟难题”“迪昂—奎因难题”、波普尔的证伪主义、拉卡托斯对实验证伪作用的质疑、经济学家弗里德曼在《实证经济学方法论》中对实验作用的否定性论述，进行这些研究本身大多数都是基于哲学的范畴、范式或方法，只能得到哲学的结果或结论，因此难以对科学本身得出清晰规范的科学认识。

科学哲学很难算得上是有一定规范和统一性的学科，因为不同科学哲学家理论和观点大相径庭，库恩的科学革命、波普尔的证伪主义、拉卡托斯的科学研究纲领方法论、费耶阿本德的认识论无政府主义……他们不仅观点不一，甚至以库恩的“范式”概念来说，这些理论相互之间就算不上属于一个统一的范式。如果以波普尔的证伪主义要求，这些科学哲学的理论很少有哪个是可证伪的，包括波普尔自己的证伪主义理论。如果以拉卡托斯的科学研究纲领方法论理论来看，这些科学哲学理论也搞不清有什么统一的研究纲领和硬核。

著名物理学家斯蒂芬·威廉·霍金（Stephen William Hawking）在其《大设计（*The Grand Design*）》第一页上宣称“哲学已死”，因为“哲学跟不上科学，特别是物理学现代发展的步伐”。世界本源是所有哲学流派的终极思考，而现在科学界已经给出了世界本源和宇宙发展的全部解释，所以，哲学的使命已经终结了。但是，仅仅这个原因还不足以完全宣布整个哲学的使命终结，因为如何认识世界的问题（**认识论**）也是哲学的另一个重要的思考。如果说物理学终结了哲学对于世界本源思考的使命，还需要通过用科学的方法研究认识论终结哲学最后的使命。当认识论从哲学中独立出来变成科学的时候，认识领域就完全变成纯粹的科学了，因此，我们将迎来纯科学的时代。此后，哲学这门学科将只具有历史研究的价值。

用科学的方法研究科学

在物理学从哲学中独立出来之后，一个又一个学科从哲学中独立出来。因此，在科学发展史上，所有科学化的过程就是将所研究的对象从哲学中独立出来，采用纯科学方法进行发展的过程。既然科学方法可以最有效地认识世界，完全用它来认识科学自身也就是一个顺理成章的事情。有些人怀疑如果用科学的方法来研究科学，逻辑上是否可能，是否会有循环论证的嫌疑。但一些学者的确认真地这样做了。

“科学学”就是用科学的方法来研究科学。在2009年《学科分类与代码》里，它是被放在“管理学”下面的二级学科，名称为“科学学与科技管理”。这门学科始自于英国科学家贝尔纳的著作《科学的社会功能》。尽管科学学号称“科学的科学”，但它的研究范围并未包含科学主干的全部，更重要的是它并未包含科学最核心的功能和工具。正如《科学的社会功能》的书名所指，它主要是从科学与人（科学家、普通人、科学研究机构、政府……）的社会关系角度来研究科学的，因此，它并不是完全的“科学的科学”，而只是“与人相关部分科学问题的科学”。

纯科学发展的巨大困难和解决方法

一般的学科在科学化的过程中，越来越专注于特定的、非常有限的研究对象，或特定的研究角度。因此，其所需要学习和收集的知识信息集中于特定的有限范围。

但用科学方法认识科学本身，会遇到一个巨大的难题：研究对象必然涉及整个科学的所有专业学科，甚至其未来的发展。这会是一个对人类知识能力的巨大挑战。这也是该问题一直难以科学化的重要原因之一。

当今的科学之树已经发展得如此枝繁叶茂，以至于人们普遍认为，人的精力总是有限的，任何一个人只能寻找一个枝节的分支学科领域深入下去才能有所成就。越是往主干上走，所涉及和跨越的细节专业领域就越多，文艺复兴时代可以通晓当代所有人类科学知识的大师和巨匠已经不可能出现了。这种观点客观说接近 100% 是正确的，之所以这样讲，就是说几乎 100% 的专家都应当如此工作。但前面加上一个“接近”也就表明并非“绝对 100%”，这是因为科学的树干，尤其主干上并非就没有任何事情要做。如果在主干上存在问题的话，它影响的不只是某个分支的细节，而可能会是整棵科学的大树，或树上一大片枝叶。发展到今天的科学尽管已经越来越完善，但在其主干上存在的问题对科学进一步发展的影响和制约也越来越大。

因此，今天科学迫切需要从某些关键性的枝节反过来向树干方向走，最终走到支撑所有科学的主干上。在这个过程中，会涉及越来越多的分支领域，最终甚至涉及整个科学所有知识领域，的确有巨大挑战。但在信息处理技术以摩尔定律爆炸性增长的今天，做到这一点却并非没有可能，只是方法问题。这个方法涉及两点：

一是纯科学绝非要去替代各个具体学科，变成另一个“大哲学”，而是要研究一切科学共性的认识方法。尽管科学枝繁叶茂，但可以影响一切科学的主干却相当有限。将这些主干抽象出来，就找到了特定的研究对象。它们其实只有 4 个内容：测量、数学、信息技术、牛顿力学。

二是知识信息压缩方法。虽然主干相当有限，但要想有效验证纯科学的研究结果，毕竟还是得以整个科学的所有学科为对象去进行。因此，具备通晓一切科学学科的能力还是一个必需的功夫。要想直接去学习现代科学的一切知识的确是不可能的，但通过知识信息压缩技术，将科学知识信息极大比例地压缩却具有技术可行性。并且，采用现代信息技术放大人的学习和知识信息处理能力也具有现实可行性。

特殊的研究条件

谈到这里，我就有必要来介绍一下我写作本书的动机。自从我 1984 年左右在大学期间开始对本课题产生兴趣至今，本研究已持续三十多年时间。之所以这一课题如此吸引我，原因是多方面的：

本书最重要的突破，是改变了认为实验是近代科学基础的看法，确立了测量是现代科学基础的论点，并且将实验看作测量的子集，以此有效地解决了大量难以采用实验方法的领域如何能够科学化的难题。因此，从认识到本课题开始，我便意识到这是意义非常重大的工作。它不仅会为经济学、军事理论等过去属于社会科学领域的学科发展带来革命性的突破，而且在进行这个工作的同时，也会为纯科学本身的研究打开全新的思路和空间，并且为测量学的系统误差处理提供更为完备的方法。这些问题是有高度相关性的，以往之所以难以获得有效解决，正是因为它们具有高度跨学科的特点，只有同步突破，才有可能使问题得到有效解决。

一旦明确了相应的研究方法和目标，我知道我的确非常幸运地具备了研究清楚这一课题所必需的一切便利条件，而这些便利条件是一般的科学哲学家、科学史学家、自然辩证法学者、科学学家或其他社会科学领域的学者，甚至一般自然科学领域的学者难以具备的。1980—1984年，我在南京邮电学院（现南京邮电大学）上大学期间的专业就是电子测量。我毕业后从事了6年的电信测量和计量相关工作。任何精密的测量仪器如果坏了我知道如何把它们修好；如果它们不准了，我知道如何把它们校准。在我之前的科学哲学家能够系统具备这种专业知识尤其测量技能的人几乎没有，这就是我的自信心所在。从学习测量专业知识的一开始，我就强烈意识到它绝不是一门普通的学科，而是如同数学一样对整个科学来说最核心的基础学科。如今不仅每一门科学的学科都必须具备自己的测量基础，而且测量专业知识已经扩散到如企业管理等非常广泛的领域之中。如现在流行的六西格玛管理，其实就是质量管理科学的测量基础。

我在大学毕业之后所从事的专业大背景领域是通信，并且在业内知名的邮电部设计院（现联通“中讯邮电咨询设计院有限公司”）、中兴通讯、数码视讯等公司从事了30多年的通信专业工作，中间有6年多在王码电脑等几个计算机行业公司工作。

在北京邮电大学研究生期间学习图像与视频处理专业，我系统地具备了知识信息压缩的专业知识。只要将这些信息压缩技术稍加改进，就可以快速地将当今庞大的科学之树压缩出真正有效的极少量知识信息进行吸收。全球的电信和广电运营商、学院里IT技术相关专家、相关厂商不是我的师弟师妹，就曾是我的同事；不是我的客户，就是我的友商。可以说，我的学习和工作经历使我幸运地具备了解决科学主干问题的所有系统专业知识和技能。其中有些是我有意识地去学习获得（例如人和动物的眼、耳等感觉系统和神经器官的生理学和解剖学知识），而绝大部分真是命运的安排。

例如，我中学时本来最喜爱数学，在初中一年级时就已经自学完了当时属于大学的高等数学等课程，当时的人生理想是成为一个像当年的偶像陈景润那样的数学家。但进大学后学习的却是通信电子测量专业，这是我中学时教我数学的盛玉华和朱其明老师推荐的，主要原因只是这个专业毕业后分配的工作地基本上都在大城市。但是，尽管我在南邮时曾是电子测量课程的课代表，并以100分的满分成绩完成这个课程，几乎直到大学毕业，我自己都不清楚这个专业将来的工作是干什么的。当今世界上能够如此幸运地完备获得这些知识储备的人，我相信即使存在，也屈指可数。

科学哲学家和科学学家们之所以不能有效地解决他们所遇到的问题，关键原因就在于他们根本就不清楚解决自己学科核心问题所需要的完备专业知识和技能是什么。大谈实验、观察的哲学家比比皆是，其中有几个真正深入和系统学习了“实验”和“观察”的专业知识？又有几个亲自动手做过实验呢？除马赫等极少物理学家外，非常罕见，这就是问题所在。在这种情况下怎么可能把相应专业想研究的问题搞清楚呢？

事实上，在近代科学开始兴起的时代，西方科学和学术界并非完全认定实验就是科学的基础，他们也把“观察”和“归纳”方法作为培根所说的“新工具”的内容。但是，关于这个问题的研究一直充满矛盾。一方面，从伽利略和牛顿对受控实验与数学两者之间联系的建立，到穆勒发现因果关系经典的归纳方法——“穆勒五法”之后，整个科学界基本上无人否定实验、观察是近代科学的基础。但另一方面，哲学家们对实验作用的研究得出的却始终是负面的结论。如，休谟难题、波普尔的证伪主义到拉卡托斯对判决性实验的否定、迪昂—奎因难题、实证经济学方法中弗里德曼对实验作用的否定……实验、观察和归纳似乎既得不出任何可靠的因果结论，也判定不了任何错误。沿着这个路线的研究一直到今天，几乎都还是以纯思辨或接近思辨的方式进行，这种研究是不可能得出科学的结论的。

“观察”这个概念很容易与人的感官相联系。我们知道，古希腊哲学家普遍对人的感官持怀疑和极力贬低的态度，对“观察”这个新工具的思辨研究丝毫没有减轻这种怀疑，本书第二章对此会做更详细的讨论。更让人沮丧的是，随着感觉生理学科学研究的进展，不断发现人的感觉器官存在大量有缺陷的地方，如视错觉、耳鸣、盲点、色盲等，更使人们对沿着“观察”这条路线的研究信心不足。而实验（严格的名称是“受控实验”）给人们的印象是采用测量仪器，且环境条件与测量对象全面可控地进行，因此可有效回避古希腊哲学家对人的感官的怀疑。牛顿假设在受控实验条件下测量误差可以无限地缩小，因此可忽略不计，这样与古希腊的完美数学对象之间的冲突就被减少到最低。

在电子测量技术和信息技术发展起来之前，各个学科领域的测量手段和方法差异巨大，详尽统一的测量学研究也难以进行。到了20世纪，随着电子测量和信息理论技术的成熟，已经发展出了极为完善的测量理论和知识，如果不是哲学家们早把这事儿给忘光了，就是电子测量专业领域太狭窄，哲学家们根本就照顾不到这个地方来，这才使作者有机会把对这个领域的研究结论呈现给世人。

从测量学本身来说，也存在一定的缺限，使得其难以应用于像经济学这样的社会科学领域。缺少对系统误差处理的完善研究，使得很多学科的系统误差，尤其是社会影响的系统误差得不到有效解决。

本书理论的自我验证

作者本人较早就完成了本书所建立的理论，但却在如何发表它们的问题上犯难。因为如今关注这个问题的人已经如此之少，如果我就这样直接把它们阐述出来，可能人们根本就不知道我在说什么，以及为什么要谈这些问题。更重要的是，这一理论的学科跨度如此之广，甚至已经不知道该选择什么样的专业出口来发表它们。另外，如果我建立的方法真的是有效的，为什么不索性自己去采用这些方法解决一些实际的科学问题呢？

这种想法道理上很容易理解，可真要去做的话，挑战将是极其巨大的。这意味着我要去选择几个并非我本行的专业领域，要做出使这此领域专家信服的，并且可能是整个领域科学化建设的成就。但既然我已经掌握他人不具备的优越科学方法，做到这一点就是应该的。我首先在2006年出版《通播网宣言》，就是要在我自己本行专业里先做一些工作，否则他人会认为你自己本专业领域都没做什么事情，凭什么跑到别人的专业领域呢。2015年6月出版的《生态社会人口论》，在人类进化、人口极限、人口经济学、人类文明进化史等领域进行了尝试。2016年3月出版的《纯电动拯救世界》（纯电子书）在新能源和纯电动车的较窄专业技术领域进行了研究总结。2016年7月出版的《超越战争论——战争与和平的数学原理》是较为系统的一次突破，战争在过去不仅属于社会科学领域，科学方法的应用也相对较为欠缺。这本书有效地总结了以往军事理论和战争史中的经验，用三大数学模型概括一切战争的规律，使军事理论达到像牛顿力学一样简单优美和科学化的程度。以上研究的关键之处并不仅仅是采用数学化的方法，更重要的是首先系统地建立相应学科的测量基础。

很多读者对我以上跨越如此之大的不同领域做出成就感到很惊奇，甚至感到很茫然。因为“只有在狭窄的某个专业领域深入下去才能有所成就”的观念是如此根深蒂固，并且过去不难见到一些跨学科研究失败的例子，甚至大多数这样做了的人会被人以“民科”“不专业”等概念来看待，因此，人们对这类工作持保守的态度是可以理解的。好在我所做的工作正不断得到越来越多人，尤其是专业人士的理解和支持。

本书的出版将非常有助于从根本上解决人们在专业性上接受的难题。

因为测量、信息技术都是我本人几十年长期从事的专业，现在因投资业务的关系，我一直对IT技术全球范围的最新进展保持着密切的跟踪。人们可以批评我的某个观点不够恰当，但有能力在这些领域批评我不专业的人就很难找到了。

人口、粮食、军事理论、进化、历史等的确不是我本人的专业，但如果理解了我的纯科学方法，对于我前面在《生态社会人口论》和《超越战争论》中所做的工作，在其专业性和科学性上就会更容易获得理解。不仅如此，在理解了纯科学的所有方法体系，尤其本书中将系统介绍的全科型知识结构方法体系之后，对于“一个人可以迅速地深入整个科学大树的任何一个细分学科领域中去”，以及“一个人可以在当今知识爆炸条件下通晓整个人类科学文明成就”的技术可行性，就不会再有任何惊奇之处了。在首先成功地应用纯科学方法有效解决了以上人口、战争等领域的大量问题之后，反过来我也更有基础和条件将纯科学的理论和方法系统地在本书中介绍给读者。

为了有效解决相应的问题，本书集结了几乎所有学科的测量基础知识，它们包括电子测量、计算机、通信、信息论、物理学的大量经典实验案例和方法（包括量子力学实验）、化学分析、仪器分析以及天文学、生物学、感觉生理学、心理学、医学、地质、地理、气象、海洋、能源、交通、历史学、社会学甚至新闻学等各个学科领域的测量基础知识。本书在研究过程中直接深入分析过的测量基础覆盖了2009年版的《中华人民共和国学科分类与代码国家标准》（GB/T 13745—2009）中总计3120个一、二、三级学科中的绝大部分。

过去，测量基础知识分散于各个不同学科之中，造成了非常大的知识冗余。更重要的是因为没有统一的测量学指导，大量学科的测量基础也是非常不完善，甚至是存在严重偏差的。通过统一测量基础的建立，就可对很多学科中的问题进行一些修正，包括计算机科学、量子力学、考古学、生物计量学、化学计量学、计量经济学等领域。最重要的是，本书建立了这样的“共轭标准”要求：任何科学的学科，必须理论和测量学成对设立，否则就不是完善的科学。另外，提出了人类情感误差和社会领域的五大系统误差及其解决方法，从而使社会学等领域的研究获得真正科学的基础。尤其是人类情感误差的研究，甚至相当于在进化论的基础上建立了全新的、以 7 大心理系统为基础的科学心理学体系架构（参见本书第十五章“科学心理学”，第十六章“情感误差”）。

商业与科学

很多人对作者多年市场人员和商人的身份，与学术研究之间如何能够统一起来感到很诧异。2007 年我向北京交通大学张宏科教授请教 IP 协议问题时，他也极为惊讶地对我说：从来没见过一个市场总经理会对 IP 协议的学术问题追究到这么深的程度。本书希望改变读者的类似疑惑或相应的观念。全球学术界公认今天人类的科学起始于古希腊，而古希腊智者们公认古希腊科学起始于泰勒斯。千万不要忘了，泰勒斯本人的职业身份是商人——科学最开始就是由商人创造的。

我在中学阶段也认为科学的学术研究与商业之间是不可能有任何关系的。但第一次对我这个观念产生强烈震撼的是在上大学期间学习快速傅立叶变换（FFT）。这个方法是 1965 年由数学家 J.W. 库利和 T.W. 图基提出的，而最初他们建立这个方法是在一个公司老板的要求下做的工作，他们在做完以后也不明白搞这个东西能有什么意义和价值。FFT 后来成为信号处理领域应用极为广泛和基础的数学工具。这使我第一次强烈意识到“老板”“商人”这些概念与科学的学术研究之间还有可能建立这么深刻的关系。

很多外行的人都会知道爱因斯坦、玻尔、居里夫人等对相对论、量子力学以及近代物理和化学所做的伟大贡献，而很少人注意到现代物理学在 20 世纪初所取得的波澜壮阔的伟大成就都与“索尔维会议”有着紧密的联系，索尔维就是赞助这个会议的商人。诺贝尔奖对科学的影响力之大更无须赘言，人们不要仅仅关注到诺贝尔是一位大发明家，他能对科学起到如此重大的影响更在于他作为伟大商人的身份。

英国科学革命伴随了工业革命，而后者并不仅仅是产业本身的革命，更重要的在于科学与产业之间形成了紧密的系统循环。以美国硅谷为代表的现代高科技文明，更是金融创投、创新等商业与科学之间高度系统化的紧密结合才能形成的。

科学并不能满足于转化为生产力，而必须在一开始就是生产力有机体的一部分。科学必须商业化才能有未来，而商业也只有科学化才有资格成为现代和未来经济的主体。

纯科学研究的价值和意义

这一工作对科学本身是价值巨大的，在科学的这个级别、层次或领域做出重大改进的机会并不是年年都有。在整个科学的发展史上，也就是第一次科学革命时期亚里士多德写下的《工具论》、欧几里德的《几何原理》，第二次科学革命时期伽利略将实验方法引入科学、培根发表《新工具》和牛顿力学《自然哲学的数学原理》等很少几次机会。本书可谓“第三代工具论”，它也将使以往大量哲学问题得到真正的解决。例如，哲学的基本问题并不在于回答“物质决定意识”，而是要搞清楚物质是“如何”决定意识的，而这个决定的过程主要就是通过测量。关于这一点，以往的哲学家可能想都没想到，更别提如何去解决。

不仅如此，它对于今天的中国有极为现实的意义。根据我在《生态社会人口论》中所提出的工业文明和科学文明的波浪模型，今天中国的崛起是发生在科学文明波浪进程大背景下的历史事件。与中国“复兴”这一理想目标可做参照的是欧洲的文艺复兴，更确切说是意大利的文艺复兴。“复兴”一词直观意义上说有“使以往的某个文明重新获得生机”

的含义。那么文艺复兴的对象究竟是哪个文明呢？是复兴意大利自身历史上古罗马帝国的荣耀吗？不是，她是复兴古希腊的科学文明。

中国的复兴，并不单单是从其自身角度看问题，去复兴古代中国的琴棋书画、诗词歌赋、儒道经典（尽管做这些工作也是有益的事情）……更重要的是在科学文明波浪进程的大背景下，抓住第三次科学革命的机遇，用纯科学的方法使科学文明飞升到全新的高峰。只有将中国自身的命运融入到科学文明波浪进程的大背景中去，才能获得最大的成功。

因此，纯科学就是决定中国复兴方向的指南，是建立习近平主席所说的“理论自信”的真正基础。她在使中国为全人类做出更大贡献的同时，也会为自身带来无尽的原创性科学成就、经济的更大规模增长、软实力的空前强盛……

通过科技创新来获得进一步发展的动力已经成为中国全社会的共识，但问题是，如何去判断什么样的创新是有效的呢？不要说一般的学术或政府机构，《自然》（*Nature*）和《科学》（*Science*）都是国际最顶级的学术刊物，但是，史蒂芬 · 赫尔（Stefan W. Hell）博士 1999 年曾将他的 STED 研究成果分别投给了《自然》杂志和《科学》杂志最后都被退稿，而这个却是 2014 年获得诺贝尔物理学奖的研究成就。这个案例丝毫不影响《自然》和《科学》是创新判断能力和学术权威性最高的学术杂志，因为在过去科学本身就没有对科学创新如何进行系统的判断有成熟的研究。一个创新的成就要被接受是一个很艰难的过程，要识别一个创新的价值更是困难。现在的科学学和科技管理学科研究过于粗糙了，无法深入科技发展内部，这使政府制定的科技发展政策和相应投入的有效性、成功率等大打折扣。如果我们通过纯科学研究系统和深入地理解了科技创新的内在规律，就可以像大批量生产汽车一样，去大批量地产出科技创新，甚至大批量地产出诺贝尔奖级别的科学成就。

作为个人现在所从事的投资专业，每天面对大量不同领域全新的创新思路，客观上需要一种能够在极短时间内快速深入理解的方法。投资者需要在几分钟内对一个商业计划做出是否值得继续跟踪的判断，半小时内通过与创始人的沟通交流确定是否值得深入研究，三天到一周内决定是否要立项，三个月内做出是否要投资的决策。要在这么短的时间内深入了解一个全新的项目，以及与其相关的市场、竞争对手产品技术，如果没有特殊的跨学科研究方法是很困难的。因此，纯科学的研究可以说是为创新投资的产品、技术、市场研究建立了一个通用的基础方法体系。

本书不仅适合对科学本身有兴趣的读者，一切学科内从事其测量基础的专业人员，哲学、科学哲学、科学学的专业人员，制定和执行科技政策的政府人员，投资界尤其创新投资界人员等阅读，而且对任何想要深入地理解自己所在学科的测量基础，以及过去难以科学化的学科专业（尤其社会科学领域），希望找到自己专业科学化有效路径的学者，本书都是必读的经典之作。本书不仅可以为每一个希望了解“什么是科学，自己所在领域如何实现科学化？”的学者提供有效的启示和帮助，而且会为他们提供直接可操作的工具和科学研究的方法。

本书历经漫长的思考和写作过程，感谢我的太太陈雯20年来在这个艰难的研究过程中给予我的持续支持。没有她的爱和精神鼓励，以及对大量手写零乱资料录入电脑的整理，我很难完成这个艰难的工作。

感谢东方出版社辛春来对本书，以及对作为本书前奏的《生态社会人口论》《超越战争论》等研究成果出版所给予的全力支持。

第一章
科学与纯科学

第一节　科学与学科

现在对科学的理解途径有多个不同的方面：

英文的科学“Science”一词最初来自拉丁文“Scientia”，意思是“知识”“学问”。因此，对科学的最直接的理解就是把它看作关于世界的认识和知识。不过，认识世界的知识和学问是很多的，并非所有的都可以称为科学，甚至并非只要有道理的学问都可以称为科学，否则就没有必要区分“科学”与“非科学”了。因此，区分科学知识的关键是它与别的学问和知识的差异在哪里。

第二种理解途径是科学知识的特定构成形态，把“科学”看作“分科而学”。《现代汉语词典》（第7版）将科学解释为“反映自然、社会、思维等的客观规律的分科的知识体系”。分科就是通过细化分类（如数学、物理、化学、经济学、生物学等）研究，形成逐渐完整的知识体系。有人认为这就是科学的基本特征，但事实上这并不准确，因为将知识分科以便于管理几乎是所有知识的共性。哲学、艺术，甚至宗教知识也都会采用分科的方法，能说它们仅仅因为分科了就是科学吗？

第三种理解途径是获得知识的科学方法。演绎、归纳、实验、观察、测量、分析、综合、公理化、数学化等都是经常被讨论的科学方法。科学的分科一定意义上也算是一种科学的方法。

以上只是一些最粗浅的看法。不同学科的知识在整个科学中的地位是不一样的。有些知识对整个科学所有分支都会产生决定性的影响，有些则是非常细分的、影响面很窄的学科知识。例如，数学就是一门特殊的知识，它本身是一门科学，同时也是整个科学的基础，影响面达到整个科学大树的所有枝叶。物理学在整个科学中的地位也是相当重要和基本的，一切自然的学科都可看作物理学的分支学科。力学、热学、电学、光学更是物理学的直接分支学科。而各个分支学科中还可以更加细分出研究范围更狭窄的学科。如电学里有强电和弱电之分，强电形成了电力学科，弱电形成了电子电路学科。电子电路又可分成为模拟电路和数字电路，强电又可分为电源与电网……因此，科学的整个形态是从最基础的主干不断细分出越来越多的分支，我们可以用树形结构来想象整个科学的形态架构。

这种想象的树状模型有助于我们在总体上形象地理解科学，但这也不是绝对的，因为交叉学科的大量出现，新的学科并不是简单的树形分支，而可能是不同学科相结合出的新学科。只是因为这种网状结构理解起来比较复杂，因此即使是交叉学科，在学科分类上也往往把它按树状划归到某一个更高级别的学科或学科群中去。

在 2009 年版的《中华人民共和国学科分类与代码国家标准》(GB/T 13745—2009)里，将“学科”(Discipline)定义为“相对独立的知识体系”，同时还定义了“学科群”(Discipline group):“具有某一共同属性的一组学科。每个学科群包含了若干个分支学科。”该标准规定了学科的分类标准及分配的代码，学科和学科群“依据学科的研究对象，学科的本质属性或特征，学科的研究方法，学科的派生来源，学科研究的目的与目标等五方面进行划分”。该标准中 5.2 条是这样规定的:“本标准仅将学科分类定义到一、二、三级，共设 62 个一级学科或学科群、676 个二级学科或学科群、2382 个三级学科。一级学科之上可归属到科技统计使用的门类，门类不在标准中出现。门类排列顺序是：A. 自然科学，代码为 110~190；B. 农业科学，代码为 210~240；C. 医药科学，代码为 310~360；D. 工程与技术科学，代码为 410~630；E. 人文与社会科学，代码为 710~910。”

需要注意的是，以上学科严格说并非都是属于科学的学科，它们是关于所有知识学问的分类。例如，代码为 760 的一级学科“艺术学”包含了 12 个二级学科和 35 三级学科，这里面可能也有少量学科可以看作科学，或者很多学科都会大量应用科学的知识，但绝大部分学科本质上公认不会是科学，如“戏曲表演”等。740“语言学”下面的 83 分支学科也不能算科学，750“文学”下面的 54 分支学科就更不能算是科学了。这也表明了前面我们所说的，分科方法充其量是判断科学的必要条件，但并不是充分条件。认为只要分科就是科学的看法显然是不对的。

根据中国《普通高等学校本科专业目录（2012 年）》，所有的大学专业共分为哲学、经济学、法学、教育学、文学、历史学、理学、工学、农学、医学、管理学、艺术学 12 个学科门类。新目录分为基本专业（352 种）和特设专业（154 种），并确定了 62 种专业为国家控制布点专业。需要注意的是这个专业目录也不完全对应科学的学科，上面提到的哲学、文学、艺术学等就不是科学的专业门类。但上述学科门类中绝大部分具有科学的性质。

以上学科专业也不断在发生变化。例如，以上 2009 年版的学科分类标准相比 1992 年版的标准 GB/T 13745—1992 就有如下变化：

——增设了“信息与系统科学相关工程与技术”等 3 个一级学科群，调整二级学科“心理学”为一级学科；

——增设了“医学史”“重症医学”“光学工程”“兵器科学与技术”等 39 个二级学科，调整“天文地球动力学”等 13 个三级学科为二级学科，变更了“生物工程”“仪器仪表技术”等 10 个二级学科的类别归属；

——增设了“基因组学”“月球科学”“术语学”等 337 个三级学科，

调整“传染病学”等4个二级学科为三级学科，变更了“密码学”等65个三级学科的类别归属；

——取消了“理论统计学”等4个二级学科及“普通心理学”等25个三级学科；

——调整变更各级学科名称67项，如“货币银行学”更名为“金融学”等。

这种学科归属和名称的变化表明了，划分学科的目的，主要是为科学研究和大学里教学的方便，并不具有绝对的意义。学科之间的区别主要有三个方面：

1. 研究的对象或研究的领域不同。

2. 理论体系，即学科里的概念、原理、命题、规律等所构成的严密的逻辑化的知识系统不同。

3. 方法论，即学科知识的生产方式不同。

一个网上广泛流传的统计数据是：到20世纪80年代，从全球范围来看，在中观层次上已发展出约5500门学科，其中非交叉学科为2969门，交叉学科总量达2581门，已经占到全部学科总数的46.58%，最细分的总学科数为11808种。

第二节　专注单一学科与跨学科

一、跨学科需求

学科分类在带给人类学习科学知识、科学研究、知识管理和政府制定科技政策等极大方便的同时，也会带来一系列严重的负面问题。学科分类强调了学科的相对独立性，但科学的知识，尤其科学方法事实上是有相当大共性的，过度强调分科不仅可能会使相同的知识内容在不同学科里被重复研究，可能仅仅是在不同学科里改个名字，形成很大的知识冗余，而且会使重要的科学研究成果难以快速地在整个科学领域尽最大可能地推广应用。它有可能制造学科之间的壁垒，使得很多逻辑上很自然地涉及多种因素的研究活动，因变得需要“跨学科”而人为制造出巨大困难。以上交叉学科数量已经占到总量的接近一半，由此可见跨学科的研究在全部科学中的地位已经重要到什么程度了。

尽管很多学者强调跨学科研究的重要性，但事实上因为缺少专业的跨学科研究规范和管理方法，使得跨学科研究不仅带有一定的偶然性，甚至专业的学科研究体系会形成对跨学科研究的重大障碍。从严格的学术上来说，一个新的科学研究成果应当在专业的学术刊物等出口上发表才是严肃的，当所研究的问题仅仅局限于学科专业范围内时，毫无疑问应当如此。但当遇到全新的跨学科问题研究结果时，问题会变得很麻烦，因为研究者可能很难选择论文是对应哪个专业的刊物。另外，专业课题设置直接对应了科研资源经费的分配，跨学科研究马上会遇到相应课题的科研经费到底该拨给谁的复杂问题。

二、人口问题跨学科案例

以人口问题为例，中国的计划生育政策是一个规模非常宏大的社会工程，它在全球范围都是影响巨大的，这一政策所依据的科学原理是人口数量与资源之间的根本矛盾。按照最经典的马尔萨斯《人口原理》，这个资源的主要限制就是粮食生产能力，这也是人口学术界一致公认的。但2009年版国标规定了与计划生育相关的人口学专业学科主要只是以下几个，如表1-1所示：

表 1–1　与计划生育相关的学科

8407140	人口生态学
8407165	人口政策
8407170	计划生育学
8407199	人口学其他学科

人口学的核心学科是以人口统计学工具为基础的。显然，这些分析工具不可能解决中国粮食产量未来会有多少的根本问题。能解决这个问题的专业是什么呢？逻辑上极其清楚和简单，是农学和地球科学两个专业。前一个解决单位土地的农作物产出能力（且不说为提高农业生产效率，减少农业生产劳动人口可能还需要机械电子专业的深厚知识），后一个解决到底有多少可用的耕地，而它们几乎与人口学的传统内容，尤其核心的人口统计学专业都完全无关。但是，我们查询了中国主要高校官网上招生和专业设置目录，人口学专业里根本就没有农学和地球科学专业，所有农学和地球科学专业的高校里也没有人口学专业。直到计划生育作为国策搞了几十年后的今天，中国政府也没弄清楚这个极为简单和基本的逻辑关系。只是中国科学院地理科学与资源研究所陈百明、封志明等在 20 世纪 90 年代做过中国土地人口承载力的系统研究，但解决这个问题最关键的显然是农学和相应技术的发展，农业学界的专家却几乎从未介入过相关科学问题的研究。计生委本来应当划归在农业部下面，被撤销后却归到了卫生部。当遇到要研究人口政策的需求时，原来的计生委和今天的卫计委本能地就只去找人口学家给出答案。但是，能对“中国到底该有多少人口？”“未来应该采取什么样的人口政策？”等关键问题给出真正科学答案的，主要不是依靠人口学家（其实是人口统计学家，千万不要被“人口学”这个名称误导了），而必须是农业学家为主，地球科学家和人口学家为辅一起工作才有可能。这个看似很奇怪，却在逻辑上是非常自然的道理，至今中国政府和整个学术界（包括全球的学术界）却都还没想明白。

为了在完全缺乏农业学专业支撑、仅在人口学专业内独立地获得粮食产量的数据，人口学专业发展出了逻辑斯蒂方程、土地人口承载力、生态足迹等研究体系的数学模型。但想通过一些如此简单的数学模型就替代那么庞大的农业学专业的学科体系，去得出一个国家甚至整个地球的粮食产量结论，这怎么可能？但是，卫计委和农业部是两个并行的行政部门，这就意味着这个问题逻辑上看似非常简单清楚，但实际上在专业学科和体制内几乎无法解决。如果是写一个粮食产量与人口关系问题的论文，到底该发到哪个刊物上呢？如果是发给人口学的专业刊物，所有编辑人员全都看不懂，因为专业内容基本上全是农业学的知识。但如果发到农业学的专业刊物上，要解决的完全是人口的问题，与农业学完全无关，也不是农业部关心的问题。花了自己学科专业和相关行政部门的资源，完全是去解决别人学科专业和行政部门的问题，而弄不好还可能让别人觉得自己手伸得太长，吃力不讨好。

像这样"解决一个学科核心问题所需要的专业资源，主要是依赖于相距甚远的其他专业学科"的例子，在今天的科学发展阶段远远不止是一两个。如果一项研究已经稳定地变成交叉学科，事情还好办，因为这已经把跨学科的问题又变成了单一学科的问题，但很多问题的解决本身必须依靠跨学科的专业知识，但却不足以形成一个交叉学科，这样事情就很难办了。

这就是为什么到今天中国计划生育本来为人类发展事业做出了巨大的贡献，应当成为中国当今最重要国际软实力成果之一，却在科学上难以给出令人信服答案的原因所在。面对一群近年来出现的貌似"人口学家"，依然只是限于人口统计学专业知识范围内，却想去否定粮食极限的反计划生育者进行的外行攻击，无论政府还是人口学家们却都表现得束手无策。可以说，只有本书作者 2015 年出版的《生态社会人口论》厘清了这些基本关系。

当不能真正以研究对象本身的逻辑去研究问题时，专业的分科就只能导致荒谬的不专业。

第三节　伽利略、实验与近代科学

不仅是跨学科研究，科学主干上还存在更大的问题，这就是对实验和测量角色和地位的认识。科学发展到今天，可以说经历了两个大的历史阶段或飞跃。

首先是古希腊文明，在古埃及、古巴比伦等文明的基础上建立了系统的数学（主要是欧几里德几何学）和逻辑，由此完成了第一次科学革命。这次革命是非常伟大的，因为从原始的经验性科学知识中产生出如此超脱和完美的科学知识，并且它成为直到今天的整个科学大树的根基和普遍的工具，这是非常了不起的。

然后是在英国发生的第二次科学革命。其实这场革命从意大利文艺复兴时就开始酝酿了，并且被公认的“近代科学之父”就是意大利人伽利略，是他把实验方法系统地引入物理学研究。经过哥白尼、第谷、开普勒、伽利略、胡克、牛顿、培根等人不断努力启动了这次科学革命。随后拉瓦锡、孟德尔等人将实验的科学方法引入化学、遗传学等领域。冯特建立心理学实验室，被认为是心理学成为科学的标志……到今天，第二次科学革命成果已经需要用“知识爆炸”来形容。“任何一门学科是否具备实验基础，是它能否有资格被称为科学的基本标准”，这个观念已经成为今天整个科学界（包括社会科学界）一致的看法。

但事实上，以上整个科学界公认一致的看法却是有严重偏差的。实验方法并不能有效应用于一切研究领域，尤其是社会科学领域。“社会科学”（与“自然科学”相对应）这一名称本身就表明研究社会的这一大块领域都难以完善地采用科学实验的方法。甚至是在很多自然科学领域，采用实验方法同样是有困难的，如天文学、地质学、气象学等。并不是一切科学的测量都可被称为“实验”，但一切科学实验的目的却都是测量。甚至于最初推动建立牛顿力学的开普勒三定律都不是实验的结果，而是第谷天文测量的结果。但因为伽利略开创的实验方法高度成功和过程的精致，并且与古希腊文明的思想冲突最小，使人们普遍认为只有建立在实验基础上才是判断科学与否的标准。

为了能够使自己的学科显得更为科学，经济学领域也建起了“实验经济学”的学科，科学哲学领域也建立了“实验哲学”。但是，这些努力并没有使这些学科领域变得更为科学。由于实验基础的难以建立，很多学科就努力采用数学化的工具来体现自己的科学性。经济学是数学化比较充分的一个领域，形成了“数理经济学”研究传统。在战争领域数学化的工作有“数理战术学”，建立这门学科的中国学者，长沙国防科技大学的沙基昌教授参照了数理经济学的方法和模式。但是，缺乏实验基础让这些学科的科学化努力非常艰难。

量子力学的海森堡测不准原理出现以后，至今人们难以理解因此而带来的大量直觉难以理解的物理现象。事实上，一切测量都是“测不准”的，牛顿曾以测量误差可以无限减少，从而可忽略不计的看法，今天需要重新加以认识，它深刻影响了对科学如何理解的问题。

第四节　纯科学

一、科学树及主干

以今天和未来科学发展来说，纯科学涉及三大学科专业：数学（含逻辑学）、测量、信息技术，以及一个理论：牛顿力学。图 1-1 以树状模型图对科学进行了概括。

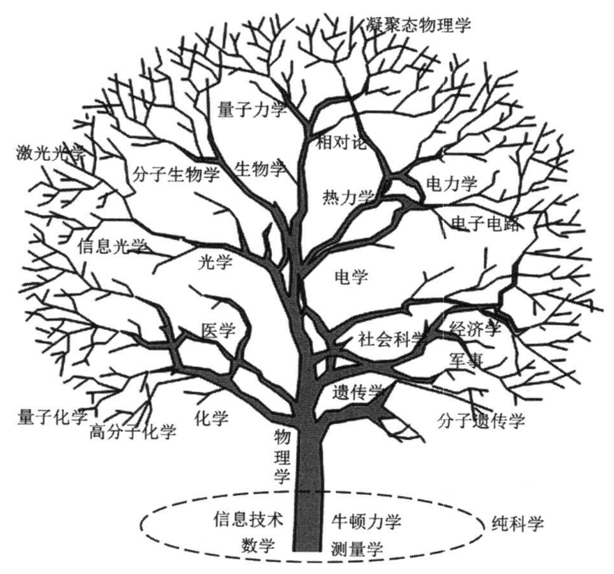

图 1-1　科学的树状模型示意图（只是示意），从主干不断生出越来越多的分支，主干为 3 大专业和 1 个理论

二、牛顿力学

它是一切科学认识世界和人类自身学科的起点，在今天已经属于中学课程，几乎所有上完高中的人都学过，另外具备了微积分的数学知识后，对牛顿力学基本上就可以完全地理解了，只是理解的深度不同而已。对于这一点有可能人们会感到奇怪，尤其相对论、量子力学，甚至发展出超弦理论、M 理论的今天，对物质世界的认识已经远远超越了牛顿力学的认识范围，有些人甚至认为牛顿力学早已经被相对论、量子力学证伪或推翻了，这种看法其实是大错特错的。人们总是关注在最新的、最尖端的科学成就上，但一切最绚烂的科学之光只是它最具活力的树叶和枝叶上开出的鲜花，纯科学要关注的问题是支撑这些最耀眼的东西基础是什么。无论理论物理学未来如何发展，新出现的任何理论都必须能够

还原为牛顿力学。牛顿力学不仅没有被推翻，反而是支撑一切科学的基础主干，一切科学都必须有最终还原为牛顿力学的逻辑路径。牛顿力学是永恒的、判断一切科学真理的标准之一。本书中把这称为“以牛顿力学为核心的还原标准”。

三、数学与逻辑

数学与逻辑在古希腊文明时代是两个学问，但在数理逻辑发展起来之后，逻辑与数学被统一在一起了。相对来说，数学专业和它对科学的价值与意义普遍为人们所认同和接受。不仅对所有理工科专业来说数学是最基础的学科，而且大量社会科学的专业也都已经把数学作为基础学科。

四、信息技术

信息技术是一切研究和学问的共同技术基础，更是科学发展的技术基础。可以说，人类文明的进化就是伴随一次又一次信息技术的飞跃而获得的。

第一代信息革命——语言。这个发生在 7 万年前，现代人类最早的智力突破是进化出了语言能力。在考古发掘出的这个时期人类大脑皮层中，负责语言的部分发育成型。这导致现代人类最后一次走出非洲，并灭绝了之前走出非洲的所有同类。

第二代信息革命——文字。在发明文字之前，人类的文化或文明只能通过世代口口相传来继承。有了文字，就可以把人类的文化和创造记录下来。文字对应了全球各个农业文明的起源。最早记录的方式是刻录文字，把文字刻在石头、甲骨、竹简等上面。

第三代信息革命——书写。文字刻录方式速度非常慢，而书写方式使文字记录的速度获得极大提升，成本也极大下降。最早的书写工具是古埃及和希腊的羊皮纸、纸草等。在石头、甲骨、竹简等上面刻画一个文字的时间要以小时计算，而采用书写方式后，记录一个字的时间就缩短到以秒计算。古埃及尤其古希腊文明就是在书写技术支持下诞生的。

第四代信息革命——中国造纸术和印刷术。这个技术极大降低了书写技术的成本和可获得性，极大加快了信息传播速度，并且在更好的书写技术基础上，增加了印刷技术。印刷技术极大增加了信息复制传播的效率并极大降低了其成本，从而引导了科学和社会发展的巨大飞跃。它对应了文艺复兴、英国的工业革命和科学革命。

第五代信息革命——模拟电子信息技术。电报、电话、电视、电影、磁带等最早的电子信息技术是与电气化革命同时代的产物。但这次信息革命并没有带来科学跨代的进步。

第六代信息革命——数字化信息技术。计算机与窄带或早期宽带互联网，包括计算机、存储和通信三大部分。第五代信息革命是第六代信息革命的前导。第六代信息革命，除了信息输入这一项改进相对较小外，在信息处理成本、信息传递速度、信息处理能力、信息存储能力等其他方面，相比于第五代尤其第四代信息技术有很多个数量级的改进，并且还在持续地加大改进的数量级。计算机几乎已经是所有学科专业领域的人员都要学习的知识和技能。“通信专业，尤其互联网是整个科学的基础”这种观点现在有大量的人已经认同，但还不是普遍地为人们所接受。更重要的是，即使认同这一点的人，也未必会系统学习和掌握通信专业知识。信息技术主要影响的是科学认识的技术成本和效率，它是通过量变引起质的变化。例如在过去没有计算机的时代，很多算法理论上有解，事实上却是无法解决的，因为计算量太大了。但在采用了计算机之后，因计算量太大而无法解决的大量科学问题就迎刃而解了。

第七代信息革命——理想化信息技术。进入 21 世纪，早期互联网逐渐成熟，随着第六代信息技术内部若干深刻的技术瓶颈被彻底打破，信息技术进入理想化阶段。测量网大规模普及。这必然要对应一次全新的、可以与前两次科学革命相比拟的全新科学革命，这就是纯科学革命，或第三次科学革命。因此，今天之所以会发生“纯科学革命”，不仅是因为科学“应当”纯粹，更重要的是因为今天有条件发展纯科学。

五、测量

在纯科学三大专业知识中，数学、信息技术对科学的意义和价值，争议不大，尤其数学更是无任何异议，对信息技术的价值和地位认识清晰度稍弱，但对测量的认识却存在很大的问题和偏差。测量是如此地重要和历史悠久，但极为奇怪的是，系统学习过测量知识和技能的人，即使是在理工科专业人员中也是极少数，真正理解测量对整个科学价值和意义的人更是罕见。这种情况不仅在整个科学界（包括顶尖的物理学家）中是如此，就是在测量专业的人员中间同样如此，后者往往只是把测量当作一个与其他职业并无区别的狭窄谋生行当。当我将测量对整个科学的意义和价值在微信群里告知我在南邮测量专业的同班同学时，他们也感到惊讶不已——“没想到我们自己的专业竟然是如此高大上”。这就是整个科学大树主干中问题最大的地方所在，也是科学的“实验标准”认识偏差长期难以得到纠正的原因所在。因此，尽管纯科学所要研究和讨论的问题涉及前面所说的三个专业和一个理论，但本书重点展开的是测量对整个科学的价值和意义，以及建立在测量基础上的纯科学观念是什么，它将有效解决未来科学发展的潜力如何等问题。任何一个学科领域的专业人员，如果不能深入理解自己专业的整个测量基础是什么，都不能算是真正理解了自己的专业。

第二章

古希腊文明与科学的诞生

农业文明在全球各地的并发出现是一个渐变进化的过程，科学文明在古希腊的诞生则是一次突变。

第一节　几何测量知识的积累

古希腊文明是科学发展非常重要的里程碑。她建立了非常完善的数学和逻辑学，这集中体现在欧几里德的《几何原本》和亚里士多德的《工具论》《形而上学》等著作中。

这个科学文明产生前的积累是一个非常漫长的过程。古希腊文明的创造尽管需要很多的原始素材，但最为关键性的是原始几何测量知识。因此，这一知识的积累是原始科学的最主要部分。

如果我们不去考虑文明成功地延续和发展，而只是关注于任何原始文明诞生的话，那么几乎可以在世界任何角落找到人类文明活力的证据。并且很难有理由说哪一个地方的原始文明创造的能力更加强大一些。甚至在著名的与其他人类活动地区几乎隔绝的太平洋复活节岛上，一个区区几十平方公里的弹丸之地，竟然也能够创造出让今天的人们叹为观止的文明。这足以说明：原始的人类创造活动是一种非常普遍的现象，即使在极其有限的土地资源条件下也能够实现这种原始文明的创造。但是，成为现代科学的原始文明创造的几何测量知识却不是随意都能够实现的，它有两个特定的社会需求促动因素：

1. 大规模的农业文明。只有大规模的农业文明才需要大量土地测量知识的积累和天文观测的需要。相比之下，游牧民族哪里有丰富的水草就迁居到哪里，即使他们有一些几何测量知识的积累，也是非常有限和粗糙的。

2. 非常庞大的宗教和皇室建筑。一般的建筑虽然也会带来几何测量知识的积累，但只有宗教和皇室建筑对精度有极致的要求。

事实上我们可以看到，只要是有大规模农业文明和庞大宗教设施建设的地方，其几何测量知识的积累都会非常丰富。从印加文明极其精湛的石刻工艺和难以想象的纳斯卡庞大地画创造中我们就可以推测其几何测量知识的积累一定是达到相当高的程度。中国的黄河流域具有广大的产生农业文明的客观环境条件，因此在这里产生出丰富的几何测量知识不是什么奇怪的事情。

农业文明的产生并非只要有河流就可以实现。例如，巴西亚马逊流域就没有产生原始农业文明的创造。农业是通过人工的种植获得食物的，这个过程如果实现，可以使人获得非常稳定和可以预计的食物来源，因此远比打猎和直接采摘野生果实要优越。这个好处的获得是要以时间为代价的，农业种植需要数以月甚至年计算的生产周期，如果只是采摘野生果实和通过打猎获得食物的话，长则几天，短则只要一天半日就可以了。因此，只要有丰富的野生果实和野生动物资源存在，人类何苦要去费事耕种呢？即使有也只是把种子简单地撒在居住地周围就可以了，这是原始形态的农业，它不能成为成熟的农业文明。

亚马逊虽然有庞大的河流，但因为它的整个流域被原始森林覆盖，即使在这里出现原始人类，他们也难以发展出大规模的农业文明。富饶的原始森林从两个方面阻碍了大规模农业文明的出现：一方面它提供的资源太丰富了，有什么必要费事去发展大规模的农业？另一方面，庞大的原始森林对农业的发展也是一种严重的阻碍。特别是亚马逊每年特殊的森林洪水，成为这一流域发展农业的根本性障碍。因此，印加文明产生于高海拔，从而森林资源稀少的库斯科地区，而不是产生于资源丰富的亚马逊流域。

在中国的黄河流域，之所以能够发展出大规模的农业文明是由于该流域森林稀少，因此可以随时采摘和狩猎的自然生物资源也较匮乏。在古埃及的尼罗河流域，同样是4000年前地质变迁导致的干旱，使这里的森林资源消退和在很多地区形成沙漠，从而刺激了尼罗河农业文明的兴起。这是促使原始人类发展农业文明的强大环境推动力。

作者在《生态社会人口论》一书中，通过进化的数学判定式给出了农业文明出现的并发模型。在约12900年前的新仙女木事件（一颗彗星撞击了北美）后，地球经历了1100年左右的冰期。此后在约11500年到12000年，地球进入了暖期。另一方面，现代人类的祖先在六七万年前最后一次走出非洲后，到此时已经布满整个欧亚大陆上当时人类有能力迁徙到的所有地方。植物在暖期的繁盛和人口的增长，加上部分河流周围的干旱，就促发了两河流域、尼罗河流域、印度河流域、中国的长江和黄河流域在约一万年前的新石器时代几乎同时进入农业文明的创造期。过去人们大多认为中国农业文明只是黄河文明，起源于黄河流域，但从近年来发现的越来越多的考古证据来看，长江流域的浙江（衢州龙游荷花山遗址）、江西（万年仙人洞遗址），甚至广东珠江流域（广东清远英德牛栏洞遗址）都在约一万年前产生了水稻种植活动。这些充分证明了作者在《生态社会人口论》中的观点：农业种植活动其实早在农业文明之前很早就开始，但大规模的农业文明是迁徙模式无法再适应人口增长之后并发出现的产物。

我们可以通过这些分析得出这样的一些结论：

1.农业并不等于农业文明。单纯的农业仅仅只是种植而已，只要是将种子人工地播种到地上并且最终从中获得收获就是农业。但农业文明是具有成熟系统的种植管理技术的农业，诸如土地的翻整、播种、灌溉、锄草等。

2. 农业文明并不等于拥有足够产生出古希腊文明所需要的丰富测量知识。要达到可以产生出古希腊文明地步的丰富几何测量知识，需要的是大规模的农业文明。

3. 具有足够丰富的几何测量知识并不等于就一定可以产生出古希腊文明。它还需要将几何测量知识的地位提升到一切知识之首，至少是具有相当突出地位的地步。

第二节　文明间相互的影响

仅仅从原始测量知识的积累上看，中国、印度、古埃及、古巴比伦等都具有独立积累这些知识的充分可能。为什么古埃及文明的刺激成为古希腊文明诞生的直接源泉呢？

事实上，中国与临近的日本所形成的地理关系，同古埃及与古希腊形成的地理关系是非常类似的，并且中国的文明在远古时期也一直从海上对日本发生着影响，中国也具有古埃及所具有的足够丰富的几何测量知识。但是，中国对日本的文明影响为什么没有产生像古埃及对古希腊那样的数学和逻辑的辉煌创造过程呢？同样，印度半岛与斯里兰卡所形成的地理关系也与此有类似之处。为什么古印度文明没有在斯里兰卡催生出类似古希腊文明的创造呢？

一个文明对另外一个文明的影响，最合乎逻辑的情况应当是：前一个文明内部越是突出，并且对下一个文明输出越多的地方，对下一个文明的影响也越大，特别是在主动性吸收其他文明的内在动力并不稳定和充分的远古时期。虽然文明经过转移之后肯定会发生一定的变化，甚至很显著的变化。

中国文明是比古埃及更加符合原始完美形态的。中国文明尽管也有和古埃及一样丰富的几何测量知识，但是这种知识在中国的文化里并不是最突出表现出来的知识，中国人也几乎从来没有把它作为最值得骄傲的东西展示给别人。中国最突出的文化，更重要的是作为中国人最自我欣赏的文化，是儒家经典、诗词歌赋、琴棋书画等。因此，中国对日本文化影响最大的也无疑是这些东西。要让日本人从中国丰富的众多文化成果中，仅仅抽取出中国人自己都不怎么特别欣赏，甚至认为下等人才掌握的几何测量知识，同时又没有任何现实需要刺激把它发展到像古希腊人那样登峰造极的地步，这只能是一种完全脱离历史，并且是纯理论上的空洞可能性。

那么，在中国的文化里为什么没有把几何测量知识突出地表现出来呢？这是因为：虽然农业文明是积累几何测量知识的主要来源，但仅仅靠这个完全现实的社会需求远远不足以使它达到足够的地位。在古代，一切仅仅是为社会生产需求而产生的知识事实上都是属于地位低下的知识，它们在中国被称为“雕虫淫技”。要让这些知识在社会中拥有崇高的地位，必须有单纯农业文明需要以外的推动力。

古印度的情况与古代中国也是非常类似的，甚至在轻视实际测量知识上比中国更甚。因为种姓制度的影响，一切手工的劳动都被看作下等人做的事情。

古埃及不仅与其他几个文明古国一样具有发展大规模农业文明的条件，而且她在发展农业文明过程中积累测量知识的需求也的确比其他文明古国更加强烈一些。在尼罗河中下游的农业主产地，尼罗河的泛滥是常年发生的事情。河水泛滥带来了两个重要的影响：一是将上游的肥沃水土送到中下游的土地上，使中下游土地肥沃，发展农业文明的条件非常优越；另一个方面是河水总是将土地的界标冲毁，从而需要精确的测量技术，尤其是以几何测量为基础的推理方法恢复土地的地界。显然，地界对于农民和地主来说是像命根子一样重要的利益要素，因此对测量的准确性和以此为基础的推理判断是否准确的争论将会非常厉害，这种需求比采用测量技术开挖一些灌溉设施等的要求要强烈得多。这种非常强大的利益需求会极大刺激测量技术的丰富和通过一定的推理论证的完善。

仅仅如此还是不够的。如果仅仅是服务于农业，几何测量知识无论多么发达都是地位低下的知识，只不过是需求更强烈一些，会使其在地位低下的知识里地位相对稍好一些而已。

在古巴比伦那里，除了农业文明的需要产生的几何测量知识外，宗教的原因而产生的对天文观测和宗教建筑的知识开始呈现出脱离现实需求的理想特点。古巴比伦著名的通天塔正是这种脱离现实生产需求的典型案例。

埃及金字塔是古巴比伦通天塔在走向理想道路上的延续。由于常年建设规模越来越大的金字塔的需要，古埃及的几何测量知识发展到登峰造极的地步，而且这些知识在古埃及是直接服务于神的知识。服务于神的知识显然是马虎不得的，因此将会刺激测量知识向非常极致的方向发展。事实上，只要在对神的崇敬难以有内在约束力的文明里，我们都可以看到宗教建筑向极致方向发展的无数历史证据，特别是在那些毁灭的文明中。

更重要的是，服务于神的知识具有非常崇高的地位将是很自然的。这是单纯靠任何农业文明自身所难以实现的事情。

很难想象，如果古埃及人自己不把几何测量知识作为最值得炫耀和最崇高的学问，古希腊智者到达埃及以后会主要是被古埃及的几何测量知识所吸引。古希腊文明的产生是由于以泰勒斯为代表的古希腊人具有要在几何测量知识的基础上建立一种完美知识体系的巨大冲动，而这种巨大的冲动不可能是突然之间从天上掉下来的，它们在古埃及人甚至古巴比伦人那里就已经开始形成了。如果没有这样的过程，古希腊文明很难完成从被视为下等人从事的活动中产生的形而下的几何测量知识，上升为形而上的无上崇高的智慧。

把实际应用的知识贬低为下等人掌握的知识的观念在几乎每一个古代

文明中都具有，古希腊人其实也是如此。甚至于，古希腊人对知识的实际应用是持比其他任何文明都更加蔑视和强烈反对的态度，而且将其提升到理论高度加以充分的论证。

第三节　古希腊人对实用知识和感官作用的蔑视及理想世界的假设

由于古希腊文明在科学文明历史上的地位是如此重要，因此是值得详细谈一下她的基本特征的，这就是古希腊人对实用知识和感官作用的极端蔑视，它们在发展数学和逻辑学的过程中起到了非常大的作用。如果比较一下古希腊人和古代中国人对待知识的观念就会发现，他们都极力地推崇知识。这两种对知识的推崇既有极大的相似之处，也有很大的不同。

孔子说："学而优则仕。"孔子以为有学识是高贵的，应当成为社会中的统治者，并且他的学说从根本上讲，就是为那些在社会中能够成为统治者，或成为辅助统治者的人而创立的。古希腊人也有类似的观点。亚里士多德认为"哲人应该施为，不应该被施为，他不应听从他人，智慧较少的人应该听从他"，这与孟子的"劳心者治人，劳力者治于人"如出一辙。在柏拉图的理想国乌托邦里，只有哲学家才应成为统治者，或者是统治者都具有哲学的精神和力量。

但是在中国，对于知识的推崇最终与政治完全结合在了一起，治学成为升官的途径，相应的学问也都是关于政治和伦理道德的。而古希腊人对于知识的推崇却最终脱离了一切世俗，包括政治，变成了纯粹的"为学术而学术"。

在古希腊，对知识的追求虽然脱离了古埃及和古巴比伦的宗教色彩，但是却保留了他们把几何知识作为一种高贵知识的地位，同时也脱离了在此之前与农业文明有关的实用化特征。这种对知识的追求被认为一种高贵人做的事情，任何与体力劳动有关的事都是只宜由奴隶来干的“下贱”活动。据记载，柏拉图曾非常严厉地谴责那些企图用个别经验来检验纯力学定理或纯数学定理的人。古罗马的历史学家普鲁塔克在其所著的《玛塞勒斯传》中说：“柏拉图非常愤怒地痛骂他们，因为他们使几何学从形而上的、理性的东西，降为形而下的、感性的东西，从而败坏了和玷污了几何学的高贵性。”欧几里德对于几何学的实用价值是持鄙视态度的。据说，曾有一个学生听了欧几里德的几何论证之后询问几何学有何用途，人们能够从中得到什么好处，于是欧几里德叫进来一个奴隶说：“给这个人三个阿宝尔（古希腊货币），因为他一定要从他所学的东西里得到好处。”

亚里士多德在其《政治学》中描述了一个最早期的古希腊哲学家泰勒斯的故事。人们指责他的贫困，认为这就说明了哲学是无用的。据这个故事说，他由于精通天象，所以还在冬天的时候就知道来年的橄榄要有一场大丰收；于是，他以他所有的一点钱作为租用丘斯和米利都的全部橄榄榨油器的押金，由于当时没有人跟他争价，他的租价是很低的。到了收获的时节，突然间需要很多榨油器，他就恣意抬高价钱，于是赚了一大笔钱；这样他就向世界证明了只要哲学家们愿意，就会很容易发财致富，但是他们的雄心却是属于另外的一种。

追求这种“另外一种的雄心”在古希腊智者中间是非常普遍的，并不只是少数人才有，包括发明了很多实用机械的阿基米德，也常为自己迫不得已做出的这些杰出的创造而感到耻辱。

亚里士多德在《形而上学》一书中还说道，“古往今来人们开始哲理探索，都应起于对自然万物的惊异……他们探索哲理只是为想脱出愚蠢，显然，他们为求知而从事学术，并无任何实用的目的。这个可由事实为之证明：这类学术研究的开始，都是在人生的必需品以及使人快乐安适的种种事物几乎全都获得了以后……这正是为学术自身而成立的唯一学术”。

因而，古希腊人并不是推崇一切知识，而只是推崇那种能够显示其高贵或高尚的所谓“智慧”，它是追求事物原因的、理论的知识。德谟克利特甚至说过：找到一个原因的解释，胜过当波斯王。这种推崇不仅有深重的社会背景和意识形态的背景，以至于人类本性的弱点，甚至也有理性上的理由。亚里士多德以为：“有经验的人较之只有些感官的人更富于智慧，技术家又较之经验家，大匠师又较之工匠为富于智慧，而理论部门的知识比之生产部门更应是较高的智慧。这样，明显地，智慧就是有关某些原理与原因的知识。”在亚里士多德看来，即使有经验的人比有理论的人更成功，但有理论的人还是比有经验的人更聪明，因为他们懂得原因。“智慧由普遍认识产生，不从个别认识得来”，又，“我们不以官能的感觉为智慧；当然这些给我们以个别事物的最重要的认识。但官感总不能告诉我们任何事物所以然之故”。另一方面，“谁能懂得众人所难知的事物，我们也称他有智慧（感觉既人人所同有而易得，这就不算智慧）”。

类似地，在柏拉图那里把认识区分为“知识”和“意见”。“意见”是属于感官所接触的世界，而“知识”则是属于超感觉的永恒的世界，只有后者才是哲学家应该感兴趣的对象。柏拉图甚至以为没有任何一种配称为“知识”的东西是从感官得来的，唯一真实的知识必须是有关于概念的。他是这样来论证这一观点的：“我们是通过眼和耳来知觉，而不是用眼和耳在知觉……我们有些知识是并不与任何感觉器官相联系的。例如我们可以知道声音和颜色是不一样的，尽管并没有任何一种感觉器官可以知觉这两者。并没有任何特殊的器官可以知觉‘一般的存在与不存在、相似与不相似、同一与不同一以及一与多’。同理也适用于荣誉与不荣誉、好与坏。‘心灵通过它自身的功能而思考某些事物，但是其余的事物则需通过身体的官能’。我们通过触觉而知觉到硬与软，但是判断它们的存在以及它们之间的对立的则是心灵。唯有心灵才能够达到存在；但如果我们不能够达到存在，我们就不能达到真理。因此我们就不能单单通过感官而认识事物，因为单单通过感官我们并不能知道事物是否存在。所以知识就在于思索而不存于印象，并且知觉也就不是知识；因为知觉‘既然完全不能认识存在，所以它对于认识真理就是没有份的’。”[①] 柏拉图还用他苦心构思的有名的洞穴比喻来说明，常人的感官所感觉到的只是洞穴里的囚犯背后的火光投射到墙上的虚幻的影子。

这种“知识”和“意见”的区分可上溯到巴门尼德那里。感觉经验的知识遭到轻视，感官本身很自然地也要遭到指责，巴门尼德在其《论自然》的诗里甚至认为感官是骗人的，并把大量可感觉的事物斥为单纯的幻觉。在这首主要表现其哲学观点的诗的导言里，他借指引求知的人面对真理王国的女神之口说道：“你应该探究一切事物，既需探究那坚贞之心的感人的真理，又须了解那内心中没有真知的、变幻无常的意见。但你必须保持你探究的思想使之远离意见的道路，不要让那外骛甚多的习惯逼使你顺从这条道路，顺从那马虎的眼睛，和声音嘈杂的耳朵和舌头。你必须单用理性去考量我要对你宣示的多经证验的学说。光是欲望会使你迷失道路。”

对理想知识的推崇，推动了逻辑和数学的发展，数学和对感觉经验的贬低交织在一起也产生了理想世界存在的假设。

罗素在《西方哲学史》一书中指出：“数学是我们信仰永恒的与严格的真理的主要根源，也是信仰有一个超感的可知的世界的主要根源。几何学讨论严格的圆，但是没有一个可感觉的对象是严格的圆形的；无论我们多么小心谨慎地使用我们的圆规，总会有某些不完备和不规则的。这就提示了一种观点，即一切严格的推理只能应用于与可感觉的对象相对立的理想对象；很自然地可以进一步论证说，思想要比感官更高贵而思想的对象要比感官知觉的对象更真实……有一个只能显示于理智而不能显示于感官的永恒世界，全部的这一观念都是从毕达哥拉斯那里来的。”“大多数的科学

① 罗素著《西方哲学史》，第十八章“柏拉图哲学中的知识与知觉”，商务印书馆，2012年版。本章资料来源主要为：亚里士多德《形而上学》，罗素《西方哲学史》，黑格尔《哲学讲演录》。

从它们的一开始就是和某些错误的信仰形式联系在一起的，这就使它们具有一种虚幻的价值。天文学和占星学联系在一起，化学和炼丹术联系在一起。数学则结合了一种更精致的错误类型。数学的知识看来是可靠的、准确的，而且可以应用于真实的世界。此外，它还是由于纯粹的思维而获得的，并不需要观察。因此之故，人们就以为它提供了日常经验的知识所无能为力的理想。人们根据数学便设想思想是高于感官的，直觉是高于观察的。如果感官世界与数学世界不符，那么感官世界就更糟糕了。人们便以各种不同的方式寻求更能接近于数学家的理想的方法，而结果所得的种种启示就成了形而上学与知识论中许多错误的根源。这种哲学形式也是从毕达哥拉斯开始的。”

把所有这些罪名都加在毕达哥拉斯头上，这的确不是毕达哥拉斯的耻辱，而是他的荣耀。直至今天数学仍然是科学的精髓，一门学科或理论数学化的程度在一定意义上就是它科学化程度的标志。数学的这种威力在其发展过程中又伴随了它自身存在的观念。

毕达哥拉斯学派对于数学的发展起到过很大的作用。这一学派最伟大的发现就是关于直角三角形的命题。但问题是，毕达哥拉斯不仅把数看作事物的量度，而且把它看作事物的原因，乃至于事物的本源。他著名的哲学命题就是“万物都是数”。不过，在这里毕达哥拉斯还没有明确划分出两个世界来。他是把世界本身就看作抽象的“数”所决定的存在。但到了柏拉图那里这种区分就已经是一套完整的著名的理念理论了。理念论是毕达哥拉斯抽象存在的观念与巴门尼德“知识”和“意见”相分离结合在一起的产物。柏拉图认为有两个世界：一个感官接触的现实世界和一个绝对完美的理念世界。理念的世界是比现实世界更高的存在，而现实世界的事物只是理念世界中其对应理念的不精确的、粗糙的模仿。如许多个别的猫只是分享了理念世界中的唯一一个理想的“猫”的性质而多少又有些不同，它们只是理念的猫的摹本。理念的猫是实在的，人们对它可以有“知识”。但各个个别的猫却是虚幻的，人们对它们就只能有“意见”了。

第四节 科学理论的结构和模式

一、《工具论》与《几何原本》

不管古希腊人对世界的观念如何，最重要的事情是其在数学上所做的工作。整个古希腊文明在科学上所做的工作非常多，做出贡献的大师可说是群星灿烂，不过最终总结起来主要就是两本书：亚里士多德的《工具论》，以及欧几里德的《几何原本》。前一本书是对古希腊大量智者逻辑学研究的总结，后者是对数学研究的集大成之作。《几何原本》不仅仅是建立了整套的平面几何学，更重要的是为科学理论应当如何建立提供了第一个模版，它为后世所有想把自己称为“科学理论”的学术成就提供了必须遵守的标准。这里我们主要简单介绍《几何原本》以及由它确定的科学理论结构和模式。事实上，当逻辑学和数学建立之后，它们是怎么获得的就不是太重要了。人类既然已经拥有了它们，只要明白它们本身就足够了。它们已经被创造了，就不需要再被重新创造一回。因此，其他任何文明都没必要去后悔自己为什么没有建立数学和逻辑学，只要在此基础上获得更多科学成就即可。

EVCLIDIS
ELEMENTORVM LIB. XV
ACCESSIT XVI DE SOLIDORV.
OMNES PERSPICVIS DEMON
AVCTORE
CHRISTOPHORO CLAVIO
BAMBERGENSI
E SOCIETATE IESV
ROMAE APVD BARTHOLOMAEVM
Grassium. M D LXXXIX.
PERMISSV SVPERIORVM.

图 2–1　欧几里德的《几何原本》

二、不定义的概念与定义的概念

要进行任何科学的研究，必须确定研究的对象和概念。通过逻辑的方法，可以把一些概念的定义建立在另一些概念的基础之上，例如要定义“白马”，就可以用更基本的“马”“毛发”“皮肤”的概念，和颜色“白”的概念来进行定义：“白马”就是“毛发和皮肤颜色为白色的马”。后一些概念又可以通过逻辑方法建立在这些已定义的概念基础之上。但这样总有一些概念是无法再用其他概念来进行定义的。这些最基本的概念就是“不定义的概念”。每一门学科都会有最基本的“不定义的概念”。那么如何确保不定义的概念其内涵和外延都是清晰明了的呢？对不起，数学和逻辑本身无法保证，只能是它们最简单明了，简单到人人一看就明了的程度。

三、公理与定理

《几何原本》全书共分 13 卷。书中包含了 5 条“公理”、5 条“公设”、23 个定义和 467 个命题。公理是指一切数学甚至科学中都不用证明的命题，而公设只是在所要研究的理论中不用证明的命题。如欧几里德在此研究的是几何学理论，公设就只是应用于几何学中。著名的“平行公理”，在欧几里德的《几何原本》中就称为“平行公设”（第五公设）。现代数理逻辑把“公设”与“公理”统一了。因此到今天只有公理，极少再提公设。现代公理系统和方法是大数学家 D. 希尔伯特于 1899 年提出的，不过其原理与欧几里德建立的公理化方法本质上是一样的。

《几何原本》是用逻辑的方法，系统而完备地建立了过去所研究的所有几何命题之间的逻辑证明关系，被证明的就叫“定理”。简单而直接地来理解就是已经被逻辑证明，从而确定其正确性的真理。但是，要证明定理就需要以其他命题为前提，这个作为前提的命题怎么保证其正确性呢？

那就用更基本的命题来证明它。但这样一直往前推，总有一些命题是无法用逻辑和其他命题证明的。这些不能用逻辑和其他命题证明的命题就是“公理”，这与“不定义的概念”有些类似。那怎么保证“公理”是正确的呢？对不起，整个数学和逻辑都没有办法保证。亚里士多德在《形而上学》“卷二章二”中专门讨论了这个问题。他把这称为“第一原理”。

“显然，世上必有第一原理，而事物既不能有无尽列的原因，原因也不能有无尽数的种类……原因的种类若为数无尽，则知识也将成为不可能；因为我们只有肯定了若干种类原因以后，才可以研究知识，若说原因是一个又一个的增加，则在有限的时间内人们就没法列举。”这个第一原理，在科学认识的逻辑方法上表现其实就是公理。但是，这种理解并不是严格证明的，而只是直观上说，好像不假设第一原理没办法，会没完没了，所以只能承认有第一原理。

亚里士多德将原因分为四类：“其一为本体亦即怎是（‘为什么’即旨在求得界说最后或最初的一个‘为什么’，这就指明了一个原因与原理）〈本因〉；另一是物质或底层〈物因〉；其三为动变的来源〈动因〉；其四相反于动变者，为目的与本善，因为这是一切创生与动变的终极〈极因〉。”

亚里士多德的这四个原因类型中，前三项都是关于认识的，在今天的科学中大致有这样的对应关系：“本因”对应公理和不定义的概念；“物因”对应静态原理（如静力学原理）或物质构成（如现在认识到的分子、原子、基本粒子等）；“动因”对应动态原理（如动力学原理）。当然，从今天的科学来看，“静态”与“动态”的区分已经是非常相对而非绝对的了。例如质量在过去被认为一个静态的问题，但现在的科学已经指明这种认识已经远远不够了。爱因斯坦的质能公式已经指出静态的质量是可以转化为动态能量的。第四个“极因”则是与认识相对应的另外一个方面的“科学应用”问题。

其实，平面几何中是可以有多种不同选择来选出公理的，但既然不能直接用逻辑来证明，那就最好是选择最简单明了、最容易确认其正确性的命题来当“公理”。所以，直到今天的科学对“公理”的理解就是简单明了到“不证自明”。

四、公理体系的性质

单纯一条公理所能证明的定理是有限的，要证明几何学中的所有定理，需要一定数量的公理。因此，要证明几何学中的所有定理，必须有足够的公理数量。这些足够数量的公理和不定义的概念，就构成“公理体系”，通过这个公理体系，就可逻辑地推导出它们所决定的所有定理。这个性质和要求就是公理体系的“完备性”。

如果某一个被选择的“公理”最后发现可以被其他公理逻辑地推导出来，那它就不能被当作公理了，因为这显然“多余”。公理的数量要被减少到最低的程度，这就是科学理论结构和形态上的“简单性”。它所对应的是公理体系的“独立性”，就是任何公理与其他公理是不能有逻辑证明关系的，是逻辑上相互独立的。

如果一个公理被发现与其他公理之间是有逻辑矛盾的，按逻辑不矛盾律的要求，其中必有一个正确，另一个错误，错误的当然就必须被抛弃。这是公理体系的“一致性”。

“一致性”“独立性”“完备性”，这就是公理体系的三个最基本性质。

所需要强调的一点是，公理体系的简单性显然不意味着公理的数量只能有一个，现代数理逻辑甚至发现一些公理体系的公理数量非常庞大，甚至是无穷多的公理体系。

如果按上述公理体系的结构来考察，很多学术理论并不完全符合科学的理论结构和模式要求，并且对理论的科学性应当是什么样的存在极大的误解。例如，弗洛伊德认为人的心理全都是由“力比多”决定的，而阿德勒又认为“自卑情结”是决定人一切心理的基础。这些理论都有些“一元论”的倾向，虽然其并未明确说明，但有“公理只容许有一个”的潜在错误认识问题。在这种情况下当然很难获得完备的科学理论。

五、古希腊数学和逻辑留下的问题

以上按逻辑和数学建立的科学理论的确非常完美，但也留下了很多问题：

1. 不定义的概念怎么确定？不定义的概念不能依赖于其他概念来进行定义，那么这些概念如何确定其涵义、外延和保证其科学性。

2. 公理如何获得和保证其正确性？“不证自明”与其说是一个解决方法，不如说是在没办法解决的情况下，只是要给一个说法，事实上等于把这个问题给放下和回避了。现代数学逻辑发展过程中曾把这个问题重新捡起来，想仅仅在数理逻辑的范畴内来解决这个问题，最终还是失败了。虽然这样，直到今天很多人依然把它当作获得和确保科学真理的一个方法。美国《独立宣言》中确定的主要原则全都是通过“不证自明”来保证的。整个《独立宣言》全都是以这种方式来保证其理论，宣言中在一开始要阐述自己观点时就说道：“我们认为这些真理是不证自明的。”（We hold these truths to be self-evident.）但是，科学必须对一切认识对象都给出科学的解决方法，**“一切不通过科学方法保证的东西都绝无可能自明”**。

3. 公理体系虽然在理论上说已经决定了其中所有的定理，但一般来说，即使一个公理体系内部的定理也都很可能是无穷无尽的，而人类不可能一下子去研究无穷无尽的对象。一切定理都是在一定边界条件下获得的，所谓“边界条件”其实就是有一定限定条件情况下，此时可定义相应的更细节概念。从今天看来就是形成科学分支或细分领域的情况，或者就是一个具体科学问题或研究课题的情况。那么如何确定哪些边界条件下的定理才是我们优先要研究和解决的呢？这只有通过测量现实条件哪个问题多，哪个重要，就哪个优先。

以上问题，其实就是第二次科学革命以后的科学发展所要解决的，它们只有通过对现实的客观研究对象的测量才能获得和确定，而不能仅仅靠古希腊科学的观念来解决。

第三章

从科学历史学角度看科学的形成和发展

牛顿说：我之所以比迪卡尔看得更远，那是因为我站在前人的肩膀上。

爱因斯坦说：我之所以比前人看得更远，那是因为我站在巨人的肩膀上。

第一节　历史学的测量基础

任何一个领域的科学方法都是有共性的，首要是通过对研究对象的测量获得被研究对象的精确信息，即测量基础问题。在这方面，传统的历史学是相对比较成熟的，这就是历史考古和发掘等工作。历史学的测量基础已经有相当成熟的、可还原为物理学的方法。常见的有碳 14 测年法、铀铅测年法、铀系测年法、树木年轮测年法，另外还有考古地磁、地层沉积磁性、热释光等测年方法。另外质谱仪、显微镜、X 光镜等通用的测量工具也都可用于对历史考古资料进行测量。通过卫星、飞机、热气球、无人机等进行遥感考古，DNA 考古等都对考古技术带来巨大影响。GIS（地理信息系统）、4G 网络等技术也对考古信息化和效率提升带来革命性的影响。

很多考古资料的获取，的确是按照一定的历史理论有意识选择目标区域进行搜索的结果，但也有很多是意外之喜。即使按一定理论的有目的考古行为，也未必一定有收获。由于考古等历史学测量基础不是实验方法，它必然会有不同程度的偶然性，甚至是有很大运气成分。有很多是城市建设施工、挖矿、种地时深翻土地、搞水利工程等过程中意外挖出来的。例如成都金沙遗址就是城市建设施工过程中意外挖出。促使南非古人类学家 R. 达特教授提出人类非洲起源说的南方古猿头盖骨化石，是南非约翰内斯堡附近的石灰岩矿施工过程中挖出来的。但肯尼亚著名古人类学家利基发掘出的大量古人类化石一般都是根据理论“有意为之”。有些发现是在有意无意之间，2009 年，业余文保爱好者袁成兵在青碓遗址听专家讲解时，学会并记住了如何辨别“夹炭红衣陶”。2011 年 4 月，原种满茶树的浙江省衢州市龙游县湖镇镇马报桥村大路邵自然村的荷花山一带正计划种植中草药，当推土机刚翻出新土时，袁成兵辨认出了“夹炭红衣陶”。他马上打电话给龙游县文化旅游局副局长黄国平，黄又致电浙江省文物考古研究所研究员蒋乐平。2011 年 9 月，经国家文物局批准，长期从事新石器时代遗址考古发掘的蒋乐平开始主持发掘荷花山遗址，一个 9000 年前人类最早期的稻作遗址就此系统地出土面世。2013 年 9 月 13 到 15 日，“龙游荷花山遗址暨钱塘江早期新石器时代文化学术研讨会”上，中国考古界权威专家确认了这一发现。类似的事例在考古界并不鲜见。2009 年全国第三次文物普查期间，龙游县寺后村的吴正章将珍藏了 40 年的石镞，通过龙游县文化旅游局副局长黄国平，捐献给了龙游县博物馆，由此发现青碓遗址。袁成兵就是由此接触了新石器的文物知识。文物普查就是充分利用业余人员极大增加发现考古文物资料机遇的重要方法。

最先发掘出考古资料的历史学家往往拥有了解释相应历史的优先权，因为即使对发掘过程进行了详细科学的测量记录，很可能不在记录范围的发掘过程、周边泥土、其他环境等数据也会成为影响相应历史解释的证据。这些数据不可避免地全都存在于最初发掘者的头脑中，其他人难免信息不完整。做这方面工作的属于职业的历史学者。大量自然科学领域则情况与此稍有不同，例如，在物理学领域，很多理论物理学家并没有去从事实验和测量工作，而从事实验和测量工作的物理学家也未必就按自己的实验结果去建立相应的理论，两者有一定程度的分离，虽然也有很多物理学家是理论与实验都擅长的，如居里夫人等。

第二节　历史学的科学理论与认识误差来源

历史科学的另一个方面是根据以上测量数据尽可能恢复出历史原貌（尽管不可能完全恢复），这个结果常被称为关于这个历史对象的“理论”，不过严格说不能算“科学的理论”，因为它只是解释单一历史对象的，依然属于测量基础意义上的数据恢复。

真正科学的理论应当是根据多个恢复的历史原貌，形成具有普遍解释能力的，可以应用于所有历史对象，甚至预测未来发展的、描述一般历史变化的理论。当然，最科学的做法是形成数学化的严格理论。在这个问题上，历史研究的科学性显然远远弱于其测量基础。这种薄弱不仅仅是历史资料的不足，更重要的是历史理论研究方法上的问题。它主要体现在四个方面：

1. 历史作用或功过的价值判断。

2. 目的与过程的一致性。

3. 历史名称对象的高度变化与理论阐述简明性的矛盾。

4. “就史论史”与理论普遍性要求的矛盾。

第三节　历史作用或功过的价值判断

在这方面历史是最容易引起各种争议的，特别是很多情况下现实的人们往往是“借古喻今”，将现实中不便于表达的话，通过讨论历史的方式表达出来。这样一来难免就会对历史进行相当大程度的“包装”，以符合其所要体现的并非针对历史，而只是针对现实的某种观念。甚至在古人记载历史的时候，就已经体现出这种借历史记载影射当年的现实而进行的“包装”问题，从而使其本身的准确性受到影响。但这些历史记载又不可避免地是我们今天研究当年历史的最重要证据。对历史的作用判断和评价就更是容易受个人喜好、以历史为借口的其他目的等影响。

微信公众号“历史袁老师”（该号“功能介绍”就是这么说的：“抹黑正史，愉悦小伙伴”）2014 年 12 月 30 日有一篇文章《骗局！中国历史根本不存在“元朝”》，该文以元代和清代是外族统治，所以否认中国历史包含元朝和清朝。在我的中学同学群中，熊艺问北大历史学罗新教授此文观点对错，罗教授说：“观点无所谓对错，专业与业余的区别不是观点本身，而是论证观点的过程。”我说道：“历史从来都是任人打扮的小女孩，身体都一样，只是衣服和包装不同。只有事实存在对错，观点和包装不存在对错。如果作者能通过考古发掘出证据说根本就不存在元朝，那就真牛了。一块铁板，有人说这块铁板很伟大、有人说它很普通，还有人说它不正经……，其实铁板的重量、尺寸等属性完全一样，这都是实在搞不出新的学术成果了，可以简单写文章的路径。一本书，你愿意把它放到书架上，它就在书架上；你喜欢把它放抽屉里，它就在抽屉里。书本身都一样，但就可以变成‘书架上的书’与‘抽屉里的书’之争了。可以讨论的不是放书架上对不对，而是后果影响是什么。放在书架上容易找，但又容易落灰；放在抽屉里不容易落灰，但想要的时候可能找不着。认为元清的历史属于中国，这有助于中国的统一；认为元清的历史不属于中国，这有助于让中国分裂。不过，也可以从另一个角度来看待这个问题：中国人有些过多地从历史角度来看待今天的领土问题，以及民族的统一问题。但是像美国和俄罗斯等，这些国家就不是太多从这个角度来看问题。历史上大多时候能打得赢领土就是自己的，打不赢领土就不是自己的了。所以中国的历史学家可能自己过多地承担了责任，有些本来是军队该解决的问题，历史学家老想自己来解决。如果以为靠历史学家动动嘴就能多得些领土，另外一些人就会以为他们动动嘴就能让中国少得些领土；如果以为历史学家动动嘴就能让中国各民族更加团结，另外一些人就会以为他们动动嘴就能让中国更加分裂。”过多地让历史研究直接承载当下的责任，不仅解决不好，反而会使历史研究本身受到过多干扰。

经济学博士李晓鹏先生研究历史过程中发现了一个问题：中国历史上记载历史的多是通过科举考试上来的“东林党人”，而皇上周围还有两个很庞大的群体，通过嫔妃形成的外戚集团和为皇帝服务形成的宦官集团。十年寒窗才换来一个官位的东林党人，往往对仅仅靠伺候皇上吃喝拉撒和玩便获得宠信的宦官心理难以平衡，但写史书的工作全是由这些东林党人承担的，因此在记载历史的时候对他们有意无意地贬低就是可以理解的事情。李博士因此通过研究明史（因为史料较多可以较容易相互佐证）写下《从黄河文明到“一带一路”》的系列历史研究著作，以图澄清历史记载中以上因素而导致的偏差。这一工作得到中国人民大学历史博士生导师、明史研究权威毛佩琦教授相当程度的认同，其有一个重要原因耐人寻味：“李博士作为非体制中人，说话可以更为方便。”

另一个影响是不同国家的历史学家，在考证不同地区的历史时，容易产生抬升自己国家民族和文明地位，轻视其他国家民族和文明地位的问题（参见本书第十六章“情感误差”）。如斯坦福大学历史学和古典文学教授伊恩·莫里斯在其《西方将主宰多久》（中文版为中信出版社 2011 年 7 月 1 日出版）一书中，力图证明地理等因素决定了西方在近代必然在科学和工业文明上领先世界。李约瑟被认为高度认同中国古代科学文化的英国学者，但他提出的著名的“李约瑟难题”依然是站在英国角度看问题的。很多中国历史学者不明白这个因素，单纯地就直接来讨论这个问题。

其实中国的学者何尝不是如此，当中国河南省舞阳贾湖文化遗址中发现了龟甲等器物上契刻的符号，至少有 21 个，经碳 14 检测，年代距今为 7762 年（±128 年），一些中国学者热情地倾向于认为这是人类最早的文字，年代“距今 8600 年—7800 年，它比殷墟甲骨文早 5000 多年，甚至比苏美尔和古埃及的文字还要早3000多年”[①]，但一些西方学者不太赞同，甚至严词抨击。当然，一些较保守的中国学者对此也持保留态度，大多称他们为“贾湖刻符”，还不确认这就是文字。很难认定的关键原因是这些刻符都是单个出现在相应器物上，没有多字成文地出现。当然，这样的刻符被认为对研究中国文字起源有重大价值却是较为公认的。如果有多个刻符有序地同时出现在同一器物上，并且被解读成功，那它被看作文字就没有任何争议了。其实，它不是严格的文字，同时却又是可以确认的远古人类有目的刻上的刻符，不是更为有力地说明它是中国文字产生的原始形态和源头吗？

也有一些中国学者提出“西学中源”说，认为所谓的“西方文明”最初是从中国传过去的。这个观念在明清之际就出现了[②]。清代数学家梅文鼎就说整个几何学就是勾股术。清朝有些大学者如戴震、阮元等都继续发挥“西学中源”说。提出这种观点部分出发点是好的，想解决中国人的排外和自卑心理，但事实上它是封闭心理的另一种反映。现在有一些中国学者开始否定西方文明史中的很多基本观点，甚至认为古希腊文明是编造

① 参见蔡运章、张居中：《中华文明的绚丽曙光——论舞阳贾湖发现的卦象文字》，《中原文物》，2003 年第 3 期。

② 黄爱平：《明清之际“西学中源”》，光明日报，2013 年 1 月 18 日。

图 3–1　贾湖刻符

的，阿拉伯百年翻译运动是伪造的，等等[①]。

这些观点显然离谱，并且以这种方式减轻接受科学文明的难度，打击西方文明以抬升中华文化是毫无意义的。中国的确对科学文明的发展起到过巨大作用，但科学内容本身与历史上中华文化的内容显然极少关联。仅仅以一些对西方文明发展史上技术性困难的怀疑就做出结论，并不是科学的研究方法。如以羊皮纸很贵，纸草很难保存，就认为出身贫寒的荷马写出七百万单词的《荷马史诗》是不可能的。中国古代文献因竹简技术问题不得不采用字数极省的文言文体，进而认为亚里士多德竟写出数以百万字计算的著作也是不可能的。

事实上，最初以口传的史诗记载历史是很多民族的共同特点，中国藏族的史诗《格萨尔王》有 100 多万行，2000 多万字，最初也是口口相传，

① 何新:《希腊伪史考》，同心出版社，2013 年 2 月。何新:《希腊伪史续考》，中国言实出版社，2015 年 6 月。董并生:《虚构的古希腊文明——欧洲“古典历史”辨伪》，山西人民出版社，2015 年 5 月。

并没有记载到纸上，至今能找到有书面记载的只有40万行。这部史诗比古代巴比伦史诗《吉尔伽美什》，《荷马史诗》(《伊利亚特》15693行、《奥德赛》12110行)，印度史诗《罗摩衍那》、《摩诃婆罗多》(20万行)加起来的总和还要多。为什么要用诗的方式？就是容易记。中国少数民族还有另外两大史诗，柯尔克孜族史诗《玛纳斯》(20万行)，蒙古族史诗《江格尔》(10万行)。这些最初靠世代口传的史诗规模都不亚于《荷马史诗》。古代的史诗达到这种规模根本就是一个普遍现象，到了有纸张的时代才被记录下来，怎么会在技术上有任何问题呢？那时的人们根本没有今天互联网时代这么多的信息，靠演唱这些史诗吃饭的艺人从小到大整天整年地都在背这些诗。已辞世的《格萨尔王》说唱老人桑珠生前曾创造了一项纪录，他说唱的每部故事平均50个小时，个人累计录音超过2000小时，内容基本涵盖了《格萨尔王传》的故事全貌。这就是说如果桑珠每天唱5到6个小时，把整个史诗全唱完要一年多时间，这些庞大到难以想象的内容全在这些史诗说唱艺人的脑子里存着。与此相比，总计区区不到3万行，700万字的《荷马史诗》被创作出来有什么不可克服的技术困难可言？相传荷马是盲人诗人，这显然表明他不可能把史诗写在羊皮纸上。别说那么久远的事情，就在几十年前中国“文革”只能看八个样板戏的年代，很多小姑娘都可以把样板戏里的台词和唱词大段大段地完整背下来。即使到了今天，从那个年代过来的很多人还能把其中最有名的比如《沙家浜》里“军民鱼水情”“智斗”等唱段完整不漏地唱完。

这些史诗本身是否为真实的历史事实，那就是另外一个问题了。这些史诗本身主要是艺术作品，甚至是神话，它们只是多少会反映当时社会的一些风貌和历史。例如《三国演义》是一部小说，但其大背景的确是三国时期的真实历史。历史学家们能获得的早期历史资料奇缺，只能借用这些艺术作品当史料进行当时社会历史的还原，当然精确性会差很多。但我们不能因此就否定当时的历史，正如我们不能因《三国演义》是文学作品就否定三国的历史存在一样。对此历史学家只能通过发掘其他史实来补充和修正。

亚里士多德在《形而上学》中说科学是那些有闲暇的人从事的事情，科学之所以起源于古埃及，就是因为那里的僧侣阶层特许有闲暇。什么叫有闲暇？就是财务已经自由了。亚里士多德属于逍遥学派，财务不自由能逍遥吗？羊皮纸的确比较贵，也只是相对贵，不是贵到只有贵族能用的程度。但如果只是贵的话，对有钱人也就不是问题。如果有钱也不能解决的问题，那就只能想别的办法从技术上解决了。中国的甲骨文和竹简，本质上是属于第二次信息革命的技术，要半天才能刻一个字，就算找仆人刻字，几本书就占一辆车、一间房，体积太大又太重了，就算再有钱当然也要惜字如金。中国成语“学富五车”就是因竹简体积太大而来的。

表 3-1 是对几种主要的古代信息记载工具技术指标的简单比较。看完这个技术比较，人们就会明白那些“西学中源”说的学者对历史研究是何等地想当然的了。

表 3-1　几种主要的古代信息记载工具的技术指标比较

	材料成本	存储速度	存储密度	传播成本	存储时间	存储成本
竹简	低	极低	极低	高	最长	极高
羊皮纸	高	高	中	中	长	高
纸草	中	高	高	低	短	低
中国纸	极低	高	高	极低	中	极低

由表 3-1 简单比较分析可见，竹简除了在材料成本和存储时间两项上有可取之处外，在其他方面都远远不如羊皮纸和纸草，尤其存储速度、存储密度（含体积密度与重量密度，重量密度差距更大）两项与其他技术差距巨大。而羊皮纸和纸草除材料成本一项外，其他方面都非常接近中国纸。因此，中国纸的确有全面的综合技术优势，但相比羊皮纸和纸草主要解决的是材料成本和传播成本问题。在存储速度一项上其实是差不多的，存储密度差距（尤其与纸草相比）也不是太大。在存储时间一项上甚至还略低于羊皮纸。羊皮纸、纸草是第三代信息技术，竹简则是第二代信息技

术，差了一个大的技术时代，这是刻画记录方式与书写记录方式的根本差别。中国纸是在第三代的书写信息技术上的变革。

作者本人是从事了几十年IT行业的专业人员，对以上历史进行专业信息技术角度的分析比较工作是一个很自然的事情。但问题并不是以上持“西学中源”观念的学者对基本的科学常识和历史知识无知，而是这些观念是典型的“社会系统误差”作用下的产物。

一些中国古人类学者提出人类进化的多起源说，认为中国是人类起源地之一。复旦大学生命科学院的金力教授最初也是兴高采烈地以为，采用最新的分子遗传技术可以给中国是人类起源地的学说提供最坚实的证据，但最后的实际测量结果却是意外发现他所能找到的所有遗传基因样品都显示中国人全部来自非洲。科学的测量证据是最有价值的，金力教授尽管未能实现最初意愿，却因此在分子遗传学古人类研究方面获得有价值的成就。因此，问题也不在于人类认识必然存在社会系统误差，有些天然的本性人人都是类似的，区别只是在已经发现的科学测量数据面前的态度。

以上这些问题会在本书第十四章的“社会领域常见的五大主体误差”中做更系统和深入的讨论。在这里只说明一点：“社会系统误差”与一般自然科学测量过程的系统误差相比既有一定特殊性，也完全符合测量的一般规律。社会系统误差有两面性：一方面它们往往会是认识的动力，另一方面也常常会带来认识的系统误差。这种情况在自然科学测量过程中其实也很常见，如测量仪器电源系统有可能会存在纹波干扰等。从动力的一面来说，这些社会因素有其合理性。如本章第一节所述的发现龙游青碓遗址和荷花山遗址的案例中，都有龙游县文化旅游局副局长黄国平的重要作用。黄国平是负责旅游的政府官员，怎么总是和考古发生关系呢？这其实在中国已经是一个比较普遍的现象。很多地方政府为寻求本地的经济发展驱动因素可谓绞尽脑汁，能够找到有分量的考古遗迹，那将是本地发展旅游经济和招商的重要名片。这个社会需求与考古科学本身当然是无直接关系的，但却对考古科学的发展有动力和支持资源意义上的重大价值，这对科学发展是非常值得肯定的、具有积极意义的事情。但是，如果因此动力驱使而影响考古对象的科学认识内涵，无视对自身动力方向不利的科学证据，甚至公然造假，它又很可能会带来认识的社会系统误差。我们不能仅仅因为这些因素的存在就直接否定对方，但的确需要有一套规范的方法以修正这个潜在系统误差因素的影响。

第四节　目的与过程的一致性

一、目的与过程一致的历史作用

当我们讨论某个历史事件起到什么作用的时候，一定要首先搞清楚一个问题：当年的历史人物们自己是不是真的就是想起这种作用。其目的与过程（包括结果）有可能是一致的，也很可能是不一致的。此处所说的“过程与结果”是我们要讨论的历史作用相对应的“过程与结果”，而不是当年历史人物自己想要达到目的和其动机对应的过程与结果。

所谓一致就是当初他们就是想起这种作用。例如，古希腊文明的创造的确就是目的与过程一致的成功典范——当初古希腊智者们的目的和动机就是想在古埃及的几何测量知识基础上创立一种理想和完美的知识。英国科学革命和工业革命同样在很大程度上是有意为之。毫无疑问，如果你最初目的就是想做什么，一般来说其过程实现相应目的有最大的可能性。更重要的是，目的与过程一致的历史过程，其作用和结果会比较稳定和可持续。

阿拉伯帝国在中世纪对科学文明起到的作用也是一种有组织、有计划、有巨资支持甚至有宗教信仰支持的有目的行为，这被史学界称为阿拉伯的百年翻译运动（Harakah al—Tarjamah），这个运动事实上持续了200多年。并且翻译吸收的文化并不止古希腊的典籍，还广泛地包括了印度、波斯、罗马、古代阿拉伯（巴比伦）、古埃及、拜占庭甚至古代中国等阿拉伯半岛及周边所有能够吸收到的文化内容。伊斯兰教创始人穆罕默德曾对他的弟子说："学问虽远在中国，亦当求之。"这句话被一些"西学中源"说的人拿来当证据，其实这只是证明中国在当时阿拉伯半岛地区的人们心目中是何等遥远。就像我们中国说即使远在"天涯海角"也要追到那里一样，这丝毫不能拿来证明海南三亚的天涯海角对古代中国文明有多大影响。另外这句话也是阿拉伯帝国为何对异国文明成果如此开放的原因在宗教信仰上的注解。

阿拉伯倭马亚王朝期间（公元661年至750年，是阿拉伯帝国第一个世袭制王朝）就开始出现了早期的文化翻译活动。公元751年7月至8月发生的怛罗斯战役（Battle of Talas）是一场改变整个人类和科学历史命运的战役，在这场战役中，唐朝大将高仙芝指挥的唐军败给了黑衣大食帝国（阿拉伯帝国在东方的一支）的军队。历史上有无数的战争，胜败早已是兵家常事，这场战役本来也算稀松平常，但关键是有两万唐军被俘，其中有懂造纸术和印刷术的工匠。这使造纸术和印刷术传到了整个阿拉伯世界。当然，也有一些史学家如罗新教授曾向我提到历史上的技术转移是一个非常复杂的过程，往往途径并不一定是唯一的。一种好的技术一旦在某一个地区普及，附近地区也想尽办法获得它的时候，传递过去就只是时间问题。即使在历史记载已经极为丰富完善的今天，要讨论清楚计算机技术是如何从国外传递到中国的也是一件很费工夫的事情。怛罗斯战役唐朝打败了，对这样的事情记载就不是太多。而阿拉伯帝国打赢了，因此大吹特吹的记载就很丰富。

无论如何，造纸术的确是在这个时期从中国传递到阿拉伯帝国的，这是所有相关史料一致指向的史实。更重要的是，史学界比较普遍的看法是这个信息技术上的变革是阿拉伯百年翻译运动的技术基础。此战役之后，阿拉伯伊斯兰城市撒马尔罕和巴格达很快建起造纸厂，并且阿拉伯人改进了造纸术，利用了淀粉材料使其适合当地钢笔的书写习惯。从阿拔斯第七代哈里发麦蒙时代（公元813年至833年在位）建立专职翻译周边文明典籍的智慧宫[①]开始，整个阿拔斯帝国中期（公元830年至930年左右），这种翻译引进周边国家的文化典籍成为一种由哈里发巨资支持的、有组织的系统行为。甚至在与东罗马帝国签订的合约中，也特别规定要求对方将其域内所能找到的一切典籍都必须复制拷贝给阿拉伯帝国。在该期间各代哈里发的持续大力资助和倡导下，以巴格达为中心，形成了巴格达学派。并且在阿位伯势力征服的埃及开罗和西班牙的科尔多瓦形成了另外的两大阿位伯文化中心。公元 8 世纪到 13 世纪的 500 多年，被称为伊斯兰黄金时代。

二、目的与过程非一致性的历史作用

另一种历史作用的情况是当时历史人物本身的目的根本就不是这个，所起到的历史作用只是另外目的和相应过程的副产品，这种情况下讨论历史作用和价值时就比较复杂了。例如，造纸术和印刷术对阿拉伯世界的崛起、意大利文艺复兴和后来的科学革命、工业革命都起到了信息技术基础的巨大作用，但这并不是中国人有意为之，而是通过战败的唐朝士兵被阿拉伯世界俘虏过去的。因此，说到中国四大发明对科学文明作用的时候，作为中国人可以因此而增加自信，但也别太多感情参与进去甚至过多自豪。打败仗被人俘虏过去后起到的伟大作用有啥好自豪的？引发欧洲大翻译运动是阿拉伯世界崛起的影响对基督教世界的打击所推动，这也并非阿拉伯世界有意为之。

阿拉伯帝国的如此空前开放，且有目的地吸收周边所有文明的长期持续行为，为什么没有引发更进一步的科学革命和工业革命呢？他们吸收学

---

① 英文：House of Wisdom；阿拉伯语：أةمكحل اتيب；Baytal— Hikmah。由翻译局、科学院和图书馆等机构组成。

习周边文明的目的是很明确的，但学完之后要干什么？要在此基础上创造出什么样的新文明？这些并不是很明确的。当目的不明确时，不会有进一步的行动和发展就是历史的必然了。

直接触发意大利文艺复兴的是东罗马帝国懂古希腊文明的学者逃难到意大利，而这个逃难是因为穆罕默德二世 1453 年攻下君士坦丁堡（今土耳其首都伊斯坦布尔）所致。因为此事件阻断了欧洲与亚洲之间的陆上贸易通道，这也刺激了地理大发现的过程。这些历史作用同样不是阿拉伯世界有意为之。意大利文艺复兴的目的也不是发展科学，或利用科学文明的发展使自身获得社会发展和进步，这就是为什么文艺复兴之后的意大利尽管在科学上获得了相当大的进展，却一直漫不经心，甚至把近代科学之父伽利略都给囚禁了。

日本在学习近代科学文明走得非常顺利，但却远远谈不上超越美国，原因就在于其出发点就只是“脱亚入欧”，仅仅是复制和拷贝西方文明就完事，当然拷贝完了也就到头了。

今天的中国同样敞开胸怀吸收全世界一切民族的优秀文化，但如果没有在前一个美国和日本文明基础上创建更高层次文明的冲动和雄心，这种行为的层次能否超越当年的阿拉伯文明，以及同时期的唐朝盛世，能否超越恨不能把自己血缘、人种都改造了也要完全拷贝西方文化的日本，是要打一个问号的！

在目的与过程不一致的情况下，对其历史作用的评价也很容易陷入一种泥潭。有意为之都不一定干得成，干成了也不一定干得最好，如果本身就不是想干这种事情，其产生的作用到底有多少、有多大就更不好说了，但要完全否定相应的作用又说不过去。因此，我们只能说这是一种**“目的与过程非一致性的历史作用”**。我们今天要讨论的大多数历史过程，其历史作用和功过都有类似的问题。更复杂的地方在于：目的与过程非一致未必是说其起的作用就一定更小，问题只是它的作用不稳定，尤其副作用不受控，很可能变成“负作用”。亚当·斯密有市场机制主观为自己利益，客观上却更好地提升了社会福利的说法，以此为自由市场辩护。但另一方面，市场经济又定义为法制经济，所谓法制就是要限制单纯市场力量的“纯天然”作用的发挥，并将其导向对社会福利有利的方向，而这是有目的的行为。法制的目的是指向社会福利，市场本身的能量和目的是指向自己的利益。这样，最终市场运行的结果是哪个因素的作用呢？只能说是综合作用。

中国历史上产生过很多科技发明，甚至所有引发工业革命的科技发明几乎都具备了，中国为什么没有发生工业革命呢？这个李约瑟难题很折磨中国人。你的社会目的压根儿就不是想搞这个，那干成了才是偶然，干不成就是必然的。即使不小心在这方面已经干出很高的成就了，最后也会漫不经心地把它们放弃了。郑和下西洋的时候所造的船已经与现在中国最先进的大型导弹驱逐舰 052D 属于同一吨位（7500 吨），但那又如何？认识不到它的价值，最后放弃了。当时阿拉伯帝国是有可能产生科学革命和工业革命的，但其心思和目的不在这上面，这才是真正需要反思的事情。直到今天阿拉伯世界也没去认真反思其历史上真的错过了一次领导世界科学革命的机会。如果当时科学革命成功了，其科学文明的波浪是有可能沿着丝绸之路向东路传播，或者向西向东同时传播的。当然，过去的历史不能假设，但未来的历史却可以去“计划”并且按计划的蓝图去实现。

第五节　历史名称对象的高度变化与理论阐述简明性的矛盾

一、确定历史概念对象的影响因素

当我们提出一些历史理论概念时，必然要对历史事实进行一定的抽象，这就难免会与真实的历史对象产生一定的偏差。尤其历史对象本身在很长的历史时期内是高度变化的，这就会使理论阐述过程中很容易引起误解和争论。绝大多数人对历史事实本身并没有什么分歧，因为真能发掘出新的历史测量数据的只是极少数职业历史学者，但却会在此基础上引发大量毫无意义的争论。例如，中华文明是一个历史理论概念，但真要准确定义什么是中华文明却是很困难的，因为历史上中华文明的起源就非常复杂多元，仅从大的农业起源上至少就有北方起源中心和南方起源中心。如果考虑小的就更多了，西部的三星堆及金沙文化与中原文化就有很大差异，而它们之间也有很多联系。尤其金沙遗址出土的十节玉琮就来自于现浙江一带的良渚文化。

历史理论对象的概念可以从多个方面来形成，包括地理、种族、社会组织、宗教、文化和文明等。以下给予简要讨论：

地理：某一个地理区域，会形成一个理论的线索。例如，“阿拉伯半岛”这个地理概念，在历史上对应了相应的、有一定内聚度的历史过程。它含现今沙特、阿联酋、卡塔尔、也门、阿曼等国家的阿拉伯地区，现土尔其的小亚细亚地区，现伊拉克、科威特、伊朗西部、叙利亚、约旦等国家和地区的两河流域地区，地中海最东部的巴勒斯坦、以色列等地区。

种族：某一种族会形成一个相对固定或有联系的群体。尽管对“种”这个概念很多学者已经不赞成，包括我的好友罗新教授极力反对这个概念。从生物学上说，当今所有人类完全是同种的，因为种的生物学定义是：不同种杂交后所产生的后代不具有繁殖能力。而当今人类所有不同种族的人之间结婚产生的后代都具有繁衍后代的能力，这充分证明了所有人类都是同种的。因此，族是一个由文化、地域和政治形成的概念。另一方面，也不可否认的是：因为过去交通不便，不同地域的人们因长期生活环境的不同，的确形成了一定的生物种内部的差异。这种差异不仅存在于语言、文化、习俗、宗教等方面，也存在于肤色等基因方面。

社会组织：部落、城邦，或国家。如罗马帝国、大汉帝国等都是以当时的国家来形成相应概念的。但这种理论概念会存在极大的变化，因为不同时期由于战争、婚嫁时的赠送、买卖、分封等，都会带来相应部落、城邦、国家的地理区域的巨大变化。在不同势力的中间地带，这种变化尤其剧烈。阿拉伯半岛是欧、亚、非三个大陆的交汇处，历史上势力众多。中间很多部落活得相当辛苦，当一方势力打过来时，就投降这一方；另一方势力打过来时，就投降另一方，否则就得卷入战火。当年的犹太人面对古埃及和巴比伦两大势力轮番争夺就陷入这种状态。最后巴比伦认为犹太人太不忠诚了，不再接受他们的投降，把所有犹太人抓到巴比伦，并且最后流放，这就是著名的“巴比伦囚徒”。看看 20 世纪 5 次中东战争中，无论军力对比强弱，以色列军队都是横扫周边阿拉伯国家的军队，很难想象几千年前它们是那样的受气包角色。

当年阿拉伯半岛的伊斯兰教势力与信仰基督教的东罗马帝国之间地带的部落也会陷入当年犹太人类似的左右为难的困境。

中国的秦始皇进行了一次焚书坑儒，杀了几百儒生，焚烧了一堆除医学、农牧等技术实用书籍之外的其他典籍，这件事情已经让中国后人骂声震天。但要知道整个欧洲大陆历史上是搞了几百年“焚书坑儒”的，中世纪的基督教世界焚烧了除《圣经》之外的所有书籍。在东罗马帝国与阿拉伯文明的交界地带，基督教的“焚书坑儒”难以彻底，这些地方就保存下了古希腊和罗马的典籍，并且很幸运阿拉伯的伊斯兰教不仅不排斥这些东西，还有目的地全套复制引进和翻译研究。

宗教：相同的宗教信仰会形成一个共同的群体。即使他们被地理空间和社会组织所分割，也可能形成共同的行为。犹太人被流放到世界上数以千年计算的时间之后，竟然又于二战之后在以色列重新立国。这是种族和宗教共同作用的强大结果。

文化和文明：当我们谈到历史上的文明和文化时，最容易引起模糊的分歧。因为文化和文明很可能与地理、种族、社会组织、宗教等相关联，也有很大可能超越这些。因为文明和文化相对是最容易被学习和传播的。

地理是固定不变的（当然不是指地质年代，而只是指人类社会历史年代来说），种族可能会通过迁徙而移动，宗教可能会通过传教等而在不同种族中传播，社会组织基于地理，但也会通过战争等发生伸缩，文明和文化相对是最容易通过学习、贸易、人的迁徙等而传播的。

历史概念的形成远远不像物理学概念那么稳定，尤其是地理与国家、民族由于历史上的频繁变迁而很难有确切的概念内涵。在今天的历史时代，通过联盟、区域合作组织而形成的概念就更具有人为确定和高度变化的性质，如欧盟、北大西洋公约组织、北美自由贸易区、东盟、OPEC 组织、上海合作组织，甚至远远跨越地理环境、根据发展阶段和规模而形成的 G7、G20、“金砖五国”概念等。

二、阿拉伯半岛对科学文明的历史作用

阿拉伯半岛对科学发展的历史作用是最为丰富和复杂的。其本身就有一部分属于古希腊和罗马。古希腊文明最早的米利都学派，是位于阿拉伯半岛的现土耳其境内，但当时属于古希腊。因此，当我们说古希腊文明是科学起源的时候，千万别认为其地理上仅限于希腊半岛。当我们说阿拉伯是古希腊科学文明继承者和中转者的时候，某种程度上要说地理上的阿拉伯半岛本身的局部就是古希腊文明的起源地之一。这也很容易理解它为什么成为古希腊灭亡后的继承者。阿拉伯文明不仅继承了古希腊文明，而且将来自中国的造纸术和印刷术的新型信息手段在一定程度上发扬光大。犹太教、基督教、伊斯兰教都是起源于阿拉伯半岛，甚至本身就是同源的。由此就能理解阿拉伯半岛的文明进化有多么复杂多样。这里几千年来，无论内部还是外部的战争无数，交战的有古埃及人、雅利安人、罗马人、波斯人、马其顿人、塞种人……与其周围战争不断，直到今天这里依然是如此。这里先后有如下统治者：

苏美尔：公元前 4000 年—前 2000 年。

古巴比伦：公元前3500年—前729年。

亚述帝国：公元前2500年—前605年。

阿卡德帝国：公元前2334年—前2193年。

赫梯帝国：公元前1800年—约前1200年。

古埃及：公元前约4000年—前30年。

古希腊：公元前800年—前146年。

波斯帝国：公元前558年—前337年。

安息帝国：公元前247年—224年。

神圣罗马帝国：公元前27年—395年。

马其顿帝国：公元前800年—前146年，其极盛期为亚历山大帝国，亚历山大在位时间为公元前336年—前323年。

阿拉伯帝国：公元632年—1258年。该帝国持续626年，不仅对该地区，而且对整个世界影响深远。阿拉伯帝国的历史作用是非常奇特和影响深远的，她为世界历史留下了两个巨大的遗产：一是伊斯兰教；二是对周边文明有目的的空前开放态度，尤其在吸收中国造纸术和印刷术基础上，通过百年翻译运动，成为科学文明演化的“混频器”和“中继器”。阿拉伯帝国在欧洲基督教世界的扩张和对其军事打击引起整个欧洲基督教世界的震撼，其势力在西部远达西班牙。1085年发生了一个非常重要的事件，西班牙托莱多城被卡斯蒂利亚国王阿方索六世收复后，城内的图书馆收藏的大量典籍轰动了整个基督教世界，引发了欧洲大翻译运动。1236年，费迪南三世赶走了摩尔人，使阿拉伯三大文化中心之一的科尔瓦多归属为信奉基督教的卡斯蒂利亚王国，为欧洲大翻译运动提供了更多条件。到意大利文艺复兴之前，欧洲基督教世界已经彻底改变了独尊《圣经》、焚烧其他一切书籍的历史，完成了对大量古希腊科学典籍的翻译、学习和融合。托马斯·阿奎那（Thomas Aquinas，约1225—1274）对亚里士多德《形而上学》《物理学》《后分析篇》《解释篇》《政治学》《伦理学》《论感觉》《论记忆》《论灵魂》《论原因》等著作都作过注释，并将古希腊的科学变成为证明上帝的工具。因此，那些试图过度强调东罗马帝国学者对文艺复兴作用，而想完全否定阿拉伯帝国中继作用的观点显然是站不住脚的。

蒙古帝国：从公元 1220 年到约 1260 年，蒙古帝国对阿拉伯进行了三次西征，其后又在此进行了上百年战争，导致阿拉伯帝国覆灭，而且对数百个城市进行了惨烈的屠城，整个阿拉伯半岛被灭族无数。蒙古帝国给东亚、中亚、阿拉伯、东欧、俄罗斯、印度等地区造成了 2 亿人的死亡，为人类历史上空前绝后的战争灾难。

其他游牧民族的入侵：早在蒙古帝国之前，另一个游牧民族雅利安人入侵过阿拉伯半岛及附近广大地区，导致了古巴比伦、印度河流域的哈拉巴古印度文明以及古埃及文明的衰落和灭亡。世界上有三大古游牧民族，闪米特系就在阿拉伯半岛地区，另外两个就是蒙古系和雅利安系。蒙古系前后有匈奴、突厥、蒙古人等都入侵过阿拉伯半岛地区。因此，阿拉伯半岛就是世界三大古游牧民族角力的集中之地。

东罗马帝国：又称拜占庭帝国，公元 395 年—1453 年。

塞尔柱突厥帝国：公元 1037 年—1194 年。

花剌子模帝国：公元 1097 年—1231 年。

贴木尔帝国：公元 1370 年—1507 年。

奥斯曼帝国：公元 1299 年—1923 年，持续了 624 年，结束后形成现今的国家土耳其共和国。阿拉伯半岛对科学发展的中继影响主要表现为阿拉伯帝国和奥斯曼帝国两个阶段。在阿拉伯帝国阶段，经过了两个大翻译运动，将古希腊的科学在阿拉伯帝国中继后，主要通过西班牙托莱多和科尔瓦多传给基督教世界。奥斯曼帝国则主要通过攻占君士坦丁堡实现两个重大的历史影响：一是将东罗马帝国的学者大量驱赶到意大利，直接刺激了意大利的文艺复兴；二是切断了欧亚之间的陆上香料贸易通道，直接刺激了地理大发现。

以上罗列的帝国极少会全部统治该地区，一般是大部分，甚至只是少部分统治该地区。它们不仅深刻影响了阿拉伯半岛地区，而且包括整个或部分的希腊半岛，意大利半岛也常常是其入侵和攻占的地区。

阿拉伯半岛对科学发展的历史作用总结起来就是6个“2”：

1.“2”个方面的影响：**起源**，阿拉伯半岛本身的古巴比伦文明就是公认的原始科学起源地之一。地中海尤其爱琴海东部的米利都学派更是公认的古希腊科学最直接的发源地，甚至可以说古希腊文明最早的起源就是阿拉伯半岛。**中继**，在欧洲中世纪保存了古希腊科学文化，并且中继了整个周边各文明的文化，尤其中继了造纸术和印刷术为代表的中国文明，另外还有印度人发明的阿拉伯数字为代表的南亚次大陆文明。

2.“2”个帝国的中继作用：阿拉伯帝国、奥斯曼帝国。

3.“2”个城市的图书馆：西班牙托莱多、西班牙科尔瓦多。

4.“2”个中继阶段：1085年阿拉伯帝国时期开始的欧洲大翻译运动；经过368年后，1453年奥斯曼帝国时期开始的意大利文艺复兴。

5.“2”个方向的作用渠道：西部的西班牙、东部的君士坦丁堡。

6.“2”个直接刺激结果：意大利文艺复兴、地理大发现。

三、阿拉伯半岛与周围主要文明区域的对比分析

宗教产生的最初动因就是人类面对自然力时的无助和因此而寻求安全感的努力。阿拉伯半岛为什么会成为世界上最为发达的宗教创生之地？简单来说就是这里的安全感最为缺乏。古犹太教是这三大宗教的共同起源，而犹太人也是最没有安全保障的民族之一，最初被赶出埃及流浪到地中海东岸，后来不断在古埃及和巴比伦人的入侵中两边倒，然后被古巴比伦流放到全世界。即使在今天以色列建国了也一直是危机四伏，永远处在与几千年前一样的随时可能亡国灭种的状态。

中国历史上的情况是：虽然也经历了很多朝代领土的复杂变迁，甚至在元清两个朝代被北方民族征服和统治，但中国的变化在地理上基本都围

绕长江、黄河流域，并且都一直延续了儒家文化以及汉文字。因此，其他国家的历史学家对中国的情况感觉很奇怪，认为中华文明能够以这种方式延续如此之长的时间一直到今天是一个“例外”。

阿拉伯半岛的历史则全然不同，各个统治的种族、文化、宗教、文字来源既有本地起源，也大量来自四周。因此，这里除了地理之外，根本就不可能有一个统一的“文明、文化甚至种族历史”。这个地方就是不同文明的“混合器”和“搅拌器”，它把内生的和来自周边的文化和文明源源不断地在这个地方翻来覆去地搅拌。其中有些原来的文明有可能被搅拌得几乎没了，有些则混合在了一起。例如，苏美尔文字即使在两河流域也早就失传了。

再对比一下印度也非常有意思。古印度（含现今印度、巴基斯坦、孟加拉国、尼泊尔等国家）的地形东南西部都是印度洋，北部是喜马拉雅山脉，几乎在这些方向全是封闭的。只有西北部存在一个通过现阿富汗和伊朗与阿拉伯半岛相联的通道，另一个是东北部通过云贵高原的原始森林与中国有微弱联系的茶马古商道。因此，古印度就是一个只存在西北部的“前门”和一个东北部“后门”的封闭地区。古印度历史上只有两个朝代是内部产生：孔雀王朝和笈多王朝。其他王朝基本上都是从西北部的前门打进来的外族统治者建立的。主要的外族统治王朝有：雅利安人殖民时期、贵霜帝国、德里苏丹王国、莫卧尔王朝、英国东印度公司殖民统治。如果中国人以为自己历史上是爱好和平的，从没侵略过他人的话，看看印度的历史可能就不好意思再提这个事情了。印度在独立之前的历史上真的是从来没侵略过别人，却老是被别人侵略！

阿拉伯半岛四周都是通路，即使面海，也都是良好的海路。西面的地中海尤其爱琴海，西北角的达达尼尔海峡，北面的黑海，东北边的里海，中西部的红海，西南边的亚丁湾，东南边的波斯湾，霍尔木兹海峡……全都是面积有限的良好海上通道。只有南边与印度洋相连的阿拉伯海稍大一些，但也在古代就是海上通道。整个阿拉伯周边不仅完全无险可守，而且全是古代文明发祥之地和能征惯战的游牧民族聚集之地。

古埃及则是只有一个东北角的陆上通道，和北边地中海的海上通道。

中国大陆则是处于另外的状态，四周其实都既有屏障，又都有不算完全封闭的交往通道，尤其与北部游牧民族长年有冲突交往。东边虽是太平洋，但与北部的日本、朝鲜，中东部的琉球、中国台湾，东南部的菲律宾、印尼等古时就有海上交往，它们时常成为中国的藩属国或直接就是属于中国。南边与东南亚各国同样自古就有大量交往，有些也曾是藩属国，西南虽有青藏高原阻隔，但通过茶马古商道与印度孟加拉有交往，向西有大沙漠的阻隔，但通过陆上丝绸之路与中亚、西亚、印度和欧洲交往。除北边游牧民族偶尔强大、近代日本工业化稍早几十年之外，其他周边文化相对中国大陆一直都是处于弱势，甚至是蛮荒之地。因此，中国与阿拉伯半岛在地理决定的文明环境上是同类的两个极端。中国是四周都是通道的强联系，阿拉伯半岛则是四周都是通道的弱联系。因此，如果我们要以中华文明的历史概念来理解阿拉伯半岛文明、印度以及其他文明的历史，当然会发现巨大的差别。

由于今天整个阿拉伯半岛主要信奉伊斯兰教，因此，“阿拉伯半岛”“阿拉伯文明”这些词汇才成为我们今天指称整个这一地区的名称。但这显然不意味着罗马帝国、亚历山大帝国统治这一地区（只是其部分地区）时期，这里也可以用“阿拉伯”一词来表达。

四、如何理解“古希腊”？

首先要明确的一点是：古希腊是很奇特的，很难用其他古文明的“帝国”概念。古希腊并没有集权的皇帝，而是一个采用民主制的城邦组成的社会。之所以形成这样的社会是与古希腊的生产方式密切相关的，这里并没有其他古文明那样的大规模农业生产基础，而主要是生产陶器、葡萄酒、橄榄油等产品，通过贸易交换到其他地区获得粮食等生活必需品。爱琴海、整个地中海、通过达达尼尔海峡到达的黑海等都是古希腊商人的海上贸易通路。萨摩斯岛和附近的米利都之所以成为发达的城市，就是因为这里是古希腊海上贸易枢纽之一。因此，古希腊对爱琴海周边，甚至整个地中海沿海地区周边的辐射和影响就会非常广泛，这是海上贸易活动必然带来的结果。

正是因为海上贸易，古希腊与周边的文化产生了广泛的交往。古希腊科学的创始人泰勒斯的家族就是做贸易的商人。泰勒斯因此得以游历古埃及，并在那里学习了古埃及的科学知识。与其他贸易商人不同的是，泰勒斯并非仅仅做贸易赚钱，而是将兴趣倾注到了学习古埃及科学，并产生在此基础上建立完美科学知识的雄心，这是极为难得的。仅仅做贸易并不意味着一定就可以产生出古希腊的科学。贸易对泰勒斯来说只是接触古埃及文明的机会和桥梁，而将古埃及文明发展到理想化的极致，泰勒斯等个人的理想和雄心依然是可遇而不可求的事情。他们不为任何世俗的目的，仅

图 3–2　古代希腊版图及其与阿拉伯半岛的地理关系

仅是追求为学术而学术的理想知识和智慧，这是我们应当给予充分尊敬的。如果没有古希腊智者们这种超凡脱俗的理想和雄心，我们不可能得到数学这种超凡脱俗的科学基础知识。

如果仅仅是这种超凡脱俗的理想并不足以支持古希腊的科学研究太久，古希腊的辩论赛社会风气作为一个奇特的社会现实作用，成为支撑其长久持续的内在动力。辩论赛在古希腊有些类似体育比赛，是能吸引观众的社会活动。古希腊的智者大都通过教授辩论术而获得生活的经济来源，古希腊的数学和逻辑研究活动也是在这种教授辩论术的学校，和辩论赛过程中成长起来的。

第六节　“就史论史”与理论普遍性要求的矛盾

真正科学的理论，不仅要能够适用于所有同类的测量数据，而且不能有一个例外。但是，人们在讨论历史理论的时候往往是另一个极端，仅仅就某一个历史事件去建立理论。如果这样的话可以很容易建立无数的理论来解释这个单一的历史事件。本来影响人类社会进程的因素就极为复杂多样，是典型的多因果关系，因此给出众多的解释似乎也都有道理。任何一个历史事件发生的同时会伴随有其他大量的历史因素，人们很容易把所有这些同时期的历史事件之间都建立起因果联系的解释。但是，如果要让一个理论真正成为可以适用于所有同类对象的理论，就不能只限于这个单一历史对象来讨论，而必须将相同的理论应用于其他历史对象。这个研究方法在历史学中却是一门边缘学科，叫“比较历史学”。不过我认为这个方法应当是历史理论的最基本和最原则的研究方法，而不应是边缘学科。但是，这个研究方法是存在较大困难的，因为这需要跨越非常多的不同历史学科，需要将中国历史同其他国家历史进行对比分析，这需要历史内部的高度跨学科研究。

例如，当研究了中国近代史后，就得出“落后就会挨打”的理论结论。是否正确呢？当然有道理。但是如果我们以这个理论结论去研究其他的历史时，很快就会发现存在巨大困难了。例如，二战中有大量国家并不落后，却都挨打了。甚至在 9 · 11 事件中，美国是被非常落后的恐怖组织打的。

从最严格的逻辑上说，是否会挨打直接相关的是会不会有人来打你。即：

挨打 = 有人打你

但为什么会有人来打你呢？这个原因就很多了，必须分析打人者产生打人的动机和行为的原因是什么。如果一个国家很落后，尤其是军事很落后，却又很富有，那就麻烦了，很容易让强盗产生来打这个国家的念头并且付诸行动。更重要的是，如果军事越落后，当有人来打时，其受到的损失可能也越大。因此，说“落后就会挨打”在这种特定边界条件下是有道理的。但是，有人产生打人的动机和行为并不仅仅是“被打者落后”一个原因，如果总结世界上尽可能完全的同类历史，还有以下很多原因会带来相应的问题：

当一个民族因人口增长太多，资源又有限，再加上遇到天灾活不下去时，即使别人不落后，它也会去打别人，因为活不下去了，只有冒险到其他民族那里找活路。

如果一个国家虽然不落后，甚至很发达，但老是打其他那些落后的民族，后者被打得实在受不了了，也会跑来打并不落后的国家。美国遇到的就是这个问题，老去打别人，无论对方落后不落后，最后受不了就会跑来打美国。

还有一些恐怖组织有事没事就是要去打人。

如果一个国家虽然落后，但落后到什么都没有，谁会有兴趣费事去打它？所以落后也不一定就会挨打。

甚至落后又富有也不意味着就一定会挨打，因为如果有良好的国际秩序的话，随便打人是要受到国际社会惩罚的。

还有一些情况下，甚至会出现与“落后就会挨打”理论看似完全相反的历史现象——发达了也很容易挨打。“修昔底德陷阱”的概念就是说当新兴的大国实力（尤其军事实力）不断增强，让守成大国感觉不安全时，很可能引发军备竞赛，最后被某个因素触发导致两个强国打起来。

因此，“落后就会挨打”的理论是不具有普遍性的，普遍性的理论最准确表达是：

挨打 =（有人产生打人的动机）且（实际付诸行动）且（无国际社会秩序有效阻止）

因此，根据以上普遍的理论，系统解决挨打问题要从三个方面入手：一是不要让人产生打你的念头，二是即使产生了也别让它变成实际行动，三是建立良好的国际秩序阻止打人行为。当然最后是另一个问题：即使对方真付诸行动了，也要让它对自己造成的损失最小，甚至因此借机让自己获得尽可能大的有效利益。

只有像这样来研究历史，所获得的理论才是具有普遍性的，并且是具有演绎能力的。

第七节　历史之问

回顾历史，会让人产生无数的惊异。

在作者《生态社会人口论》一书中，我用进化的数学判定式统一解释了人类源自200多万年前的基因进化喷泉模型、新石器时代农业进化的并发模型和始自古希腊的工业与科学文明的波浪模型。尽管我们得到了让人兴奋的精美数学解释，但历史的变化之大依然让人感慨万千：

非洲的人类在基因进化各个阶段的200多万年时间里，智力水平进化速度一直处于全人类的最前列。他们因此一次又一次走出非洲，将此前走出非洲的同类灭绝。但在今天人类文化和文明进化的阶段，人类智能的光辉却再未闪耀在非洲大地上！

阿拉伯帝国曾是人类第一个最开放的文明，而今的伊斯兰世界却裹在厚重和神秘的面纱后面！

曾经垄断全球海洋，当年风光到坐在家里讨论如何瓜分地球的一个又一个“大国”，如今却沦落到只能靠不断借债，国家都处于破产边缘的地步。

纵观过去科学和工业文明进化的历史，每一个民族自认为最核心的价值观、最需要固守的民族传统文化，最终都成了将自己困住的牢笼。

在过去的历史阶段，人类的进化主要都是受自然规律作用而进行的。但在工业与科学文明阶段，对历史作用的人为目的性起到越来越大的作用。今日的科技发展甚至已经成为很多国家政府的战略行为。

科学是迄今为止唯一超越于任何民族、任何宗教、任何意识形态、任何政党、任何地理区域的文明，也是唯一能够为拥抱它的国家和民族提供永恒发展动力的文明。一切民族的文化和传统是否是有价值的，唯一的体现就是能否顺应，尤其促进科学文明的发展和进步。

中国对第二次科学革命各个发展阶段都做出过巨大贡献。除造纸术和印刷术外，指南针是地理大发现的技术基础，火药是工业革命的技术基础。但是，中国自己在过去从未进入过科学发展的主流。这些巨大的作用也都不是中国有意为之，不是被人俘虏过去，就是在中国自己内部完全不受重视的、极其边缘的技术和知识。对于过去的科学发展历史，中国真的没有任何可自卑的，但也没什么可自豪的。中国知识精英们对中西文明比较介入的情感太多，却未充分意识到今日中国最大的资源和财富其实是：**“中国可以平静地作为一个旁观者，冷静思考过去科学的整个发展历程，并思考我们的未来。”**我们最有条件放空自己的一切，把自身的一切都当作一个外来文化，按科学文明的工具进行重新的整理，而并非需要完全放弃自身传统，由此将自身打造成为世界上第一个纯科学的文明。

如何准确地想象和理解中华文化与科学文明发展的历史关系呢？中华文化就像科学文明的一位“奶娘”，用自己的奶水把他从胎儿状态一直养大。尽管关系如此紧密，但本质上却并没有血缘关系。今天，科学文明成长壮大成了一个英伟的巨人，但他却已经来到曾经的奶娘家里，并在这里住下。从历史机会的角度说难道还需要比这更多吗？

中国是唯一并未直接介入科学起源过程的四大文明古国成员，又是第一个承接已经绕地球转了一圈的现代科学和工业文明波浪的文明古国。当我们还在为历史上的中华文化在科学发展中的地位争论不休时，后者的波峰已经铺天盖地压到中国人头上。当我们刚刚开始拿诺贝尔科学奖、发射量子卫星、拥有最全的工业体系、出现一大堆世界第一的工业产量等，从而已经建立起自信，认为中国人可以在科学上有所作为的时候，面对的问题其实已经变成：科学和工业文明的波峰是否会延续其2000年来的惯性继续滚滚向前，朝东南亚、印度、巴基斯坦、中东，甚至非洲奔腾而去？

中国的很多知识精英刚刚从深度自卑中走出来，马上就已经转向在论证除了中国人，其他已经没人可以搞成工业化。例如，2016年7月23日中国人民大学国际关系学院副院长金灿荣教授，在广州南国会国际会议中心做“中美战略哲学”的报告中提到：

非西方只有我们中华文化能搞现代化，非洲肯定不行，怎么教都教不会。中东活回到中世纪，不许女孩子上学、工作，还不许上街。

……

2015年4月，在印度新德里的商业中心又发生一个惨案，一个小伙子竟然大白天提着女孩子的头穿过CBD到警察局自首，这个女孩是他的妹妹。这个人的家族是高种姓婆罗门，但家里很穷，他妹妹经过努力考上好大学，到CBD找了很不错的工作，但是公司的老板是低种姓的人，但是很棒，开了这家公司，非常成功。这个女孩跟老板相爱了，本来是一个很好的事，但是她家族坚决反对，女孩不听，结果她哥跑到办公室把未来妹夫杀了，把妹妹的头给砍了，而且估计是想让世界知道，所以大白天就在街上走，这就叫为了维护家族荣誉。这个社会是不是原始社会？说白了就是前现代社会，种姓制度法律上消除了，实际上没有消除，所以这个社会不具备自我工业的能力，印度现在全部的工业设备都是外来的，不是自己创造的，所以印度也没戏了。

不要轻易看不起任何人，不要忘了就在不久之前我们自己曾经是如何地被人看不起。即使从印度这个案例中，人们为什么没看到事实的另外一面：那个低种姓的印度人可以凭借自己的能力创立一家很成功的公司，并且能够让高种姓的女孩爱上自己，尽管最后的结局因为还存在种姓的余孽而变成一个悲剧。印度自独立以后，国大党就在法律上取缔了种姓制度，并且在学校和政府机构等为低种姓的人群专门留下一定比例的名额。到今天，印度不同阶层之间的流动尽管还是存在困难，但通道已经打开。可是，今天的中国却在讨论阶层重新固化的问题。

好事不出门，坏事传千里。在中国持续改革变化的过程之中，西方媒体也从来看不到中国的深刻社会变化，眼睛总是盯在中国的坏事上，中国的媒体规律也是一样。有谁看到过中国媒体系统报道印度经济改革和社会深刻变化的吗？如果普通百姓不知道倒也罢了，但如果中国的精英学者们也不知道自己身边国家发生的事情，那就可能存在很大问题了。

我因工作关系在印度长住过近三年，在最近十几年的时间内几乎每年都要去印度很多次。它的确有很多问题，但印度一直在不断地发生着深刻的社会变化，正如过去中国的几十年曾经发生的一样。我们现在中国媒体上经常听到的是很多印度强奸案的消息。这些信息的确是真实的，十几年前我刚去印度的时候还没这么多类似的问题。深藏在印度人脑子中的等级观念使很多印度低种姓的人非常安于现状和“认命”。仆人最大的理想就是下辈子能找到一个更好的人家当仆人，如果问仆人司机以后的理想是什么，他们撑死了能想象到的最大理想就是下辈子能开上主人家的奔驰车，还是当仆人。但是，现在印度的等级观念正在发生深刻的改变。历史上任何真正的社会变革并不是我们想象的以美好方式发生，而都是人类最原始，甚至最野蛮欲望的释放。欧洲文艺复兴是如此，其他国家和民族复兴或崛起的时期也是如此。中国刚改革开放时犯罪率同样急剧上升，突破传统中国观念的性开放思潮涌动，甚至要用一次大规模的“从重从快”的严打行动来解决问题。他们有可能打破传统的秩序，如果在这个过程中新的秩序没有顺利地建立，中间过程就可能会发生相当大的混乱。

如果简单地认为印度因为存在的一些传统包袱就不可能搞成工业化，仔细去回顾一下 40 年前、100 年前其他国家是怎样以“东亚病夫”的形象来看待中国就明白了，那时全世界有谁（包括我们自己）会认为男人全都留着长辫子、女子全都裹着小脚的国家未来将会是最适合搞工业化的？

现在美国、日本等眼看着中国崛起心理难以平衡，指望着印度崛起来平衡中国，这使问题要准确认识起来更加复杂。这对印度是一个机会，但对美国和日本却不会是想象中的美好事物：一个中国崛起都受不了，中国和印度都崛起了他们是能更加好受一点，还是更加受不了呢？

印度现在上上下下都在讨论如何学习中国，而同时很多中国学者却在热烈地讨论今天为什么只有中国能行，别人都不行。有人甚至把儒家文化等全都搬出来自我表扬一番——似乎只要有钱了说什么都是对的。其实只要明白 40 年前中国是如何开始现代化的进程，就明白真正的原因应当是什么，中国人对此似乎都已经快忘光了：当十一届三中全会开过之后相当长一段时期，所有中国政府领导人出国访问刚走下飞机，面对前来接机的主人第一句话全都是相同的：

“我们是来向你们学习的！”

这才是中国今天为什么会成功的最关键起点。科学文明的波峰已经由其自身规律走到你这里了，只要你愿意张开双臂去接纳，它的强大能力不可避免地会让任何一个国家和民族兴旺发达。去看看今天中国周围，有几个国家没有进入经济快速增长通道，或已经完成经济高速增长过程的呢？除了极少数像朝鲜这样真有那么大本事“躲开”了科学和工业文明波峰的国家。科学文明的波峰已经在亚洲了，这里的人想不发达都难，这才是解释一切问题的关键。这样的历史认知理论不是专为中国人准备的，它可以解释中国、亚洲的今天，也可以解释美国、日本、俄罗斯、法国、德国、英国、荷兰、西班牙、葡萄牙、意大利、古希腊、阿拉伯和奥斯曼帝国、古埃及。人们最习惯于、最热衷于讨论的与自身传统相关的东西，基本上与为什么成功全都是毫无关系的，那不过是一时成功了想怎么说就怎么说而已。道理简单至极，过去这些东西全都存在，为什么不像今天这样成功？

印度、越南、菲律宾、巴基斯坦……它们都在张开双臂迎接科学文明波峰的冲刷，我们只要理解到这一点就足够清楚理解未来历史的走向了。我们有什么理由说自身的顽固弱点可以通过学习而改变，别的国家和民族就一定做不到？我们又有什么样的造化从根本上改变 2000 多年来科学文明波浪进程铁的历史数学定律，让它的波峰在中国停留得比别人更为久远？这些问题才是今天的中国知识精英们迫切需要苦思冥想的。但他们想过吗？

最最重要的问题是：今天的中国精英们能否像当年的泰勒斯、亚里士多德、欧几里德、牛顿、培根们一样有意识地要在前一个科学文明的基础上，去建立更高层次的科学文明呢？我们是否有强烈的普遍意愿，要在美国文明和过去科学文明发展的所有基础上，创造一个更加完美、更高层次的科学人类社会呢？大量所谓的“公知”全盘西化、全盘美化的观念根本就没资格被称为“错误”，而是在今天看来日本“脱亚入欧”式的极端没出息。“中华文明的复兴”确切含义和目的是什么？中国大量精英知识分子们内心深处想实现的目的是什么？如果到今天都还没有建立起明确的雄心，任何一个新的原创性发明必须西方人认可了我们才敢认可，不到英国《自然》和美国《科学》上发个文章就被人看不起，怎么能够去责怪上千年前的中国古人，并为此而后悔呢？如果今天的中国人都没本事抓住今天的机会，不能充分意识到上天已经恩赐给了今天的中国人真正千载难逢的神圣使命，把情感都发泄在中国古人身上岂非荒唐？

中国人的机会只存在于今日，但我们真的完全理解清楚自己的机会是什么了吗？在科学文明波浪进程的道路上，的确有些国家和民族是稀里糊涂地就让它过去了。历史的确有其必然性，但这种必然也不是非得让某个民族一定发展到最大潜力不可的。还是那句古话：

机遇永远只垂青于有准备的头脑！

第四章

科学与非科学

英国诗人亚历山大·蒲柏（Alexander Pope，1688.5.22—1744.5.30）这样纪念牛顿：

Nature and Nature's laws lay hid in night; God said, “let Newton be!” and all was light. Soon, everything returned back to the dark as all be there…

自然和自然的法则隐藏在黑夜之中；上帝说，“让牛顿去吧！”于是世间充满光明。不久，一切又回到黑暗，一如既往……

科学哲学本身就未完全用科学的方法来认识科学，因此其并未有效解决什么是科学的问题。科学是一种认识世界的方法。近代科学的数学和测量方法就是判定科学与否的根本标准。未知因素唯一性、可演绎性、整体性和还原性可作为判定科学的形式标准。牛顿力学是近代科学之母，因科学的整体性要求，能否最终还原为牛顿力学，是判定一个理论或学科是否为完善的纯科学的还原标准。

第一节　判断科学与否的根本标准

一、科学哲学

对于“什么是科学？”的问题，科学哲学家们已经争论了很长时间，尽管获得很多极有价值的发现，但在这样的研究框架内依然认识非常模糊和不完备，其原因在于科学哲学家们所提出的问题本身就非常模糊和不完备。科学哲学家们过多地把讨论关注点放在如何才能获得可靠的科学结论、理论与实验的关系等上面。如：

波普尔认为科学理论就是其理论表述必须是“可证伪的”，从而可以用科学的“判决性实验”来对其进行检验。

而拉卡托斯认为“判决性实验”是不存在的，而且实际科学发展中，科学家们也不会只要遇到一个实验中的反例，就轻易地把一个科学理论给否决了，它会首先不断地以各种“特设性假说”而在理论内部获得消解。因而他认为“更大的解释力”，甚至可以带来“惊人的预测能力”才是科学的标志。

科学的确在相当多的情况下具有精确的预测能力，但如果把“惊人的预测能力”当作科学的标准是有严重问题的。这是因为：

1. 现代混沌学的研究已经证明了，混沌系统对初始状态极其敏感，初始状态任意微小的误差，在系统经历足够长的时间之后都会带来巨大的偏离。因初始状态测量信息误差不可避免，因此，这类系统的精确预测在理论上是不可能的。如果这样，以它作为科学与否的判断标准显然就无法将对混沌系统的研究纳入科学的范围了。按照这种标准，混沌学以及研究对象为混沌系统的学科，如气象学等就无法成为科学。但整个科学界显然没有任何人会这么认为。

2. 预测的结果是否惊人，仅仅是与人的主观意识和感觉相关的事情，并不对客观的科学理论本身产生影响。现在航天技术中对人造卫星的测控精度非常高，但因其都在人们的预料之中，因此，人造卫星完全按计划正常运行并不惊人，但显然没有人会因此认为它就不是科学。

3. 大量非科学的活动也同样在追求“惊人的、具有轰动性的预测”效果，如星象学、算命、巫师等的活动。每当经济界发生重大变故后，都很可能会冒出一些人认为他们当初就成功预测了这些事情。在一些地震、类似9·11的恐怖袭击等事件之后，也会有人找出事先可称为预测的征兆。甚至任何重大社会事变总能在著名的诺查丹玛斯的书中找到预测的诗句。如果这样，科学的预测与这些活动区别又是什么？

实证经济学方法论的代表人物芝加哥大学的米尔顿·弗里德曼在其《实证经济学方法论》中，也是利用“判决性实验”存在的困难（尽管其未在文中提到这一概念）而认为：一个理论不能用其“假设”的“真实性”来加以检验。

库恩把关注点放在一个又一个科学体系——“范式”之间变化过程的革命性上，一个又一个科学理论之间只是一个个推倒重建的革命，他甚至难以找到什么才算是科学进步的依据。

他们的确谈到了科学的某些特征，但依然无法使我们真正理解到底什么才是科学。

至今的科学发展已经很清晰地告诉我们，不可能获得“绝对正确的科学理论”，科学本身是不断发展的。因此，试图单纯以科学认识的结果来确定科学的标准本身就是不合适的。

更重要的是：科学哲学这一名称中，后面主题性的概念是“哲学”。而哲学是一种思辨的方法。近代科学发展之所以获得巨大成就，并可不断获得极有价值的认识成果，就在于其不断脱离哲学思辨的方法，而代之以科学的认识方法。

二、判断科学与否的依据

原有的科学哲学家们是以“理论、学说”等概念和对象来研究科学，这样的研究是不合适的。说到“理论”或“学说”，你甚至难以区别科学的理论学说和非科学的理论学说。你能说“阴阳”与“五行”不是理论和学说吗？有人会说它们不是，但另外有些人却认为它们是。判决依据又能是什么呢？

科学本身是不断发展的，科学理论也是不断变化的。牛顿的经典力学被爱因斯坦的相对论所“修正”，甚至有些人说是“推翻”。牛顿的经典力学替代亚里士多德，以及托勒密的学说与这一理论被爱因斯坦的相对论所修正有什么本质上的不同吗？

经典的牛顿力学的确存在局限，这已经被相对论和量子力学所清晰地证明。但是，科学界至今没有任何人认为牛顿的经典力学是“非科学的”，我们也并没有像抛弃托勒密的地心说那样把牛顿力学抛弃掉。不仅今天不会，将来也不会。因此，我们必须根据对整个科学所观测到的事实来研究什么是科学，而不是凭借自己的想象。

只有当我们真正理解了科学的方法是什么，我们才能很好地理解和解决以上问题，并且认识到：

牛顿的经典力学替代托勒密和亚里士多德的学说的过程，是科学替代非科学，而相对论和量子力学修正牛顿经典力学的过程，只是科学本身的进步。

我们完全不认为爱因斯坦的相对论“推翻了”牛顿的经典力学。事实上，在爱因斯坦 1905 年发表《论动体的电动力学》论文建立相对论 100 多年之后，直到今天我们依然在学习和使用牛顿力学，甚至它的使用范围远远比相对论的使用范围要大得多。今天有谁在搞房地产、修水坝、生产纺织品、生产机床、组装汽车等过程中，竟然是使用相对论，而不是牛顿力学？牛顿的经典力学，难道不依然是今天全世界中学物理课程的主要学习内容吗？

数理经济学从理论形态上是一个高度数学化的体系，如果仅仅看它的理论结果的形态，很难说它不是科学。因此，我们需要通过对整个实际科学的普遍测量来建立一个真正判定科学的标准，通过这个标准可以清晰地判定出所有非科学的东西。

三、科学的本质特征

科学是一种认识世界特殊的方法，科学与非科学最核心的区别是认识方法上的区别。无论对科学如何看待，人们公认科学的认识方法无疑是所有认识方法中最优的。所以，我们的纯科学研究就从以下方面入手：

一是必须用科学的认识方法来认识和理解科学。当我们有兴趣来研究纯科学本身，就是首先已经认同了科学的认识方法是最好的。近代科学化的过程，就是一门又一门学科，借助科学的方法，从哲学中独立出来的过程。对科学本身的研究，也需要从哲学中完全独立出来。要实现这一点，唯一的出路就是完全借助科学的研究方法来研究科学本身。否则，我们是无法获得真正有价值的成果的。

二是既然科学区别于其他非科学的根本标志，就是在其认识方法的不同上面，这样，我们就需要研究清楚它的认识方法是什么，以及为什么这些认识方法是最优的，它的优点是什么。

第三个方面，也是最重要的方面，一旦明确了以上这些，我们就可以很容易解决如下两个问题：

1. 如何使一门不符合科学标准的学科**科学化**的问题，而不仅仅只是指出它不科学。

2. 科学本身也是可以不断发展的，科学的认识方法也可以不断改进，从而使认识过程的优点得以不断提升。因此，科学的和有价值的纯科学研究需要解决**“应当从哪些方面不断提升和改进科学认识方法”**以及**“如何去提升和改进”**的问题。

四、古希腊式科学

如果仅仅是采用数学工具进行研究，我们把它称为“古希腊式科学”。由于数理逻辑的发展，逻辑学在今天也高度地数学化了。因此，在我们只谈数学时，如果没有特别说明，数学可以完全包含逻辑。只有纯粹数学的研究本身，才可以使用纯粹古希腊式的科学方法。一切只要是研究现实客观对象的学科，都必须超脱于纯粹古希腊科学的范畴，而采用近代意义上的科学方法。今天，如果我们没有特别说明，提到“科学”一词时，都默认是指近代意义上的科学，而非古希腊式科学。

由于古希腊式科学观念影响如此之深，以至于我们完全不需要再去强调数学对于科学的基础意义和价值。事实上是古希腊式科学观念的影响过于深重了，以至于近代科学的观念依然不能被所有学者所真正理解。

当前的数理经济学，就是一个只符合古希腊式科学，但却不完全符合近代科学标准的典型案例。

五、近代科学

近代意义上的科学认识方法体现为两大根本性的工具——数学和测量。要理解什么是科学，就必须以全面系统地理解数学、测量以及数学和测量之间的关系三个方面入手。因此，可以说测量基础是近代科学的根本特征和标准。这种标准并非是我们主观想象，而是整个科学界一致公认和事实上采用的标准。这是我们对现代整个科学界的科学认知活动测量之后归纳出的结论。它最核心的标准主要体现在以下几个方面：

一是一门学科中的一切概念都必须是“可测量的”，或整个学科必须

“具备测量基础”。如果设想出某种粒子来解释发现的物理现象，但同时又假设这种粒子是不可能测量到，这种假说首先不要去谈对错，“不能被测量到”本身就绝对不可能被物理学界所接受。能不能合理解释一个理论还是次要的，“能不能被观测到”是物理学界绝对不可动摇的、最基本的原则。如果说“一致性”是数学绝对不可动摇的第一原则，那么，“可测量性”就是整个近代科学绝对不可动摇的第一原则。一切在今天试图想要给自己打上“科学”标签的学科，都必须首先认真地考虑清楚这个“第一原则”。对此，开尔文爵士甚至以非常武断的口气表达了这个原则：“如果你不能用测量数据说话，就请闭上你的嘴，因为你没有资格称自己是科学。”这种观念甚至已经普及到企业质量管理中：“如果你不能测量，就不可能改进。”

二是所有认识结果最终都必须是以公理化的数学工具描述。公理化需要将一门学科的所有规律还原为最精简的公理之上，而不是满足于一个个相互分离的经验公式。它一般是通过找到经验公式背后的因果联系，从而通过数学工具还原到公理体系之上的。

三是依据数学工具推导的结论都必须与“所有测量结果完全一致”。尽管科学家们并不会一遇到任何测量数据的“反例”就简单地放弃已有的科学结论，但一切与测量结果不一致的结论都必须得到进一步研究，直到两者一致为止。或者说“不容忍任何测量数据与数学推导结论之间的不一致”，而绝对不能满足于“存在很多测量数据与数学推导结论相一致”的情况。一致性，不仅是指测量结果与数学表述之间的完全一致，当然也包括数学表述内部的完全一致。例如，数理经济学中“市场失灵”“外部性”这些概念与“市场的无形之手可以自动使资源获得最优配置”的假设同时存在，这个矛盾不仅从近代科学意义上不能丝毫容忍，而且即使从古希腊式科学的意义上来说，也绝对不能有丝毫容忍。

六、非科学的各种类型

当我们确立了科学的标准之后，就很容易区分出什么是非科学。

1. 不以认识为目的的非科学

由于科学是认识世界的最佳方法，因此，科学是针对认识过程的，它的标准也就首先只适合于以认识为目的的活动。如果本身就不是为获得认识，那么它们就无所谓“科学”。我们在讨论相应问题之前，应当把这一类问题区分出来。如宗教、艺术等，它们本身就不是以认识为目的，也就无所谓科学。这一类“非科学”不应完全以科学的标准去要求。另外的知识还有技术等，技术是以改造世界为目的，因此也不能直接应用科学的标准。

但是，即使是不以认识为目的的非科学，它们也会经常遇到如何认识相应对象的问题。一旦遇到这类问题，就必须按科学的标准去要求。并且，既然它们本身就不是以认识世界为目的，也就不应当认为自己认识到了科学的真理。

另一方面，科学是可以将一切对象都纳入被认识的对象的。因此，如果是以认识宗教现象和艺术为目的的学问，也可以纳入科学的范畴。如果这样，它们就需要以科学的标准来要求。也就是说，只要是以认识世界为目的的学问，都应当以科学的标准来要求。

2. 潜科学和 UFO

我们将所有人类认识活动分为“科学”与“非科学”，而完全不认同“潜科学”等说法。因为重要的问题并不在于我们是否获得了研究对象正确与否的认识，而在于我们是否坚持用科学的方法去处理和解决相应的问题。因此，即使我们对相应的现象获得的知识非常欠缺，甚至无法形成相应的理论体系，但只要我们采用的研究方法是完全科学的，它就是科学，而不是什么潜科学。科学研究要去发现的任何研究对象都是未知的，但能够因此就建立“潜物理”“潜化学”“潜生物”“潜信息”等学科吗？

“潜科学”概念提出的出发点是好的，希望能够去研究和推动一些还不符合科学要求的知识变成科学知识。但“潜科学”这个概念完全模糊了科学研究规范的要求，它在潜意识中就成了使研究对象保持，甚至“锁定”在“潜在”而非追求“明确”的状态。如果完全科学了，就不是“潜科学”了，这样它就很容易成为收纳各类非科学的容器，从而，它们注定不会产生真正有科学价值的结果。如果不采用科学的认识方法，即使发表一大堆看似有模有样的论文，它们依然是非科学的。

大量 UFO（Unidentified Flying Object，不明飞行物）类的研究等也是类似潜科学的非科学案例。UFO 这一概念本身就是非科学的。“不明飞行物”的定义就是要把研究对象确定为“不明的”。如果研究明确了，就不叫“不明”了。因此，这一概念本身在逻辑上就是与科学研究的根本目的相违背的。一切科学都是要把客观对象研究明确，而不是要把研究对象弄得“不明”。从而，这一定义本身就强烈暗示了非科学的研究方法：这类研究活动的主要目的就是追求、保持、锁定和宣传研究对象不明的神秘状态。如果研究明确了，就没有神秘感可享受了。

因此，我们可以看到，“UFO”的研究者们，都是极力去零零星星地收罗一堆所谓异常“现象”，更重要的是他们收罗的方法和资料按科学的测量要求来说，本身就很难被认可作为科学的证据。然后兴趣点就是极力把它们解释成“现在的科学规律难以解释”。并且，UFO 研究者就是希望这种“不明”和“现有科学无法解释”的状态永远保持下去。他们潜意识中追求的就是这种神秘和无解，这会有什么科学意义和价值吗？

魏格纳提出板块漂移学说之后，科学家们对全球范围的海底构造进行了大量的测量，获得了与其理论猜想相一致的测量数据。这样的活动才是有科学意义的。如果 UFO 研究者真心认为某个神秘区域（如百慕大三角区等等）存在某种需要科学解释的现象，其实很简单，投入一定资源在这一区域进行密集的各种地质和物理测量，并且长期监测这一区域，从这些长期监测的数据中寻找异常情况即可。但他们这么做了吗？没有！最重要的是，他们愿意花钱这么做吗？没有，也不愿意！这已经足以说明一切问题了。事实上他们内心深处很清楚地知道，即使这样做了也绝对不可能会发现任何与 UFO 相关的什么东西。严肃科学界的人即使这样做了，也没人真以为会与UFO有什么关系。因为这样做所获得的一切都是“明确的”，如果它们是飞行物，那也是“明确的飞行物”，而绝对不会是“不明飞行物”。因此，真正的 UFO 永远不可能用科学的方法发现——这才是鼓吹 UFO 之类的人真正想要的结果。

“潜科学”一词存在类似的问题，它本身强烈暗示了希望把研究对象保持在“潜在”，也就是“非科学”的状态。因此，这个概念本身事实上就已经定义了自己的非科学性。

“UFO”更多以民间的面貌出现，而“潜科学”在严肃的学术界也有一定的影响力。但它们在研究规范上同样是非科学的。

数理经济学中“看不见的手”的概念也是如此，它如同催眠曲一样，使现代经济学家们永远对现实市场中的经济现象闭上双眼，生怕看到任何真实的经济过程，从而破坏了令经济学家们陶醉的市场之手“看不见的”迷幻状态。

3. 仅符合古希腊式科学的非科学

除了纯数学之外，一切认识客观世界的活动都必须符合科学的要求。因数学和古希腊科学的影响力，这一类非科学很容易迷惑学术界。除了数理经济学这种以非常精致的古希腊式科学包装的学科之外，这种影响还存在于某些学科局部的过程。

4. 哲学化的非科学

并不是所有古希腊文明的遗产都被近代科学完全继承。古希腊哲学的思辨方法就被近代科学抛弃掉了，尤其是在“奥卡姆剃刀”提出来，并得到科学界普遍认同之后。但这种古代文明的影响至今依然深重地存在。包括科学哲学、大量社会科学的研究等，都有比较深重的思辨方法的遗痕。它们构成了哲学化的非科学。尤其科学哲学，如果本身采用的就是非科学的方法，怎么可能有效地去理解科学？

5. 经验知识或“前科学”

在近代科学形成之前，就有很多经验性的知识。某些知识和创造甚至对近代科学的形成都产生过重要影响。应当承认，科学是认识世界的最佳方法，但不是唯一方法，也不是唯一可以获得有价值知识的方法。中医等在近代科学出现之前就获得的知识，属于经验性的非科学知识。但是，所有这些非科学，只要存在有价值的知识，都可以科学化。

我们没有必要因为它们拥有某些有价值的知识，就一定要给它们贴上“科学”的标签，也没有必要因为它们是非科学就完全否定它们。我们只需要按照科学的要求将它们完全科学化即可。如果从历史研究的角度来说，可以把这类有一定价值的非科学规范获得的知识称为“前科学”。这似乎听起来比“非科学”好接受一点，但必须明确：它们也是非科学的一类，只是在科学化的过程中可以吸收的东西更多一些的非科学。

只有当“中医”变得完全不再是“中医”，甚至“中医”这一概念完全消失，变成另外一个完全科学概念的时侯，它才是真正的科学。

6. 反科学

反科学完全是属于“欺骗”“迷信”等，不仅结果存在大量错误，而且其目的和方法都是完全与科学相违背的活动。时常爆发的以诸如气功大师等名义，实为行骗的活动，即是一些反科学的活动。不过，这个“反科学”的概念具有强烈的否定性，甚至可能成为某种罪名。因此，我们需要慎重和小心使用它。作为科学来说，更多需要以正面地建立科学方法为主。只有使更多人理解科学的认识方法，才能大量缩小各类非科学，尤其反科学的市场空间。

七、科学化

一切以认识为目的的学问都“应当”甚至“必须”完全符合科学的标准。如果不符合，就需要“科学化”，或“近代科学化”。**科学化，就是将一切非科学的认识，转变为符合近代科学规范的过程。**近代科学革命的过程，就是通过全面采用科学的方法，将一个又一个研究领域从哲学中独立出来的过程。一旦这样做了，它们就成为科学。在它们成为科学之后，那就只是科学自身如何进化的问题，而不再是“科学化”的问题。因此，科学化只是从非科学状态向科学状态转化的阶段性任务，而不是永久性的。

是否已经完全采用了数学和测量方法，并且排除一切其他非科学的方法，就是决定科学化过程是否实现和完成的标准。

科学化必须是完全的和彻底的，不能仅仅是将测量仪器或数学工具作为装饰物看待。科学化完成的标志就是：

1. 一切概念都必须完全建立在科学测量的基础之上，确立了“可测量性”的第一原则。

2. 一切结论、观点、论点、数学推导的结果等，全都必须通过测量数据检验，并且要与所有、一切有效的测量数据一致，而不止“某些”，甚至“很多”测量数据一致。即使它与很多测量数据一致了，一旦出现新的，哪怕只有一个有效的测量数据不一致，它就是“反例”。存在“反例”，就必须要通过特设性假说或改进公理假设两种方式来解决。

3. 所有结论都必须以公理化的数学表达，建立结果之间的逻辑联系，而不是相互分离的结论。

4. 满足科学整体性要求。无论测量、还是结论，都必须 100% 还原为更基础的，已经被验证的科学认识，统一到科学的整体性之中。所有测量的单位都必须可以还原为后面会谈到的七个基本的国际计量单位或它们的导出单位。如果不能实现这种统一和还原，要么改进自己，要么改进已有的科学认识。

需要特别强调的是：这种还原是该学科的学者不可推卸的责任和义务。因此，一切宣称某个现象“现在的科学无法解释”的人，要么首先宣称自己是在准备搞非科学，要么就需要闭上嘴，因为“与现有科学相一致”这种还原工作，就是新现象的发现者自己不可推卸的责任。否则就没有资格称自己为科学。

以上要求已经成为整个学科领域所有学者共同一致的规范和要求。如果某学科领域的学者，大都还是以自成体系的方式在做学问，还没有认同以上标准，那它就不是科学。为什么要这样说呢？那是因为以这样的科学规范建立的科学方法有很多评估认识效果上的卓越优点。本书第二十二章还会详细和具体讨论一些领域的科学化问题。

第二节　科学发展形态上的优点

数学观念早已经深入人心，对它们的优点理解并不困难。数学具有以下科学发展形态上的优点：

一、发现和剔除错误的能力

数学并不能保证可以获得绝对正确的认识，但它是所有认识方法中，唯一具备可以最大程度地发现和剔除错误能力的工具。正因为如此，科学才可以不断进步，不断去除错误。数学使得认识过程、认识结论的严密性和准确性可持续地获得提升。

二、系统性和完备性

通过数学的演绎能力可以穷尽各种可能的因果联系，甚至可以发现现实世界并不存在的现象。它使我们可以获得对现实世界系统和完备的认识。尽管存在哥德尔不完备性定理，但它也同时揭示了数学的系统性和完备性程度是不可超越的。

三、经济性或简单性

一个数学公式可以概括成千上万的测量数据，一个逻辑归纳或推导的结论可总结成千上万观察到的自然现象。数学的表达最为精简，不需要任何多余的东西。这既具有认识结果最精简的经济性，同时也避免渗入多余的东西带来认识的干扰和误差。这一要求在科学界被称为“奥卡姆剃刀”或“经济性”“简单性”。

四、认识的可传递性和可继承性

虽然在具体的科学研究过程中可以有流派和具体认识方法特点的区别，但数学是全世界一切科学家一致并且准确理解的语言。以数学表达的认识结果具有高度的可传递性和可继承性。

可传递性。是指任何科学的认识结果，可以横向地在所有人中间准确一致地传递。

可继承性。是指科学的认识结果可以准确一致地向后人传承。同时，科学共同体有定期学术刊物、学术会议等传递途径，使科学认识结果有稳定存在的、不受流派约束的传递渠道。

相比之下，过去无论中国还是其他文明古国，有很多不同门派的原始哲学理论和不同门派的武功、医术，它们概念不同，传递范围限于亲属和师徒，这使它们一方面很难被他人理解，另一方面也很容易失传。中国的指南针就曾一再地发明，而后失传，又再被重复地发明。

以各种晦涩语言写下的各种“秘籍”，既难以理解，又难以确认对错。因此，这些非科学的知识因可传递性和可继承性很弱，难以稳定地发展和壮大。

五、认识的效率

数学的完备性使其在认识效率上具有极大优势。实验和测量往往需要较高的成本，而通过演绎推理可以在最少实验测量成本的基础上，最经济迅速地发现尽可能多的因果联系。如广义相对论等，就是在最少的实验测量基础上，几乎主要靠数学推导出来的，并具有强大的预测能力。

数学的可传递性很强，也可以使新的认识结果更快地在尽可能广泛的人群中得到普及，从而可以使更多的人在此基础上获得更多新的认识结果。

可继承性使其失传的可能性极小，从而无需重复去发现。这一切都使得科学认识可以达到最高的认识效率。

六、认识的成本

认识世界是有成本的。获得测量需要成本，尤其现在某些获得极限条件测量的过程成本非常高昂。如建设一个现代最先进的高能回旋加速器，成本可达上百亿美元。

为获得某些难得的测量数据，科学家甚至可能会冒生命的危险。如当年在科技条件不是很发达的情况下，去北极或南极获得磁极的测量数据就是一种成本高昂，甚至会有生命危险的过程。

一次核实验成本非常高，而通过计算机数学模拟的成本就低得多。

数学化是一种相对成本极低的手段，充分利用可极大降低认识的成本。

需要注意的是，前述的经济性是指认识结果表达的精简，而此处所说的“成本”是指认识过程所消耗的现实社会中的时间、金钱和物资等经济成本。

第三节　数学抽象带来的优点

抽象是数学最基本的方法之一。抽象使科学具有了以下非常重要的优点：

一、科学知识的通用化

由于通过科学的抽象方法提取了认识对象共有的特征，并剥离了仅为各具体认识对象自身特有的内容，因此就使得科学的知识具有通用性。几何学剥离了所有物体重量、颜色、材料、气味等特定信息，而仅仅提取出其形状的信息进行研究。从而，几何学的知识就可通用于任何物体的形状问题。

与科学知识的通用化相对应的是非科学知识的定制化。这些定制的知识只能应用于特定的知识体系。如，拉卡托斯的科学哲学理论建立了“硬核”的概念，这个概念完全属于为他的“科学研究纲领”概念高度定制的，难以适用于其他领域。

二、科学知识结构的模块化、标准化

科学知识因抽象带来的通用性，使得科学知识呈现结构上的模块化形态。科学知识的学科分类与模块化有联系，但现在很多学科分类反而会导致人们误解科学知识的结构形态。科学知识模块化是指：科学的知识因其抽象方法，可以形成一个个独立的知识模块，这些知识模块可以与其他知识模块组合或组装，以此构建应用于特定认识对象的知识体系。

例如，化学知识只是研究物质原子及以上层次的元素及分子相关对象的抽象知识模块。这样，当需要深入研究生物体时，就可以将化学知识模块与生物知识模块组装，形成分子生物学研究领域。

这种科学的模块化方法也被近代以来的生产技术所全面继承。最初生产的机械是高度定制化的，当需要生产某一台机器设备时，所有零件全都是自已定制生产。但后来通过将机器零件的需求进行抽象，形成标准件，这样标准件就可以大量生产，而设计机器设备时只需要选用这些标准件即可。

在软件开发中，以这一方法建立起大量标准化的软件功能库，在开发特定功能的软件系统时，只要用到相应功能的地方，直接调用这些软件库就可以了。

在电子设备的生产中，也大量采用这种标准化的方法。如总线结构、平台化、模块化等。这种模块化、标准化的知识结构，可以最大程度地提升已有知识的利用效率，并最大程度地降低新研究活动的成本，并使得研究活动的投入真正用在全新的对象上，而不是大量重复的内容，仅仅是定制化地换个名称，并加进一些不通用的内涵而已。这样，它不仅浪费大量研究资源，而且造成知识理解的困难。

与科学知识模块化相对应的是非科学知识结构的“单体化”。非科学知识会形成一个个无法通用的单体。对这些单体，人们在研究时赋予各种

“XX 主义”等名称，如波普尔的“证伪主义”、费耶阿本德的“认识论无政府主义”……我们可以看到以这类“主义”形式体现出来的单体结构的知识是大量存在的。单体内部的概念全是定制化的，只能适用于这个单体知识自身。甚至，一旦人们受到这些单体知识结构的某些启发，仅提取和抽象出其中某一部分知识时，这些单体知识体系的维护者会很愤怒地认为他们“阉割”“偏面”地理解了这些单体知识体系。

三、开放性

科学知识的抽象带来通用，通用带来知识结构的模块化，模块化带来知识体系的开放。开放性意思是科学知识的标准模块可以很自由和最广泛地与其他任何模块化的知识体系相结合，从而仅增加少量特定研究对象的信息之后，就可以立即组合或组装出新的知识体系。

而非科学的知识体系是高度封闭的，它不仅难于吸收其他科学发展整体的研究资源和成果，自身任何改变的成本也极其高昂。这就是为什么这些单体化、封闭的知识体系在他们天才的创始人一旦离世，其身后很容易陷入僵化，难以再发展。这是因为：

1. 这一单体知识体系的总体情况，只有它的创立者最清楚，后来者几乎都无法真正全面掌握所有细节。相比之下，开放的科学知识仅仅需要知道新增研究的对象特定信息内容，其他部分只需要调用该知识体系外部模块化的科学知识即可。

2. 任何改进也全都是在定制化基础上完成的，往往牵一发而动全身，每一次进步都很可能需要对整个单体知识进行全面的重建，研究资源投入成本极其高昂，投入产出率极低。而科学化的研究活动中，研究资源仅仅需要投入在真正新增的对象内容上。大量调用外部已经公认的知识模块资源，可以使研究资源量投入最少，并使研究资源投入效益，即投入产出率最大化。

3.新的改变很容易导致与原有整体不匹配，从而遭到这个单体知识体系内部拥护者的强烈反对。而科学的研究只需要新增极少量的、真正是属于特定研究对象的新信息，大量调用的外部模块化知识已经是获得公认的东西，遇到强烈反对的可能性少得多。即使有不同意见，一般也主要是集中在真正新增的对象内容上。因此这种研究遇到无意义的反对量可最小化，而使其社会成本也极低。

事实上，人们大量的争论都没有真正讲出什么新东西，往往只是他们引用的概念含义不清，并且各自锁定在自己的单体知识“述事结构”（看起来似乎是逻辑关系，但事实上并不是）之中。

四、继承性或积累性

以上原因，导致单体化的知识体系比较容易在其创始人离世之后，另一个天才往往采用推倒重建的方式来获得发展。而这种推倒重建同样是一种成本高昂的活动，它实质性的改进到底有多少，往往也很难理清楚。因为推倒重建者，往往因对过去单体知识的不赞成甚至反感，而将过多的东西抛弃了。这样的结果是原来耗费很多资源获得的有价值的东西也一起被抛弃。

尽管人们以往常说“倒洗澡水时不要把小孩也一起倒掉”，但仅仅这种格言式的强调是没有太大意义的。如果人们只是维持高度定制化、单体式和封闭化的知识结构，最终要想进步，很容易导致另一个在研究方法上同样非科学的单体知识以推倒重建的方式兴起。而这种过程很难做到有效和全面地继承。

如库恩理论中的“范式”与拉卡托斯的“科学研究纲领”，看起来有很多相似之处，但不同单体知识体系之间任何相似的东西都很难说是完全相同的。这就难以让人搞清楚“范式”与“科学研究纲领”之间到底哪些地方相同，哪些地方不同。

因此，我们只提一个科学理论的“公理体系”，而完全不提“范式”“科学研究纲领”等概念。“公理体系”这个概念是全体科学界可以很容易获得一致公认理解的。但“范式”“科学研究纲领”等高度单体化的概念，基本上不可能获得全体科学界一致公认的理解。因此，这样的概念就很难被继承。当人们根本就搞不清楚哪些是“洗澡水”，哪些是“孩子”的时候，只能把它们一起倒掉。如果说有什么继承的地方，很大程度上是一种很模糊的、灵感式的启发，而很难达到“模块知识基本不做任何改变，可进行整体直接调用式”的继承。

如果知识很难继承，它就很难积累，很难算真正的进步。库恩所说的“科学革命”，并不是发生在完全科学的领域，而往往是发生在非科学领域，或者从非科学向科学过渡的过程。从科学到科学的发展，必须是高度遵从还原性要求的，绝对不会存在库恩所说的“科学革命”。反过来说，如果发生了库恩所说的科学革命，其中至少必有一个是非科学，甚至两个都是非科学的。因此，对于非科学向科学转化的过程，我们更愿意采用“科学化”，而不推荐库恩以范式为基础的“科学革命”概念。

当人们研究人体四肢的工作原理时，整体上直接就把它们还原为牛顿力学的杠杆原理，并直接调用杠杆原理的知识即可，根本用不着再硬造出一个类似“有机杠杆”这类多余的概念。

很多单体知识体系概念看起来好像也都很“抽象”，但它们事实上是“模糊、难懂、内涵混乱”，而不是真正的科学抽象。真正的科学抽象是可以获得准确理解的。

另外，在科学不断抽象化的过程中，由于适应范围越来越广，其内涵会越来越少。因此，科学的抽象是概念名称增加很慢，内涵越来越少，越来越单纯。这完全符合逻辑概念内涵与外延的反比关系。例如物理学的发展过程中，“力”的概念应用范围越来越广，但它的内涵越来越少，也就是越来越抽象。

看那些模糊难懂的单体化的知识，会发现它们的概念内涵越来越丰富，因为要适应不断变化的形势，需要不断往里直接加进新的内涵。如果直接加内涵不足以适应，就制造新的概念名词。因此，非科学的单体化知识名称不断地增多，解释的内涵越来越多，但却越来越让人搞不清楚这些概念说的是什么。很难理解“范式”和“科学研究纲领”这些概念与科学理论的“公理体系”相比，差异到底是什么，又能多说了些什么东西。如果某个科学哲学研究认为发现了一些新的东西，那就直接在公理体系概念的基础上去进行定义，而不应当平地起高楼地另搞出一些全新的概念来。

五、通用性及其含义

任何科学的知识“通用”，或者说“普适性”，不仅仅是“放之四海而皆准”，而且是“放之整个宇宙都皆准”的。但我们在理解这种通用性时又需要特别注意，通用并不意味着它可用于取代一切特定对象的知识或与特定对象相关的一切知识都必须以它为基础。通用只是意味着它可以很容易与其他通用的知识模块进行组装，形成新的知识体系。但它自身的通用，只是通用于符合其定义的对象。

如，几何学是一个通用的数学知识，这显然并不意味着说在人感冒时只要引用几何学的知识就足够了，而是如果要解决与感冒胶囊的形状相关的问题，那就直接调用几何学的知识即可，没有必要另外建立一个比如说“感冒胶囊形状学”，把圆周率改称“胶囊圆率”。

这听起来很让人愕然和不可思议，但很多单体化的知识体系却真的就是这么做的。它们就是通过完全重建自己的一切概念来构建其理论体系。

第四节　测量的价值和优点

一、从根本上体现科学的进步

库恩仅从逻辑和理论角度来分析科学，这是不可能真正理解科学为什么会进步的。虽然纯数学本身的发展也是科学进步的内容之一，但从根本上说，只有通过测量才能真正理解科学的进步问题。任何时期的测量只能在一定的误差范围、量程范围、分辨能力和针对特定测量对象上实现。从而“误差的减小、量程的扩展、分辨能力的提升和测量对象类型的扩展”，就构成科学进步的根本基础。

如果胡克没有采用显微镜观察，科学就会受限于人眼分辨能力的限制。人眼的分辨能力取决于视网膜上中央凹附近一个视锥细胞大小。这个分辨力以下的微观事物不可能仅凭人眼观测去认识和理解。

如果伽俐略没有用望远镜去观看天空，我们对宇宙的认识只能受限于人眼视杆细胞所决定的可见亮光星体。今天我们对宇宙认识的范围有多广，从根本上取决于哈伯太空望远镜等所达到的量程范围。它的量程范围扩展到什么程度，我们对宇宙认识的眼界就扩展到什么程度。

高能回旋加速器的能量达到多高，就决定了我们对微观世界的认识达到哪一层级的微观粒子。

……

尽管某些实验或测量过程的经济成本可能会很高，但测量是从根本上决定我们的科学所可以理解到的新认识对象。哪个研究对象可测量，这个研究对象也就进入了科学的范围。

二、科学认识的累积提升性

科学进步的另一个突出表现是，科学的认识结果不断转化为新的测量手段。因为科学认识发现的因果联系，都是量化的因果联系。这种精确量化的因果联系理论上全都可以用作为新的测量工具。**所谓测量工具，就是基于已知的、精确量化的自变量与因变量之间的因果联系，以因变量去反映或测量自变量的对象。**

例如，发现了弹簧的形变与作用力之间的精确关系后，以弹簧形变带来指针变化，就可以作为测量作用力的测量工具。

发现了碳 14 的半衰期及含量规律之后，它也就成了较为精确的 1000 年至 5 万年历史测年法的测量工具。

发现了压电效应后，就可以此开发压力传感器和电子秤。

发现了温度带来的电效应规律后，就可以此开发出温度传感器和电子温度计。

发现了物体温度与其红外辐射之间的关系后，就可以此开发出非接触的辐射式温度计。

发现了光电效应后，既可以此开发出光伏电池，也可以此开发出光电传感器。以光电效应原理为基础的电荷耦合器件成为今天数码像机、数码摄像机等的关键器件。

……

当然，要把新发现的因果联系用作真正的测量工具，还需要满足其他很多要求，如环境稳定性、灵敏度、精确度等。我们一般是选择稳定性更高、环境影响更小、灵敏度更高、精确度更高或成本更低的量化因果联系去作为新的测量工具。

因此，以科学的方法认识世界，科学越发展，其具体测量手段也越来越丰富，认识的基础越来越宽厚，从而就可体现为更稳定的进步特性。

而非科学的认识方法，不能获得精确量化的因果联系，从而即使获得了原理上、原则上或逻辑上正确的认识结果，也会是孤立的，难以转化成为新的认识的基础和新的测量手段。

三、超越于人感觉器官的限制

如果没有今天如此广泛的科学测量仪器和实验方法，我们对世界的认识只能受限于人眼、耳、鼻子、舌头、皮肤等感觉器官。

四、精确度可以不断提升

人的感觉器官有确定的误差，它是天生的，只能随人的生物进化节奏而改变。而人的生物进化周期是以万年计算的。但科学的测量仪器和实验可以使测量误差快速地不断减小，测量仪器的进化周期甚至可以按年、按月计算。

以上优点并非绝对的，它们同时也指出了科学自身可以不断改进和提升的方向。也就是说，以上数学工具和测量工具所体现的优点，也是未来科学发展需要不断提升和改进的着力点。

第五节　数学的局限

数学工具并不是完美的，因此，不可能仅仅靠数学去认识世界。它有三个根本性的局限：

一、演绎法可以确保前提与结论之间的逻辑一致性，但它不能保证前提是正确的

公理化方法所做的只是让这种不能被数学证明的命题数量减少到最低的程度，这就是公理体系。前面说过，公理是无法通过数学方法确定其正确性的。

二、哥德尔不完备性定理所揭示的传统公理体系方法存在局限性

这个定理的证明很难从直观上理解，但结论却是很清晰明了的。公理体系有一致性、完备性和独立性三个要求。

1. 一致性。也叫不矛盾性。它是指公理体系内所有命题相互之间在逻辑上是一致的，不能相互矛盾。我们可以把这个要求称为数学的“第一原则”。

2. 完备性。是指公理体系内的所有定理都可以通过公理推导出来。

3. 独立性。是指公理之间相互独立，一个公理不能由另一个公理推导出来。

“哥德尔不完备性定理”证明了：公理体系的一致性和完备性之间有可能是不能同时获得满足的。也就是说，如果要求一致性，它就不可能完备。而如果要求完备，它内部就必然出现不一致。由于一致性是数学最核心的原则要求，因此，如果两者不能同时获得满足，人们只能舍弃完备性而保留一致性。

在数理逻辑中，哥德尔不完备定理是库尔特 · 哥德尔于 1930 年证明并发表的两条定理。哥德尔定理是一阶逻辑的定理，故最终只能在这个框架内理解。简单地说，第一条定理指出：任何一个相容的数学形式化理论

中，只要它强到足以蕴涵皮亚诺算术公理，就可以在其中构造在体系中既不能证明也不能否证的命题。

把第一条定理的证明过程在体系内部形式化后，哥德尔证明了他的第二条定理。该定理指出，任何相容的形式体系不能用于证明它本身的相容性。哥德尔定理并不是说所有公理系统都是不完备的，而是指符合其前提条件的公理是不完备的。

三、不能系统地理解不同公理体系之间是什么关系，或难以解决“跨公理体系”的问题

这是传统公理体系方法存在的另一个重大的缺陷，对此只是有一些零星的研究，像证明公理的独立性时，可用到跨公理体系的方法。

如，设 A 是一个公理体系，M 是 A 里的一个公理，M' 是 M 的否命题，$\tilde{A}$ 是 A 去掉 M 后的公理集合。如果 M'+$\tilde{A}$ 形成的公理集合被证明也是一个一致的公理体系，则可以证明 M 与 A 里其他公理之间是相互独立的。

以上有关跨公理体系问题最经典的案例是 19 世纪末为解决欧氏几何第五公理而出现的非欧几何学，包括罗巴切夫斯基几何学和黎曼几何学等。

欧氏几何第五公理是指过直线外一点可以做一条平行线。

罗巴切夫斯基几何学对第五公理做出不同的假设：过直线外一点可以做无穷条平行线。

黎曼几何学则假设过直线外一点不能做任何一条平行线。

以上对第五公理做出互相矛盾的假设，却都可以建立各自满足一致性的公理体系。它们成为欧氏几何第五公理独立性的证明。

不过，从根本上说，跨公理体系问题，已经突破了古希腊文明的理解，但今天的西方文明也没有对此给出系统的解释。这是科学未来发展可以产生另一场重大进步的突破点所在。限于篇幅，本书对此问题并不准备展开讨论。

第五章
科学的整体性和还原

科学与其他所有知识体系最大的革命性差异之处，就是它绝对地追求通过还原实现逻辑上的整体性，绝不满足于任何自成体系的“科学革命”。科学的牛顿力学是绝对永恒的真理和实现科学还原的大本营。

第一节 科学的整体性

科学尽管有学科的划分，但科学认识的对象，也就是我们生活的这个宇宙是唯一的[①]，因此整个科学事实上是一个整体，它们只是描述我们这个唯一宇宙的不同方面、不同角度而已。因此，不同学科间的研究成果可以而且必须建立起还原的关系。

由于科学的学科相互渗透，在很多领域已经很难按原有学科分类进行区分了。如，由于生物学等发展到分子和基因水平，化学、生理学、生物学、医学之间的界限已经越来越模糊。这种界限的模糊并非由于概念本身模糊，而是由于科学的学科分类本身，仅仅是一个便于科学研究

① 就算有所谓的多重宇宙，那也是整个世间多重的唯一大宇宙中的一个。

活动而进行的相关或同类知识的归并整理，如同用柜子有条理地存放同类的物品，在提取时更方便而已，它们本身并没有绝对的意义。从科学的本质上说，科学本身是根本不应当有学科分类的，而仅仅应当只是一些标准化的知识模块。另外，学科的归类也未必就是树状的一个个分支，它们出现矩阵式的横向交叉也不是什么奇怪的事情。因此，随着科学发展认识的对象范围越来越多，一定历史阶段下的学科分类发生变化是很自然的事情。

第二节　还原

一、还原的方法

科学的整体性，要求一些基础性的学科，成为其他很多学科的基础，也就是这些更为分支的学科规律，需要能够在数学或逻辑上完全还原为基础学科的规律。一些规律需要还原为更基础的规律。还原有多种不同的逻辑路径，主要有决定论式、回溯式和映射式等。

1. 决定论式还原。通过逻辑演绎，基于公理体系导出所要描述的规律，或以基础学科规律，通过演绎推导出分支学科规律。这种还原关系也称为“决定论”式的还原关系。

2. 回溯式还原。虽然不能通过决定论式的还原关系进行推导，但新的理论体系可以在极限条件下变成原有的理论体系，这种还原关系可称为“回溯式”还原关系。例如，相对论和量子力学不能通过牛顿力学推导出来，但它们都会在宏观低速条件下还原成牛顿力学。

3. 映射式还原。如果新的理论，既不能决定论式地推导，也不能回溯，但通过数学建模建立公理体系之间完备的映射关系，从而也可以建立完全不同公理体系之间的还原关系。例如非欧几何和欧氏几何的关系。

二、还原实现的目的

通过以上三种或还有其他逻辑路径建立的还原关系，需要满足还原的完备性要求，从而保持科学的整体性。这个要求体现为两点：

1. 一切新的科学理论，新的概念，都必须完全可还原为原有的科学理论。

2. 一切科学理论相互之间必须完全可还原。这个可能初看起来不是很好理解，如果研究相类似对象的不同科学理论相互之间要实现还原还好理解，如果是看起来完全不相干的科学理论怎么还要求实现还原呢？例如农业学和天体物理怎么会有还原关系呢？首先，至少从它们最终都必须还原为牛顿力学，从而它们之间就可以通过这种方式建立还原关系。其次，它们相互之间还会直接建立还原关系。例如，当发现农作物受到月球影响产生变化时，就会建立农业与天体之间的还原关系。

三、以牛顿力学为核心的还原观发展

牛顿力学不仅是第一个实证的科学理论，也是关于宇宙最普遍、最基本的科学理论。因此，根据以上所介绍的科学还原方法，一切科学理论都必须能够最终还原为牛顿力学。我们把这称为“以牛顿力学为核心的还原观”。

在牛顿力学建立之后，越来越多原来分散的科学知识都逐步通过牛顿力学推导出来。天文、热力学、电学、光学、流体力学、生理学……全都一个一个统一在牛顿力学的大旗之下。人类手臂的运动，与阿基米德发现的机械杆杠竟然是完全相同的牛顿力学原理。泊松将热力学这样看似远离固体机械运动的基本规律也用牛顿力学推导出来，这样的巨大成功难免不使人认为牛顿力学已经穷尽了宇宙的一切真理，后人需要做的工作只是在

图 5–1 威廉·汤姆逊·开尔文男爵（William Thomson，1st Baron Kelvin，1824.6.26—1907.12.17），绝对温标的奠基人

牛顿力学的指引下把一切梳理得更有条理而已。整个宇宙不过是一架巨大的钟表，人们只要把其中一个个机械零件的尺寸搞清楚，按照牛顿力学的法则去预测未来的走时过程即可。不仅如此，人类和其他生物等都是可以按不同类型的钟表来思考和认识的。法国哲学家 J.O. 拉美特里 1747 年出版《人是机器》就是这种思想的典型代表。

到了 19 世纪末，牛顿力学的成功使得很多人认为未来的物理学已经没多大发展的空间了。普朗克曾在 1924 年的一次演讲中提到，他 1875 年在慕尼黑大学学习物理时，物理老师 P. 约里曾劝他不要学习物理学，因为这“是一门高度发展的、几乎是至善至美的科学……也许，在某个角落里还有一粒灰尘或一个小气泡，对它们可以去进行研究和分类。但是，作为一个完整的体系，那是建立得足够牢固的。而理论物理学正在明显地接近于几何学百年中所已具有的那样完美的程度”。普朗克的另一位导师，柏林大学的 G. 基尔霍夫也说过类似的话，“物理学已经无所作为，往后无非在已知规律的小数点后面加上几个数字而已”。

19 世纪的最后一天，欧洲著名的科学家们举行庆祝新年的聚会。这不仅是跨越新年的时刻，也是跨世纪的时刻。会上，英国著名物理学家，前英国皇家学会会长威廉·汤姆逊·开尔文在其发表的新年祝词中认为，物理大厦已经落成，所剩只是一些修修补补的工作。但是，在展望 20 世纪物理学前景时，他提到：“动力理论肯定了热和光是运动的两种方式，现在，它的美丽而晴朗的天空却被两朵乌云笼罩了……第一朵乌云出现在光的波动理论上……第二朵乌云出现在关于能量均分的麦克斯韦—玻尔兹曼理论上。”1900 年 4 月 27 日，开尔文在英国皇家学会发表了后来被广泛引用的著名演讲:《19 世纪热和光的动力学理论上空的乌云》(*Nineteenth—Century Clouds over the Dynamical Theory of Heat and Light*)，将该问题更详细讨论。其中所说的第一朵乌云，主要是指迈克尔逊—莫雷实验结果和以太假说相矛盾；第二朵乌云，主要是指黑体辐射实验中测出的辐射能谱无法用传统理论解释，尝试提出的模型都无法与实验相符合。解决这两个问题的努力在 20 世纪物理学领域引起了两场狂风暴雨，人们已经很熟悉了，前者导致了相对论，后者导致了量子力学。

从 19 世纪中期到 20 世纪中期，是传统科学观遭受巨大冲击的时期。在牛顿力学的公理基础受到动摇之前，数学领域的公理基础同样在遭受地动山摇的变化。欧几里德几何学历经 2000 多年发展，被认为成为一门完美无缺的学问后，一个同样细小的乌云引发了一场数学领域的狂风暴雨。在相当长时期内，数学家们仅仅是从直觉上感到第五公理有点复杂，有可能从其他公理推导出来，或者能够想办法证明它的确是一条公理。但经过数百年努力一直毫无所获。俄国数学家罗巴切夫斯基在证明了第五公理是一条公理的同时，却意外地发现了以第五公理的否命题与其他公理一起竟然可以形成与欧氏几何平行的另外一套完全自洽的几何学体系。这种石破天惊的全新几何惊呆了当时的数学界，以至于长期无人理解。到了 1868 年，意大利数学家贝特拉米将其还原为欧氏几何后，罗氏几何得到数学界认可。1854 年德国数学家 G.F.B. 黎曼在格丁根大学发表的题为《论作为几何学基础的假设》的就职演说，这形成了另一种非欧几何体系。

在生物和人类社会等领域，牛顿力学也遇到越来越多的困难。在这些领域，单纯的牛顿力学应用并不顺利。生物的进化过程难以简单地归结为机械运动，人类也不是简单的机器或钟表。因此，到了 20 世纪初，人们已经普遍认为 19 世纪以牛顿力学为核心的“机械宇宙观”已经破产，甚至认为相对论和量子力学“推翻了”牛顿力学。同时，一系列适用于复杂系统的全新理论纷纷问世——老三论：系统论、信息论、控制论；新三论：耗散结构论、协同论、突变论。另外还有：混沌学、超循环理论。

美籍奥地利人、理论生物学家 L.V. 贝塔朗菲（Ludwig von Bertalanffy，1901.9.19—1972.6.12）在 1932 年发表了“抗体系统论”，提出了系统论的思想。1937 年提出了一般系统论原理。1968 年发表专著《一般系统理论基础、发展和应用》（*GeneralSystem Theory：Foundations，Development，Applications*），系统论到此基本成熟。

1948 年，美国应用数学家诺伯特 · 维纳（Norbert Wiener，1894.11.26—1964.3.18）发表《控制论——关于在动物和机器中控制和通讯的科学》一书，标志控制论的诞生。

1948 年，美国数学家克劳德 · 艾尔伍德 · 香农（Claude Elwood Shannon，1916.4.30—2001.2.24）发表论文“通信的数学理论”，标志信息论诞生。

1969 年，比利时物理化学家和理论物理学家伊里亚 · 普里戈金（Ilya Prigogine，1917.1.25—2003.5.28）提出“耗散结构”（*Dissipative structure*）理论。

1969 年，联邦德国斯图加特大学教授、物理学家赫尔曼 · 哈肯（HermannHaken，1927.7.12—　）提出“协同学”这一名称。1971 年与格雷厄姆合作撰文发表论文《协同学：一门协作的科学》。1972 年在联邦德国埃尔姆召开第一届国际协同学会议。1973 年将这次国际会议论文集整理后以《协同学》名称出版，协同学随之正式登场。

1972 年，法国数学家勒内 · 托姆（René Thom，1923.9.2—2002.10.25）发表《结构稳定性和形态发生学》一书，系统阐述了突变理论。

1963 年，美国麻省理工学院教授、气象学家爱德华 · 诺顿 · 洛伦茨（Edward Norton Lorenz，1917.5.23—2008.4.16）提出“混沌理论”（*Chaos Theory*）。1972 年 12 月 29 日，E.N. 洛伦兹在美国科学发展学

会第139次会议上发表了题为“蝴蝶效应”的著名论文。“蝴蝶效应”也成为一个远超出气象领域，在社会领域也非常广泛使用的名词。

1970年，德国科学家M.艾肯（Manfred Eigen，1927.5.9—　）从研究细胞的生化系统、分子系统与信息进化系统中，提出“超循环理论”（*Supercirculation theory/HyPercycle theory*）。1979年，M.艾肯与P.舒斯特（P.Schuster）一起出版《超循环》（*The Hypercycle*）一书。

除信息论之外，其他新科学方法尽管数学原理差异巨大，理论体系各异，但事实上在最终极的逻辑上存在相同的出发点，就是存在循环因果，因此会出现系统、反馈、自组织、协同、微小扰动被无限放大和突变、负熵流等现象。牛顿力学之所以难以适用于生物进化和人类社会，主要原因不在于其物理机制，而在于其因果逻辑基础在过去只是限于经典的单向因果律。作者在《生态社会人口论》一书附录中建立的“循环因果律”，事实上具备除信息论之外，统一以上所有其他方法论的潜力。更重要的是，由于我已经将循环因果律完全还原为经典因果律，因此它可以使牛顿力学以此为基础广泛应用到生物进化和人类社会领域。

四、重新回归牛顿力学的核心

尽管科学本身应当是纯客观的，但发展科学的人心态上其实也有些类似于社会中的人。当科学有一个完善的统治者时，可能会感到没有可以作为的空间，但当原来的权威倒塌时，又会感到陷入巨大的混乱。但合久必分，分久必合。19世纪中期之前，科学是统一的，此后到20世纪中期，是科学大分裂的时期。但在这个过程中，最严谨的科学家们从未放弃过通过还原统一科学的努力。尽管相对论和量子力学远远超越了牛顿力学的作用范围，但一切新的物理学理论都会在宏观低速条件下还原为牛顿力学。当我们将循环因果律还原为经典因果律之后，一切生物进化和人类社会领域的规律都可以重新还原为牛顿力学了。在这些领域，甚至连相对论和量子力学的全部知识几乎都不需要。因此，当我们不是以决定论的方式，而是加上回溯式还原方法之后，是可以将一切实证科学领域全都还原为牛顿力学的。由此，我们可以使一切实证科学领域全部建立在以牛顿力学为核心的还原观之上。

第三节　映射式还原经典案例

映射式还原的典型案例在数学上是非欧几何向欧氏几何的还原。

欧氏几何第五公理的证明是一个持续了2000年的数学难题，无数的尝试都失败了。俄国数学家尼古拉斯·伊万诺维奇·罗巴切夫斯基（Никола йИва новичЛобаче вский，英文Nikolas lvanovich-Lobachevsky,1792.12.1—1856.2.24）在解决这个难题过程中，创造性地设想出了用反证法来解决这个难题。这种反证法的基本思想是，为证明“第五公理不可证”，首先对第五公理加以否定，然后用这个否定命题和其他公理公设组成新的公理体系，并由此展开逻辑推演。

假设第五公理是可证的，即第五公理可由其他公理推演出来，那么，在新公理系统的推演过程中一定会出现逻辑矛盾，至少第五公理和它的否定命题就是一对逻辑矛盾；反之，如果推演不出矛盾，就反驳了“第五公理可证”这一假设，从而也就间接证得“第五公理不可证”。依照这个逻辑思路，罗巴切夫斯基对第五公理的等价命题——普列菲尔公理“过平面上直线外一点，只能引一条直线与已知直线不相交”做出否定，得到否定命题“过平面上直线外一点，至少可引两条直线与已知直线不相交”，并用这个否命题和其他公理组成新的公理系统展开逻辑推演。

在推演过程中，他得到一连串古怪、非常不合乎常理的命题。但是，经过仔细审查，却没有发现它们之间存在任何逻辑矛盾。于是，远见卓识的罗巴切夫斯基大胆断言，这个“在结果中并不存在任何矛盾”的新公理系统可构成一种新的几何，它的逻辑完整性和严密性可以和欧几里得几何相媲美。而这个无矛盾的新几何的存在，就是对第五公理可证性的反驳，也就是对第五公理不可证性的逻辑证明。

1826 年 2 月 23 日，罗巴切夫斯基在喀山大学物理数学系学术会议上宣读了他的第一篇关于非欧几何的论文——《几何学原理及平行线定理严格证明的摘要》。这篇首创性论文的问世，标志着非欧几何的诞生。但是，由于罗巴切夫斯基几何的命题与常识差异太远，人们无法理解。因此，不仅它出现后受到冷漠，而且罗巴切夫斯基个人也受到大量批评甚至人身攻击，其职业生涯也因此受到巨大影响。同时期的大数学家高斯事实上也私下发现了非欧几何，并对罗巴切夫斯基私下非常赞赏，但却一直不敢给罗巴切夫斯基公开支持。因此，即使经过了 30 多年，直到 1856 年 2 月 12 日罗巴切夫斯基逝世，非欧几何也未得到数学界认可。直到非欧几何向欧氏几何的还原工作完成，非欧几何才得到数学界的理解和认可。

1868 年，意大利数学家 E. 贝特拉米（Eugenio Beltrami，1835.11.16—1900.2.18）发表了一篇著名论文《非欧几何解释的尝试》，证明非欧几何可以在欧氏空间的曲面上实现。这就是说，非欧几何命题可以“翻译”成相应的欧氏几何命题，如果欧氏几何没有矛盾，非欧几何也就自然没有矛盾。

有多个将罗巴切夫斯基几何还原为欧氏几何的数学建模方法，其中一个如下：

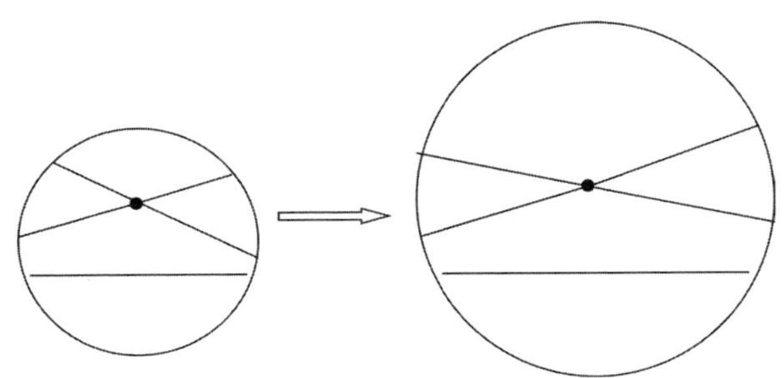

图 5-2 一种极限方法的罗氏几何还原

如图 5-2，先在欧氏平面上设立一个有限的圆，在这个圆中有一直线和直线外一点。那么，在这个有限的圆形空间内，过该直线外的点可以做无数条直线，使得在该空间内不与原直线相交。而所谓“平行线”的准确数学含义即是“不会相交”。然后将圆的尺寸无限扩大，从极限的意义上理解，也就成为第五公理的罗氏几何假设。

今天，我们或许会为当年人们没有立即接受罗巴切夫斯基的非欧几何学而对其有所批评，但我们不能仅仅如此简单地、有些马后炮式地去看待科学发展的历史。仅仅简单地指责当时的数学界思想保守和观念陈旧是没有用的，如果我们自己身处当时的历史条件下能做得更好吗？连大数学家高斯在已经独立做出非欧几何发现之后，也不敢公开支持罗巴切夫斯基的发现，以“胆量”和“勇气”不够对其评价是过于简单的。

罗巴切夫斯基几何现在广为接受的还原方法，是意大利数学家贝特拉米把罗氏几何空间还原为欧氏几何的马鞍形空间。而把黎曼几何空间还原为欧氏几何立体的椭圆球面空间，也有效还原了黎曼几何。

第四节　回溯式还原经典案例

狭义相对论与经典时空的还原关系是以洛伦兹变换（Lorentz transformation）来建立的。洛伦兹变换是狭义相对论中关于不同惯性系之间物理事件时空坐标变换的基本关系式。设两个惯性系为 S 系和 S′ 系，它们相应的笛卡尔坐标轴彼此平行，S′ 系相对于 S 系沿 x 方向运动，速度为 v，且当 t=t′ =0 时，S′ 系与 S 系的坐标原点重合，则事件在这两个惯性系的时空坐标之间的洛伦兹变换为：

$$\begin{cases} x' = \gamma(x - vt) \\ y' = y \\ z' = z \\ t' = \gamma(t - \frac{vx}{c^2}) \end{cases} \qquad (5\text{-}1)$$

式中

$\gamma = \frac{1}{\sqrt{1-(\frac{v}{c})^2}}$；c 为真空中的光速。其逆变换形式为：

$$\begin{cases} x = \gamma(x' + vt') \\ y = y' \\ z = z' \\ t = \gamma(t' + \frac{vx'}{c^2}) \end{cases} \tag{5-2}$$

不同惯性系中的物理定律必须在洛伦兹变换下保持形式不变。

从上面可看出，当速度 v<<c 时，洛伦兹变换会近似为经典力学的伽利略变换。

科学界不会轻易去接受与原科学知识不同的思想和创造是有其内在原因的。因为如果因简单地很快接受，最后发现是错误的话，持“事后正确的角度”观点的人肯定又会从另一个角度指责接受的人“轻信”。

“保守”“守旧”“轻信”等指责都是属于马后炮。意大利数学家贝特拉米建立了罗氏的非欧几何向欧氏几何的还原关系后，数学界很快接受了罗氏几何这一事实，表明了新科学认知向已有科学认知的还原工作是何等重要。同时也表明了科学界并不像我们想象的那样无理由地“守旧”和“保守”。

真正的科学内部发展过程绝不存在，也绝不容许存在库恩所说意义上的“科学革命”，它只会是“还原”与“调用”。

因此，牛顿力学的建立是一个科学革命，但相对论和量子力学绝对不是对经典牛顿力学的“科学革命”，更不是“推翻了”牛顿的经典力学，而是它们可以在宏观条件下**完全还原为**牛顿力学。科学的牛顿力学是绝对永恒的真理。**一切新的物理学理论，如果不能在宏观低速条件下还原为牛顿力学，它就绝对不可能被物理学家们所接受。**

这就是为什么亚里士多德的落体理论和托勒密的地心说早已成为历史，而牛顿力学却至今仍然是全世界所有物理学的基础教程的原因所在。并且，牛顿力学至今仍然是现实生活中使用最广泛的物理学知识。

系统论简单地说牛顿的机械宇宙观过时了，需要用系统宇宙观看问题是远远不够的。如果系统论不能还原为牛顿的机械宇宙观，它同样不能被称为真正的科学。与相对论和量子力学类似，还原并非说完全用牛顿力学来解释，而是必须论证清楚是在牛顿力学的基础上改变了什么，增加了什么，才使得宇宙呈现出与牛顿力学不同的规律，并且新的理论必须能够完全地包容牛顿力学。

因此，不仅相对论和量子力学绝对没有推翻牛顿力学，而且它们是以全新的方式，更精确和更清晰地再次证明了牛顿力学的科学真理性。

第五节　调用和对自成体系理论科学性的否定

由于科学理论之间有完备的还原关系，因此当研究新的对象时，要么直接可以整体引用原有科学认知，要么就必须去改进它们，并在这个过程中完全符合科学整体的还原性要求。并且一个新的真正科学的认知，需要迅速能够让其他所有科学研究有可能来调用自己。

尽管我们经常会看到说某学科或某科学家建立的理论“自成体系”，甚至以此为自豪。但是，作为科学是“绝对不能容许任何学科、任何科学理论甚至任何一个概念自成体系”的。任何新的科学成果必须能够还原为原有的科学认知。如果暂时还不能完成这种还原，这个学科的科学家或学者们必须明白，作为科学，他们还有一件最重要的事情没有做完。

当然，这种要求并不是说原有的科学认识一定是百分百完美或正确的。而是说，如果是原有的科学认识存在缺陷，由此导致不能完成这种还原，很简单，去改进原有的科学认识。但如果不能改进已有的科学认识，那就必须得百分百地完成这种还原工作。这种百分百还原的要求，不是以原有的认识来“为难”新增的认识，而是既可以使得新增的认识能够有效，同时也使已有认识中存在缺陷的地方可以得到不断的改进。

再强调一遍：**任何科学理论都绝对不容许“自成体系”**。在实现科学的还原之前，无论你自己的理论看起来多么完美，你都没有资格宣称自己建立了一个科学理论。

一切非科学都是相互独立、语言互不相通，以“自成体系”为荣。这样，它们就算获得了某种有意义的成果，也难以相互转化、相互促进、相互调用、相互检验。

因此，是否可还原为已有基本的科学认识，或改进现有科学认识后再还原，从而与已有科学体系形成一个整体，是判断科学与非科学的关键标准之一。宣称“自成体系”，也就等同于宣称自己是非科学的。

如果是从一个非科学的单体知识向另一个非科学的单体知识过渡，我们并不推荐把它称为“科学革命”，本质上它只是一种非科学知识体系之间的过渡过程。

事实上，过去科学哲学的所有理论相互之间都是单体知识，它们之间都是无法相互还原的，这就充分表明所有科学哲学理论本身就不是科学。

第六节　从还原标准看经络研究的非科学性

利用还原标准，可以清楚地看到经络研究的非科学性在哪里。

一、支持经络研究者声称的进展

表面看来，最近二十多年经络研究采用的方法显得非常接近科学，它们采用了很多现代科学的测量手段试图去证实经络的存在。以下我们汇总了支持经络的研究者声称的进展：

1. 电激发的机械探测法：隐性循经感传线（LPSC）

在受试者的古典经脉线的井穴（脚趾趾端的第一个穴位）上放置一个

小电极（**刺激电极**），再把另一个大电极放在对侧小腿的脚踝部。通上微弱的脉冲电，受试者在井穴处就有麻的感觉。这时用尖头的小橡皮锤在受试者的皮肤上沿古典经脉垂直方向叩击，当受试者有酸麻胀的感觉，说明这是一个高敏感点。研究者用红笔在这些点上做上标记，如此反复实验，当把这些点连接起来后，经络研究者发现，它正好与古典经络图上的经络的分布相吻合。这条敏感线被命名为隐性循经感传线（LPSC）。

2. 皮肤电阻抗测试法：经络的低电阻特性循经低阻线（LIP）

使用电阻测定仪，测试电源为低频脉冲电源。电源的两个电极是控测电极和参考电极。参考电极拿在受试者手上，研究者用探测电极对古典经脉线沿垂直方向进行扫描，于是发现当探测电极触及受试者的经脉线时，电阻会突然下降，这是一个低电阻点，称为循经低阻点（LIP），在受试者身上用绿点表示。当把所有低电阻点连成一条线时，它正好和古典经脉线一致，并且和电激发机械探测法测出的红点连线重合在一起。

3. 叩击声音探测法：经络的高振动声特性循经高振动线（PAP）

使用尖头小橡皮锤和医用听诊器，在受试者身上沿古典经脉线进行垂直叩击，叩击的力量要均匀。你会发现每当小锤叩击到经脉线上时，就会听到一个音量加大、高亢洪亮、如叩击在空洞地方那种空空的声音，把它叫作经络的高振动声，把这些点叫作高振动声点，并用蓝点标记。待把所有蓝色振动点连成一线时，恰好又和前面的红色、绿色的测试线重合在一起。

4. 同位素测试法

采用在穴位上注入 P32 观察到所测 12 条示踪轨迹与古典经脉线基本一致。近年来采用高锝酸钠注入穴位，用大视野数字照相机记录。观察到：

（1）四肢部可迁移 30cm—110cm，轨迹主要位于皮下。

（2）移行速度 3.5cm/s—76cm/s，在非穴位注射则有淤积。

（3）在活体观察与淋巴和神经干无直接关系，但与血管关系密切。

（4）在四肢部的十二经脉和任督二脉基本循古典记载走完全程。仅大肠经和心包经有一定变异。

5. 光检测法

（1）体表超弱冷光检测：以体表超冷光信号为指标，观察到高发光点基本循十四经分布。某些患者在不同经穴发光有不对称变化，与健康人有显著差异。

（2）红外成像法检测：一切物体温度高于 -273.15℃ 时，它内部的分子就会因热运动而向空间放射红外线。用高灵敏度的探测器通过荧光屏或拍照可以出现亮带和暗带，其显示的路线与古典经络相符，而不同于神经和淋巴。CO_2 和 O_2 分压的测定，H^+、Ca^{2+} 离子的测定。近年来有些学者还进行了人体经络体表循行线二氧化碳呼出量特性的研究，发现经线上二氧化碳呼出量（RCO_2）高于经线外。并且从井穴向合穴不断增大。还有人测查了经穴非经穴 H^+、Ca^{2+} 离子变化。

（3）针效阻滞定位检测：利用针刺时出现的循经感传经压迫可以出现阻滞的特性，测出一系列的阳性阻滞点，将这些阳性阻滞点连接起来即绘成一条轨迹，此轨迹基本与古典记载相吻合。这是一种应用于临床的检测。

经络研究者把依据敏感性、低电阻性和高振动声的特点测定出来的经脉线叫作实验经脉线，它只有 1 毫米宽度，对每个人来说都是终身不变的。

二、存在的问题

我们并不试图去评价以上研究的表述本身，而只是根据纯科学角度来讨论其方法上的问题：

它们在研究方法上的确都采用了可以还原为现有科学认识的测量技术手段，这是非常值得肯定的。

但是，我们先不说它们与已有科学生理学知识之间能否建立起逻辑联系，首先是以上所有经络研究的“发现”相互之间就建立不起任何逻辑联系。经络研究者们获得了经络在电、声、光、核、化学等如此之多方面的发现，但这些发现相互之间都没有任何逻辑联系，无法相互还原。例如：

我们无法从经络的电阻特性推导出它具有声、光、核、气体或化学离子的特性，从其他“发现”也都会遇到同样的困难。研究者们并没有以其中可以确认的某一个现象为基础，继续向前走，获得进一步的发现、演绎和还原。与之相对应，当人们发现心脏跳动的原理后，很容易建立起心脏跳动在频率上与手腕部脉搏频率之间的逻辑一致性。这种逻辑一致性必须是广泛一致的，在全身任何地方能够测量到的脉搏频率全都是与心脏跳动频率完全一致的。

上述任何一个发现的特性，也都无法有效建立起与现有公认的生理学知识之间的逻辑联系。例如，如果以低电阻特性为基础，需要进一步研究它为什么会有低电阻特性；需要进一步获得经络所在皮肤解剖学的发现。但是，所有人都承认：试图在经络所在皮肤或皮下组织寻找任何解剖学证据的努力都失败了。而确认这一点，对今天的医学和生理学技术来说已经很容易做到。

三、经络研究科学化的可能途径

相对来说，有一个观点，似乎可以存在回避这些困难局面的可能：认为经络的主观感觉和特性并不是经络所在皮肤或肌肉组织导致的，而是通过中枢神经系统实现。如果这一假设成立，那么如果认为以上某些发现是可以确认的话，就需要以此现象及上述可称为“经络中枢论”来进一步演绎，并与已经确认的其他生理学知识建立起逻辑联系。并且需要证明经络的电阻特性以及以上发现的所有特性全都是由于中枢神经系统的特殊作用导致的。

例如，根据已有的神经传导速度（SCV）大约为 7m/s 的知识，可以精细地设计一个实验，选择经络上的两个点，通过测量在经络一个点上的刺激，传导至中枢神经，再传到经络上另一个点的时间长度，看其是否与现有的神经生理学的知识相吻合。此处假设神经冲动在大脑皮层传导时间为 0，如果不为 0，总体传导的时间只会加大，而不会减少。

并且还要进一步研究这样的特殊中枢神经回路，是如何导致经络处具有低电阻特性、声特性及其他特性的。

如果仅仅是一个个独立地发现经络的某种特性，却既不能建立起这些研究相互之间的逻辑联系，也不能建立起与已有科学知识的逻辑联系，这样的发现意义就不符合科学的还原性。

因此我们可以看到，以上所有研究都只是停留在“试图确认经络现象存在”这个起始线上，并且是相对原有生理学知识完全孤立的起始线。即使好像发现了某些东西，但都无一例外地到此为止，无法进一步走下去。看起来高度符合现有科学技术的测量手段，仅仅成为一种点缀而已。

第六章

科学的关键特征

> 未知因素唯一性决定了科学发展的步进式模式，这是科学与哲学、经验性知识等关键性的区别。

第一节　科学为什么优于非科学

非科学的认识方法并不是绝对地不能获得任何有价值的认识结果，而只是在我们以上提到的多个优点上远远不如科学的认识方法。需要强调的是：

1. 科学的认识方法并不能保证可以一次性地获得绝对正确的结论，但它可以最有效地不断剔除认识结论中的缺陷和错误；非科学的认识方法并不是不能获得任何正确的结论，只是其认识结果中的错误会长期难以剔除。因此不能以科学也存在错误来否定科学方法，也不能以非科学的认识方法可以获得某些正确的认识结果而留念它们。科学与非科学区别不在于结果正确与否，而在于其如何对待认识中的错误和缺陷的态度，以及其剔除错误和缺陷的效率。

2. 一切非科学的认识方法都需要被科学的认识方法所替代。因为科学的认识方法在一切方面都远远优于其他任何非科学的认识方法。科学认识方法的优点，同时就是非科学认识方法的缺点。例如，非科学的认识方法很难区分欺骗与真正的有价值的认识结果。如果你不能有效地区分出骗子和正确的结论，人们就会把你也当成骗子。或者说非科学很容易被骗子所利用。

3. 科学只是让人们理解世界，而非科学尤其以欺骗为目的的非科学，更多地只是让人们“相信”。从科学的角度来说，不要问人们是否相信某个“事实”，而只是要问如何科学地理解它。如果你不理解，无论“相信”还是“不相信”，对于科学来说都是没有任何意义的。而对于非科学来说，理解不理解都无所谓，只要你“相信”就可以了。大量非科学都是用来骗人的，要骗人关键就在于要让人相信，而不是让人理解，尽管并不是所有非科学本身就是以欺骗为目的。因此，当有人问:“你是否相信……”这种提问方式的一开始就表明他们是非科学的态度。

4. 一切非科学认识方法所获得的结果中有意义的部分，都可以被科学所吸收、改造和利用。

5. 非科学认识结果的“科学化”问题。一切认识过程和一切以非科学的手段获得的认识领域或结果都可以被科学化，只要人们全面系统地按照科学的认识方法去做，而不是继续维持原有的非科学认识方法。

6. 在科学化过程中，科学的认识手段并不能仅仅成为一种装饰，而必须完备地按照科学的认识方法标准进行改造。科学化之后，它应当与完全科学的认识活动没有区别。

7. 科学的认识都不是封闭的，新的科学认识都必须完全能够还原为已有的更基础学科的规律，或者以新的发现去改变原有的科学认识，从而永远保持科学的整体性。非科学的认识都是自成体系、自弹自唱的，它拒绝向原有科学规律的还原，并且不把这个还原的工作看作自己最起码的责任和义务。非科学只是满足和陶醉于“现有的科学解释不了”，而科学的态度是“一定且必须用科学的方法来解释它，并且是，我应该来完成这个科学解释的工作”。一切强调并陶醉于“现有的科学解释不了”的行为，都是在为其进行非科学的解释做准备。

8. 永远存在科学暂时还不能解释的现象，但“科学现在还不能解释”，并不意味着说就可以用其他非科学的东西瞎解释。

第二节 步进式发展模式和节奏性

一、科学发展的步进式模式

科学的整体性不仅是对测量的要求，也是对科学理论和假说的要求。这样，在我们认识新的自然现象时，必须以现有的、已经确认的科学认知为基础。再加上后面我们会谈到的测量单因果化的要求，这一切使得科学的进步是一种**步进式、累积式、渐进式的发展模式**。它需要从少到多，从易到难，从简单到复杂，从低级到高级。

这意味着，科学的发展是具有历史性的。在不同历史阶段，科学可能解决的问题显著不同。在任何一个历史阶段，科学所能够解决的新问题是非常有限的。如果某些未知因素的确还未被科学所认知，以此为基础的更多未知因素就更不能被科学所认知。

由于科学步进式的特点，我们的确不能一开始就对所有认识对象的知识提出同样的科学要求。例如整体性，如果是在100年前，要求所有科学研究，甚至心理学研究都统一和还原到牛顿力学是极为困难的。现在由于扫描电子显微镜、生物探针等测量工具的发展（包括2014年获诺贝尔化学奖的成就——超高分辨率荧光显微镜，它将光学显微镜分辨率提升到可观测分子的程度），科学家们可以直接观测到微观粒子以及在分子水平观测细胞组织和基因，从而使很多生物学研究可以还原为化学科学的知识。但在类似研究工具没有出现之前，这种还原就没有可能性，从而单纯地提出整体性和还原性要求也就没有实际意义。

因此，我们在今天设立科学的更高标准，并无意于拿这些标准去要求历史上过于早期的学术成就，甚至不应简单以此标准去要求几十年前的学术成就。

幸运的是，目前人类的科学已经发展到这样的阶段和程度，使我们可以有条件对所有领域的研究都提出完备的科学性要求。因此，在不同历史阶段，次要的科学标准是可以发生变化的。

但无论如何，作为近代科学最基本的测量标准，适用于近代科学发展的整个阶段。

科学发展步进式的模式不仅存在于纯科学研究领域，也存在于技术、生产甚至社会发展领域。

芯片的集成度之所以会有摩尔定律的发展规律，就是因为在某一个线宽的所有产业相关技术未成熟之前，更小线宽的技术就难以获得。

企业生产过程中的产品技术创新也是如此。一般来说，一个新开发产品最多 30% 采用新技术，剩下 70% 左右采用成熟技术为宜，否则很难获得稳定的产品，以及管理好研发进度，并控制好研发成本。

中国 30 多年的改革相当成功之处，在于并非按某种固定的标准去设计社会变革的目标，而是有阶段性的，以现有实际状态为前提设计下一阶段的目标。这种模式有效符合了社会发展步进式的模式。

2013 年 12 月中国嫦娥 3 号探月成功，也是一个非常具有步进式的发展计划。而 50 多年前的苏联和美国探月计划过于超前，使得其后来难以继续，不得不中途停下。由于摩尔定律的作用，与 56 年前相比经历了 37 个倍增周期，计算机运算能力提升了 $2^{37} \approx 1$ 千多亿倍。传感器技术和深空通讯技术也完全不可同日而语。这样强大的计算能力差异，探月设备的自动化程度当然也完全不同，从而其可能达到的成功率也完全不同。因此，我们不能简单地以 56 年前的探月计划执行情况来判断现在的探月计划。嫦娥 3 号在飞行到月球表面时，飞行轨迹偏差可达到 1.2 米以内，这在 56 年前是绝无可能的，而在今天的计算机、传感器以及控制技术条件下就是顺理成章的事情。

二、与商业相关的步进式发展模式

需要强调的一点是，科学的步进式发展，不仅是要以原有科学发展本身的知识成果为基础，更重要的是，它需要快速地与商业活动建立良性的互动过程。由于现代的科学发展，已经越来越成为必须有强大资金支持的过程，因此，使得科学发展与商业过程建立起良性互动的联系就成为一件至关重要的事情。

一些历史研究表明，中国历史上郑和下西洋的活动中，很有可能已经到达过美洲。即使这一方面的证据还不足以下最后的结论，庞大的郑和船队曾到达过东南亚、印度和非洲等地则是没有疑问的。但与哥伦布到达美洲相比，郑和高达七次的远洋活动后来很快就停止，不再有后续行为。而哥伦布发现美洲则与两个方面都建立了步进式发展的关系有关。首先他是根据当时地球是圆的科学认识而制定的远洋路线；其次是他发现美洲本身是基于商业的目的，并且后来的确产生了持续的商业行为，而使这一发现成为整个美洲和全世界经济发展的新动力。郑和下西洋即使与中国张骞及班超出使西域的活动相比也相距甚远，后者建立起了长达 2000 年的中西之间丝绸之路的贸易历史。

近地空间探测活动因卫星通信、卫星定位服务、遥感、卫星照片等商业行为而具有长期可持续性。但如果月球等深空探测不能成为商业行为，就很难成为长期的，并且可持续增加的科学研究投资行为。

有些观点认为，外太空科学探测的活动投资会带来很多附带投资效益。如认为美国的阿波罗登月计划尽管后来停止，但其投资带来的新科技发明具有很大的投资效益，产生 3000 多项新技术，并且短期测算的投入产出比达到 1∶5，而长期测算的投入产出比达到 1∶14。但是，这种间接性的投入产出比测算很难具有令人充分信服的说服力。因为人们很自然地会问一个问题：那些新技术如果不是通过阿波罗登月计划，是否就不可能获得？如果通过直接的商业开发计划也很可能会开发出这些技术，那么就很难说这些新技术是只能通过阿波罗计划产生的必然结果。

因此，**直接建立起科学发展活动与商业活动的良性互动联系是至关重要的**。在这个问题解决之前，进行过多更远距离深空探测意义是不大的，即使走出去，也还是要像阿波罗计划一样退回来。但是，如果能够使得月球探测成功实现商业开发目标，那么进行更远的深空探测就非常容易了，并且那时计算机、深空通信、传感器、火箭等技术更加成熟，实现起来就容易得多，从而事半功倍。

三、科学发展的节奏性

科学的步进式发展模式既要求一步步地向前走，同时也要求在任何一个历史阶段，必须进行具有一定跨度的下一个阶段目标计划。也就是说，科学发展是有内在节奏性的，如果把握好这个节奏，从长期来说，可以获得最大的发展效率和效益。

如，摩尔定律等并不仅仅是一个技术发展的要求，而且是技术、产业、经济效益等综合作用带来的要求。

如果科技发展在某一个阶段停止不前，甚至撤消相应的发展计划，以后再重新开始不仅难度更大，而且人才和物资的浪费巨大。进行相应科研需要一批相应的人才、技术和经验的积累。如果中断，相应的人员很可能会转去从事其他工作。以后重新开始的话，很多工作又得从头进行。

第三节　未知因素唯一性要求

一、未知因素唯一性

如果仅仅从纯理论上说，对一个现象可以给出多种不同的假说，但从实际科学发展史上看，科学的假说并非可以随意做出，它必须是以当前已经确认的科学认知为基础去做出假说。

并且，新假设的未知原因要素一次只能有一个，而不能去假设两个或两个以上的未知原因要素，由此对结果现象同时产生作用来加以解释。新理论中除唯一新增的未知因素作用外，其他的理论假设部分**“必须全部基于已有的科学认知”**。

我们可把这个要求称为**科学理论假说未知因素唯一性要求**，或简称为**“唯一性要求”**。关于这个论点的严格证明会在第十章“单因果化——可测量的科学基础”里给出。唯一性要求并不是独立提出的论点，而是以科学的整体性或还原性要求，与测量的“单因果化”一起逻辑导出的结论。

二、唯一性与实证经济学方法论

依据唯一性要求，我们就可以很容易解决美国经济学家米尔顿 · 弗里德曼（Milton Friedman,1912.7.31—2006.11.16）在“实证经济学方法论”中讨论的“理论假说的假设与实验结果之间关系”的疑问。

虽然弗里德曼精心构造了两个有关叶子的假说，它们都与事实相符，以此说明多种理论假说存在的可能性，并且试图去证明无法用实验结果来区分出不同理论的假设。但“叶子可以自己寻找阳光更充足位置”的假设本身，即使到今天也不能还原为已有科学认知，因为除向日葵等少量植物具有趋光生长机理外，至今科学并没有发现叶子具有寻找阳光并移动自身位置的器官或类似的机理。因此，根本用不着实验来检验，该假说从科学整体性要求来说就已经可以被否定了。只有当未来发现了某种叶子具有感觉阳光的器官和根据阳光强度移动自身的器官，科学才有可能接受这种理论假说。

另外，科学家们也不会仅仅因为一个实验就接受或否定一个理论。如在弗里德曼文中还讨论过的落体问题，物理学家们并不仅仅以落体现象来研究它们，而且还通过还原性要求把它们与天体运行等问题建立起逻辑联系，统一还原为万有引力定律。并且物理学家们也通过直接测量两个物体之间的引力来检验这个定律。而即使所有实验都验证了万有引力定律，科学家们还是会不断去进行各种新的环境条件下的测量，以永无止境地确认这个定律。

我们也可以接受弗里德曼新引入的叶子趋光性假设，但仅仅通过这一假设与某个实验结果的符合性是远远不够的，必须通过另外的实验去直接测量和验证这种机理的存在，才能进一步确认这一假设。

因此，仅仅通过构造的两个不同理论假设可以都与某个实验相符就得出“理论不能用其‘假设’的‘真实性’来加以检验”的结论，是非常不准确的。

唯一性要求也可以有效解决拉卡托斯的科学哲学理论中如何在使用“辅助性假设”过程中，避免“特设性假设”的问题。很简单，辅助性假设必须满足唯一性要求，不仅假设只能有一个，而且其中未知因素也只能有一个。如果超过一个，就是特设性的。即使这超过一个的特设性假设最终可能被确认是真的，科学在目前阶段也无法解决，是无解的。一旦假设数量超过一个，这就是转变成思辨的方法。这种思辨方法猜中了只是撞大运而已，但科学方法不是靠撞大运发展的。

例如，在解释天王星运行轨迹异常的过程中，通过辅助性假设发现了海王星。如果辅助性假设不是一个未知行星，而是假设有两个未知行星，或一个未知行星与其他某个未知因素共同作用导致这种测量结果，这就变成特设性假设。从纯理论角度说，当然不是绝对没有可能存在两个未知行星，而是如果同时存在两个未知行星对天王星的轨道产生影响，仅靠这种偏离的测量数据基本上无法求解。必须获得更多测量数据，先确定其中一个未知行星，把它变成已知的，而后才能去假设另一个未知行星，并以轨道偏离数据去求出它的轨道。这个过程可能很困难，甚至有可能是另一次长期测量之后“运气”很好的发现，但科学发展的过程就只能是如此。

我们不要忘了，天王星本身就是这样通过长期的直接天文测量（带一定运气成分）发现的。

三、以唯一性定义可测量

科学可测量的严格定义，是建立在未知因素唯一性之上的。这意味着，当我们提出一个新的科学概念假设时，只能有这一个概念是唯一未知的。必须通过测量过程，建立起这个唯一的未知因素与其他因素之间的因果联系。这个因果联系中，所假设的概念必须是唯一未知因素，其他所有起到有效因果影响的因素则必须全都是已知的。

因此，可测量的要求并非绝对的。过去不可测量的概念会在未来随着其成为唯一未知的因素而可能变成可测量的。

四、唯一性与数学的多元函数

数学上的多元函数意味着有多个未知数。例如下面的二元一次方程：

$$ax+by=c \tag{6-1}$$

其中 x，y 是两个未知数，a，b，c 是常数。我们知道，根据数学理论，如果再有另一个二元一次方程：

dx+ey=f （6-2）

以上两个方程联立求解，就可以解出两个未知数 x，y。

根据线性代数，未知数的数量甚至可以更多。那么这是否与未知因素唯一性要求相矛盾呢？其实并不是。

我们说科学的未知因素唯一性要求，是指连这个未知因素的因果关系本身都还是未知的。在线性代数中的多个未知数，事实上全都是已知的。其中的常数 a，b，c，d，e，f 是确定这些因素因果关系的常量，线性代数要求解的仅仅是它们具体的量值。因此，它们的因果关系全都是已知，仅仅是具体参数未知而已。

而科学的未知因素是连因果关系甚至这个因素是否存在都是未知的。

第四节　科学理论与实际“相符合”的含义

科学的整体性和还原性是很强的要求，它需要所有科学理论之间相互一致，并且所有科学理论与所有测量结果相互之间也必须逻辑上一致。因此，科学的理论假设并不止是要求与某一些事实相符，而是要求与所有发现的事实相符。

例如，在解释著名的黑体辐射实验结果时，在普朗克之前曾出现过两个理论假设：

一是 1893 年德国物理学家威廉·维恩（Wilhelm Carl Werner Otto Fritz Franz Wien，1864.1.13—1928.8.30）以经典的物理学知识为基础，假设气体分子辐射频率只与其速度有关，由此得到维恩公式：

$$u_T(v)=\frac{av^3}{c^2}e^{-\beta v}/T \qquad (6-3)$$

其中：α，β 为常量。这个公式在大部分频段与实验数据相吻合，但在低频部分与实验数据有偏差。

二是 1899 年，英国物理学家瑞利（John William Strutt，3rd Baron Rayleigh,1842.11.12—1919.6.30）和天体物理学家金斯（JamesHopwood Jeans,1877.9.11—1946.9.16）在电动力学和统计物理学的基础上，推导出一个辐射能量对频率的分布公式，也就是瑞利 - 金斯公式（Rayleigh and Jeans law）：

$$w(v, \mathrm{T})dv = \frac{8\pi}{c^3}v^2 kTdv \tag{6-4}$$

显然，这个公式对高频无效，因为此时能量密度趋于无限大，这就是著名的“紫外灾难”。

1900 年 10 月 19 日，马克斯 · 卡尔 · 恩斯特 · 路德维希 · 普朗克（德文：Max Karl Ernst Ludwig Planck，1858.4.23—1947.10.4）在《德国物理学会通报》上发表了一篇论文，题目是《论维恩光谱方程的完善》，在这个文章中根据对黑体辐射实验测量工作做得较多的有鲁本斯提供的数据，以内插方式提供了一个黑体辐射的经验公式：

$$p = \frac{c'\lambda^{-5}}{e^{a/\lambda\tau} - 1} \tag{6-5}$$

此后花了两个月的时间，以量子假设推导出了黑体辐射公式。当年 12 月 14 日，在德国物理学会的例会上，普朗克做了《论正常光谱中的能量分布》的报告阐述了其量子假设的黑体辐射公式。同年，普朗克在德国《物理年刊》上发表《论正常光谱能量分布定律的理论》（*On the Theory of the Energy Distribution Law of the NormalSpectrum*）的论文。这篇论文被认为是量子力学奠基之作，标志着量子力学的正式创立。普朗克建立在量子假设基础上的黑体辐射公式在所有频段上与实验数据都很好地相符合。在任意温度 T 下，从一个黑体中发射的电磁辐射的辐射率与电磁辐射的频率的关系为：

$$I(v, T)\ dv = \left(\frac{2hv^3}{c^2}\right)\frac{1}{e^{\frac{hv}{kt}} - 1}dv \tag{6-6}$$

该公式中各个物理量的意义是：

I：辐射率，在单位时间内从单位表面积和单位立体角内以单位频率间隔或单位波长间隔辐射出的能量。

h：普朗克常数。

C：光速。

k：玻尔兹曼常数。

v：电磁波的频率。

t：黑体的开尔文温度。

如果科学满足于理论与部分实验数据很好地吻合，对黑体辐射的研究就会止步于维恩公式，而不会导致量子力学的建立。今天我们看到的只是这一个辐射公式的结果，事实上获得它的过程是很漫长和艰难的。

虽然普朗克的量子假说在当时具有巨大的突破性，以至于刚开始连普朗克本人都对此假说有些内心不安。但事实上，普朗克的量子假说仅仅是在当时已有的科学认识基础上，向前走了很小的，并且是唯一的一步，它仅仅是改变了当时认为能量应当为连续的观念，而代之以某种当时未知的原因，使得能量呈现为不连续的量子形态，这是普朗克假说中唯一新增的东西，而其他所有推导过程全部是基于当时已有的科学认知。更加要澄清的一点是，“量子”这个概念并不是普朗克明确提出的，而是到后来由爱因斯坦等其他人逐步清晰明确下来，当时普朗克的论文中采用的词汇是“单色谐振子”（monochromatically vibrating resonator）

第五节　唯一性要求作为鉴别非科学的标准

理论假说的未知因素唯一性要求，不仅灵敏度非常高，而且可非常精确地区别出各种非科学的理论假说。

如星象学、算命和巫师的预测等，以此标准衡量显然是非科学的。很简单，无论这些预测是否与事实相符，只要它们基于的理论假说不能除唯一的未知因素外，其他全部还原为已有的、被整个科学界确认的科学认知，它们就是非科学的。事实上这些预测的基础，远远不止是超过一个对当前科学是未知的因素，而是几乎全部都是超出现有科学认知。

它也可用于鉴别哲学和思辨与科学的理论假说之间的区别。哲学的和思辨的理论假说未知因素都是远超过一个的。

在人类文明发展的早期时代，我们没有足够的科学知识去认识世界，从而出现很多对整个世界或宇宙进行解释的假说或猜想。在原始科学水平基础上进行这种假说，只能是哲学的和思辨性的。如在古代中国认为宇宙由金、木、水、火、土五种元素组成。这些假设的元素是什么，以及它们如何相互作用的因果联系，都是未知的假设。古希腊的很多哲学假说同样是类似的。

德国著名哲学家格奥尔格 · 威廉 · 弗里德里希 · 黑格尔（德语：Georg Wilhelm Friedrich Hegel,1770.8.27—1831.11.14）在《小逻辑》一书中曾说："一个人愈是缺乏教育，对于客观事物的特定联系愈是缺乏知识，则他在观察事物时，便愈会驰骋于各式各样的空洞可能性中。"黑格尔的确感觉到了科学知识只能是步进式的发展形态。但是，因为科学总体发展水平的限制，黑格尔的绝大部分哲学理论概念只能是非科学的思辨之物，并不能带给我们更确切的科学认知。

唯一性要求是如此地严格和精确，即使很多当前以严肃的科学面貌存在的各种非科学活动，也可以此标准清晰地鉴别出来。在一个理论假说中，即使绝大部分都是已经充分认知的科学知识，只要未知因素一次超过一个，它就是非科学的。

即使是科学中产生的以往被人们看作是重大突破甚至误称为"科学革命"的进步，都是严格建立在科学步进式、整体性和还原性基础之上，并且它的假说都是严格符合未知因素唯一性要求。无论是量子力学，还是广义相对论都是如此。

广义相对论是出现在狭义相对论成功建立之后，它完全继承了狭义相对论光速不变原理，而仅仅是把狭义相对论中的相对性原理，从相对做匀速直线运动的坐标系，进一步扩展为相对做加速运动的坐标系。看似新引入的黎曼几何学的数学工具，是当时已经发展成熟的数学理论。因此，广义相对论同样是在当时科学基础上向前走了很小，并且是唯一的一小步。科学每一次的进步，无论多么伟大，都是在已有科学基础上向前迈出的唯一的一步。

任何无视现有科学整体性要求和继承性要求的做法，不遵从理论假说未知因素唯一性要求的做法，都是不可能获得有意义的科学成果的。

因此，“理论假说未知因素唯一性要求”是我们根据新的科学哲学理论开发出的具有超高灵敏度和超高精确度的“科学探针”，它不仅可以准确无误地探测出所有非科学的理论假说，而且可以准确无误地显示出每一个有意义的科学理论发展，其关键进步点在哪里。

第六节　可演绎性

一、可演绎与可精确预测

新理论假说的未知因素唯一性要求会带来多方面的科学影响。

由于要求新的唯一未知因素需要还原为整个科学体系，因此我们是以整个现有科学认识为基础去发现一个新的规律。

当我们发现一个新的规律后，既是获得了一个对世界新的认识，同时也是对现有整个科学体系的又一次新的检验。科学永远处于被新的科学发展检验的过程之中。

新的科学规律发现之后，它必须立即成为新的科学发展的基础。因此这个新的发展又会在新的发展中获得不断的检验。这种是否可成为新的科学发展的基础，可以用它的“可演绎性”来表达。“可精确预测性”仅仅是“可演绎性”的一种情况而已。所谓精确预测，事实上是在获得了精确量化关系时，当给出某个自变量的某个边界条件后，即可计算出因变量的精确数量结果。

如以 y=f（x）来表达该新建立的精确量化关系。这样，当给出 $x=x_0$ 的边界条件后，即可得出 y=f（x_0）的精确预测。

不过，前面我们已经说到由于混沌学的出现，表明了某些混沌系统无法精确预测未来。这是由于在这些系统里，任意微小的 x_0 偏差，都会在未来导致巨大的系统偏离。

即使不能给出精确预测，我们依然可以用“可演绎性”来表达科学已经发现的规律对未来新发现的基础价值。如，假设我们已经证明某一种系统是混沌系统，它不可精确预测未来，那么，我们可以逻辑地演绎出，只要是符合该系统类型的系统都不可精确地预测未来。这不是精确预测，但却是逻辑演绎。

另外，混沌系统的难以精确预测是指从长期的角度来说难以精确预测，如果是在距离系统初始状态有限的时间范围内，依然可以获得相对精确的预测。因此，虽然长期天气预报难以获得，但短期内的精确天气预报依然是可以的。这是目前已经达到的水平。

根据地震研究的结果，可以认为地震的发生是一个突变过程。按照目前的科学水平，我们很难给出精确的地震发生的预报。但是，这并不表明我们面对地震无能为力。因为按照地震研究表明：

地震主要发生在地震带上，因此，地震带上发生地震的可能性远高于非地震带。这使防震的区域有一定指向性。

虽然地震何时发生难以预测，但地震发生之后，地震波会如何传播以及地震导致的海啸传播过程却是可以相对精确预测的。以此可以在测量到地震之后给出宝贵的报警和逃生时间。虽然这个时间并不长。

不同地震强度对建筑物造成的破坏程度是可以进行精确测量和预测

的，因此可以将建筑物的抗震性提升为工作方向。

如果混沌学以及突变理论准确告诉了我们什么是不可精确预测的，我们就不应在这个方向去做工作，或者知道必须具备什么科技条件之后才能做出有效的工作。例如，虽然从目前地震测量水平看难以精确获得地层精确和完备的当前数据，从而难以准确预测。但如果未来能有足够的地层测量系统建设，从而获得完备和足够精确的测量数据，获得短期精确的地震预报并非绝对不可能实现。

二、可精确预测的价值

科学能够提供精确的预测的确是一个很重要的特性。但仅仅知道它重要是远远不够的，必须确知它的意义和价值到底是什么。科学哲学家们所说的“精确预测”，并非完全是指一般意义上的科学可根据当前状态精确预测其未来某个时间的状态，而是指像海王星的发现那样，可以通过精确预测去发现当前人类还未知的事物。这种“预测未知事物”的能力价值在于：

1. 它可以非常有效且令人信服地排除科学理论的数学模型建立过程中人为因素的干扰。数学模型是根据已有的测量数据建立的。在这个建立过程中，理论上有可能存在多种不同数学模型去解释已有的测量数据。这有可能存在去拼凑一些模型假设，以人为符合已有测量数据的潜在问题。而依据数学模型去精确地预测当前完全未被发现的事物，可以非常有效地排除这类人为因素。它对于保证科学理论数学模型排除人为因素干扰有重大价值。

2. 即使不通过这种预测，依靠测量依然非常有可能发现这类事物。当然，通过精确预测去发现未知事物，无疑会极大提升科学认识的效率。就算没有通过对天王星轨道异常的数学计算去发现海王星，凭长期持续的天文测量依然有极大几率去发现海王星，就像天王星的发现过程那样。但通过以牛顿力学为基础的数学计算，就可以获知未被直接测量到的海王星，认识效率的提升是非常明显的。

3.最有效的还原性、整体性和演绎性。这种通过精确预测去发现未知事物的方式，在该事物还未发现之前就已经建立了科学的还原性、整体性和可演绎性。它同时也是科学最重要特性的体现。

三、可演绎性的价值

当人们发现人心脏的工作原理后，把它的工作原理完全还原为流体力学的牛顿力学原理。而主动脉、支动脉，主静脉、支静脉的解剖结构以及血液循环规律，与已经发现的心脏工作原理在逻辑上是完全一致的。然后心脏、动脉和静脉的工作原理又很自然地导出，在血管的末梢需要建立回路，从而与血液微循环系统逻辑上完全一致。心脏肌体的工作与植物神经系统的工作原理以及心肌的工作原理又建立起逻辑上完全一致的联系。

因此，每发现一个新的现象或规律，它都要与原来发现的所有规律发生必然的逻辑联系，并且必然要在逻辑上完全一致。

如果一个新发现的规律不具有“可演绎性”，那么，结果就是它所带来的科学进步就会在这个地方停滞不前。因为以它为基础进行的逻辑演绎都不成功，也就无法继续使我们对世界的认识继续向前推进，也无法进一步确认我们所做的新发现。

四、可演绎性与唯一性、还原性、整体性的关系

科学的进步就如攀登一个无限向上的台阶：

1.我们只能一级一级地往上走——“唯一性”。

2.任何向上走的过程，必须以原有的台阶为基础——“整体性和还原性”，并且是符合“简单性”的还原（还原到最简单的公理）。

3. 即使满足前面两者，新站上去的台阶不能到此为止，它能否可称为科学，并被科学所真正接受，还要取决于我们能否牢固地以它为基础继续向上走——“可演绎性”。

从这几个方面我们就可以非常清晰地看明白，科学为什么可以如此之快同时又非常稳固、“步步为营”地飞速积累和膨胀，甚至可称为“知识爆炸”。也可明白为什么它可轻易地迅速超越一切非科学的知识体系。

第七章

测量与受控实验

受控实验是最精致的测量，但它本质上只是测量的子集。测量适用于一切学科领域，实验只适用于部分领域，并且在某些情况下实验的科学地位低于测量。实验有受控实验、演示和表演三个不同级别。科学的表演必须以受控实验为基础，而非科学的活动仅追求表演的轰动效果，尤其是以非专业的名人和权贵来佐证的表演。

第一节　受控实验地位

实验，也叫“受控实验”。这一概念主要产生于近代科学建立初期。直到目前，在物理和化学等基础学科领域，依然延用受控实验这一概念。受控实验不仅概念上较为严格，而且可描述科学测量为何可获得精确的科学结果。另外，它是现代最早进入科学领域的物理、化学等学科所普遍采用的方法。因此，所有科学哲学的学者都比较青睐“实验”这一概念。整个科学界也普遍对实验赋予很高的地位，以至于认为只有达到受控实验的要求，才是符合近代科学的标准。但是，很奇怪的是，实验既然如此重要，对于实验本身的意义和性质，过去学术界却研究得非常不充分，认识上严重不足。

第二节　受控实验及其优点

一、受控实验特征

受控实验，是科学研究的基本方法之一。根据科学研究的目的，尽可能地排除外界的影响，突出主要因素，并利用一些专门的仪器设备，而人为地变革、控制或模拟研究对象，使某一些事物（或过程）发生或再现，从而去认识自然现象、自然性质、自然规律。

之所以叫“受控”，它体现了实验的一个很重要的特征，就是完全地人工干预和控制整个研究对象在特定环境下的因果联系过程。我们可以将受控实验的各影响因素分成如下三个方面：

1. 环境。如温度、湿度、气压、电磁环境、空气洁净度等。

2. 原因要素，或自变量。

3. 结果要素，或因变量。

人工的控制就是严格控制前两个方面，以使得对作为结果的因变量测量数据，能够准确反映与自变量之间的因果联系。尤其是环境变量的控制，往往成为实验室的重要特征。

在实验过程中最重要的活动，是同时测量自变量和因变量，获得在自变量不同数据下对应的因变量数据，由此得出自变量与因变量之间精确的数学关系。

二、受控实验的优点

实验方法有如下几个方面的优势或好处：

1. 精确

因为可以全面地控制因果联系的所有方面，因此所有误差因素的影响可以获得最大程度的减少。在科学研究活动中，的确绝大多数最精确的测量结果（未来可能所有最精确的测量结果）都是通过实验方法获得的。而且随着实验控制能力的不断提升，所获得的测量精确度也在不断提升。它是科学发展水平提高的重要标志之一。

2. 很高的测量效率

因为可以人工控制因变量，因此被研究对象因果联系出现的频率可以人工控制。这样就可以以极高的效率获取自变量和因变量变化的数据。如果不通过实验方法，而是期待自然界出现相应的因果联系，一般情况下效率显然会受很大影响，有时甚至不得不等待非常长的时间，才能获得极少量的测量数据。

例如，如果我们想研究一下闪电有什么规律，可以对闪电进行测量。如果要在自然环境去测量闪电，只能等待有闪电的天气才能进行，这样效率会非常低。但如果在实验室人工控制产生闪电，只要需要，随时都可以让闪电出现，这样测量的效率就会极大地提升。

3. 因果联系的研究可以非常完备

同样是因为可以人工控制因果联系，因此该因果联系在所有可能的量值情况下的对应情况，都可以较容易地用实验方法完备呈现。如果期待自然界出现相应的因果联系，不仅测量效率非常低，而且很可能出现的仅仅是特定量值情况下的对应情况，未出现的量值数据就无法获得。

同样以闪电为例。即使自然界因天气变化出现了闪电，其闪电的强度多少只能听天由命。如果我们想研究一下不同闪电强度情况下会是什么效果，指望自然界有规律地出现强度从小到大的闪电几乎是不可能的。而在实验室就可以人工控制各种闪电的强度。

4. 可以创造自然界难以出现，甚至不存在的因果联系和事物

实验环境下可人工控制创造极限的环境条件，因此可以发现或创造自

然界并不实际存在的，但却符合自然规律的因果联系。

在元素周期表中，原子序数为 61 的镧系元素钷（Pm），以及原子序数为 95 的镅（Am）及原子序数更大的元素，全是人工制造，在自然界至今未发现。

正因为实验方法具有以上突出的优点，因此它是近代科学研究最重要的活动之一。

第三节 受控实验方法受限的情况

我们承认受控实验方法的以上杰出优点，并不意味着实验方法是科学研究中获得现实世界信息的唯一途径。

由于各个不同学科研究对象的不同特点，环境、自变量和因变量三者，在很多情况下很可能是不能人工控制的。因变量从理论角度说应完全受制于自变量，因此自变量的可控性应当完全决定因变量的可控性。

一、难以人工控制

众所周知，即使在伽利略用斜面研究落体问题之前，第谷就对天体运行数据进行了大量的测量，他的助手开普勒根据这些测量数据得出了关于天体运行的开普勒三定律。天体的运行无论是其运行环境还是自变量，直到人造卫星出现之前，都是无法进行人工控制的。虽然第谷的天体测量并不能被归为受控实验，但显然无人会否认其完全科学的意义和价值。

天体运行系统因为远远超出人的控制能力而在技术上目前还无法控制。

有些系统虽然理论上人可以控制，但因控制的成本太高而难以按受控实验的要求进行。如，我们要研究一个国家的经济系统。理论上说一个国家的利率是可以人工控制的，并且也经常见到这么做。但你不可能像物理学的受控实验那样，随意去调整一个国家的利率，如从 -100% 一步步调整到 200%，然后去测量它对加工业的影响。

也不能随意调整国家间的货币汇率，如美元与人民币汇率从 1∶8 一步步调整到 1∶1，甚至币值达到 10∶1，然后去测量它对中国 GDP 增长率的影响。这样做的结果可能会引起一个国家经济的巨大灾难，其成本难以承受。

二、受控实验数据的科学地位可能反而更低

某些学科有可能以实验方法进行研究，但实验方法获得的测量数据，其科学地位可能要低于直接从自然界获得的测量数据。

例如，水利工程的模型研究方法。可以在实验室建立模型，测量某个水坝长期运行的结果。模型研究方法拥有实验方法的所有优点，但模型测量的数据科学意义必然低于对实际水坝的测量数据。因为模型并不一定 100% 完全准确地表达自然界水坝研究对象的真实情况。

为验证大陆板块漂移学说，必须对全球大陆和海洋的板块进行实地的测量，并以此测量数据来验证相应理论的假设。理论上说，可以用实验室模型来模拟大陆板块漂移过程，但不能将实验室建立的模型测量数据直接用作最终证据。

在古生物学中，你只有去自然界寻找并发掘化石，对找到的化石进行测量，以此来验证生物进化的理论假设。虽然并非绝对排除实验方法的研究，但人工创造的化石，在一般情况下是肯定不能直接作为生物进化理论证据的。尽管在大自然四处寻找化石是一件效率很低，甚至带有很大运气成分的事情。

要研究地质学，地质学家们只能去自然界的各个地层实际挖掘采样，并对它们进行测量。你可以在实验室里制造出石头，但一般不能直接用它

们作为地质学理论的证据。

地理学家只能对大自然的地理状况进行测量，实验方法很难应用。

同样，在产品研究过程中也普遍采用实验方法，但一个产品是否最终被接受，不仅要经过实验室测量的检验，最终还必须在实际使用环境中进行检验，才能确定其可接受性。

经济学领域的实验经济学也通过实验方法进行经济学研究。但是，即使实验经济学可以为某些课题获得一些实验研究结果，它们的测量结果的科学意义，必然低于直接从现实经济活动中获得的测量数据。

三、受控实验的对象与实际研究对象的等价性问题

如果把受控实验作为科学性的标准，事实上是假设了实验室中的研究对象与实际希望研究的对象是完全等价的。如自然界的氧气与实验室人工制造出的氧气，除了纯度等可能有所不同外，其化学性质应当是完全一样的。因此，在实验室研究的结果与自然界对象之间的性质是完全等价的。此时，实验研究是最适合的研究工具。

但是，如果研究对象本身就必然是自然界的某个客观对象，实验室的人工制造物就只能是一种对自然界对象的仿真，而不能完全等价。此时，就必须以对自然对象的直接测量数据为最终决定性的证据。

例如，即使我们在实验室中仿真出某一个地震带的模型系统，以此提升地震研究的成效，但它与现实地震带的实际对象之间不可能是完全等价的。因此，对该模型系统的测量数据，与对实际对象的测量数据相比，后者在反映现实上就更具权威性。

前述作为生物进化证据的化石、作为地质学证据的地质采样等，都是类似的。它们与实验室仿真对象不完全等价，前者比后者更具科学证据价值。

四、测量按变量可控性的分类

从理论上说，可以依据环境、自变量的受制性将测量分成以下四类：

1. 环境受控，自变量受控

例：一般的物理和化学实验。

2. 环境受控，自变量不受控

例：在特殊实验室中寻找和接收天外射线的测量；在天文台中进行的对天体的测量等。

3. 环境不受控，自变量受控

例：一般新产品测试都属于这一类。如，新式飞机的试飞测试等。还有很多自然环境下的测量也属于这类。如新型水稻种子的大田实验，天气等环境因素就很难控制。

4. 环境不受控，自变量不受控

例：寻找化石、龙卷风及其他气象研究测量等。

前三种测量，都可以称为受控实验。但只有第一种测量是最完全和最严格意义上的受控实验。后两种实验的受控性越来越低。可控制的因素不同，它们体现出来的实验优点的情况就会有所不同。

如，我们说实验具有最高的测量效率，但如果是自变量不受控的实验，如在实验室捕捉外太空的高能射线，就可能不再完全具有测量效率的优势。能否捕捉得到和捕捉到什么，虽然可以有相应理论的指导，但一定程度上还是得看运气。

如果环境不受控，实验精度也会受影响。如在大田实验新型农作物种子，实验当年的天气状况不同，对实验结果就会产生不同影响，从而会影响到测量数据的精确度。

最后一个只能称为测量，很难称为实验。但它是最广泛的活动。

五、通过数据剔除的环境控制

在一些环境不受控的实验中，可以通过同步测量环境变量，并在最终因变量的测量数据中将环境变化带来的影响从数据中做剔除处理，这可以在一定程度上减少环境变量不受控带来的误差影响，从而达到和环境受控相近的测量结果。

如用一个电子压力计测量压力，因温度不同可能带来电子压力计读数有温度漂移。如果仪器定标时的温度是 20℃，当温度上升到 40℃时，会增加 0.1% 的压力值读数，带来温度干扰的系统误差。这样，当我们在 40℃时测量一个压力，如果直接读数是 35kg，就可以根据温度漂移值将数据修正为 35（1-0.001）=34.965kg。

在现在的智能测量仪器中，类似的这种修正甚至可以通过内置的智能系统预先储存的温度补偿曲线等，通过软件自动完成。也可以在测量系统中配置传感器，实时感受环境变化，并将相应的变化通过计算将其对最终结果的影响扣除。

六、实验、演示、表演

我们在前面已经讨论了受控实验。而在实际的科学发展过程中，我们还可以看到有大量实际影响的活动与严格的受控实验有所不同，它们是“演示”和“表演”。三者之间最主要的区别是目的不同，从而采用的方式也会有本质的差异。

1. 受控实验

完全以获得被测对象的自变量与因变量之间的因果联系为目的。因此，它所进行的测量是完备的、精确的，仅用以充分地验证量化的因果联系。它一般不会引入外来人员参与，最终的输出可能仅仅是实验报告和论文。

2. 演示

以向特定对象的人员或利益相关人员展示所有因果联系或展示主要的因果联系为目的。因此，演示是有实验之外人员参与的，以获得实验之外的这些人员的某种认可，或仅仅是向他们传递相关的信息等为最终的输出。例如发现了某个新的物理现象，要向某些专业人员报告和证明这种现象，因此将相应的因果联系操作给相关人员观看。如果要向客户销售某个专业的新产品，也常常会采用产品演示的方法。演示并不是去发现新的现象，而只是让特定人群看到这些现象。

3. 表演

以展示具有轰动性的、引人瞩目的因果联系效果为目的。不仅面向专业人员，更多是面向非专业，或非利益相关者的大众，甚至通过大众传播媒体，向最广大的人群传播。表演与演示看似很相近，它们主要区别在于两点：

（1）专业性不同。演示与实验更为接近，只是以更为专业的方式展现某个现象，面向的也主要是专业的人员；而表演更为非专业，更多面向普通大众。

（2）客观性不同。演示只是注重事实本身，它更为客观地展现事物自身现象，而表演则更多地接近普通大众的心理，只提取出被测现象因果联系中具有趣味性、轰动性、刺激性、震撼性效果的部分。

伽利略有没有在比萨斜塔上丢两个质量不同的球并不重要，即使他丢了，那基本上也属于是表演。因为以当时的时间测量技术来说，小球从斜塔顶部下落到地面的时间太短了，根本无法精确地测定下落各个阶段的时间，也就无法给出精确的、能够说明问题的测量数据。这是伽利略为什么要用斜面来研究落体问题的关键所在。以此方法拉长下落的时间，从而可以获得相对精确的下落各个阶段的时间长度。因此，从科学上来说，伽利略的斜面实验完全符合受控实验的要求，而即使在比萨斜塔上丢了两个质量不同的球，它本质上也只是一个表演。

当然，如果是在今天，可从斜塔顶部自上而下拉一根标尺，然后用带时间记录的高速摄像机去进行这种实验，是可以直接获得相对较好的测量数据的。这就不再是表演，而可以成为实验了。

由于表演具有大众传播的效应，因此它在科学发展史上的确有过很多的影响，甚至重要影响。

例如，历史上有名的展示大气压现象的马德堡半球（德语：Magdeburger Halbkugeln）实验。这是 1654 年 5 月 8 日，德国马德堡市的市长奥托·冯·格里克在今德国雷根斯堡公开的实验场上进行的实验。实验过程中有大量普通民众围观。它是用八匹马去拉两个被抽成真空的铜制半球。格里克为这个活动甚至耗费了 4000 多英磅。当年进行实验的两个半球至今还保存在慕尼黑的德意志博物馆中。严格来说，这事实上也是一次典型的表演，但它带来了推动社会公众，当然也包括科学界，了解和认识大气压的客观效果，因而被科学界所公认。之所以说它是一次表演，是因为这个过程中并没有重点关注于获得大气压力是多少的精确测量数据，它只是侧重于展示大气压所表现出来的轰动性和震撼性，尤其是面向大量普通围观的公众展示。

科学史上有很多表演也成为有争议性的过程，甚至是一些为科学做出巨大贡献的令人尊敬的人所做的表演。如伟大的发明家爱迪生在电力系统上主张直流电，为与特斯拉发明的交流电竞争，他主导了交流电安全性的表演，公开将一只猫用交流电电死。但最终交流电依然成为后来电力系统的主流。

问题在于，爱迪生这样做因带有利益性而产生了系统误差。一个新技术发明是否适合市场，这涉及很多方面的技术特性，并非单纯看某一个方面。并且技术的发展也是在不断解决问题的过程中而前进的。客观地说，爱迪生的表演本身是成功的，他所提到的安全性问题也是客观存在的。但这个问题，后来以将室内和低空电线外层包上胶皮的方式就很简单地解决了。而室外电线，则用电线杆架高远离人接触范围，甚至都不用包绝缘体的方式也很简单地解决了。

我们知道，电的功率计算如下：

$P=I^2R$ （7-1）

另外，$P=IV$ （7-2）

其中 P 为功率，I 为电流，R 为电阻，V 为电压。当远距离输电时，电力线的电阻耗电就成为一个显著的问题。电流增加 2 倍，输电线的功率损耗就会增加 4 倍。在输出功率一定的情况下，总电压越高，电流就越小，这样消耗在电力线上的功耗就越小。当时的交流电可以较容易获得更高电压，从而传输线上的功耗就会低很多。并且，除此之外，它还具有与发电机等配合更自然等优点。电压越高，安全性的确会存在更多问题，但这些问题并非不能解决。当然，另一种方法也可以是减少电力线上的电阻。但在传输距离一定、导电率一定（可选择的电力线材料一定）的情况下，要减少电阻，就得增大导线的直径，但这样电力线的成本就会大幅上升。

我们并非简单地以此历史案例就认为直流供电就该被完全否定，关键是要看实际的因果关系。由于技术的发展，直流电现在也可以获得极高的电压，因此，现在“特高压直流输电”又以另一种途径回归到直流电技术。

另外，上述讨论中涉及要解决的问题，关键是远距离输电时的电力线能耗问题。未来太阳能如果普及，将带来很多近距离供电的应用。在近距离供电情况下，电力线的消耗就不成为问题了。很多非动力型的电器真正工作时都是直流供电，因此通过太阳能电池直接给电器提供直流电压，或许又会成为一种流行的方式。这样还可以省去将太阳能电池的直流通过逆变器转换成交流，在电器侧又通过整流器转回直流的麻烦和成本。

爱迪生可以用交流电电死猫来吓唬住普通观众，但内行的技术人员对以上逻辑关系是很清楚的。其实爱迪生要和特斯拉的交流电竞争，根据以上电学的定律，正确的思路只能是也开发高电压的直流电（虽然在当时这未必能行得通）。而宣传高电压不安全，事实上是自己把自己的这条唯一正确的路也给堵上了。因为高电压的直流电与高电压的交流电存在完全一样的潜在安全问题。

由于表演面向非专业的人员，它也常常被非科学的活动所采用，使其真伪难辨。如果以魔术的方式进行表演，非专业的人员所亲眼看到的可能仅仅是假象而已。因此，历史上也不乏以表演的方式出现的，事实上是反科学的案例。

例如，在气功研究科学化的问题上，很多学者一开始就往往去关注所谓“气功大师”的功力，他们都是带着表演性质的思路去考虑问题的。而这种具有轰动性和震憾性的表演，常常为一些反科学的人所利用。

综上所述，对以“表演”方式体现的实验活动，并非完全否定，但要持相对慎重的态度。它需要以严格的实验为基础，仅为严格实验确认后的科普宣传目的。

第四节　受控实验只是测量的子集

通过以上分析我们可以看到，真正完全受控的实验，只是在部分学科研究活动中才能做到，而很多学科做不到真正的受控实验，甚至在实验室对象与实际研究对象之间不完全具有等价性时，必须要依赖非受控实验的测量结果作为最终决定性的数据。整个科学界，并没有因为很多学科的测量数据不是受控实验的数据，而对它们的科学性有任何怀疑。这充分说明了受控实验在近代科学中占有重要地位，但不应该将它作为判定一门学科是否符合近代科学最广泛和最基本的标准。

那么什么才是符合近代科学定义的标准呢？很明显：

在任何实验中最重要和终极的并不是受控方法本身，而是通过受控方法获得的测量数据。

受控实验里的人工控制方法，只是获得测量数据非常优秀的方法之一，但并不是唯一的方法，甚至还并不一定就是其测量数据的科学意义和地位最高的方法。

因此，我们有充分的理由认为，实验只是测量的一个子集，而不是全部。只有测量才是近代科学的基本标志。

为什么不属于受控实验的测量也可以成为科学的基础？这一问题会在第十章“单因果化——可测量的科学基础”中给予详细论述。

这一结论对于经济学、历史学、军事等社会科学领域的科学研究特别重要。因为一般来说，这些领域的研究对象无法进行受控实验研究，即使设法建立了某种实验系统，其测量结果也不具有最高的权威性和科学性。因此，以测量的观点建立经济学、历史学和军事学等社会领域的科学基础，对于将科学普及到一切领域具有至关重要的意义。

第八章
测量与计量

从来没有哪个科学概念像“计量”一词遭到如此之大的误解和错用。“计量经济学”等学科名字本身就是错的，并且它并不仅仅是一个名字错误，而且锁定了整个经济学发展的深刻内在缺陷。这个严重的本质性错误到本书出版时竟然已经延续了整整90年而无人去纠正。

第一节　测量的数据是如何得来的

一、完整的测量系统

一个完整的科学测量过程包括如下部分：

1. 被测对象的单因果联系过程。
2. 测量1：对自变量的测量。
3. 测量2：对因变量的测量。
4. 测量3：对各个环境变量的测量。
5. 对各变量测量的计量基准。
6. 环境影响。

用图形表示如下：

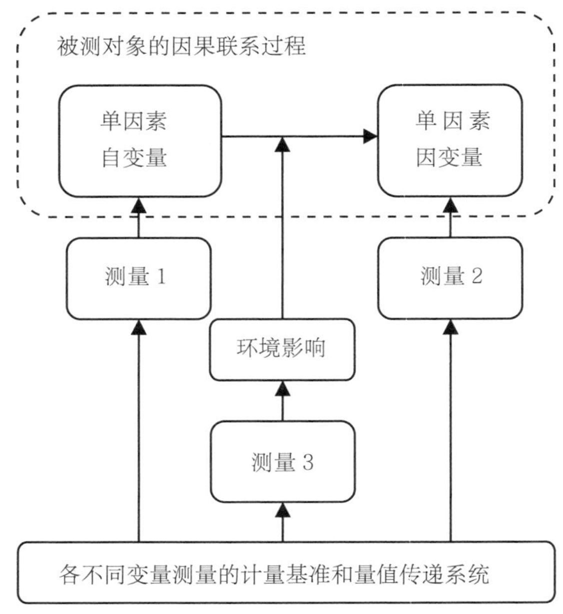

图 8–1　完整科学测量系统的模型

如果仅仅是测量 2，可以获得被测对象所造成的对测量 2 的测量仪器影响，但是，测量 2 无法得出一个有数值的测量结果。一切科学测量结果之所以有数值，是因为其每一个测量结果事实上都是在与计量基准进行“比对”。测量结果的数值，就是被测对象与计量基准进行比对的结果。这个比对的过程是计量体系所解决的问题，它体现在计量基准的建立和量值传递系统上。

二、量值传递

量值传递是将计量基准量传递到各个应用它的国家或区域。测量仪器能够按计量基准进行读数，是因为在测量仪器实际应用前，要进行“定标”“标定”和“校准”的工作。“定标”“标定”简单地说就是以计量基

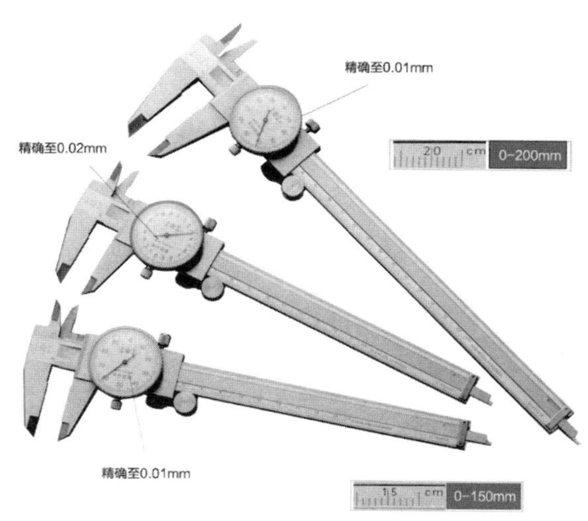

图 8-2　测量长度的高精度游标尺

准为标准，对测量仪器输出划分出读数来。一个最简单的例子是测量长度的标尺。一根标尺如果上面没有任何刻度，它也可以测出某个对象，比如说桌子的长度，可是你不知道这个长度到底是个什么数值。因此，在标尺测量桌子之前，你要按照长度计量基准将标尺刻上刻度，每个刻度都可确定是多少米、分米、厘米、毫米的标注。这样，经过定标或标定后的这个标尺对桌子进行测量时，马上就可以给出其长度是多少米的数值。

校准是对测量仪器或器具进行校正和确定，以使其达到最佳的精确度。

第二节　计量

一、作为测量基准的计量

计量这一概念现在具有了两个方面的含义。第一个含义是获得测量单位量值基准的体系，也就是计量体系；第二个含义是在很多学科中把它理解为测量，甚至只是统计学。后一个理解其实是很不专业的。

计量体系的存在表明了一个非常重要的事实，任何科学的测量结果，都不是单纯的这个结果本身，而是这一结果与公认计量基准之间的比对。这是科学的测量数据可以获得整个科学界，甚至全体人类共同准确理解的基础。

相比之下，一幅艺术的绘画可以在不同欣赏者心中产生不同的感觉体验。艺术家们不仅往往很陶醉于这种差异性，而且一般并不情愿设定一个公认的基准，让所有欣赏者的体验与这种基准进行比对。这就是科学与艺术之间的区别，也是科学的测量与其他经验性的认识方法之间的关键区别之一。

这种计量基准的存在并非是近代科学产生之后才有的，在古代的度量衡就已经具有了计量体系的原始形态。秦始皇在中国历史上很大的功绩之一就是统一了中国的度量衡，因为全社会统一的单位是计量最重要的核心特征之一。在距今 5000 年前的甘肃大地湾仰韶文化的 F901 中出土的一组陶质量具，是迄今为止中国发现最早的量器。春秋战国时期，群雄并立，各国度量衡大小不一。秦始皇统一全国后，推行“一法度衡石丈尺，

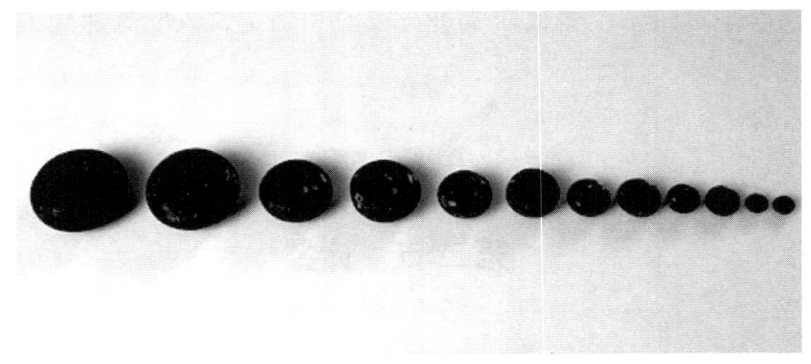

图 8–3　2016 年年底，在江西海昏侯墓中发现的 2000 年前 12 枚青铜材质砝码，最轻的 2 枚为 5 铢，推测主要目的用于称量较贵重的钱币或金银珠宝等物品。1 铢约为 0.65 克

车同轨，书同文字”（车同轨、书同文、钱同币、币同形、度同尺、权同衡、行同伦、一法度），颁发统一度量衡诏书，制定了一整套严格的管理制度。

计量基准的选择在历史上来源是各不相同的。英制中的长度单位尺（foot）英文含义是“脚”，它最初的来历的确就是按英国成年男子脚的长度来定义的。当然，这样的定义精确度按今天标准看无疑是相当粗糙的。

现代科学的计量体系是以七个基本的国际计量单位和相应的量值传递系统，以及以这些基本的国际计量单位为基础的所有科学学科的大量导出单位构成的。这些国际计量标准日常运作和管理是由国际计量局（BIPM）负责，它是国际计量委员会（CIPM）和国际计量大会（CGPM）的执行机构。计量体系是测量能够获得量值定义的保证——一切测量的数据都是测量结果与相应计量基准相比较的倍数。因此，当我们在商场里说要买500克鸡蛋，并且用电子秤测量出500克的鸡蛋时，其完整的确切含义是：

在符合要求置信度的误差范围内，称出了与存放在巴黎国际计量局用铂铱合金制作的千克原器质量相比，0.5倍的鸡蛋。

随着测量方法和精度的不断提升，七个基本的计量单位本身也在不断发展变化。如长度单位“米”的定义在现代发生过三次变迁：

最初是由1791年法国国民代表大会确定的，1米等于地球子午线1/4长度的一千万分之一。根据这个定义，制作了国际米原器。1889年的第一界国际计量大会确定“米原器”为国际长度基准，它规定1米就是米原器在0摄氏度时两端的两条刻线间的距离。国际米原器的准确度为0.1微米，即千万分之一（1×10^{-7}）。

到了20世纪中叶，这个准确度已无法满足精密机械制造业和计量学发展的需要。于是有人提出用原子辐射波长值取而代之的建议，因为它是一种固定不变的自然基准。不久发现新研制的氪-86低压气体放电灯，在一定条件下辐射出的橙黄光谱的真空波长值是个“定值”。1960年第十一届国际计量大会决定废除国际米原器，将米定义为氪 -86 原子的 2P10 和 5d5 能级之间跃迁所对应辐射在真空中波长的 1650763.73 倍。这使米定义的准确度达到十亿分之四（4×10^{-9}），它意味着在 1000 公里的长度上误差仅为 4 毫米。

几乎与此同时，方向性好、亮度高、单色性强、相干能力强的激光问世，其特性优于当时任何已有的光源。随着稳频和伺服技术的发展和应用，又使激光器输出频率的稳定性和复现性提高到百亿分之一（1×10^{-10}），而后测得的真空中光速值为 299792458 米 / 秒，其准确度也比过去提高了 100 倍。根据物理实验研究发现，真空中的光速是一个不变的自然常数。这就是著名的“光速不变原理”，它是相对论的基本公理。由于时间的计量是所有物理单位中精确度最高的，因此就可以用不变的光速和精确度最高的时间来定义长度单位。在这种背景下，1975 年第 15 届国际计量大会提出，米定义可以通过光速表示。1983年第17届国际计量大会将米定义为：光在真空中 1/299792458 秒时间间隔内所行进路径的长度。这是延用到现在的米的定义。

二、七个基本的国际计量单位

七个基本的国际计量单位见表 8-1。

表 8-1　七个基本的国际计量单位

量的名称	单位名称	单位符号
长度	米	m
质量	千克（公斤）	Kg
时间	秒	S
电流	安培	A
热力学温度	开尔文	K
物质的量	摩尔	Mol
发光强度	坎德拉	Cd

国际计量单位现在的定义：

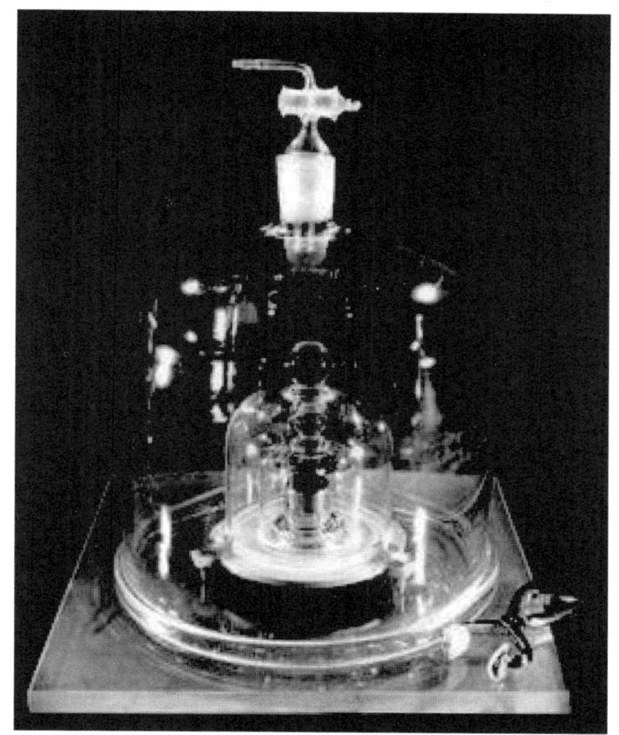

图 8-4　1889 年国际计量大会上批准的国际千克原器，由铂铱合金（10%Ir 加 90%Pt）制成高度和直径都是 39 毫米的圆柱体，用三层玻璃罩保护。现保存在巴黎的国际计量局总部

1. 米。光在真空中 1/299792458 秒时间间隔内所行进路径的长度。

2. 千克。一个国际千克原器的质量。国际千克原器设立于 1875 年，保存在法国首都巴黎的国际计量局内。国际千克原器是一个 39 毫米高，底面直径也为 39 毫米的圆柱体。它由铂铱合金制成，其中铂含量为 90%，铱含量为 10%，合金密度约为 21500 公斤每立方米。千克是最后一个通过人造物质，而不是基本物理属性定义的重要标准。目前科学家们正在寻找各种用非人造实物来定义千克的方法，以期取代目前通过千克原器定义质量的方法。

3. 秒。铯 133 原子基态的两个超精细能级间跃迁对应辐射的 9，192，

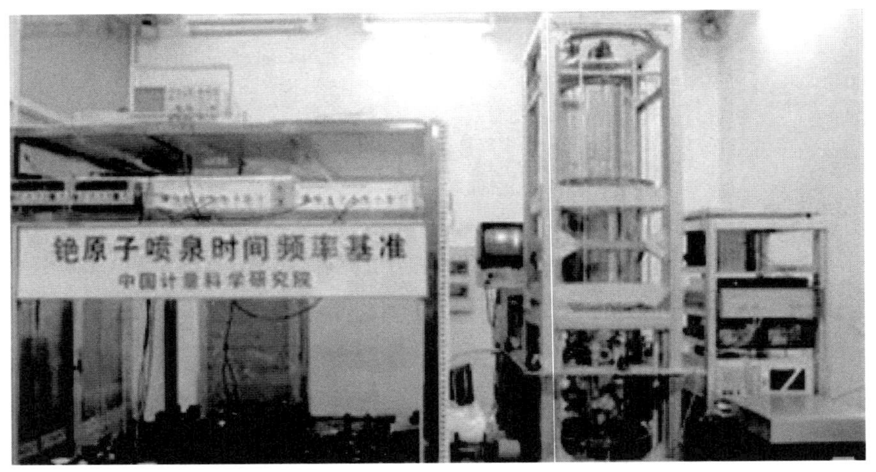

图 8–5　2014 年研制成功的中国 NIM5 铯原子喷泉钟

631，770 个周期的持续时间。对时间和频率的计量是所有单位中精确度最高的，并且还在以相对最快的速度不断提高。目前正在寻求更精确的秒定义。镱原子钟精度可达 10^{-18}，这种精度的原子钟 138 亿年（也就是从宇宙大爆炸开始至今的时间长度）误差也不超过 1 秒。2013 年 8 月，美国国家标准与技术研究所 NIST 已经在实验室达到这个精度。其成果报告发表在当月的《科学》杂志上。不过，由于设备较为复杂，镱原子钟还未进入实用化。2014 年，中国研制成功的 NIM5 铯原子喷泉钟精确度达到 2000 万年偏差在 1 秒以内，成为国际计量局认可的基准钟之一。

4. 安培。是一恒定电流，若保持在处于真空中相距 1 米的两无限长，而圆截面可忽略的平行直导线内，则两导线之间产生的力在每米长度上等于 2×10^{-7} 牛顿。

5. 开尔文。水三相点热力学温度的 1/273.16。

6. 摩尔。物质的量是指物质所含微粒数与阿伏伽德罗常数比值。1 摩尔即是指阿伏伽德罗常数的量，为 6.0221367×10^{23}。用摩尔标示物质的量时，必须要带上粒子的化学式。

7. 坎德拉。是一光源在给定方向上的发光强度，该光源发出频率为

（a）此青铜“权”是元朝官方制造的标准衡器部件，即秤锤

（b）秦始皇、秦二世统一度量衡的诏书版

（c）秦始皇统一中国度量衡。度：长度单位；量：容积（体积）单位；衡：重量单位

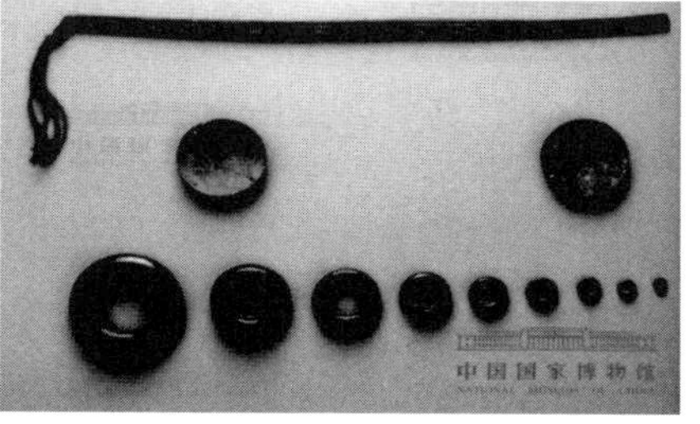

（d）1954 年湖南省长沙市左家公山出土楚国衡器中的九个青铜环权

图 8-6 中国古代计量器具。（a）（b）（d）图片源自中国国家博物馆网站：http://www.chnmuseum.cn/

540×1012Hz 的单色辐射，且在此方向上的辐射强度为 1/683 瓦特每球面度。

通过导出单位以及量值传递系统，这些基本的国际计量单位为全球一切科学和生产活动的测量仪器提供量值定义，使得它们的测量数据结果有确切的含义。反过来，一切测量数据，从最严格的角度说，只有带上计量单位的定义和量值传递系统才能获得确切的含义。

三、非国际计量单位与国际计量单位的关系

不仅在国际计量单位出现之前存在非国际标准的度量衡，即使现在也并非所有国家都采用国际计量单位。但一般来说，这仅仅是量值定义上的不同，它们之间存在固定的相互转换系数。如果不考虑计量精度差异以及国际通用性差异的话，中国古代以度量衡为基础的测量最接近于近代科学的测量。

这里要说的一个问题是，在科学出现之前也存在类似的原始测量，它们以与现代计量体系类似的度量衡为基础，为什么它们不完全符合近代科学的标准？这是因为：

1. 它们具有非独立性。科学是具有独立性的知识体系，这种独立性的产生要归功于古希腊。如果科学发展本身没有独立性，度量衡的精度就会止步于实用需求。而独立科学的计量体系对计量标准精确度的追求是自身存在的，无止尽的过程。从而科学可以不受限于实际需要，而可以持续进步。因此，对它们精确度的不足，我们不能有任何苛求，这需要历史地来看待。但是否具有独立性，这的确是一个关键性的标志。

2. 不是全球统一的。近代科学是一个全球统一的体系，因此一切以国际计量标准为基础获得的测量结果，可以在全球范围获得一致的理解。

3. 不能建立数学的量化关系。

除以上之外，史前的以度量衡为基础的观测活动，的确是相当接近于近代科学的认识过程的。

“权”在中国古代是一种重量计量单位的器具，去收税时需要拿着权去称量收取的税赋，“权力”“掌权”等词汇就是从这里演变过来的。由此可见，计量是一个与科学、政治、日常经济生活相关度何等密切的对象。

四、量值传递系统

计量基准的量值定义，需要有效地传递到所有测量过程之中。这个过程就是“量值传递系统”的任务。

计量体系在国际上仅是一种建议，它需要各个国家通过法律来确认它的一致性甚至权威性。因此，“计量法”就是一个在各个国家普遍存在的法律文本。

量值传递系统在技术上是通过作为顶级计量基准与次级计量基准之间的比对、检定或校准等过程将计量基准传递到各个国家或区域。各个区域的测量设备也通过比对、检定或校准由区域计量基准向下传递。一般来说，更高精确度的测量仪器可作为更低精确度的测量仪器检定或校准的标准。

1. **比对**是指相同精确度的测量或计量设备相互之间进行比较，以此确定精确度的方式。

2. **检定**是法定强制进行的测量仪器量值和精确度检验过程。

3. **校准**是指拥有测量仪器的企业或单位自愿进行的量值和精确度检验过程。

建立尽可能不依赖于实物的计量基准，好处就是可以比较容易地建立各个地区的最高计量基准，并且用不着定期到国际最高级的计量基准处进行比对。目前只有质量单位“千克”是以实物进行定义的。各个国家和地区以此为准制作了区域级的计量基准，但每过一定时间就得把这些区域级的计量基准设备拿到法国计量局去进行检定。这个过程不仅成本很高，而且存在多方面的安全性问题。

尽管机率很低，并且最高计量基准也有备份系统，但如发生意外的灾难性事件导致计量基准遭到毁坏的话，后果就很麻烦。

另外，任何使用最高计量基准进行区域计量基准的检定过程，都存在可能的对最高计量基准量值稳定性的干扰性影响。

而完全利用非实物的自然界物质特性进行计量基准的定义，就可有效避免以上问题。

第三节 对“计量”的误用

一、被当作统计学使用的计量

“计量”一词在很多情况下成了测量的代名词，但又未全面准确地建立测量的概念，在使用计量一词时多与统计学知识相关联。如化学计量学、生物计量学、计量经济学等。这些学科不仅是与测量仪器的发展相关联，而且与计算机处理能力和算法的发展相关联。事实上，这些学科名称采用“计量”一词是个错误，这样的名称非常不利于对相关学科的准确理解，应当停止继续使用。未来应当更改为化学测量学、生物测量学、经济测量学。

我们可先看一下当前对一些包含了“计量”一词的学科定义。

二、生物计量学

生物计量学（biometrics，也称生物测定学），指用数理统计方法对生物进行分析。这个学科在错用“计量”一词的学科中相对是较为古老的，并且对计量经济学等学科名称的出现起到很大的示范作用。现在这个学科在中国新的《学科分类与代码》中已经被称为“生物统计学”，但很多学者和文献中依然在叫“计量”。

三、计量经济学

计量经济学（Econometrics）是以一定的经济理论和统计资料为基础，运用数学、统计学方法与电脑技术，以建立经济计量模型为主要手段，定量分析研究具有随机性特性的经济变量关系。主要内容包括理论计量经济学和应用经济计量学。理论经济计量学主要研究如何运用、改造和发展数理统计的方法，使之成为随机经济关系测定的特殊方法。应用计量经济学是在一定的经济理论的指导下，以反映事实的统计数据为依据，用经济统计方法研究经济数学模型的实用化或探索实证经济规律。“计量经济学”一词，是挪威经济学家弗里希（R. Frisch）在1926年仿照“生物计量学”一词提出的。随后1930年成立了国际计量经济学学会，在1933年创办了《计量经济学》杂志。

弗里希在《计量经济学》的创刊词中说道：“用数学方法探讨经济学可以从好几个方面着手，但任何一方面都不能与计量经济学混为一谈。计量经济学与经济统计学决非一码事。它也不同于我们所说的一般经济理论，尽管经济理论大部分都具有一定的数量特征。计量经济学也不应视为数学应用于经济学的同义语。经验表明，统计学、经济理论和数学这三者对于真正了解现代经济生活中的数量关系来说，都是必要的，但各自并非是充分条件。而三者结合起来，就有力量，这种结合便构成了计量经济学。”这样的解释还是让人糊涂。后来美国著名计量经济学家克莱因认为，计量经济学是数学、统计技术和经济分析的综合。对经济现象进行统计有经济测量的成分在里面，但并没有准确地这么来理解。因为统计仅仅是测量的一种方法，而不是全部。在中国新的《学科分类与代码》中，在二级学科“数量经济学”和“经济统计学”下面都各自设有一个名称相同的三级学科“经济计量学”。

四、化学计量学

国际化学计量学学会给化学计量学做出了如下的定义：

“化学计量学是一门通过统计学或数学方法将对化学体系的测量值与体系的状态之间建立联系的学科。由于化学反应而引起反应物系组成变化的计算方法，是对反应过程进行物料衡算和热量衡算的依据之一。它应用数学、统计学和其他方法和手段（包括计算机）选择最优试验设计和测量方法，并通过对测量数据的处理和解析，最大限度地获取有关物质系统的成分、结构及其他相关信息。”

化学计量学（Chemometrics）是瑞典Umea大学S.沃尔德（S.Wold）在1971年首先提出来的。1974年美国B.R.科瓦斯基和沃尔德共同倡议成立了化学计量学学会。化学计量学在20世纪80年代有了较大的发展，各种新的化学计量学算法的基础及应用研究取得了长足的进展，成为化学与分析化学发展的重要前沿领域。它的兴起有力地推动了化学和分析化学的发展，为分析化学工作者优化试验设计和测量方法、科学处理和解析数据并从中提取有用信息，开拓了新的思路，提供了新的手段。在有些时候甚至直接就称其为“化学统计学”。在《学科分类与代码中》称为“分析化学计量学”，归属在二级学科“分析化学”下面。

五、其他

除以上学科外，还有以下将统计与“计量”等同的学科：

“科学计量学”，是二级学科“科学学与科技管理”下面的三级学科。

“管理计量学”，是一级学科“管理学”下面的二级学科。

“放射性计量学”，是一级学科“核科学技术”下面的二级学科。

“文献计量学”，是二级学科“文献学”下面的三级学科。

“情报计量学”，是二级学科“情报学”下面的三级学科。

这样的名称都是非常不合适，甚至是极为错误的，它们合适的名称是把计量改为“统计”，并且归属在各个学科的测量基础下面。另外需要注意的问题有：

1. 统计学只是测量学的一部分内容，而不是全部。统计学在误差处理上主要是用于处理随机误差，而不完全适用于处理系统误差或原理误差。另外是用于相关分析。

2. 精确与误差的关系。统计学尽管得出的结论是处理随机误差的，但其本身是一种严格的和精确的数学形式。测量的基本理念是处理误差，它需要人们建立一种以误差观念去认识世界的思维。

3. 测量主要涉及的是误差的不同种类分析和处理，不是仅仅用“统计学”概念可以完全替代的。

4. 测量需要建立数学概念与自然对象之间的因果关系，这并不完全属于统计学的内容。

5. 另外最重要的一点是，采用最小二乘法，或更复杂的异方差多元回归分析等工具，所得到的一般是经验公式，甚至很多连具有解析式的经验公式都不是，仅仅是一个拟合曲线。由于这种经验性的拟合曲线具有过多因素共同作用带来的结果，因此很难进行还原分析，也难于进一步演绎，只能停留在这个孤立的经验曲线上。以统计学为基础的相关分析有助于发现和理解因果关系，但其本身不是因果关系，这很容易引起问题。因为相关分析一般所获得的信息量很少，将其作为因果联系的误差较大。如果单纯从计量经济学的数学原理上说似乎并无问题，但因经济学涉及极强的利益性、价值性和政治性，因此，它在实际应用中就很容易引入利益误差和政治误差等社会系统误差。

相比之下，在物理学经过大量实验测量获得数据之后，通过数据回归分析可以得到很好的解析式，从而非常有利于进行具有因果联系的还原分析。

因果联系的还原和演绎，才是科学规律研究中最富有生命力和最有魅力的地方。科学的精确预测和科学理论的演绎，都基于通过测量获得的直接因果联系向更深规律的还原，和以此为基础的演绎。

第九章

所有科学的测量基础

没有测量，就没有科学；没有测量学的学科，都没有资格被称为科学的学科。

第一节　测量基础在不同学科中的名称

测量是适用于所有科学的一门学科，但在过去，因为未能充分意识到这一点，在不同学科发展过程中，测量基础的名称受到其不同学科测量特点的深刻影响，从而具有了不同的名称。这种名称的差异对统一测量基础形成了不应有的障碍。

一、实验

正如前面已经说明的，实验是一种最精致的测量，它只是测量的一个子集。但实验，尤其受控实验这个概念有非常广泛的使用。从最初的物理学直到心理学都在建立实验室，并以自己的学科研究是在实验室中进行而作为是科学的证据。下面以著名的伽利略斜面实验和迈克尔逊·莫雷干涉实验为例予以说明。

1. 伽利略斜面实验

伽利略用斜面实验来证明他的落体定律被认为开创了近代科学实验方法的先河。他在 1638 年出版的《关于两门新科学的对话》中对如何进行这个斜面实验是这样描述的：

取长约 12 库比（ 1 库比＝ 4.57cm ）、宽约半库比、厚约三指的木板，在边缘刻上一条一指多宽的槽，槽非常平直，经过打磨，在直槽上贴羊皮纸，尽可能使之平滑，然后让一个非常圆的、硬的光滑黄铜球沿槽滚下，我们将木板的一头抬高一、二库比，使之略成倾斜，再让铜球滚下，用下述方法记录铜球滚下时间。我们不只一次重复这个实验，使二次观测的时间相差不超过脉搏的十分之一。在完成这一步骤并确证其可靠性之后，就让铜球滚下全程的四分之一，并测出下降时间，我们发现它正好是滚下全程所需时间的一半。接着我们对其他距离进行实验，用滚下全程所需的时间和滚下一半距离、三分之二距离、四分之三距离或任何部分距离所用时间进行比较。这样的实验重复了整整一百次，我们往往发现，经过的空间距离恒与所用时间的平方成正比例这对于各种斜度都成立。

为了测量时间，我们把一只盛水的大容器置于高处，在容器底部焊上一根口径很细的管子，用小杯子收集每次球滚下来时由细管流出的水，不管是全程还是全程的一部分，都可以收集到。然后用极精密的天平称水的重量；这些水重之差和比值就给出时间之差和比值。精密度如此之高，以至于重复许多遍，结果都没有明显的差别。

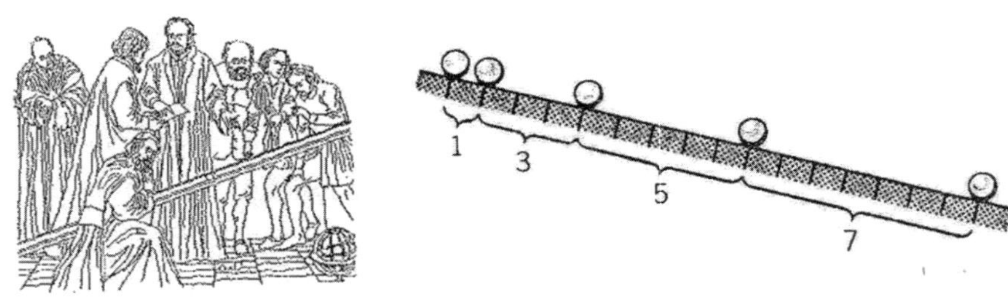

图 9–1　伽利略正在做斜面实验。右边是其测量结果，每一相等时间内所滑落距离之比为 1:3:5:7，总的距离 x 与总的时间 t 的平方成正比

2. 迈克尔逊 · 莫雷干涉仪

根据计算结果，如果转动迈克尔逊 · 莫雷干涉仪，它上面的干涉条纹应当发生 0.37 个波长的位移。该装置最高分辨率可以达到 0.01 个波长位移。但是，经过很长时间在地球上不同地方的测量，却未发现任何位移现象。对该测量结果的研究最后导致洛伦兹变换和爱因斯坦相对论的建立。因发明该装置，1907 年的诺贝尔物理学奖授予了迈克尔逊。

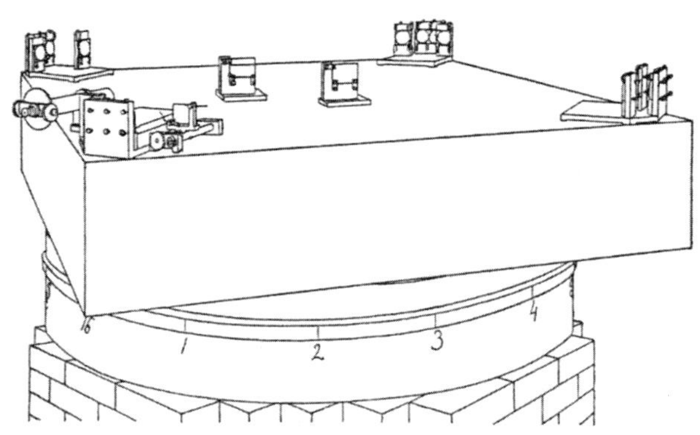

图 9–2　为验证以太假设而研制的迈克尔逊 · 莫雷干涉仪

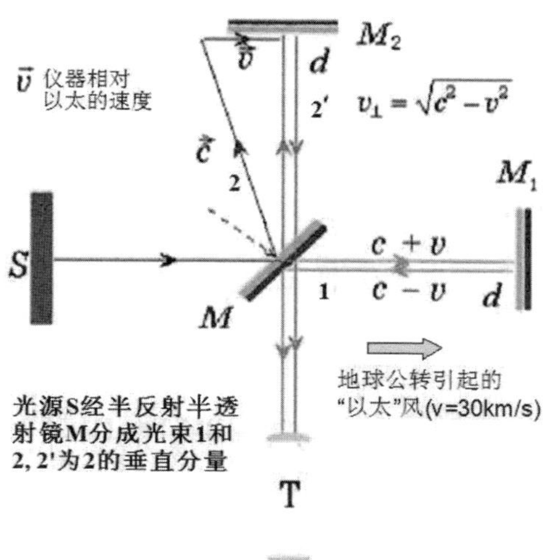

图 9–3　迈克尔逊 · 莫雷干涉仪的原理

根据这个装置的原理研发的测量引力波的装置——经过改进后的激光干涉引力波天文台 aLIGO（advanced Laser Interferometer Gravitational Wave Observatory），于 2015 年 9 月 14 日测量到引力波。2015 年 12 月 26 日 3:38:53（UTC）又测量到第二次引力波事件。2016 年 6 月 16 日凌晨，LIGO 合作组正式宣布了这一发现。这是爱因斯坦 1916 年提出引力波假设整整 100 年之后，首次确认实际测量到引力波。

引力波极其微弱，为了增加测量灵敏度，需要尽可能长光路，其基本方法是增加 L 型光臂的臂长。迈克尔逊 · 莫雷干涉仪的臂长为 11 米，而 aLIGO 的臂长为 4km。前者的光只是经历了一个来回，光路长度为 22 米，而 aLIGO 的激光经历了 140 次往返，实际光路长达 1120km。aLIGO 在美国西部的华盛顿州利文斯顿和新泽西州汉福德分别安置了两部完全相同的仪器进行同时测量，彼此相距 3000km，以此剔除噪声的干扰。其他克服干扰的技术的手段还有很多，如抽空 F—P 腔的空气到十亿分之一个大气压以下，以减少气体分子对激光的干扰，以及避免使反射镜遭受污染。通过计算补偿扣除地面震动等干扰等。迈克尔逊 · 莫雷干涉仪为减少环境干扰将整个装置安放在一个巨大的大理石基座上，基座下面采用橡皮垫减震，整个基座支撑系统再放在一个巨大的水银池里实现可平稳地转动。类似的技术在原理上都是通用的减少环境干扰的方法。

由于灵敏度越高，相同环境干扰所造成的影响越严重，为了减少 aLIGO 受环境影响的干扰，整个系统采用了总计 10 万多个震动传感器、加速度计、磁强计、麦克风、微波探测器、天气传感器、交流电源监视器等，同时监控着系统运行时的环境变化情况，并通过计算等方法对环境干扰造成的影响进行补偿。

在探索越来越微观世界的过程中，最初超越人生理极限的是光学显微镜，胡克用它很快发现了过去不曾见过的数以百计的大量微细物质，如细胞等。在探索到基本粒子的阶段，云雾室、盖革计数器、高能粒子加速器等起到重要作用。要产生并测量更基本的粒子，需要加速器具有更高能量。随着基本粒被发现得越来越丰富，要发现更多的基本粒子难度也越来越大了。可提供高达 13 万亿电子伏特能量，长度为 27 公里的欧洲大型强子对撞机（LHC），在 2012 年证实希格斯玻色子之后很长时间未获得任何新的发现。这使新的更高能量加速器的建设也面临越来越大的困难。因为能量低了不足以发现新的粒子，而能量越高成本也越高。中国正计划在 2020 年至 2025 年建造世界上最高能量的加速器。

二、观察

这一概念被使用于较早的学术讨论中。“观察”较多指以人为主体。哲学上所谈到的“观察”是指所有感觉获得的信息。不过，“观察”这个词汇，无论是中文还是英文（Observation）都强烈暗示以视觉信息获取为主要特征。视觉信息量占了人获得外界信息的 90% 以上，是非常主要的信息来源，甚至其他类型信息的获得也最终被转换成视觉信息进行表达。在早期测量仪器中，各类测量对象的数据，最终都转换成视觉化的指针。现代测量仪器则多转换成视觉的屏幕显示。

在前面说过，古希腊哲学家们普遍对人的感觉持怀疑甚至完全否定的态度。近代科学对人类以及动物的感觉器官特征已经有了非常充分的了解，虽然人的感觉存在诸如视错觉以及因疾病等引起的色盲，受情感影响在判断上不稳定、变化较大等感觉缺陷，但对人的感官可以获得有效信息的能力，不再有古希腊学者们的怀疑以至完全否定的态度。关于对人的感觉系统如何看待的问题，我们在后面还会详细谈到。

不过，在学者们的讨论中，“观察”一词多与定性的测量相关联，而并未去强调精确数据的获得（虽然并未明确否认这一点）。这一词汇目前较多应用在诸如新闻等领域（新闻观察、社会观察）或定性研究成分较多的场合。因此，我们并不推荐用它作为科学探讨中具有普遍意义的词汇。

三、分析化学

分析化学特指化学的测量基础。这一名称很典型地反映了在不同学科领域，科学的测量基础名称的发散性。在物理学领域，由于物理实验的范围太广，事实上它是一切科学的基础，因此它仅仅用“实验”这一较为笼统的词汇来表达其测量基础。

而化学等面向特定研究对象的学科，事实上都可以看作物理学的更细分支，因此其测量基础也会具有特定的对象，以及特定测量方法、测量仪器或手段。由于不同学科历史发展过程中，对测量基础的认识不同，形成了在不同学科领域，对测量基础给出了不同的名称。“分析化学”这门学科典型地体现了把各门学科测量基础单独作为一门分支学科来表达的情况。但很多学科并没有特别将其测量基础单列为一个独立的分支。

古典的分析化学是通过试剂、显微镜、天平、试管等工具，确定物质的化学组成（元素、离子、官能团、化合物等），测定物质的有关组分的含量、确定物质的结构（化学结构、晶体结构、空间分布）和存在形态（价态、配位态、结晶态）及其与物质性质之间的关系等。主要是进行结构分析、形态分析、能态分析。

现代的分析化学发展为仪器分析，根据测定的方法原理不同，包括电化学分析法、核磁共振波谱法、原子发射光谱法、气相色谱法、原子吸收光谱法、高效液相色谱法、紫外－可见光谱法、质谱分析法、红外光谱法、其他仪器分析法等。

采用仪器分析，最大的优势是可以对样品中需要分析的物质为痕量（指含量为百万分之一以下）、测量的下限可达 μg 至 ng 级的元素进行分析。如要分析高纯及超高纯物质中的杂质及其成分等，仪器分析是必不可少的手段。

表 9–1　仪器分析的分类

<table>
<tr><td rowspan="31">仪器分析（按方法原理分类）</td><td rowspan="25">光学分析法</td><td rowspan="15">光谱法</td><td rowspan="6">原子光谱法</td><td colspan="2">原子发射光谱法 AES</td></tr>
<tr><td rowspan="3">原子吸收光谱法 AAS</td><td>火焰原子吸收法 FAAS</td></tr>
<tr><td>石墨炉原子吸收法 GFAAS</td></tr>
<tr><td>石英炉原子化法</td></tr>
<tr><td colspan="2">原子荧光光谱法 AFS</td></tr>
<tr><td colspan="2">X 射线荧光光谱法</td></tr>
<tr><td rowspan="7">分子光谱分析法</td><td colspan="2">紫外可见 – 分光光度法 UV—vis</td></tr>
<tr><td colspan="2">红外吸收光谱法 IR</td></tr>
<tr><td colspan="2">分子荧光光谱法</td></tr>
<tr><td colspan="2">分子磷光光谱法</td></tr>
<tr><td colspan="2">光声光谱法</td></tr>
<tr><td colspan="2">Raman（拉曼）光谱法</td></tr>
<tr><td colspan="2">化学发光法</td></tr>
<tr><td colspan="3">核磁共振波谱法 NMR</td></tr>
<tr><td colspan="3">电子顺磁共振波谱法</td></tr>
<tr><td rowspan="10">非光谱法</td><td colspan="3">折射法</td></tr>
<tr><td colspan="3">干涉法</td></tr>
<tr><td colspan="3">散射浊度法</td></tr>
<tr><td colspan="3">旋光法</td></tr>
<tr><td colspan="3">X 射线衍射法</td></tr>
<tr><td colspan="3">X 射线荧光分析法</td></tr>
<tr><td colspan="3">X 射线光电子能谱（XPS）</td></tr>
<tr><td colspan="3">俄歇电子能谱</td></tr>
<tr><td colspan="3">紫外光电子能谱</td></tr>
<tr><td colspan="3">电子衍射法</td></tr>
<tr><td colspan="2" rowspan="6">电化学分析法</td><td colspan="3">电导分析法</td></tr>
<tr><td colspan="3">电位分析法</td></tr>
<tr><td colspan="3">电解分析法</td></tr>
<tr><td colspan="3">库仑分析法</td></tr>
<tr><td colspan="3">伏安分析法</td></tr>
<tr><td colspan="3">极谱分析法</td></tr>
</table>

（续表）

	色谱分析法	气相色谱法 GC	
		高效液相色谱法 HPLC	
		超临界流体色谱	
		薄层色谱分析法	
		纸色谱法	
		毛细管电泳法	
	其他分析方法	质谱法 MS	
		流动注射分析法	
		热分析法	热重分析法
			差热分析法
			差示扫描量热分析法
		核分析法	放射化学分析法
			同位素稀释法
		电子显微镜分析法	透射电子显微镜分析法
			扫描电子显微镜分析法
			电子探针显微分析法
		光学显微镜分析法	普通光学显微分析法
			STED 超高分辨率分子荧光显微分析法
		原子力显微分析法	原子力显微分析法

表 9-2　化学分析与仪器分析方法比较

项目	化学分析法（经典分析法）	仪器分析法（现代分析法）
物质性质	化学性质	物理、物理化学性质
测量参数	体积、重量	吸光度、电位、发射强度等等
误差	0.1%~0.2%	1%~2% 或更高
组分含量	1%~100%	<1%~ 单分子、单原子
理论基础	化学、物理化学（溶液四大平衡）	化学、物理、数学、电子学、生物等等
解决问题	定性、定量	定性、定量、结构、形态、能态、动力学等全面的信息

化学分析的分支学科包括以下十一个：

1. 电化学分析

2. 光谱分析

3. 波谱分析

4. 质谱分析

5. 热化学分析

6. 色谱分析

7. 光度分析

8. 放射分析

9. 状态分析与物相分析

10. 分析化学计量学

11. 分析化学其他学科

以上所有的“分析”都应改为“测量”。如“化学分析”应改为“化学测量”，“电化学分析”应改为“电化学测量”，“波谱分析”应改为“波谱测量”，等等。

需要注意经典化学分析的灵敏度不如仪器分析，但相对误差比仪器分析要低一个数量级。

可显示分子结构的扫描电子显微镜（SEM），应当是仪器分析中广泛

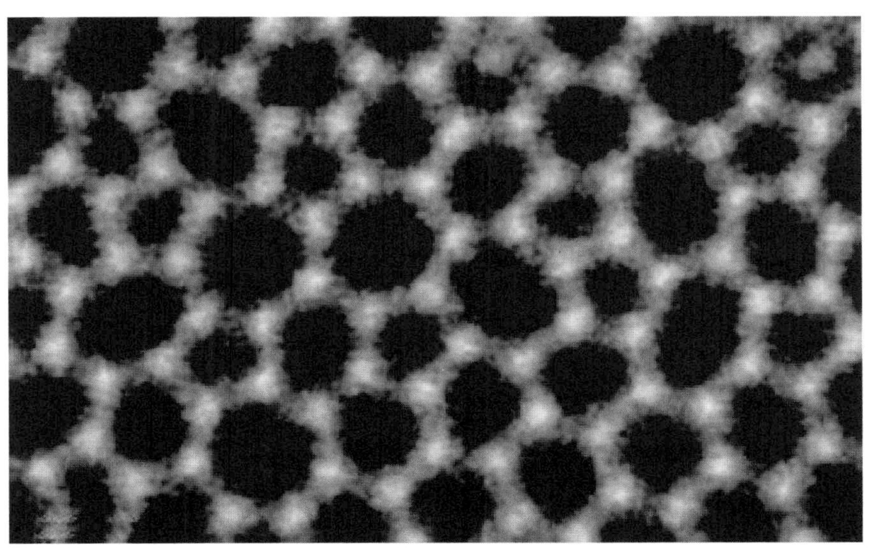

图 9-4　扫描电子显微镜看到的分子结构

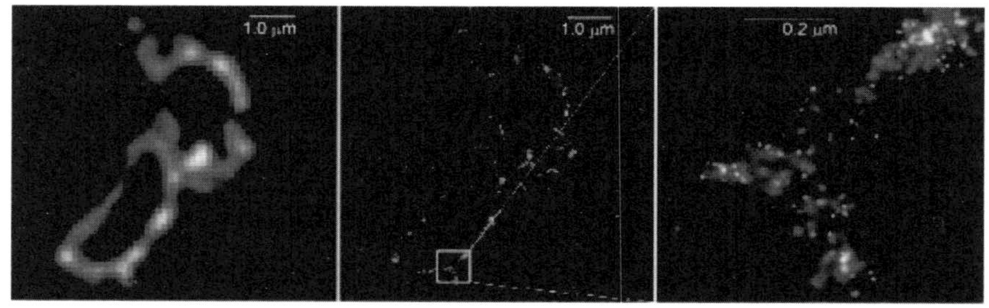

图 9-5　中间图像为溶酶体膜（lysosome membranes），是埃里克·白兹格（Eric Betzig）首次使用 STED 显微镜拍摄的图片之一。从中选取 0.2 微米的阿贝衍射极限大小显示在右边。左边为用传统显微镜拍摄的图片，可以看出图片分辨率提高了很多倍

使用的分辨率极高的设备之一。分辨率可达 1nm 以下的单个原子层次。原子力显微镜（Atomic Force Microscope，AFM）甚至可达 0.1nm 的分辨力。透射电子显微镜（Transmission Electron Microscope，简称 TEM）也可达 0.2nm 的分辨力。

2014 年度诺贝尔化学奖授予两名美国科学家以及一名德国科学家，以表彰他们在“超高分辨率荧光显微”技术方面的贡献。美国霍华德·休斯医学研究所的埃里克·本茨格（Eric Betzig）、德国马克斯·普朗克生物物理化学研究所的史蒂芬·赫尔（Stefan W. Hell）以及美国斯坦福大学的威廉·默尔纳（William E. Moerner）共同分享了该年度的化学奖。在 19 世纪末，恩斯特·阿贝（Ernst Abbe）对光学显微镜的分辨率限制做出了界定，大约是光波长的一半，即约为 0.2 微米。这被称为“光学衍射极限”，或阿贝极限。这个分辨率可以辨别完整细胞，却无法分辨一个正常大小的病毒或者单个蛋白质。以上学者通过使用“受激发射损耗”（STED：stimulated emission depletion）显微技术，突破了 0.2 微米的阿贝极限，可以使分子显微镜的分辨率提升到接近纳米的水平，已经接近扫描电子显微镜水平。

其实，以上化学测量中所使用的仪器并非只在化学研究中使用，它们具有相当大的通用性。化学本身就是比较基础的学科，因此，这些化学

测量仪器在分子生物、材料、环境、天文、考古等学科中都可有广泛的应用。在本节讨论中我们依然沿用了“化学分析”和“仪器分析”这些现存的说法，但事实上它们名称中的“分析”都应当改为“测量”。

四、观测、天体测量学与时间测量学

其中“观”同样带有视觉概念，它多用于指代天文学、医学等的测量基础中。“测”字体现了有测量数据获取过程。而“观”同样带有较多人的感觉，尤其视觉信息获取特征。天文测量早期采用较多的是光学望远镜。化学测量中使用的光谱测量分析方法，同样大量用来进行深空和太空物质组成和元素含量的测量和分析。

目前，天文观测的正式学科名称都已经改为了“测量学”。它们包括了二级学科“天体测量学”的七个分支学科：

1. 基本天体测量学

2. 照相天体测量学

图 9-6　哈勃太空望远镜 HST

图 9-7　中国利用当地喀斯特洼地建成的世界上最大口径射电天文望远镜 FAST

3. 射电天体测量学

4. 空间天体测量学

5. 方位天文学

6. 实用天文学

7. 天体测量学其他学科

另外还有二级学科“时间测量学”的 5 个分支学科：

8. 时间尺度

9. 时间测量与方法

10. 守时理论

11. 授时理论与方法

12. 时间测量学其他学科

哈勃太空望远镜（HST：Hubble Space Telescope）是光学望远镜的极致之作。它是以著名天文学家、美国芝加哥大学天文学博士爱德温·哈勃为名，在地球轨道上并且围绕地球运行的太空空间望远镜。它于 1990 年 4 月 24 日在美国肯尼迪航天中心由“发现者”号航天飞机成功发射。20 多年来，哈勃望远镜成果极为丰厚卓著。2016 年 3 月 4 日，哈勃望远镜推到它的极限，测量到 134 亿年前（宇宙大爆炸之后 4 亿年）形成的、位于大熊座方向的星系 gn—z11。

现代对太空的测量除了光学信息外，扩展到了高能粒子、电磁波谱，甚至引力波的测量。美国康普顿 γ 射线天文台、钱德拉 X 光天文台等是著名的非光学天文测量系统。射电望远镜（radio telescope）主要是测量太空电磁波的装置，它与光学望远镜类似，都是采用抛物面天线作为富集微弱的天空电磁波，以提升灵敏度的工具。

2016 年 7 月 4 日，位于中国贵州省平塘县的 500 米口径球面射电望远镜（FAST：Five—hundred—meter Aperture Spherical radio Telescope）主体工程完工,2016 年 9 月启用。它是目前世界上口径最大的射电望远镜，其灵敏度比过去世界最大的德国波恩 100 米射电望远镜提升 10 倍。

五、测绘

这个词多用于与地理学相关的研究中。因地理测量过程多伴随地图绘制，因此测量在地理学中就形成“测绘”的概念。测绘一词中文的含义即是“测量”与“绘图”两词的组合词。虽然一级学科的“测绘科学技术”名称中叫“测绘”，但其分支学科中的名称相当多已经叫作“测量”，还有一部分叫测绘。它的七个二级学科分别为：

1. 大地测量技术
2. 摄影测量与遥感技术
3. 地图制图技术
4. 工程测量技术
5. 海洋测绘
6. 测绘仪器
7. 测绘科学技术其他学科

其三级学科有 29 个，不再详述。

另外，在军事学中也有一个“军事测绘学”的三级学科。

在“地球科学”中，也有二级学科“大地测量学”，它与上述“测绘科学技术”的关系非常密切，只是研究角度稍有不同，前者偏理论，后者偏技术。

“地图制图”，以及其他的绘图技术，其实与一般测量中的图形输出等类似。绘制的地图其实就是地形测量的最终输出形式之一。现在通过计算机图形图像技术，可以把测量得到的地形以 3D 数据形式存储在计算机中，可以 3D 图形，甚至 VR 等形式显示出来。

六、发掘、断代、测年、探方、布方

这主要用于考古学、古生物研究等学科中。对应的学科是“考古发掘”和“考古年代测定”。这些学科的测量对象主要是找到埋藏在地下的化石或古文物，虽然“发掘”一词并未提到“测”，但专业的发掘过程是高度定量化的。

在发现新的文物埋藏的对象后，需要对现场画出方格，这样才能对文物的位置进行精确定位。这个在考古专业中就称为“探方”，制作探方的方格就称为“布方”。一般探方的规格是边长 5m，面积为 $5 \times 5m^2$。其中主体部分面积为 $4 \times 4m^2$，隔梁面积为每个 $4 \times 1m^2$，关键柱的面积 $1 \times 1m^2$。探方西南角为探方测量的坐标基点。显然，经典的探方测量方法主要是确定现场的文物位置分布，而整个文物发掘地的精确位置确定在过去是通过本地一些标志物确定（村庄、树木、河流、山峰等传统地图标识），但这种方式有可能不太精确，并容易受到很多变化的影响。现在越来越多采用卫星导航定位，可以获得文物发掘地精确的经纬度坐标，这样即使当地标志物发生变化，也可较精确重新找到文物所在地。

确定文物的埋藏时间是考古过程中最重要的内容之一。“断代”相对来说是一个较早采用的、不太准确测量时间的方法总称。断代就是通过埋藏地层或其他辅助参照手段，包括与历史文献记载进行比较，大致确定文物的年代。

“测年”这个词的出现是因为一些可精确进行时间测量的技术手段被采用，可将发掘出的化石或古代遗物放在实验室环境中进行精确的测量。如对碳样进行碳 14 测量，以精确地测定遗物的年代。这个测量方法适用于 1000 年至不到 5 万年的测年，其确定的年代相对误差在 0.6%—1.8%。碳 14 测年法是美国加州大学伯克利分校威拉得 · 利比（Willard Frank Libby，1908.12.17—1980.9.8）发明的，威拉得 · 利比因此获得 1960 年诺贝尔化学奖。

另外还有如“铀铅测年法”——通过在实验室中测量自然界石头样品铀 -235 和铅 -207 以及铀 -238 和铅 -206 的比例，可以测量 100 万到超过 45 亿年的地质年代，精度为测量范围的 0.1%—1%。

以上方法都可以合并为“考古测量”，其内容可分为古文物的“时间测量”“位置测量”“化学成分测量”等内容。

七、勘探、勘测

这些词汇主要用于与地理、地质、矿产、工程建筑科学等相关的学科中。“勘”字体现了这类学科中测量活动的特征。

八、模型仿真实验

这一词汇主要用于水利、气象、地震等模型测量。这一词汇虽然也用“实验”这一概念，但这一概念与基础物理或化学的实验概念有一些重要的区别。

物理和化学等基础学科在进行实验时，一般考虑的是单一原因要素的因果联系。如要测量电磁力作用，就完全只是电磁力存在，而屏蔽掉热力、摩擦力、空气动力等其他因素的影响。要研究某化学物质，一般都是将其尽可能地提纯成单一物质，如提纯出氧元素等。

而模型仿真虽然也是在一种实验室环境中，但它一般是研究多种原因要素影响，带来的一般是多因多果的因果联系。其控制的影响要素不是尽可能地理想和单纯，而是尽可能地与自然现象一致。

九、采样、抽样

这些词汇多用于动植物、地质等研究中。也用于社会统计的抽样调查等测量活动中。

十、活检、检测

用于医疗、产品安全等领域。

十一、监测、监控

用于水文、气象等带有灾害性质的自然领域，以及城市等社会安全领域。

十二、测试、试验、检验

主要用于产品研究和接受新的社会试验（改革试验）等领域。

十三、调研、调查、考察

主要用于人类社会性的测量活动。一般只是直接到现场进行询问和观察。它大多获得的是调研报告或对事实的描述，也可以包含一些相应的数据。

十四、访谈、采访

多用于新闻等社会领域。

第二节　新闻真实性问题

一、新闻的本质

以上所有测量概念中，除新闻的访谈和采访以外，其他都把获取认识对象系统的测量数据作为唯一目的。但新闻是一个比较特殊的领域，获取认识对象的真实测量数据对它来说远不是唯一目的，而是有三个不同的目的混合在一起：吸引性、时效性和传播性。

1. 吸引性

“吸引性”会产生趣味导向。吸引性，也就是常说的吸引眼球，它可能是娱乐性，也可以是任何吸引人关注的事情，如灾难、奇异事物等。如果没有吸引性，新闻就难以吸引到普通的、非专业人员构成的受众，其生存的前提就可能有问题。新闻组织本身，一般都是需要通过商业运作获得利润才能生存的企业。因此，吸引性事实上对于新闻来说是第一位的。有一段新闻界著名的玩笑形象地表达了新闻的这种本质：

狗咬人不是新闻，人咬狗才是新闻。

尽管狗咬人是事实，并且可能还是新的事实，但它不是“新闻”。

2. 时效性

“时效性”是吸引性的最重要内涵之一。尤其一些国际主流的新闻通讯社，在设备采购上会提出非常高的低延时要求，甚至认为时效性是新闻的生命。由于卫星线路的时延是固定的，因此，对电视信号目前较主流的H.264 编解码设备部分时延要求，会达到 30 毫秒这样的量级。第一次海湾战争期间，CNN 甚至达到了对战争进程进行现场直播的程度。从根本上说，时效性只是吸引人的最重要内涵，但并不是全部。因为纯粹以时效性来要求的新闻版面只是大众传播媒介的部分内容。例如平面媒体的报纸，在英文中被称为“Newspaper”，它就是以新闻媒体来定义的，但其中的内容显然并非全都是具有时效性的新闻。

当然，人们可以用“大众传媒”与新闻两个概念来进行区分，从而将新闻定义为纯时效性的内容。但事实上很少有纯新闻的大众传媒存在，它仅仅是大众传媒的部分版面或栏目。即使定义为“新闻频道”的电视，也并非全是高度时效性的新闻内容。

3. 传播性

“传播性”（也可称“宣传性”）会产生利益和政治导向。新闻媒体让人们去看或听喜欢的新闻本身一般是不挣钱的，只有通过广告才能挣钱。它本身也承担很多社会道德、义务或国家利益的宣传责任。做广告本身就必然带有利益性，承担社会责任就会带有道义、政治或观念导向性。这是它生存的真正根基。正因为传播性是新闻的核心特征之一，因此它也常常被称为“传媒学”，相应的行业被称为“广播”或“媒体”行业。“传媒学”的学科名称就高度地体现了其传播性。虽然从纯客观的角度说，“传”的含义是将某个信息广播到尽可能大的受众。但“传”什么就不可能完全客观，而具有信息内容以及形式的选择。

新闻界常常会特别强调自己的真实性、客观中立性。这种真实性与其说是它的生命，不如说是它生存的某种禁忌。“新闻真实”在更多时候只是要求“不要不真实”，而不是以完全科学的测量观念指导的“真实”。只要在娱乐和宣传时“不要不真实”，那就已经算是一个合格的新闻了，尽管这不能算是出色或杰出新闻的标准。

如果没有趣味性、吸引性甚至震撼性，无论多么真实的事实都会被新闻渠道过滤掉。必须明白，“过滤掉一些事实”并不是不真实。即使是最科学的测量过程，也必然存在这种对与自己研究过程无关对象的过滤。只有与报道的事实出现超出误差范围的偏差才是不真实。因此，指责新闻媒体“带有色眼镜”是很无力的，因为不仅新闻本身在本质上就是一副有色眼镜，而且即使最严肃的科学测量过程也都是用有色眼镜——滤波器、屏蔽罩来看世界的。

例如，当我们要测量压力时，与压力无关的温度、气体流动、光、电磁等影响统统都要被屏蔽掉。

关键问题在于当我们要去证明一个问题时，所提供的数据是否逻辑上足够完备，而这往往不一定是新闻最关心的东西。不具有吸引性，不具有宣传性的东西是难以进入新闻媒体版面和频道的。

如果真实性成为吸引人的特性，新闻会以可能有意义，也可能没有意义的细节事实来展示“真实”。需要仔细体会的一点是，这一真实可能更多的意义是为体现吸引人的“真实感”，更多地还是为了吸引人。

吸引性、传播性、时效性，哪一个作为首要考虑，常常混淆不清。新闻需要的是具有吸引性和宣传性的、没有偏差感的事实或具有真实感的真实。

当然，无论是为获得真实感的事实传递，还是为吸引人，甚至宣传而传递事实，在这个过程中的确也起到了一定的传递真实信息的作用，只是在其事实的完备性等科学指标上难以苛求。

获得系统性的事实测量数据也会成为新闻媒体一部分的行为，甚至其会以内参等形式向专业机构人员传递，从而成为一种具有科学测量性质的活动。这种活动的确也是非常重要的。

如果用统计学的语言来说，科学的测量面向的是3倍均方差之内的、具有一般性的样本，而新闻关注的一般是3倍均方差之外的样本（根据测量学的习惯做法，3倍均方差之外的数据一般作为粗大误差剔除掉了）。

如果说艺术也有真实性问题的话，它面向的可能是6倍均方差之外样本的真实性。

新闻对于科学来说最大的价值在于其因传播性而带来的传播普及效果。专业的科技杂志等渠道相对较为封闭，只有极少量专业圈子内的人员才会接收到它们的信息。甚至不同专业的专业人员相互之间都会存在信息传递的困难。如果新的有价值的事实进入新闻渠道，它会以最快的方式、尽可能大的广度，向普通大众及其他非相关领域的专业人员传递。

二、使科学成为全社会的观念和生活习惯

我们并不能完全以科学的标准去苛求新闻，问题只是，尽管新闻的真实性对于一个社会能起到很大的作用，但由于以上新闻的内在特点，显然也不能把全社会良好的运行，过多地寄托在新闻自由和新闻真实之上。最好的途径是让科学的观念和方法，直接成为全社会每一个人的思维方式。

宽带互联网尤其宽带移动互联网提供了非常有效的，区别于传统新闻媒体的渠道。它非常有希望带来一个机会，去实现科学方法和观念向全社会的普及。这一普及过程本身，也会促进科学迈向一个新的台阶。

第三节　统一测量基础与学科建设的共轭标准

一、测量学与一切科学的测量基础

因测量对于整个科学的基础作用，测量学应当与数学一样，并立成为一个独立的科学最核心基础学科，属于物理学的一个大的分支。并且，所有独立科学的学科，都应当按统一标准设置其测量基础。其名称也应统一称为“XX 学测量基础”，或“XX 测量学”。我们可把这种除数学和本身就是测量学的学科必须以成对方式出现的模式称为“共轭学科模式”。如：

分析化学包括化学计量学可合并称为“化学测量基础”，或“化学测量学”。

测绘学可称为“地理学测量基础”，或“地理测量学”。

天文观测可称为“天文学测量基础”，或“天文测量学”。

生物计量学可称为“生物学测量基础”，或“生物测量学”。

……

这样的好处是：

任何一门科学学科，首先都必须要有其测量基础，也就是任何科学的学科都必须是成对出现和建设的，这是其可以被称为“科学”的前提和标准。这样的标准可以使科学的学科建设少走很多弯路。如：

营销学同时要建设“营销学测量基础”，或“营销测量学”。

经济学同时要建设“经济学测量基础”，或“经济测量学”。

心理学同时要建设“心理学测量基础”，或“心理测量学”。

医学同时要建设“医学测量基础”，或“医学测量学”。

科学学同时要建设“科学学测量基础”，或“科学测量学”。

历史学同时要建设“历史学测量基础”，或“历史测量学”。

……

大量的学科都是因为没有直接对应的测量基础，或对其测量基础理解不完善，从而带来科学性不够的问题。例如，即使“计算机科学”这种看起来非常科学的学科，因为没有对应的测量基础，它就不能算科学[①]。很多学科仅仅把其测量基础理解为统计学，统计方法仅仅是测量的一部分，测量需要对被研究对象的全过程全方位地完备测量。经济学等就是因为仅仅把其测量基础理解为统计学而使整个学科领域的科学性受到极大限制。

再者，所有学科的测量基础全都是独立的测量学的分支，它们可以很容易相互借鉴成果，更有利于科学的整体性和相互还原。

另外，统一测量基础可大大简化各学科的名称，非常易于理解以及跨学科的研究，而用不着因此带来学科名称数量过多的，却实质意义不够（甚至很可能带有错误含义）的膨胀。

二、测量基础的内容

测量基础的内容主要体现在两个方面：

一是测量学，或称一般测量学，普通测量学。它不仅包括测量原理、误差处理等，也包括如何建立测量与数学之间关系的各类归纳法。具体内容如下：

1. 以单因果化为核心的测量原理。

2. 以统计学、高斯分布、t 分布等为数学工具的随机误差处理。

3. 各类系统误差分析和处理。

4. 各类数据回归分析。

① 本书第十七章“全科型知识结构的意义”中将详细讨论因缺乏测量基础给计算机科学带来的严重问题。

5. 各因素间相关性分析。

6. 确定因果律的归纳法、多因果分析的鱼骨图等。

7. 计量学。

二是用于特定学科对象的测量方法和测量仪器。如化学测量基础中的质谱仪，物理学测量基础中的高能回旋加速器、干涉仪、各物理量（温度、湿度、压力、电压、电流、电场、磁场、光……）等测量方法等。很多测量仪器事实上并不一定完全属于某一个学科，而可以为众多学科所共享。

第十章

单因果化——可测量的科学基础

> 大自然其实就是天然的实验室，实验室只不过是人工的大自然。
>
> 以一因一果的经典因果律为基础，我们定义了世界之所以可测量的单因果化模型。实现单因果化的途径为衰减与放大。单因果化的不完全，就形成了测量的误差。牛顿假设测量误差能够无限减少，从而可以忽略不计，以此使近代科学模型迎合了古希腊科学的观念。但误差是不能忽略不计的，它对准确理解测量和科学具有至关重要的意义。

第一节　从哲学到科学

当我们谈到测量时，必然会遇到两个带有哲学性的问题：为什么世界可以被测量？为什么人类可以通过测量工具，科学地认识世界的因果联系？

早期回答这两个问题是通过哲学来进行的，相应的认识也是五花八门。

古希腊的柏拉图把世界分成两个：一个是完美的理念世界，另一个是我们感觉到的对理念世界不完美的模仿，就是现实的世界。但柏拉图认为，理念的世界是比现实的世界更高的存在。所谓“更高”的存在，事实上是人们对所推崇事物的赞美。柏拉图是用理念世界的更高存在来推崇古希腊人创造的逻辑和数学对象。

从最一般的意义上来说，世界是无限多因果联系的。用马赫在《感觉的分析》一书中类似的观点来看，世界是无限因果要素之间的函数关系。但马赫将之表述为“世界是感觉要素的复合”。这种本体论表述反而使问题变得很麻烦，它会导致一种人的感觉决定世界的误解。

还有一些古代的哲学家去设想世界是由一些基本的物质材料所构成。无论是古希腊哲学家德谟克里特的原子论，还是中国古代把世界分为“金、木、水、火、土”的五行理论，都是这种尝试的例子。但是，只有今天的化学科学发展，尤其门捷列夫的元素周期表清晰地告诉了人们构成世界的化学元素是什么。并且，高能物理学已经清晰地告诉我们，化学元素并不是我们这个世界不可分割的最小材料。

哲学家们不仅思考世界是如何构成的，而且也在思考世界与人对世界的认识之间的关系——物质和意识的关系。但是，对这种关系云天雾地的思辨很容易把人们绕糊涂了，如果世界是唯一的，难到意识不是物质吗？如果意识是属于世界的，是属于物质的，“物质与意识的关系”不就成了物质与某种特殊物质的关系了吗？

两个世界的关系还没有争论完。波普尔又搞出三个世界的理论来——物质世界、精神世界和客观知识的世界，把事情弄得更复杂。一旦如此就会涉及它们之间的关系是什么。难道精神世界就不是物质的吗？难道客观知识的世界就不是物质的吗？按波普尔自己证伪主义原则，这三个世界理论本身是可证伪的吗？

事实上，这些哲学讨论都会面对相同的困难——世界本身是唯一的。当把世界中的一部分现象拿出来，又要去讨论它与世界的关系，类似于把人的大脑拿出来，然后又要去谈论整个人与人的大脑的关系一样。

今天的科学已经非常清晰地告诉我们，我们不可能一次性地认识清楚整个世界。因此，想通过一个哲学理论就把世界是什么的问题一口吞下，这种方法本身就是错误的。如果在科学出现之前，讨论这种哲学的问题还有价值的话，在今天它已经失去讨论的意义了。科学已经证明，我们不可能一次性地给出世界是什么的答案。唯一有意义和价值的问题是：我们应当如何去不断扩展对世界的科学认识？更准确地说，我们应当如何科学地认识世界？以及科学是如何认识世界的？

我们不打算去讨论那些被哲学家们区分出的不同世界，以及它们之间关系的对错，而只是要问做这种区分的原因何在。科学认识一切对象的方法都是类似的，既然如此，把世界在进行科学的认识之前就划分成不同的对象有什么意义呢？难道我们要对不同对象给出不同的认识方法吗？当我们去考察所有把世界区分出不同对象的哲学争论后发现，这些哲学家们并没有这种打算。既然如此，为什么要区分它？

第二节　单因果化

世界是无限多因果要素之间的关系。

假设，以 x1，x2，x3……作为自变量的原因要素，以 y1，y2，y3……作为结果要素，我们可以把世界简单表示成如下的函数关系：

f1（y1, y2, y3……）=f2（x1, x2, x3……）　　（10-1）

或者表示成：

f（y1, y2, y3…… x1, x2, x3……）=0　　（10-2）

我们把这称为世界的**“原始因果模型”**。

需要特别强调的是，这个世界的原始因果数学模型，与哲学关于世界本体论的思辨争论没有任何关系，也与马赫所说的“感觉要素的复合”没有任何逻辑关系。前面提到马赫的论点，只是在这个模型的形成过程中参考和获得过相应的启示。马赫的“感觉要素复合”观点完全是一个哲学观点，我们这里所谈的因果模型却只是一个完全科学的、不定义的概念和假设。它是根据对发展至今的所有科学研究结果和其研究过程的直接测量，在此基础上，完全依据逻辑的因果律而归纳和推导出来的。

当我们提到这一研究方法时，那些思辨的学者很可能马上会问一个问题：你怎么能用科学的测量方法去证明科学的测量方法是正确的呢？这不是循环论证吗？如果人们有这类疑问，我们只能说：“先放下这种思辨的考虑问题习惯，既然我们已经普遍认可了科学的测量方法，很简单，那就让我们先用科学的测量方法，去测量科学的测量方法本身，并以此归纳出结论再说吧！”等人们看完了我们以这种科学的方法研究出来的结果，就会明白与他们纯空想的思辨的区别是什么了。

如果世界仅停留于这种多因多果的原始状态，我们是无法获得对世界科学认识的知识的。要想实现对世界科学的认识，必须获得确定的量化因果关系。要做到这一点，就需要对原始的、无限的因果关系进行大幅度的简化，以至于简化成单一的原因要素和单一的结果要素之间的关系。我们把这一过程称为“**单因果化**”。

那么如何才能做到单因果化呢？那就是把除了单一原因和单一的结果要素之外的其他要素的影响尽可能地减弱、屏蔽、过滤……而把被研究的单一原因要素提纯、放大……从而使得单一的因果联系突显出来。我们把前一个过程统称为对“非单因果要素影响的**衰减**”，而把后一个过程统称为对“单因果要素影响的**放大**”。

例如：

化学的研究过程中，将单一原子构成的元素提纯。

如果要研究压力与弹簧形变的关系，就通过衰减作用将温度、电磁等其他要素的影响尽可能减小，从而突显并放大压力作用的单一影响，并且仅仅是对弹簧“弹性形变”的影响。

而如果要研究温度对物体的形变影响，又会将压力、电磁等等其他要素的影响尽可能衰减，从而放大突显温度对物体形变的单一作用影响。

……

所需要注意的是，对非单因果要素的衰减，并不意味着一定是把它们的绝对量进行衰减，而很可能是对它们的影响进行衰减。因此，更确切的表达应当是，通过衰减使所有非单因果的要素为常数或零。设世界原始因果模型为：

f（y，y1，y2，y3…… x，x1，x2，x3……）=0

假设通过衰减和放大，使得除了单一的原因要素 x 与单一的结果要素 y 之外的其他原因或结果要素都为 0 或常数。即：

（y1，y2，y3……）=（b1，b2，b3……）

（x1，x2，x3……）=（a1，a2，a3……）

（b1，b2，b3……）和（a1，a2，a3……）皆为常数，则世界原始因果模型将变为：

f（y，b1，b2，b3…… x，a1，a2，a3……）=0　　（10-3）

可将上式表达为：

f（y，x）=0　　（10-4）

由此即得世界的**“单因果化理想模型”**，或者称为世界的**“古希腊科学模型”**。

如果在一个认识对象系统中，有两个未知的被测量对象同时在起同等作用，问题一下就会变得非常复杂，甚至无法获得被测对象与结果之间可靠的数量关系。

因此，“单因果化”是使得世界可进行科学测量的首要前提和基础。它如此之重要，因此对如何实现单因果化，即衰减和放大的方法研究就显得非常重要。

第三节　衰减

首先引入一个评估衰减过程的量化参数，衰减系数。

衰减系数 a 是一个衰减过程的结束状态量 E 除以初始量 I。即：

$$a=E/I \tag{10-5}$$

一般选择 E 与 I 的物理量相同，从而 a 是一个无量纲的单位。虽然如此，依然需要明白这个衰减倍数是属于什么量纲的衰减倍数。因此，虽然 a 本身是无量纲的，但严格说需要以备注形式说明其对应的物理单位量纲。

如仅仅说衰减系数为 0.01 是没有意义的，必须提到“对电场的场强衰减系数为 0.01”才有完整的意义。这样，这个衰减系数就只对电场的场强才有意义，而对温度和压力就没有意义。

衰减系数也常被称为衰减常数。

衰减系数可以用对数方式来表达，单位为 dB。dB 本质上也是一个无量纲的量。

$$a=b\lg(E/I) \tag{10-6}$$

b 为常数，如果衰减对应的是功率、能量、所做的功等，b 为 10；如果衰减对应的是电压、电流、作用力等，b 为 20。

衰减的方法非常多，并且难以进行某种有规律的分类。我们只能以枚举法加以介绍。

1. 过滤。采用具有网格的薄膜，使尺寸小于网格的物质通过，而尺寸大于网格的物质留下。采用这种方式可以衰减尺寸较大的物质。具有过滤能力的工具有各种筛网、滤网、滤纸、分子膜等。

2. 滤波。是在电子装置中采用的方法，通过不同频率的信号在有感电路中的衰减率不同，而使需要的信号通过，不需要的信号被衰减。其种类有“高通滤波”“低通滤波”“带通滤波”“带阻滤波”“梳状滤波”等。也可通过数字处理的方法实现各种滤波功能即数字滤波器的滤波。

3. 离心机分离。通过离心机可以使比重不同的物质分离。

4. 分拣。分捡是根据物质的不同特性，使不同物质相分离，从而衰减不需要的物质。这有很多种方法。最简单的就是直接人工分拣、动物分拣，另外有风吹分拣、磁吸分拣。

5. 水洗。通过水洗将不需要的物质去掉。

6. 水溶分离。通过一些物质可溶解于水，另一些物质难溶解于水，实现不同物质的分离。

7. 沉淀。通过自身重量的沉淀，可以分离不同性质的物质。

8. 物理隔离与屏蔽。这是受控实验最基础的方法。实验室本身就是一个物理隔离和屏蔽的环境。通过封闭的物理环境，可以实现对风、温度、湿度、灰尘等不同程度的隔离。通过金属、磁材料等封闭环境，可实现电磁信号的屏蔽。

9. 绝缘体的电隔离。通过绝缘体材料实现电流的隔离和屏蔽。

10. 大质量减震装置。通过大质量的物体实现震动的衰减。根据动量守恒定律，动量等于质量乘速度。因此，质量越大，在受到撞击后的速度越小，也就是震动量越小。因此，采用质量更大的物体，就有利于隔离震动。

11. 弹性减震装置。利用弹性储能原理，如果在大质量基座下面加上弹性装置，如弹簧或橡皮球等，将震动变成弹性材料的弹性势能，在震动作用退回后再将弹性势能返还释放回去，可以极大减轻震动的传导。迈克尔逊干涉仪、牛顿环测量装置等，都有大质量减震和弹性减震相结合的装置。汽车底盘以及汽车橡皮轮胎一般也都是采用这种大质量减震加弹性减震的方法制成的。

有很多衰减的方法并非独立存在，而是与放大方法共存的。

如化学提炼过程往往是对不需要物质的衰减和对需要物质的提纯一起存在的。

第四节　放大

一、放大的种类

相对于衰减来说，放大有规律可循得多。从种类上来看，基本可总结为六种类型：聚集式放大、转换式放大、门控式放大、单流程级联放大、多流程级联放大、雪崩式放大。前两种放大是**“非质能放大”**，后四种是**“质能放大”**。

非质能放大是在放大过程中并没有带来全新的能量或物质的加入，而在质能放大过程中，会有新能量或物质的加入。与衰减类似，首先引入一个量化的评估放大过程的参数——放大倍数。

以 A 表示放大倍数，放大过程的输出为 O，输入为 I。则有：

$$A=O/I \tag{10-7}$$

一般选择 O 与 I 的物理量相同，从而 A 也是一个无量纲的单位。同衰减系数类似，放大倍数也需要以备注方式说明是对什么物理量进行放大，这样才有实际意义。

放大倍数也常称为增益 G。增益常用对数的方式来表达，其单位为 dB。

$$G=b\lg A \tag{10-8}$$

b 为常数，如果放大对应的是功率、能量、所做的功等，b 为 10；如果放大对应的是电压、电流、作用力等，b 为 20。

二、聚集式放大

聚集式放大是对需要放大的自变量物质或信号，通过聚集方式获得增强。

最典型的聚集式放大莫过于抛物面天线放大。通过增大抛物面天线的面积，可以收集更多需要放大的同源自变量信号，从而使其获得增强和放大。这种放大方式广泛应用于卫星通信、观测天外射电信号、雷达、微波通信等场合。其放大倍数与天线直径的平方（或天线有效接受面积）成正比。

通过数据处理的取样平均法放大，也是一种聚集式放大的案例。它是通过大量提取相同信号，使有效信号获得成倍增强，同时利用随机信号的特性使其相互抵消，因此实现有效信号的放大。这种方法的放大倍数可以通过统计学原理进行计算。假设提取相同信号次数为 n，通过这种方法获得的信噪比放大倍数为$\sqrt{n}$。

三、转换式放大

转换式放大是利用各种守恒原理，当一个物理量减少时，另一个物理量增大，以此实现后一个物理量的放大。如：

杠杆原理。利用力矩平衡原理，力矩等于力臂乘作用力。这样，当力越小时，力臂越长；力臂越短，作用力就越大。利用这一原理，即可以把一些小的作用力通过较大的力臂转换成较大的力，也可以将较小的形变转换成较大的形变。而较大的形变在视觉上更容易被人眼看到，后者就是指针式放大器的原理。它们在过去大量运用于各种测量仪器中作为模拟输出显示的仪表盘。

广播。广播是利用能量守恒，将声、电等信号散播到更广大的空间范围，同时信号强度减弱，总能量不变。

四、门控式放大

这是一种最为重要的、具有质能增强的放大过程。门控式放大是基于“门控原理”。为便于理解，我们也可把它称为“油门式放大”，它就是人们现在日常最广泛接触到的发动机油门控制放大过程。这种油门原理大量应用于汽车等各种机械动力装置中。

从最一般的意义上说，门控式放大的原理是：通过一个质能过程，作用于另一个质能过程，使得后一个质能过程随第一个质能过程的信息而产生变化。如果后一个质能过程的质能在数量上高于或大于第一个质能过程，就可以获得信息的质能增强，从而成为具有质能增强的放大过程。

门控式放大最典型的例子就是各类燃油发动机。它通过控制油门入口的大小，可实现控制进入发动机中油料多少的变化，实现控制动力的变化。发动机动力的变化就带上油门控制过程的信息。因此，在我们最常见的汽车行驶过程中，通过踩油门动作，就可以将驾驶者的很轻柔的控制信息，精确地转变成强大的汽车动力变化。

在门控式放大中，起门控作用的“控制门”和控制方式可以各不相

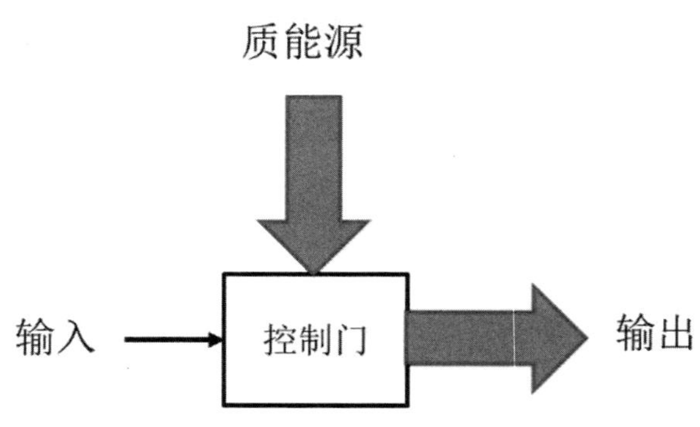

图 10–1　门控式放大原理

同。如在早期的蒸汽机中，是通过控制汽门来控制动力的大小，而在电动机中，是通过控制电流或电压的大小来控制动力。

这种门控式放大装置中，存在四个相同的地方：

1. 输入。即输入质能过程，它作用于控制门。

2. 控制门（油门）。这个控制门可以通过输入量的变化，去控制“质能源”的释放过程，使它随输入量的变化而变化，从而使得输入的信息转移到质能源的释放过程中。

3. 质能源。因为是输入质能过程作用于输出质能过程，为使输入信息精确控制门控式放大输出，这种输出质能过程一般要求存在一个稳定的质能源，以使输出质能过程的变化只体现输入质能过程的变化。

4. 输出。输出质能过程，它以质能源释放为基础，同时通过控制点受输入质能过程的控制。

门控式放大原理最广泛的应用是在现代电子设备中。从早期的磁控管、行波管、真空管，到后来的双极型晶体管、场效应晶体管等，都是采用这种门控式放大原理，并且它们的原理与油门原理也完全一致。

例如在行波管中，首先存在一个稳定的电子流（质能源），输入电信号通过控制方向平行于电子流的电场强度（控制门），使电子流的速度发生相应的变化。这种速度的变化在经过一段不长的合适距离积累后，就会变成电子流信号的较大起伏输出，从而实现放大。

再以场效应晶体管为例，在这种器件中，首先存在一个源极（质能源），它提供的电能可以通过源极与漏极之间的沟道流过，这个沟道的宽度可以通过栅极（控制门）控制变化。这样，当栅极电压信号变化时，沟道宽度变化，其电阻大小也随之变化，从而流过沟道的电流就产生相应变化，以此实现在栅极输入信号的放大。

除了质能过程和输入输出量与汽油机等机械装置不同以外，它的工作原理与机械油门的工作原理一模一样。

真空管也是如此。

而双极型晶体管工作原理稍微复杂一点，它作为控制点（基极 B）输入的电流，会与被控制的发射极与集电极之间的电流混在一起（一般是在发射极混在一起）。

如果只是独立地了解这些不同电子器件的工作原理，有可能会感到很抽象和难于理解。但如果统一地把它们归于“门控式放大”类型，就会对它们的工作原理一目了然。

采用门控放大的原理还有：

核电站中通过核燃料棒插入或拉出来控制核裂变反应的大小，从而控制核反应能量输出大小的过程。

通过控制水坝水闸的大小，控制水流量大小。

动物体的神经刺激肌肉的放大，其基本工作原理也属于门控式放大类型。质能源是肌肉纤维中存在的能量，输入控制是神经冲动信号，控制门就是神经轴突与肌肉纤维的连接点。

电器的开关其实也是一种较为简单的门控式放大装置，只不过这一放大过程传递的信息量较少，仅为 1 个比特。

以 A 表示放大倍数，输出为 O，输入为 I，则有门控式放大的放大倍数为：

$$A=O/I \tag{10-9}$$

五、单流程级联式放大

单流程级联式放大，是在门控式放大的基础上，将多个门控式放大过程级联在一起，从而形成多级的放大。如果放大的流程是顺着单一的线路进行，就是单流程级联式放大。

例如，以晶体管放大等为基础的多级放大器。将这种晶体管多级放大器集成为一个单元器件的“运算放大器”等，都是这类放大过程类型。

级联放大的放大倍数一般为各级放大倍数的乘积。

如假设有 4 个门控式放大器组成一个级联式放大，各级放大倍数分别为：

A1、A2、A3、A4

整个级联放大的放大倍数 A 就是：

$$A = \Pi_{i=1}^{4} Ai \qquad (10\text{-}10)$$

一般情况下，n 级级联式放大的放大倍数为：

$$A = \Pi_{i=1}^{n} Ai \qquad (10\text{-}11)$$

单流程多米诺骨牌也是一种单流程级联式放大。放大并不意味着一定会实现信号在质能上的不断增强。如果各个放大环节的放大倍数为 1，这种级联放大就只是等信号强度的传递，而可能并没有带来质能的放大。因此，一般的单流程多米诺骨牌就是一种没有质能放大的放大过程。

神经传导的电化学过程，也是一种单流程级联式放大的过程。并且一般也是一种没有放大的放大过程，它一般情况下仅仅是实现了神经冲动的等量传递。

烽火台信号传递系统。这是较为复杂的单流程级联式放大，中间带有人的信号判断和控制过程。

六、多流程级联式放大

在单流程级联式放大过程中，如果某个节点出现多个分支，将信号传到不同方向，就成为多流程级联式放大。在各个分支上，依然还是单流程级联式放大。因此，这种多流程级联式放大只是多个单流程级联式放大的简单复合。

如在多米诺骨牌游戏中，如果在某些地方的多米诺骨牌不是推倒后续单一的骨牌，而是推倒多个，并且走向多个方向，就成为一种多流程级联式放大。

七、雪崩式放大

雪崩式放大本质是一种非常特殊的多流程级联式放大，所不同的是这种多流程并非导向不同的信号方向，而是不同的放大流程汇聚成了单一的输出。

这种放大日常生活中最典型的体现就是雪崩过程。山坡上的积雪因山坡的摩擦力支撑而可以停留在山坡上。但当积雪不断增加时，山体某处积雪会因超过支撑限度向下滑落。这种滑落会使其下部的积雪也超过支撑限度，并加入滑落的行列。这个过程使滑落积雪的体积迅速地越积越大，并且超越下部所有积雪的支撑，使更多方向的积雪加入滑落过程，并汇聚形成巨大的雪崩。雪崩过程中，虽然刺激了越来越多的积雪下滑，但最终它们基本上汇聚成了一个相对单一的雪崩流。

即使在一些专业技术性的术语中，也常以“雪崩”来表示。如雪崩二极管，它非常广泛地应用于电子设备的电源电路中，起稳压管的作用。雪崩二极管工作原理与雪崩是一样的。只是雪崩汇聚的不同平行方向电子流形成了单一的电子流。

同样采用雪崩放大原理的器件还有：

1. 光电倍增管。它用于高灵敏地检测放射粒子，其灵敏度之高甚至可达到检测出单个放射粒子的程度。光电倍增管有多个电极，加上电压后，电极上的电子处于较为敏感的状态。当输入粒子轰击第一极电极时，会轰击出该电极上的多个电子，所轰出的电子数目除以输入粒子的数目，就是该级电极的放大倍数。当其电子轰击下一级电极，又会轰击出更多电子。依此不断进行，到最后一级电极时，会产生大量的电子流。其最终放大倍数为各级放大倍数的乘积。

2. 微通道板。常用于微光夜视装置。在微通道中形成雪崩放大过程。

3. 核裂变的链式反应。

4. 激光。

5. 掺铒光纤放大器。

6. 晶体生长。

7. 细胞分裂繁殖。

8. 生物繁殖。

9. 其他。

第四节　受控实验及实验室的定义

依据单因果化模型，我们可以定义受控实验以及实验室。

受控实验，就是完全人工控制实现单因果化，并且更进一步可人工控制因变量的变化。

实验室，就是具备实现受控实验的相对固定场所。除了人的因素之外，实验室纯粹物质的条件具有如下四个特性：

1. 拥有相对完备的环境衰减或屏蔽手段。电、磁、光等屏蔽室、恒温装置、湿度控制、防震、超净环境……采用四周包括门全是特殊金属网可形成“电磁屏蔽室”；四周对光封闭的“暗室”可屏蔽环境光的干扰；采用空调进行恒温控制……

2. 拥有完备的测量工具。

3. 拥有完备的人工控制因变量的物质条件。如信号发生器等。

4. 专业性。用于研究不同对象的实验室所需要的条件是有差异的。针对不同研究对象，实验室所具备的条件就具有了专业性的差异。研究化学就需要质谱仪、光谱仪以及传统的试管、烧瓶等设备，对电磁屏蔽要求可能就没有那么高，也不需要电子的正弦波信号发生器。但电子科技的实验室就可能对电磁屏蔽要求较高，并且可能需要频谱仪、示波器等测量设备。

第五节　测量可成为科学基础的原因

一、实验可成为科学基础的原因

不属于受控实验的测量之所以长期不能得到科学哲学家的理解，原因只在于如果对测量学没有非常专业的理解的话，难以把握和理清测量与受控实验的关系和区别到底是什么，以及非受控实验的测量为什么在科学上可以被接受。

大自然其实就是天然的实验室，而实验室只不过是人工制造的大自然。

正因为实验室只是人造的自然，因此其呈现的因果联系与自然界的因果联系在本质上是一样的，区别仅仅是量的不同而已。受控实验可以作为科学基础的本质原因是它可以更容易实现单因果化，而其他方面的优势只是技术上的。

从前面分析可充分看出，单因果化才是世界之所以可以被科学测量的根本原因。从原则上说，单因果化并非只有在实验室通过受控实验方法才可以完成。

二、自然形成的单因果环境

虽然整个测量系统未受控，但如果自然形成了单因果环境，其测量数据依然是科学上可接受的。如天体运行环境相对非常单纯，因此，天体测量可得到误差很小的数据。这种精确度之高，甚至超过很多实验室环境。

很多天体运行因其精确度很高，甚至曾作为计量标准。如时间、长度计量单位等，在历史上都曾以天体对象为基准。1790 年 5 月由法国科学家组成的特别委员会，建议以通过巴黎的地球子午线全长的四千万分之一作为长度单位——米，这个建议在1791年得到法国国会的批准，这就是最初长度——米的计量单位定义。第一次科学地定义秒长是1820年从地球自转周期导出的平太阳秒，一直使用到1960年。随后是从地球公转周期导出的历书秒，仅使用到1967年即被原子秒取代。

脉冲星频率稳定度非常高，一些脉冲星可达到10^{-15}级别的频率稳定度。这个稳定度甚至超过现在的时间计量基准铯133原子钟的频率稳定度。因此，现在有人也在研究以脉冲星作为时间基准的课题，以对目前正在使用的以铯133原子钟定义的时间秒进行校正。

即使在干扰因素较为复杂的地面上，也常常可以大量找到作用因素较为单纯的自然环境。当在地面上观测月亮时，虽然存在有大气干扰，但在天气状况良好时，一定误差范围内还是可以获得良好的测量数据。当然在出现台风和大量云层或暴雨天气时，观测效果就会很不好，甚至无法观测。

考古发现的化石等遗物，之所以能够相对精确地复现历史上的生物状况，是由于其埋藏在地下并石化，避免了地表上长期复杂气候变化的影响，从而可很大程度上保持古代生物的原貌。而裸露在地表的生物遗骸，则会在非常短的时间内，肌肉组织腐烂，骨头也会在更长一些时间内风化，消散在土壤、大气和水流之中。

因此，在非受控实验条件下的测量，只要寻找到单因果化的环境，其测量精确度就是可以满足科学要求的。它与实验室环境的测量只是误差值的不同，而并没有本质上的区别。

三、测量仪器内在的小实验室环境

测量仪器在设计生产时就不断考虑抗环境干扰问题。如其制造时就特意设计得使其工作可以适应很宽的环境温度和湿度范围。虽然当环境发生变化时，其测量数据依然会受到一定影响，但这种影响会被最大程度地减少。

某些稳定度要求较高的频率发生器所用到的晶振，可采用恒温槽设计。虽然环境温度发生变化，但晶振工作的恒温槽可保持其真正的工作温度变化极小。这事实上是为它创造了一个微型的实验室环境。

四、环境变量影响的数据剔除

在自然条件下进行测量时，也同步测量可能产生影响的其他环境变量，虽然它们的变化会对测量结果产生干扰和影响，但因同步测量了其变化，因此可根据其影响的因果规律对测量数据进行处理，通过数据计算剔除干扰误差影响。这种方法可在一定程度上有效剔除环境变化造成的误差。因此，虽然不能直接控制环境，但可以在一定误差范围内消除环境影响，等效于创造了一定程度的环境可控性。

基于以上原因，测量也可以获得单因果化的结果，因此，它的测量数据也可以具有与受控实验一样的科学地位。但它的适用场合显然会比受控实验多得多。

第六节　非受控实验测量的优点

虽然与实验方法相比，非受控实验的测量有相应的局限，但它同时也具备相对实验方法的突出优点，适用范围最广，可以说适用于一切科学研究过程，而实验方法仅适用于有限的研究场合。

实验方法一般只能在实验室进行，并且它需要能够人工控制环境和因变量，这就极大地限制了实验方法的应用场合。

而测量方法可以适用于几乎一切场合，只要能够有效评估到误差因素。因此，更大多数科学研究必须依赖于最具一般性的测量方法。虽然测量在误差的控制上受限于被测量的自然环境和状况，但得出科学的结论并不是都需要无限精确的数据。只要误差在可接受范围内，相应测量数据是足以解决相应科学问题的。

正是基于以上原因，并非受控实验的大量科学测量结果，不仅依然可以被科学界所接受，而且在很多科学研究领域，这类测量甚至是唯一可以采用的科学研究手段。

第七节　近代科学模型

按照古希腊科学模型，我们应当获得对世界绝对精确的认知。但一般来说，“古希腊科学模型”中的单因果化在现实世界的科学研究过程中不可能绝对实现。这一点古希腊的学者们也很清楚，因此他们普遍对感觉获得的知识大加贬低。

单因果化的不可能完全和充分，就会形成误差。除了需要测量的单一原因和结果要素外，被衰减的“其他要素”影响，不可能完全剔除，这就造成了测量数据不能完全准确地反应自变量和因变量之间的因果联系。两者之间的偏离就成为测量的“误差”。设误差为 δ，就可得到世界的**“近代科学模型”**：

$$f(y, x, \delta)=0 \qquad (10\text{-}12)$$

y 为因变量，结果要素。

在测量学中，这个结果要素的量就形成测量结果。

x 为自变量，原因要素。

在测量学中，这个自变量被称为“被测量（measurand）”，被测量的值被称为“真值”。

δ 为误差要素

在测量学中，这个量被称为“影响量（influence quantity）”。它不是被测量，但是对测量结果有影响的量。

牛顿假设误差能够无限地减少，可以忽略不计，从而使得建立在测量基础上的物理学研究结果可以与古希腊科学模型观念相一致。从近代科学模型上说，就是如果 δ 可无限趋近于 0，那么近代科学模型就可与古希腊模型一致。因变量 y 可完全准确地表达自变量 x。但事实上，误差的存在是必然的，尤其是当海森堡提出“测不准原理”之后，更使科学界认识到误差的存在是不可能“忽略不计”的。但是，因为古希腊科学观念极为深远的影响，以及误差认识的相对复杂性，直到今天，即使在科学界对于误差的意义依然认识不足。

误差的存在无疑会影响对认识对象的科学理解。既然误差是必然存在的，科学就必须客观面对这个事实，建立基于误差必然存在的科学观念。因此，对误差的认知，决定了对科学的认知。测量理论相当大一部分的内容，就是测量误差理论。

第八节　测量技术的发展

一、机械测量等传统测量

在近代科学兴起的时代及其以前，只能大多依赖人的感觉器官，以及简单的机械测量装置获得测量结果。人类的感觉器官所能感受的对象是有限的。因此，科学首先认识到的，就是人感觉器官可以感受到的自然对象。这样，随着科学认识对象的扩展，我们不仅是要获得被认识对象的测量结果，而且需要使这个测量结果为人类所获知。也就是说，测量的一个很重要的任务，就是要让被测对象的变化，变成人类感觉器官所能接受的形式传递给人类。一旦实现了这一点，新的认识对象就被纳入了人类可认

图 10-2　直到今天依然在广泛使用的指针表盘测量输出装置

识的范围。

例如，人虽然能够间接通过风、烟、云等感受到空气的存在，但不能直接看到空气和大气压。通过马德堡半球实验，大气压变成人眼可见的效果。

由于眼睛是人最主要的感觉器官，人类获得信息的 90% 以上是视觉信息，因此，测量装置也大多是把被测对象转换成视觉信号输出，以便人类接收。因此，例用杠杆和弹簧原理制作的指针式放大器，形成了最普遍的仪器最终输出形式，这就是指针式表盘。科学家们把压力、时间、温度、速度，甚至最初电子信号的电流、电压、电阻等被测信号，最终都转换成表盘指针偏移。

科学测量的另一个重要任务，是获得被测对象精确的量值。通过指针对应表盘上的刻度，获得被测量的数值。

直到现在，这类表盘装置还有相当广泛的应用。我们现在汽车的表盘上，大多还是这类指针式装置，车速、发动机转速、油箱油量、发动机温度等等，都是用这类指针式表盘来指示的。

在不能转换成表盘指针偏移的化学等测量中，也大多是通过一些试

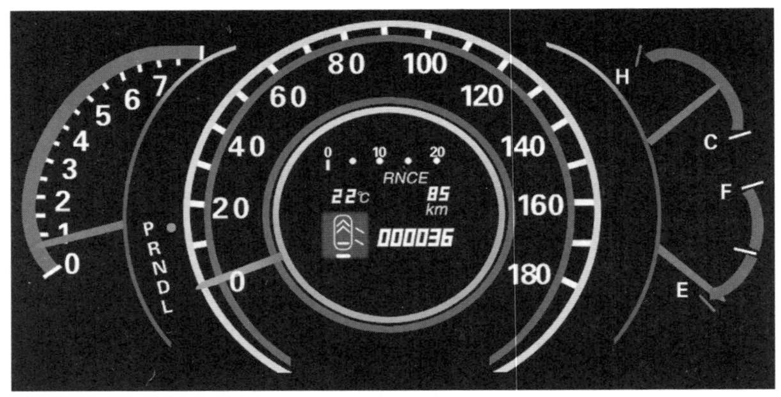

图 10–3　至今汽车依然在广泛使用的指针式表盘

剂，将被测对象转换成可视的沉淀、颜色等变化。通过颜色变化的程度，来粗略确定被测对象的量值。

某些昆虫对视觉很不敏感，最发达的感觉器官却是味觉。设想一下，如果是这类昆虫成为科学研究的主体，它们一定会发明一种味道发生器，把各种被测对象的变化转换成各种不同味道来接收。

因此，这一阶段的测量过程，可以说就是把被测对象变化及其精确量值，转变成指针表盘等主要为人类可视觉接受结果的过程。

二、电子测量的发展

在模拟电子技术发展的时代，各种电子测量装置依然延续了机械测量的模式，都是把各种电子信号变成指针式表盘输出的。此时的电子测量大多也还是针对电信号测量本身。

随着数字技术的出现，采用如辉光放电管制作的数字显示管，以及 7 段数字液晶显示技术，可将测量结果直接变成数字形式输出。辉光放电管的原理很简单，它是在每个位置的数字显示管中，集成了从 0 到 9 的 10 个阿拉伯数字形状的辉光放电管，由 10 个管脚分别通电控制。需要显示

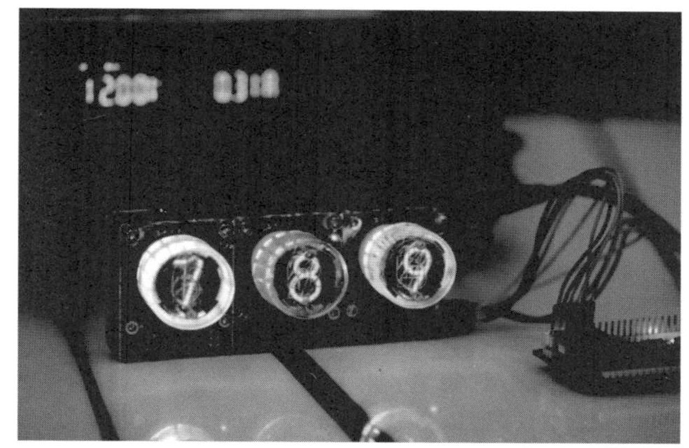

图 10–4　现在已经很少使用的辉光放电数码管

图 10–5　7 段数字显示

图 10–6　点阵显示

哪个数字，就控制让哪个数字放电管亮。显然，这种装置比较粗笨，并且只能显示 10 个阿拉伯数字。

7 段液晶数字显示将 10 个阿拉伯数字抽象成统一的 7 段，用它们的

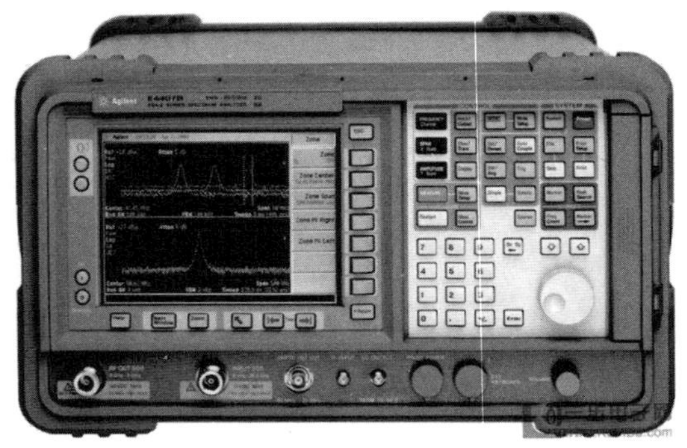

图 10–7　液晶屏幕输出显示

不同组合来表示 10 个不同的阿拉伯数字。这种方式还可以简单地表示一些字母。直到现在简单的计算器、电子表等上面还在使用这种显示方式。

随着数字技术、计算技术以及传感器技术的发展，现代电子测量变成一种广泛深入到几乎所有领域的测量方式，其输出也直接变成信息表达更为丰富的整体彩色液晶屏幕输出。它可以直接变成人类语言的字符，以及直接分析结果的图表输出。这种屏幕与我们常用的手提电脑、智能手机或 PAD 等智能产品的液晶屏幕本质上没有任何区别，因此其输出能力几乎是无限丰富的。

三、传感器

事实上，一切测量都可能存在信号转换的过程，但只有在智能电子测量的时代，传感器才成为一种显著的和广泛发展的技术。通过将被测对象转换成电信号并且数字化，可以非常方便地进行计算处理、大屏幕输出，以及数字储存等。虽然在传感器的定义中，可能并不一定强调它一定都转换成电信号。如，中国国家标准 GB 7665—87 对传感器下的定义是“能感受规定的被测量件并按照一定的规律（数学函数法则）转换成可用信号的器件或装置，通常由敏感元件和转换元件组成”。但是，统一转换成电信号的确是传感器技术得以广泛发展的最根本的基础，事实上，前述定义中的转换元件通常就是转换成电信号。

因此，这一阶段的测量过程或测量仪器一般表现为如图 10-8 所示系统过程：

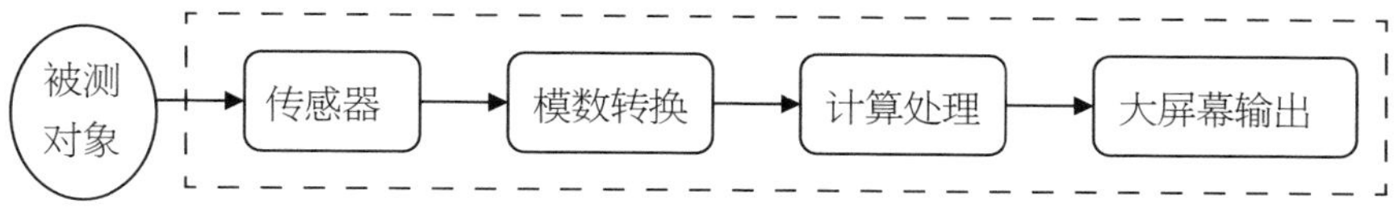

图 10-8　现代智能测量仪器一般系统架构

只是在电子测量时代，随着将一切被测对象统一转换为数字电信号，我们才可以最为方便地对测量的本质进行统一的研究。它为整个科学统一测量学的建立，提供了最佳的基础条件和历史机遇。

第十一章
误差理论

是否基于科学统一的计量基准和是否关注测量误差，决定了测量在本质上是否为科学。

第一节　测量误差存在的必然性

测量理论有一个基本概念叫“真值”。以国际计量学词汇（ISO/IEC Guide 99:2007，International vocabulary of metrology）以及中国《通用计量术语及定义》（JJF1001—2011）中对真值的定义，它是指“与量的定义一致的量值”。真值与这样一个哲学的假设密切相关：就是被认识对象有不依赖于认识主体的客观存在。但是，科学的真值定义却不完全是这样一个数值。完全客观的“真值”（**客观真值**）是不可知的，一切科学概念的定义其实都是测量意义上的定义，一切测量过程都必然是测量主体与被认识对象之间的相互作用过程。而因为测量误差的不可能绝对消除，因此真值必然是被认识对象与测量和认识主体结合在一起才能理解的。

专业的测量理论核心就是误差理论。它一般是以随机误差和系统误差对误差的量值进行数量分析。在这方面，尤其是随机误差处理，以高斯分布为模型、以均方差为核心的随机误差处理，已经是非常成熟的方法。本章中会给出很简要的介绍，但不会在这方面过多讨论。有兴趣的读者可随意选择一本介绍随机误差处理的测量学教科书参考即可。

测量过程必然存在误差。因此，误差，尤其是误差的来源分析是理解测量以及以测量为基础的科学本质的关键。

古希腊科学模型追求的是“绝对精确”的因果关系。现代科学的发展已经充分证明了，测量误差是不可能被看作“可以忽略不计的”。海森堡的测不准原理出现之所以让科学界震惊不已，说明当初牛顿暂时回避的矛盾已变得无法再回避。既然如此，测量的误差特性就决定了科学认识的基本特性。因此，这里需要对科学认识上的突破。

如果测量存在误差，那么如何知道我们的科学认识可以得到某些真理？它又如何能让我们得出确切的结论？这些问题会让习惯于思辨方式的人们烦恼不已。

对此，如前章所说，暂时劝人们收起所有思辨的烦恼，还是让我们完全严格地只用科学的测量工具，去测量“科学的测量是如何处理测量误差的”，并且只在此基础上得出结论。等人们看完了以这种方法得出的结论之后再说吧！

第二节　误差的来源分析

一、环境干扰

准确地说是非主体环境干扰，简称为环境干扰。环境有主体环境和非主体环境之分。非主体环境就是相对测量主体的外界环境。由于单因果要素之外的其他要素影响不能绝对为 0，由此对测量结果带来的影响就称为“环境干扰”。环境干扰因素，是与需要测量的因果联系无关的因素。在第十章“单因果化——可测量的科学基础”中谈到，环境干扰的减少和屏蔽是实验室四大特性之一。表面看来，环境干扰似乎可以无限减低到零，但事实上是不可能的。

以电磁信号衰减为例，根据电磁波理论，一般把电磁波在介质中波幅衰减到表面 1/e 定义为“穿透深度” δ 。其中 e 为自然常数，是数学中常用的无理数，大小为 2.7182818285……穿透深度 δ 与电磁波频率 f、介质电导率 ζ 、磁导率 μ 三个值乘积的平方根成反比。

$$\delta \sim (f \zeta \mu)^{-1/2} \quad (11\text{-}1)$$

铜介质的电导率和磁导率都很高，因此常作为电磁屏蔽的材料。黄金和白银的这些参数更高，但因其价格昂贵，因此一般仅作电子器件部分表面的镀层。穿透深度这个概念的定义表明：并非过了穿透深度，电磁波就衰减到绝对为零了，而只是衰减到介质表面幅度的 1/e，大约为 0.368 倍。要想绝对衰减到零，还是需要无穷大的介质厚度。出于成本考虑，即使在实验室中也不可能这样来建设屏蔽环境，而是按实验目的需要，将一定量的电磁环境干扰衰减到一定微小的程度。另外，在门缝等接合处有可能会因密封不好等产生泄露。因此，如果电磁干扰强度太高，特定的实验室屏蔽环境也可能无法把相应的干扰信号衰减到符合要求的程度。

二、主体环境干扰

作为测量仪器，或作为认识主体的人，本身也都会存在对测量过程的干扰。它包括主体环境干扰和主体干扰两种。

测量和认识主体并非所有变化因素都与单因果过程相关。这些与单因果过程无关的要素变化，虽然它们属于来自于主体的变化因素，但却与外界的非主体环境干扰类似。如测量仪器的“本机噪声”，人感觉器官的“耳鸣”“眼花”等，这些都属于主体环境干扰。在测量学中，它常用“本底噪声”“本机噪声”等表达。

主体环境干扰有多种不同的表现：

一是当没有任何输入信号时，测量主体输出的结果。这一个相对容易确定。

二是当存在一定输入信号时，测量结果包含的测量主体本身引起的影响结果。这时的主体环境干扰有可能与输入信号为零时一样或基本一样。不过，输入信号不同，测量主体可能会工作于不同的工作区间或状态，在不同工作区间或状态下，其主体环境干扰很可能是不一样的。这时的主体环境干扰会成为最终测量结果的误差因素。

在电子测量仪器中，主体环境干扰最常见的因素是本身器件的热噪声，它表现为一种随机信号的“白噪声”，比较好地服从高斯分布。

三、主体干扰

主体干扰是广义的海森堡测不准原理。环境干扰我们可以假设其无止尽地减少，但是，任何测量过程都是原因要素与测量主体相互作用的结果，因此，原则上测量和认识主体必然对被测对象产生影响。在宏观低速条件下，这种影响也是可以被不断减少的。但在微观高速条件下，由于微观粒子的量子特性，测量过程对被测量对象产生影响受到量子特性的约束。这种约束会导致一些共轭的量无法同时减少测量误差。它们误差的乘积大于等于普朗克常数除以 4π，如 $\Delta x \Delta p \geqq h/4\pi$。这就是海森堡测不准原理所描述的情况。式中 h 为普朗克常数，Δx 为位置误差，Δp 为动量误差。

在宏观低速条件下，我们可以用光去照射一个乒乓球，并拍摄出这个乒乓球的照片。但在微观量子环境下，如果要用光去“看”一个电子，即使只有一个光子打到电子上，也会显著改变电子本身的状态。后面我们还会对测不准原理做更深入的讨论。

其实，即使在宏观低速情况下，主体干扰也是普遍存在的。例如：

要测量树木的年轮，需要对其进行采样，用特殊工具沿树木中心钻取一段样本，通过测量这个样本去数出其年轮。如果采样较小，对树木的影响就较小。但如果较大，可能会对树木本身产生很大影响，甚至导致树木死亡。

要对人体某组织进行检测，一种检测方法是通过穿刺提取体内活体组织。这是一种很痛苦的测量方式。如果穿刺太强烈，会对人体健康产生一定影响。

即使在宏观条件下，如果照射乒乓球的光线太强烈，也可能会把乒乓球给烤化了。这与微观环境下，一粒光子把被测的电子打得改变状态道理是一样的。

……

如果不充分考虑主体误差，某些看似设计良好的对比实验也可能得出错误的结果。例如，为测量某种管理方法的效果，可以找到一批员工，随机分成两个组。一组采用这种管理方法，这是“被测组”，另一组是采用常规的管理方法，是“对照组”。但是，测试结果可能发现两组员工的工作效率都获得了大幅度提升。因为向两组员工宣布要进行某种管理科学实验，这个测量工作本身让所有员工感觉受到了重视以及被测量的压力，从而测量本身就“干扰了”所有员工日常的工作状态，提升了他们所有人工作的主动积极性。另一方面，因为他们的工作结果会被科学地严格记录下来，如果他们的不好表现被记录，会对他们有很大压力。这种测量方法本身就会对被测对象产生非常大的影响。测量结果更多反映的是测量主体对结果的干扰，而不是新的管理方法对结果的影响。

主体干扰与主体环境干扰的区别是：

主体干扰是干扰了被测对象，使被测对象本身在测量过程中发生了变化。

主体环境干扰主要不是对被测对象本身产生影响，而只是影响测量结果。这个影响甚至是在被测量对象消失的时候也会存在。主体环境干扰与环境干扰本质上一样，只是干扰源前者来自测量主体内部，后者来自外界环境。

主体干扰也有被称为“观察者效应”或“实验者效应”。

四、原理误差

思辨的哲学家总是去争论理论和实验谁在前，谁在后。事实上我们已经证明了，由于科学的步进式发展特性和测量的单因果化特性，一切当前进行的科学测量，都是建立在过去已有的科学认识基础之上的。它们既包括过去已有的科学理论，也包括过去已有的测量基础。因此，对任何一个新的科学现象的理解和测量，一般需要首先建立被测量对象单因果化的理论假设，在此基础上才能进行有效的测量。如果理论假设的原理与实际进行的测量过程存在偏差，就会形成原理误差。

作者本人在实际进行电磁波计量过程中，就曾遇到过一次简单的原理误差案例。在一次校验电磁波场强仪的过程中，发现场强仪电压读数总是比输入信号源的读数高 6db 左右，相当于幅度正好高一倍。这个偏差明显超过了场强仪的误差范围。最后发现问题出在对整个测量系统原理的理解上：一般场强仪是接入一个阻抗匹配的天线，其读数是直接指示天线接收处的空间电磁场强。而在阻抗匹配情况下，在仪器本身同轴输入口处的信号幅度正好是天线处的一半。但我进行校验时是信号源直接输入场强仪输入口，这样场强仪的显示读数就会比信号源的显示读数高 6db，也就是一倍。

对测量数据的理解必须非常小心，需要对整个测量过程所有影响因素以及其原理过程有准确的把握，才能正确理解测量结果的数据。

五、数据处理误差

在今天，电子测量技术，尤其是数字化的电子测量技术越来越普遍。

一般被测的量都是模拟量，在将模拟量转化成数字量时需要进行量化。量化的单位是最小的可以被数字测量系统感知到的变化。如果低于这个变化量，就会被量化过程丢弃。这个量化过程会带来量化误差。

当把被测量的数据用计算机处理时，对多个不同的被测量进行数学运算，会导致误差的叠加，并且由于运算量节省的需要，可能在运算过程中只保留小数点后有限位长，这些都会带来数据处理的误差。必须确保这种处理带来的误差影响在容许范围内。

六、计量误差

理论上说，计量基准是为其他测量过程给出结果的最高依据，它本身应当被看作是绝对准确的。但是，任何计量基准本身并不是绝对不变的，这样就会给其他测量结果带来相应的影响。例如，保存在巴黎国际计量局的千克原器，是最后一个通过人造物质，而不是基本物理属性定义的计量标准。2013 年 1 月初，德国《计量学》杂志刊载研究报告称，作为标准质量单位的国际千克原器因表面遭污染而略有增重。之前也多次发现该千克原器有数十微克级别的变化。

事实上，即使采用基本物理属性定义的计量标准，也并非绝对不变。例如，目前精确度最高的，采用铯 133 原子定义的时间计量基准，也会有频率稳定度的问题，大约为 10E—15 数量级范围。科学家们始终没有停止寻求更高稳定度的时间计量基准。例如中国 2016 年 9 月 15 日发射的“天宫二号”空间站上搭载的，由中科院上海光机所王育竹院士领导的团队开发的空间冷原子钟有望将频率稳定度再提升一个数量级，达到 10E—16 量级，设计稳定度甚至可达到 10E—17 量级。这也是世界上首台空间冷原子钟。同类研究的欧洲空间局 1997 年提出的 ACES（Atomic Clock Ensemble in Space）项目原计划 2013 年发射，但却推迟到了 2017

年[①]。

另外在计量基准的量值传递过程中，由于任何测量仪器本身测量精度的限制，也会带来各种量值传递过程误差，以及为测量仪器定标的误差。

因此，计量误差可以包含以下三个部分：

1. 计量基准自身误差。

2. 量值传递过程误差。

3. 测量仪器定标误差。

七、单因果化认识论误差

要获得科学的测量结果，必须单因果化，并将非单因果化的其他所有要素影响衰减到误差范围内。这样建立的科学理论，就是只关注此单一原因要素条件下建立的理论。在这种情况下，非单因果化的其他要素就全都被看作“有害的”误差因素，而被抽取的单一原因要素，则很容易被看作世界“本质的”“根本性的”“决定性的”等原因要素。

例如，在心理学中，弗洛伊德认为人类心理是由力比多决定的，而阿德勒则认为决定因素是自卑情结……

类似这种认识非常普遍。从科学研究的过程来说，在一定阶段专注于某一个因素的作用可以理解，并且是正确的方法。不过，一旦我们完成并确认某一个因素作用之后，就需要以此为基础去认识更多影响要素的作用。

科学在任何一个阶段只能通过单因果化去科学地认识世界，但现实世

① 参见：吕德胜、刘亮、王育竹：《空间冷原子钟及其科学应用》，《载人航天》，2011 年第 1 期。杨文可、孟文东、韩文标、谢勇辉、任晓乾、胡小工、董文丽：《欧洲空间原子钟组 ACES 与超高精度时频传递技术新进展》，《天文学进展》，2016 年 5 月。《“天宫二号”科普来了（一）：超高精度空间冷原子钟》，http://www.csu.cas.cn/kxcb/kpdt/201609/t20160906_4659013.html 2016-09-06.

界又必然是无限多因多果的，并非完全单因果化的。科学只能通过无限地、一步一步增加对更多单一要素的认识，来不断地接近世界的原始因果模型，但永远不可能完全穷尽。因此，世界的近代科学模型与原始因果模型之间的差异，会形成潜在的“**单因果化认识论误差**”。无论我们认识到多少关于世界的精确知识，都不要认为它们就一定是世界终极决定性的原因。

主体干扰、主体环境干扰、原理误差、数据处理误差、计量误差、单因果化认识误差等全都属于“主体误差”。

第三节　误差与信息论的关系

一、信息量与测量误差的定量关系

根据信息论，若消息 x 出现的概率为 $p(x)$，则已知消息 x 发生所含的信息量可由如下不同数学公式计算：

$I(x)=-log_2 p(x)$　（bit，比特）　（11-2）

$I(x)=-log_e p(x)$　（nit，比特）　（11-3）

$I(x)=-lg\,p(x)$　（hatlit，哈特莱）　（11-4）

尽管数学公式不同，算出的信息量单位不同，但其原理都是一样的。

信息论发展的主要推动力是通信信道容量的计算。通信事实上是一个单因果原因要素经过一个有干扰或噪声的信道，在接收侧被信宿接收的过程。以测量的观点看，信息量就是测量相对误差决定的一个量。而这个相对误差，在信道传输中与信噪比 S/N 有直接关系。N 为噪声大小，S 为信号大小。其确切的数学关系可看成：

相对误差 $=N/(S+N)$　（11-5）

而误差 x 出现的概率 $p(x)$，就是相对误差。

因此，以比特计算的信息量为：

$$I(x) = -log_2 PCX$$

$$= -lpg_2 \text{相对误差}$$

$$= -log_2 (N/(S+N)) \qquad (11-6)$$

相对误差越小，所获得的测量数据信息量就越大。

二、信息与物质和能量的关系

信息显然既不是物质也不是能量，它与物质和能量到底是什么关系在过去一直是一个很受争议的话题。如果仅从纯数学的概率角度来看，很难看出信息与物质和能量有什么关系。但如果从信噪比和测量误差角度，则可以很清晰地看出它们之间的关系。

信息量从数学上来说是信噪比或测量相对误差的对数。因此，信息并不是物质，也不是能量，它理论上可以用任意微小的物质和能量去表达。但信息又绝不能离开物质和能量，它是单因果原因要素物质或能量相对噪声物质或能量的优势程度。测量误差或噪声的物质或能量越小，相同的信息就可以用越少的物质或能量来表达。

第四节　相关分析与误差、信息量的关系

一、相关分析

确定认识对象的因果关系是一件很复杂的过程。首先要做的是必须发现因果关系，经典的归纳法——“穆勒五法”就是发现因果关系的方法。穆勒五法是根据各不同对象的“有”“无”来判断它们之间的因果关系。但更一般的情况是并非认识对象的有无，而是只能测量到各个认识对

象的不同数量。需要通过更深入的方法来确定这些对象的相关关系。所谓相关，就是被认识的对象之间有一定程度的联系。从数学上说，就是要通过相关分析来确定这种联系到底有多少。

假设有 X，Y 两个认识对象，它们有一系列对应样本的测量数据 x，y。统计学是用如下的公式来确定它们之间的相关系数 r，以确定它们相关程度是多少：

用积差法计算线性相关系数的公式为：

$$r=\frac{\sigma_{xy}^{2}}{\sigma_{x}\sigma_{y}}=\frac{\dfrac{\sum(x-\bar{x})(y-\bar{y})}{n}}{\sqrt{\dfrac{\sum(x-\bar{x})^{2}}{n}}\sqrt{\dfrac{\sum(y-\bar{y})^{2}}{n}}} \tag{11-7}$$

用简捷法计算相关系数的公式为：

$$r=\frac{n\sum xy-\sum x\cdot\sum y}{\sqrt{n\sum x^{2}-(\sum x)^{2}}\times\sqrt{n\sum y^{2}-(\sum y)^{2}}} \tag{11-8}$$

在式 11-8 中，r 称为相关系数，$\bar{x}$，$\bar{y}$，分别是变量 x 和 y 的平均值，n 为样本量，$\sigma^2 xy$ 称为协方差；σx 是变量 x 的标准差；σy 是变量 y 的标准差。通过数学推导可以看到，简捷法是积差法的简化、变形。这是英国数学家、生物统计学家、数理统计学的创立者卡尔 · 皮尔逊（Karl Pearson，1857.3.27—1936.4.27）设计的计算简单线性关系的相关系数，因此也称“皮尔逊相关系数”。

当然，为计算一些更复杂情况下的相关系数，还有其他一些更复杂的相关系数计算方法。如：

1. 复相关分析。多个自变量与某个单一因变量之间的线性相关系数，称“复相关系数”。

2. Sperman 等级相关分析。非线性关系的两个变量，可以采用斯皮尔曼等级相关分析，它是英国实验心理学家查尔斯 · 爱德华 · 斯皮尔曼（Charles Edward Spearman，1863.9.10—1945.9.17）在心理统计研究中发展出来的方法。“斯皮尔曼相关系数”是依据两列成对等级的各对等级数之差来进行计算的，所以又称为“等级差数法”。斯皮尔曼等级相关的基本公式如下：

$$r_R = 1 - \frac{6\sum D^2}{n(n^2-1)} \qquad (11\text{-}9)$$

式中：

$D=R_x-R_y$ 为对偶等级之差；n 为对偶数据个数。

3. Kendall 等级相关分析。如果是多列非线性关系，可以采用肯德尔相关分析方法。它是英国统计学家毛里斯·乔治·肯德尔（Maurice George Kendall，1907.9.6—1983.3.29）提出的。肯德尔 W 系数又称肯德尔和谐系数，是表示多列等级变量相关程度的一种方法，它适用于两列以上等级变量。其公式为：

$$W = \frac{SS_{Ri}}{\frac{1}{12}K^n(n^3-n)} \qquad (11\text{-}10)$$

式中：

SS_{Ri} 为 Ri 的离差平方和；k 为等级变量的列数或评价者数目；n 为被评价对象数目。

二、相关系数大小统计学理解存在的问题

相关系数是从 -1 到 1 的量。从统计学来说，一般对计算出的相关系数绝对值做如下理解：

0.8—1.0：极强相关。

0.6—0.8：强相关。

0.4—0.6：中等相关。

0.2—0.4：弱相关。

0.0—0.2：极弱相关或无相关。

但为什么做这种理解呢？绝大多数统计学教材或老师在讲解时都不去详细说明，这只是一种经验性的处理。那么，如果我们更进一步地问："极强相关""强相关""中等相关""弱相关""极弱相关或无相关"到底是什么含义呢？本来数学计算出相关系数是一个精确的数字，而做出统计学解释以后反而是一种模糊的表达了。

三、对相关本质的理解

如果经过相关计算后，假设得出的相关系数相关性"很高"，如处于0.8—1.0的极强相关区域，这意味着什么？是否意味着所分析的变量之间一定存在因果关系呢？事情并不是这样。即使通过相关分析存在极强相关的关系，并不一定意味着属于因果关系。例如：

1. 同因关系。相同原因导致的不同结果之间的关系会有很好的相关关系，但却并不是因果关系。因为各种动物的作息时间都受地球自转导致的每日白天黑夜周期影响，它们的作息时间相互之间都会有极高的相关关系，但显然并没有因果关系。

2. 数学上的相似关系。任何数学上的相似关系，只要按一定规律测量它们的数据，都会有极高的相关系数，但它们很可能并没有因果关系。

3. 选取特定数据后形成的高相关系数。只要适当去选择数据，剔除掉一些减低相关的值，就可以获得高相关系数。这会导致人为的误差。

因此，相关分析是发现因果关系的重要途径和方法，但不能以很高的相关系数就直接得出其因果关系的判断和解释。问题就在于社会领域、特别是经济领域的研究，往往在相关分析之后，直接就以相关分析结果去进行解释。更糟糕的是选取特定的数据，这样会使相关分析的系数获得更高的数值，这样的结果就是怎么解释似乎都是有道理的。

四、相关系数、误差和信息量

假设两个变量之间相关系数绝对值 $|r|$ 为 0.8，并且我们承认相关系数的计算是完全正确的，这意味着两个变量之间有 80% 是相关，100%-80%=20% 是不相关的。因此，这 20% 就是误差因素，相对误差就是：

$(1-|r|)/1=20\%/1=20\%$

从这样一个测量数据中可获得的信息量为：

$-\log_2$ 相对误差 $=-\log_2 20\%=2.322bit$

建立这个关系使我们可以对计算出的相关系数体现出的测量结果信息量有个确切的数量概念。不同相关系数情况下，相对误差和信息量的关系如表 11-1 所示。

对相关分析我们需注意如下的问题：

1. 相关分析只是发现因果关系的途径，但本身并不一定是因果关系。

2. 相关分析是对相对误差较大的认识对象之间的联系进行分析的方法。不应满足于把它当作一个目标分析方法，而是借助于这个方法发现事物的联系，并进一步寻找减少误差的方法。

3. 不应满足于直接用相关分析去得出甚至证明理论分析的结论。

4. 更不能随意地先对数据进行处理，然后再去计算它们的相关系数。

表 11-1　相关系数绝对值与相对误差、信息量的关系

相关系数绝对值	相对误差	信息量（bit）
0.99	1.00%	6.64
0.98	2.00%	5.64
0.97	3.00%	5.06
0.96	4.00%	4.64
0.95	5.00%	4.32
0.94	6.00%	4.06

（续表）

0.93	7.00%	3.84
0.92	8.00%	3.64
0.91	9.00%	3.47
0.9	10.00%	3.32
0.8	20.00%	2.32
0.7	30.00%	1.74
0.6	40.00%	1.32
0.5	50.00%	1.00
0.4	60.00%	0.74
0.3	70.00%	0.51
0.2	80.00%	0.32
0.1	90.00%	0.15
0.05	95.00%	0.07

第五节　科学与非科学测量的区别

一、计量基准

科学的测量最重要的特征并不仅仅是更精确。任何科学的测量都不是一个单纯自成一体的过程，而是与另一个公认的计量基准相比较的过程。

人的感觉精确度不高并不是问题的关键，关键是人的感觉结果相互间并没有遵从一个公共的计量标准。从而人的感觉结果即使可以很精确，但结果可传递性不高。

假设有某个人只是把一对情侣才称为“一个人”，显然当他说他看到“一个人”的时候，其确切含义与其他人所理解的“一个人”就非常不同。人们之间绝大多数的争论就在于他们的观察不具有公共的计量基准，他们的语言在逻辑上不具有相同的定义。

7 个基本的国际计量单位并不只是物理学的计量基准，而是整个科学的计量基准。一切试图称自己是科学的学科，其测量结果表达必须 100% 地可还原为这 7 个基本的国际计量基准，除非你能提出第 8 个国际科学界一致公认的计量基准。从这一点来说，**科学绝对不容许任何学科自成体系。**

以号脉为例，号脉的结果如果可以完全与这 7 个基本的国际计量单位或其导出单位的计量基准相比对，那么它就是科学的测量。如果不能与公共计量基准比对，无论它的结果如何惊人地正确，都不是科学。因为他人根本就不能准确地知道你说的是什么。

二、测量的误差处理

任何测量都必然存在误差，任何科学的测量也都必然存在误差。微观粒子的某些测量，其准确度之低，甚至只能达到数量级上的准确。区分科学与非科学的关键不在于误差的大小，而在于大小是否在确定的范围之内。

确定误差范围，主要是以统计学处理随机误差的方法进行，本章第六节将做简要介绍。

而非科学一般都会回避测量误差问题。

三、误差大小

1. 测量过程随机误差大小，以精密度表示。精密度也用于体现测量仪器随机误差的大小。

2. 系统误差大小，则以准确度表示。

以上两者合起来，称为“精确度”。

只有承认并完全关注测量的误差，才能不断改进并减少误差。因此，科学的测量会不断提升精密度和准确度。

是否基于科学统一的计量基准和是否关注测量误差，决定了测量在性质上是否符合科学，而能否不断提升精密度和准确度，则决定了科学测量水平的高低。

第六节　误差的数量处理

一、真值与数学期望

真值。测量学假设所定义的与被测对象相一致的值。在牛顿力学的意义上，真值应当是唯一且确定的。这一点从常识来说也很容易理解。但随着量子力学的发展，物理学家发现微观高速运动的物质具有很多奇异的表现，因此所定义的真值有可能具有量子性，即不确定性，或所定义的特定量真值可能不只一个。

测量的目的是获得真值。但因误差的存在，绝对准确的真值是不可能获得的。并且，只有通过完善的测量，才能获得在现有测量技术条件下最接近于真值的测量结果。一般来说，在假设不存在系统误差，更准确地说是系统误差在可容许范围内的情况下，可用多个相同条件下的测量结果的数学期望来表达真值。数学期望简单说就是多个相同条件下测量结果的平均值。

对于数学期望与真值的偏差，以随机误差和系统误差来进行数量上的分析。

二、随机误差

当大量互不相关的误差因素，每个因素对测量结果影响都很微小的情况下，它们相互组合在一起就会形成所谓随机误差的分布特性。这是由所谓“中心极限定理”所证明的。在测量学中，随机误差的分布一般用著名的正态分布，也叫高斯分布的数学模型来表达和研究。

正态分布的数学表达式如下：

$$f(x)=\frac{1}{\sqrt{2\pi}\sigma}\exp\left[-\frac{(x-\mu)^2}{2\sigma^2}\right] \qquad (11-11)$$

式中：

μ 为测量总体的数学期望，如不计系统误差，则（$x-\mu$）即为随机误差。

σ 为测量总体的标准差，也叫均方差，是评价随机误差的指标。

随机误差具有以下特性：

1. 单峰性。小误差出现的概率比大误差出现的概率大。

2. 对称性。正误差出现的概率与负误差出现的概率相等。

3. 有界性。在一定条件下绝对值不会超过一定界限。

在有界性这一点上，数学的正态分布与随机误差有微小的差异。理论上，正态分布是无界的，但在测量结果上随机误差是有界的。一般把正态分布上超过 3 倍均方差的测量结果看作“粗大误差”予以剔除。这类误差在一定程度上已经具有类似系统误差的特性。因此，虽然名称上“随机误差”只体现了“随机”分布的概念，而事实上它还带有误差量“有限”或相对“微小”的概念。随机分布的大误差并非被纳入系统误差来处理，因为系统误差除带有误差影响相对“较大”外，还有误差影响相对有规律和稳定的特征。因此，在一般测量理论和实践中，随机出现的大误差，事实上既不在随机误差范围，也不在系统误差范围，而把它当作偶然出现的“粗大误差”忽略掉。但在实际的测量实践中，任何这种看似偶然出现的“粗大误差”，事实上背后都是有原因的。例如，有些产品运行中看似极偶然出现的故障或错误，都需要及时记录下来，它们有可能体现了非常难以发现的产品内在缺陷。因此，在正态分布上，超过 3 倍均方差的测量结果，也很可能是有重要价值的。只有一些人们估计到价值不大的偶然因素造成的粗大误差才可以被忽略掉。

4. 抵偿性。随测量次数增加，算术平均值趋于真值。

抵偿性的价值在于，可以通过大量等精度测量结果的算术平均来提升测量结果有效值的范围。根据正态分布理论，如果进行 n 次等精度测量，其算术平均值的方差会减少$\sqrt{n}$倍。这样，其相对误差也会减少$\sqrt{n}$倍，相应测量结果的信息量会提升 $\log_2\sqrt{n}$。如当 n 为 100 时，测量结果算术平均值的均方差会减少 10 倍，测量结果的信息量大约会提升 3.322bit。而在思辨的哲学家们看来，多次相同条件下的测量却不会给我们带来任何新的知识，也不会对提升命题的可信度有任何帮助。由此可见，如果不以科学的方法来深入分析测量过程，是不可能得出任何有价值的结论的。

在现实世界里，并非所有随机误差分布都一定是正态分布，但正态分布却是最重要和最广泛的分布模型。即使那些非正态分布的随机误差，很多也可以利用正态分布来进行研究，这是因为，数学研究已经证明：

1. 不相关的大量非正态分布的叠加也会变成正态分布。

2. 许多非正态分布可以用正态分布来表示。

但是，的确也有一些误差分布并不能简单地用正态分布来描述。因此，现代误差理论也进一步研究非正态分布的问题。如，均匀分布、三角分布、反正弦分布、瑞利分布。一般测量专业书籍中对此都有论述，此处不再深入讨论。

三、系统误差

系统误差在测量学上的定义是，在重复性条件下，对同一被测量进行无限多次测量所得结果的平均值与被测量的真值之差。从性质上说，系统误差及其原因有可能是不能完全获知的。系统误差可以表现为相对稳定的偏差，例如是一个固定值，这被称为恒定系统误差。它也可表现为有规律变化的偏差，即在时间上呈现某种有规律的函数变化。如，呈现一周期性函数或线性变化等，这被称为变值系统误差。

存在恒定系统误差，在数据处理时会影响平均值（数学期望），但不会影响均方差；而变值系统误差则两个都会产生影响。因此，必须发现和估算出系统误差，从而在测量结果中将系统误差加以消除，才能获得有效的测量结果。

相对于随机误差来说，对系统误差的数量处理难度大得多。系统误差不具有像随机误差那样的可抵消性，它也难以仅仅通过数据处理来确定其大小。事实上，很多关于测量、实验等在哲学上的问题也主要是与系统误差相关。一个被科学界所接受的实验结果，之所以要求在不同实验室具有重现性，主要目的是在不同条件下进行实验和测量更易于剔除系统误差。如果系统误差太大，甚至占据测量结果的主要部分，那么以此为依据得出的结论可能就是完全错误的。也就是测量结果完全不是原因要素的变化引起，而是未知的，甚至被实验者人为引入的系统误差要素所引起。

系统误差的来源几乎涉及所有在本章第二节中所讨论的测量误差来源。测量装置、测量系统原理误差、环境干扰和人的因素等，都可能引入系统误差。

对于系统误差，关键的问题是如何发现它。测量学发展了多种发现系统误差的技术手段。

定值系统误差发现方法见表 11-2，变值系统误差发现方法见表 11-3。

表 11-2　定值系统误差发现方法

发现方法	测量方式
对比检定法	单组测量
均值与标准差比较法	多组测量
t 检验法	多组测量
秩和检验法	多组测量

表 11–3　变值系统误差发现方法

发现方法	测量方式
残差观察法	单组测量
残差核算法	单组测量
不同公式核对法	单组测量

以上方法主要以数值分析为主。当发现系统误差之后，要寻找系统误差的真正来源，并从根本上加以消除，这可能会是一个非常艰难的过程，尤其是研究全新的未知科学现象时更是如此，这也是科学新发现和确认如此艰难之所在。因此，深入研究系统误差，是从测量学角度支撑科学发展的一个重要方面。

四、系统误差与模块分析法

所谓误差，只不过是因为相应的原因要素在当前测量系统中不是我们所选择的单因果中的原因要素而已，因此，它并非是绝对的。一旦我们需要认识相应要素的话，它就会成为另外情境下相应意义上的单因果原因要素。如何确定这些要素以及它们的来源，可以应用各种确定原因的方法。

定位系统误差的来源，可用到模块分析方法。这种方法在故障诊断、产品模块调试等领域都有广泛的应用。其方法是按模块来定位误差或故障的原因，以此不断缩小诊断的范围，最终精确定位所要发现的原因。

例如，可用增加测量仪器的屏蔽或更换另一台相同的测量仪器，来首先确定系统误差来源是产生于测量仪器还是来自于环境。如果更换另一台相同测量仪器后误差现象依然如故，或增加测量仪器屏蔽后误差现象消失，就表明系统误差来自于环境。如果来自于环境，再分别改变不同环境对象，以此确定是哪种环境要素导致了相应的系统误差。

在硬件产品或软件产品等的开发和调试中，首先是进行模块调试。当确认一个模块测试成熟后，再增加其他模块，如果发现问题，首先可能要怀疑原因来自于新增加的部分。多个子模块组成整体系统后的系统调试，往往也是通过屏蔽部分子模块等方法，将问题首先定位到子模块中，然后再在子模块内部进行更深入的查找。

第十二章

量子力学的形成过程和奇异之处

量子力学发展历史最奇异之处在于：量子不确定性所有神奇的伟大发现，几乎都是由坚定追求确定性解释的爱因斯坦和他的支持者们做出的，始终正确的玻尔一方在这方面收获却不如爱因斯坦一方那么多。

第一节　最奇异的科学理论

一、量子力学的奇异之处

科学的发展总是带给人们过去难以想象的新认知，并且很可能打破过去旧的认知。但从来没有哪个科学的理论像量子力学这样奇异。问题并不是外行人难以理解它，而是量子力学界内部，甚至是为发展量子力学做出奠基性贡献的物理学大师们也难以理解它。它所表现出来的规律不仅用经典的物理学观念难以想象，更重要的是似乎它挑战了太多科学最基本的原则。如测不准原理，量子的叠加态和波函数几率存在与测量时的坍缩、量子纠缠，以及由此涉及的无限空间瞬间非定域作用（如果真这样，需要的不是超光速，而是无穷大的速度），甚至因果律的时间先后顺序，弱测量中粒子实体与属性的分离等。

最初围绕微观量子表现出的不确定性，以丹麦物理学家尼尔斯·亨利克·戴维·玻尔（Niels Henrik David Bohr，1885.10.7—1962.11.18）为代表的哥本哈根解释认定量子就是这样奇异，甚至宁愿放弃经典的因果律、相互作用的定域性、客观存在的确定性等，无论你能不能想象。但以爱因斯坦为代表的物理学家们不接受这样的局面，认为量子力学不完备，并认为应当可以发展出一个"隐变量理论"摆脱这些奇异现象。而更加奇异的是：发现量子力学中那些最奇异特性的，却正是爱因斯坦这一批不接受量子力学奇异之处的物理学家。因为正是他们想尽一切办法从量子理论中推导出一些尽可能荒谬的结果，如佯谬，也就是量子纠缠现象等，以图证明量子理论是不完备的，但结果总是发现事情真的就是他们推导出的这种样子。最初提出这些挑战时玻尔他们着实吓了一大跳，可当实验呈现出的结果真的就是这样"荒谬"时，所有人都吓了一大跳。

不要以为哥本哈根学派的解释与实验似乎更为符合，他们就心满意足了，即使是玻尔也还是告诫人们："如果谁不为量子论而感到困惑，那他就是没有理解量子论。"

今天的量子理论用一套假设把所有奇异和困惑全都变成一些不需要证明的前提，因此，如果作为一个纯数学理论，量子理论的确已经完备。但作为一个必须通过测量建立与现实世界关系的实证科学理论，就必须追问这些公理与现实世界的关系到底是什么。

二、量子公理（量子公设）

1. 对一些深奥概念的简单介绍

量子力学是数学与实验、测量结合最成功的典范之一。它应用了很多深奥的数学知识，因此也使得普通人阅读相应资料时有如读天书一般的感觉。即使是从事自然科学工作的一些人，也会对其中一些数学符号和概念头大。其实，我们只要理解了这些数学知识的来历，理解起来就容易多了。

第一个如天书般的概念是“算符”。经典物理学中的物理概念大多数解释起来都是直观性很强的，但量子力学的物理量都是对应于其厄米算符来理解，这对很多人来说是一个很艰难的概念。数学是无止尽追求严密和系统的知识，我们从小学开始学习算术，然后是代数、几何、三角函数、线性代数、微积分，更复杂的还有泛函分析、逼近论、变分法、正交函数系……这些知识各自从不同角度研究数学的规律。作为数学，是需要有尽可能统一起来进行研究的体系，算子理论就是这样一个数学体系。在数学知识中，有一个共性，如加、减、乘、除、微分、积分……它们都是负责数学运算的，这些就是“算子”或叫“算符”（Operator）。被算子操作数学运算的对象就是“数”“量”也可以是“函数”，算子理论中抽象地以“空间”为基础来对它们进行研究。算子理论就是关于这些数学运算统一的理论体系。算子可以对一些空间进行操作，使其“映射”为另一些空间。

至于厄米算符当然就是名字叫厄米的数学家研究出来的东西。厄米全名为查尔斯·厄米（Charles Hermite,1822.12.24—1901.1.14），法国著名的数学家。他证明了很多数学的规律，其中很重要的一个工作是研究了厄米矩阵，这是一类其共轭转置矩阵与其自身相等的特殊矩阵，即矩阵中每一个第 i 行第 j 列的元素都与第 j 行第 i 列元素的共轭相等。简单地说，由厄米矩阵表达的算符就是厄米算符，也叫自伴算符，或自伴算子（self-adjoint operator）。在量子力学中，实验上可观测的物理量都必须用厄米算符来表示。这其实是对量子力学做了很严格的限制，也是对所有波函数做了严格限制。

厄米算符用数学语言表述就是：

若算符$\hat{F}$满足

$$\int \psi^* \hat{F} \varphi d\tau = \int \varphi (\hat{F}\psi)^* d\tau \tag{12-1}$$

或者

$$\hat{F} = \hat{F}^{\dagger} \tag{12-2}$$

其中 φ、ψ 是任意波函数，则称算符$\hat{F}$为厄米算符。

* 表示共轭符号，就是在复数里的虚数单位 i 前面加上负号“ - ”。†表示共轭转置。

以厄米算符为基础，可以定义坐标（*表达空间长度*）、动量、能量、角动量、宇称、自旋、同位旋等各种可测量的物理量算符。

另外，利用算符工具还可以把一些常用的有特定规律的数学运算很好地简化。如哈密尔顿算符、拉普拉斯算符等。但不了解相应数学符号定义的人就会感觉如天书一般。

总之，量子力学所用到的核心数学工具是算子理论和线性代数的应用，先学习一下这两门数学知识，就可对大量抽象的量子力学数学概念有清楚的理解。

另外一个很抽象的概念是狄拉克符号。相比于厄米算符有一定的数学规律和性质，狄拉克符号主要是一种简化表达的符号。根据后面会谈到的量子叠加态公理，一个量子可以表示为所有基态的线性叠加。假设 u_n 为基态，a_n 为该基态的分量，ψ 为该量子的波函数，那么该波函数可表示为：

$$\psi = \sum_n a_n u_n \tag{12-3}$$

在数学计算中，会遇到大量相应的行矩阵和列矩阵，为数学计算中的方便，用 $|\psi>$ 来更简单地表达这个态矢量：

$$|\psi> = \begin{pmatrix} a_1 \\ a_2 \\ M \\ a_n \\ M \end{pmatrix} \tag{12-4}$$

另外也写作如 12-5

$$|\psi>=\sum_n a_n|n>|1>,|2>,\Lambda|n>,|nlm>,\Lambda \quad (12\text{-}5)$$

等用数字表达的狄拉克符号表示其基矢量。

当然，也有用其他简化表示方式表达基矢量的，如 |0>，|1>，|- >，|+> 等。所以，狄拉克符号有两种用法，一是表达基矢量的分量矩阵，二是表达基矢量。

另外，用 $<\psi|$ 表达共轭的转置矩阵，它是一个行矩阵。

$$<\psi|=\left(a_1^*,a_2^*,\Lambda,a_n^*,\Lambda\right) \quad (12\text{-}6)$$

$|\psi>$ 叫右矢量，$<\psi|$ 叫左矢量，也有将前者称为刃矢量，后者叫刁矢量。根据前面介绍很容易理解，a^*_1，a^*_2，Λ，a^*_n，Λ分别为 a_1，a_2，Λ，a_n，Λ的复数共轭。

2．量子公设

量子公设其实就是公理。但不同文献和介绍中的表述似乎有不同，有些表述为 5 个假定，有的表述为 6 个公设，但却是把前面 5 个公设中的全同公设去掉，另增加态叠加原理和泡利原理。因此，所有合起来总共算是 7 个量子力学的公理。它们是：

（1）波函数公理，或叫“量子态公理”。一个微观粒子的状态可以由波函数来完全描述，波函数是一种概率密度的表达，波函数满足单值性、连续性、有限性等条件。它归一化，也就是总的概率密度是 1。

（2）算符公理。一切可测量的物理量，都对应其线性厄米算符，其对应的本征值为实数。

（3）量子测量公理，或叫“平均值公理”“本征态和本征值公理”等。波函数用特定的算符进行运算，就可以体现出对应的物理量。算符公设加上这个公设其实就体现了量子体系测量时的“坍缩”。

（4）薛定谔方程（Schrodinger Equation）。

（5）全同性公理。一个量子体系中完全相同的粒子（“全同粒子”）互换不改变量子体系的状态。在我们日常生活的世界里，企业为使自己生产的产品保持良好的一致性而费尽心机。两个看起来“一样”的乒乓球产品，事实上仔细测量都会发现有不一样的地方。所谓“合格产品”也就是它们的偏差不超过要求的范围。但在微观量子世界里，一旦按相同的物理量去“生产”相同的粒子，这些粒子就是“全同”的，也就是没有任何区别。甚至于，在经典物理学中，就算我们生产工艺达到绝对理想，生产出了两个完全无法区分任何指标的乒乓球，至少它们的空间位置还是不一样的，还是可以至少通过标号来区分出两个不同的乒乓球。但在微观世界，两个全同粒子真的就是可以被认为绝对地完全相同了，甚至都无法用空间位置区分出它们。“全同”一定意义上可以理解为是“绝对相同”。例如，任何两个带负电的电子，其静止质量、电荷等都可以认为“绝对相同”的。如果它们有不同，那就是至少在某个物理量，如自旋的多少、电荷的正或负等上面有显著差异。正因为如此，利用量子力学在宏观上展现出来的特性可以开发出一些稳定性极高的测量设备。例如，用铯 133 两个超精细能级间的跃迁开发的时间计量基准，一定程度上就是利用了电子能级的全同性。

（6）叠加态公理。也叫“叠加原理”。量子体系的一系列可能状态的任意线性叠加也是可能的状态。

（7）泡利公理。也有叫“泡利不相容原理”“泡利原理”。在同一原子轨道或分子轨道上，至多只能容纳两个自旋相反的电子，或者说，两个自旋相同的电子不能占据相同的轨道。也有很多学者认为泡利原理不算一个公理，因为可以从费米子波函数的不对易性中推导出来。只是因为它在理解原子结构时很方便和普遍，所以也有人把它直接当作公设来看待。

在讨论如何理解量子力学的奇异之处前，我们先简单回顾一下量子力学的进化过程。

第二节　从连续到光量子

一、光的微粒说

从“经典”的物理观念来说，几乎所有物理量都呈现一种连续的情况。速度、质量、时间、长度、温度……它们都可以在数量上连续地划分成任意的量，限制仅仅取决于我们掌握的技术水平。当然，宏观条件下也并非绝对都是连续的，数字技术等就呈现出类似量子的特性。但在 19 世纪的物理学界，“物理量以及对应的物质存在方式呈现连续的可能状态”是一个普遍的观念。当物理学的研究越来越深入微观世界之后，这种观念越来越遇到困难。

微观世界尽管难以观察到，但它会以某种方式在宏观上体现出来，最先体现的就是光。关于光的本质到底是粒子还是波延续了几百年的争论，双方的论点都有大量强有力的证据。微粒说可以很直观地解释光的直线传播（直进）和反射，这种看法甚至在古希腊时期就被人们接受。运动的微粒会按直线的方向行进，如果遇到光滑表面就会碰撞发生反弹（反射），入射角与反射角相等。1660 年，法国数学家皮埃尔 · 伽森荻（Pierre Gassendi,1592.1.22—1655.10.24）提出光是由大量坚硬粒子组成的。1675 年牛顿在此基础上提出假设，认为光是从光源发出的，在均匀媒质中以一定的速度传播的一种物质微粒。

可是，这种学说也遇到一些困难，例如，如果是两束微粒流碰在一起应该发生大量相互碰撞并散开。但两束甚至多束光交叉到一起时，它们相互之间什么也不会发生。因此，与牛顿同时期的荷兰物理学家克里斯蒂安 · 惠更斯（Christiaan Huygens，1629.4.14—1695.7.8）提出波动说，认为光是一种以太物质的机械振动和传播。惠更斯的光波动说原理是这样的：球形波面上的每一点（面源）都是一个次级球面波的子波源，子波的波速与频率等于初级波的波速和频率，此后每一时刻的子波波面的包络就是该时刻所有子波源引起的球形波动叠加起来的总波面。波动说作为一个理论的解释能力其实更加完美，它可以统一解释当时遇到的所有光的现象，但由于牛顿的盛名和微粒说更加容易理解，因此在相当长时期里，光的微粒说更加被物理学界所接受。

二、光的波动说

牛顿虽然坚信光的微粒说，但他 1675 年做实验时却发现了“牛顿环”，并且对这个现象进行了精确的测量。事实上牛顿已经发现了光的干涉现象。

1665 年，弗朗西斯科·格里马第（Francesco Maria Grimaldi，1618.4.2—1663.12.28）发现了光的衍射效应。

1801 年，托马斯·杨（Thomas Young，1773.6.13—1829.5.10）用双缝实验展示了光的干涉现象。不仅如此，这个双缝实验在后来的量子力学发展中也是一个很基础的实验方法。另外，菲涅尔（AugustinJean Fresnel，1788.5.10—1827.7.14）建立了波的干涉原理，并在理论上解释了偏振光，形成了关于光的惠更斯-菲涅尔原理。1818 年，法国科学院提出了征文竞赛，题目是两个：一是利用精确的实验测定光线的衍射效应；二是根据实验，用数学归纳法推导出光线通过物体附近时的运动情况。

菲涅尔在阿拉戈的支持下提交了论文，类似量子力学发展中的奇异一幕出现了——某个理论最奇异或神奇的特性，以及最强有力的支持证据，往往是由这个理论的反对者们先发现的：评奖委员会的成员，微粒说的支持者，法国数学家——西莫恩·德尼·泊松（Simeon-Denis Poisson，1781.6.218—1840.4.25）运用菲涅尔的方程推导出关于圆盘衍射的一个从直觉上极为奇怪的结论：根据菲涅尔的方程，当把一个小圆盘放在光束中时，就会在小圆盘后面一定距离处的屏幕上圆盘影子的中心点位置出现一个亮斑，这看起来是很荒唐的事情。菲涅尔和阿拉戈立即用实验检验泊松推导的结果，影子中心真的就出现了一个亮斑（后来就称为“泊松光斑”）。光的波动说至此获得了强大的支持，不过事情到此远未结束。

德国物理学家古斯塔夫 · 罗伯特 · 基尔霍夫（Gustav Robert Kirchhoff，1824.3.12— 1887.10.17）和阿诺德 · 索末菲（Arnold Sommerfeld,1868.12.5—1951.4.26）等从最一般波动原理出发建立了波动方程，有效解释了光的衍射、反射、干涉等，并且可推导出菲涅尔衍射公式。

根据光的微粒说与波动说推导出来的光在光密介质中的运行速度变化方向正好相反，微粒说推导出来的结果是光在光密介质中的速度会加大，而波动说推导的结果是光在光密介质中的速度会减小。那么只要实际测量光在不同介质中折射的速度变化，就可判决出谁是谁非了。1850 年 4 月 30 日，法国物理学家莱昂 · 傅科（Jean-Bernard-L é on Foucault，1819.9.18—1868.2.11。他还用著明的傅科摆证明了地球的自转）用旋转平面镜的实验方法测量了光在空气和水中的速度，结果显示光在光密介质中的速度更小。这个实验被认为最终判决了光的微粒说不成立，并最终证明了波动说的胜利。当然，后来量子力学成熟以后，人们才明白这个实验的“判决性”理解并不是绝对的。它本身反倒成了科学哲学界认定“判决性实验”概念不成立的最重要判决性案例之一。不过，这个实验的判决性也不可完全否定，因为它的确具有相当强的否定作用，使经典的微粒说真正结束。虽然后来量子力学重新发现光具有波粒二象性，但此时的“粒子性”与光“微粒说”的粒子性已经完全不是一回事了。波粒二象性更准确地说是“量子”，一切基本粒子从量子力学角度来说，最严格的说法都是量子，而不是过去所理解的“微粒”。并且波动也不再是过去的“波”。

1887 年年底，德国物理学家海因里希 · 鲁道夫 · 赫兹（Heinrich Rudolf Hertz，1857.2.22—1894.1.1）用实验验证了麦克斯韦方程预言的电磁波，并且表明光其实是一种电磁波。现在，电磁波的频率单位赫兹

（Hz）就是用他的名字命名的。

三、光量子

到这个阶段，光的波动说算是修成正果，看起来万事大吉了。

但赫兹同时也给光的本质留下了一个新的难题，这就是他发现电磁波的同一年发现的光电效应。所谓光电效应就是一些材料在光照射下会发射电子。今天的太阳能电池就是光电效应最重要的应用之一。光电效应有一个很难用光的波动说解释的地方，就是能否产生光电效应，只与光的频率有关，而与光强度无关。光的强度只决定光电效应的大小。如果对比一下摇晃苹果树将苹果从树上晃下来的过程，就会发现光电效应让人迷惑之处。只要摇晃的动作足够大，一般就肯定可以把苹果从树上摇下来，而摇晃的频率即使很高，如果摇动的能量不够大、用手根本都感觉不到有什么动静的话，是不可能把苹果摇下来的。但光电效应显示的情况似乎是：只要摇晃的频率足够高，无论摇晃幅度多么微弱，马上就有苹果掉下来。但摇晃的频率如果不够，即使动作幅度很大，摇到树枝乱晃，苹果也掉不下来。

1905 年 3 月 18 日，还在专利局工作的爱因斯坦在《物理学纪事》（*Annalen der Physik*）杂志上发表了一篇论文，题目叫作《关于光的产生和转化的一个启发性观点》（*A Heuristic Interpretation of the Radiation and Transformation of Light*），他应用了 5 年前普朗克为解释黑体辐射实验结果时提出的量子概念，将光描述为一群离散的量子，称为光量子（light quanta）。到 1926 年，美国著名物理学家刘易斯（Gilbert Newton Lewis，1875.10.23—1946.3.23）把它换成了一直延用到今天的名称“光子”（photon）。爱因斯坦在这篇论文中认为：“……根据这种假设，从一点所发出的光线在不断扩大的空间中传播时，它的能量不是连续分布的，而是由一些数目有限的、局限于空间中某个地点的‘能量子’（energy quanta）所组成。这些能量子是不可分割的，它们只能整份地被吸收或发射。”频率为 ν 的光量子拥有的能量为：

$$E = h\nu \tag{12-7}$$

其中 h 是普朗克常数。频率越高，光子的能量就越高。如果要使电子逃逸，必须具备一定的能量，而只要光子的能量大于这个能量，就会发生光电效应。这个理论很好地解释了为什么发生光电效应只与频率有关，而与辐照度无关。辐照度只会影响逃逸电子的数量，如果频率不足，即使光束辐照度较高，也不能发生光电效应。

事实上，在普朗克解决黑体辐射问题之前，路德维希 · 玻尔兹曼（Ludwig Edward Boltzmann,1844.2.20—1906.9.5）在1872年建立玻尔兹曼方程时就一定程度上引入过量子的思想。只是这种思想一直到爱因斯坦才完全清晰起来。甚至普朗克还为自己明确建立的量子概念而花费了十多年时间试图将其统一到经典的牛顿力学体系中去。

由于之前光波动说一再得到强大支持，关于光的理论看起来已经是完美无缺了。所以，当爱因斯坦把光重新解释为粒子的时候，科学界无疑会是一片迷惑，不知所以，任何这种不一致永远会让科学界感到烦恼。美国实验物理学家罗伯特 · 安德鲁 · 密立根（Robert Andrews Millikan,1868.3.22—1953.12.19）就非常不赞同爱因斯坦的这个设想，他一直尝试各种实验方法，以图否定爱因斯坦的设想。但是，经过长期努力之后，到了 1916 年，他终于得出结论，他的实验数据反过来在很大的程度上证实了爱因斯坦对光电效应数学解释的正确性。又一个“理论的反对者发现该理论最有力证据”的案例！

1923年，美国物理学家康普顿（Arthur Holly Compton, 1892.9.10—1962.3.15）在研究 x 射线通过实物物质发生散射的实验时，发现了一个全新的现象，即散射光中除了有原波长 λ_0 的 x 光外，还产生了波长 $\lambda > \lambda_0$ 的 x 光，而且波长的增量还会随散射角的不同而产生变化。这种现象被称为康普顿效应（Compton Effect）。我们知道，如果按照波动说，只有在波源存在相对运动的情况下波长才会发生变化，这被称为“多普勒效应”，否则无论在折射、散射、反射、衍射等任何情况下，波长都不会发生变化。况且，产生多普勒效应时，所有来自波源的波长是按波源相对运动速度产生统一变化的。但康普顿效应中 x 射线源的光发生散射后，散射光有不变的，有变化的，而且变化的量居然还各不相同。这种情况采用光的波动说完全无法解释，用爱因斯坦的光量子理论解释起来则非常简单明了。波长发生变化是因为光量子与实物发生碰撞后能量产生了损失，能量减少，频率就会降低，波长增加。损失的能量不同，波长的增加就不同。

康普顿效应的数学公式为

$$\Delta\lambda = 2\lambda_c \sin^2\psi/2 \qquad (12\text{-}8)$$

式中 λ_c 为康普顿波长，是一常数。即，波长的增加大小与物质无关，只与散射角 ψ 有关，散射角在 180 度（$\psi=\pi$），也就是 x 射线完全反弹回入射方向时达到最大。这也很好理解，因为此时传递给碰撞的物质能量最大。另外，原子量不同的物质，虽然散射波长的改变量在相同散射角度时都一样，但康普顿效应的强弱（改变波长的 x 射线多少）却不同。原子量越小，康普顿效应越强，这也很好解释，因为原子量越小，越容易接受入射 x 射线的能量。以爱因斯坦的光量子理论为基础，可以数学推导出康普顿公式。这一实验研究更加清晰地证实了光量子假设。

四、从巴耳末系的氢光谱线到玻尔的原子理论

大自然显露出它的奥秘当然不止一个途径。元素的光谱是展现光量子性的另一个途径。每种纯净且稀薄的元素会发出一系列离散的只有特定波长的光，这被称为发光光谱。它也会吸收特定波长的光，这被称为吸收光谱。神奇的是每种元素的发光光谱与吸收光谱波长是一致的，因此也叫特征光谱。最简单的元素就是氢，因此要揭开光谱的秘密很自然地就得从氢

元素开始。巴耳末（Johann JakobBalmer,1825.5.1—1898.3.12）是瑞士的一位数学老师。他在 1849 年获得博士学位，从 1859 年起在巴塞尔女子中学获得数学教师的职位，1865—1890 年兼任巴塞尔大学数学讲师。如果他只是做数学老师的话，这一辈子就是一位勤勤恳恳的数学教师而已。幸运的是，在巴塞尔大学兼任数学老师期间，该校物理教授哈根拜希（E.Hagenbach）对光谱很有研究，期望数学功底深厚的巴耳末能找出光谱的数学规律。这完全是一个猜数字谜的游戏，当时知道的氢元素光谱有埃姆斯特朗等人精确测定的 4 根谱线，以及通过观测恒星光谱发现紫外波段的 10 条谱线数据，巴耳末居然成功地从中研究出了相当复杂的数学规律，并于 1884 年 6 月 25 日在巴塞尔公开发表了氢光谱波长的巴耳末公式：

$$\lambda = B\frac{n^2}{n^2 - 2^2} \tag{12-9}$$

其中 B 为常数 364.57nm，n=3，4，5，6……根据巴耳末公式预测的谱线也都精确地被发现。此后其他一些谱线规律先后被莱曼、帕邢、布喇开、普方德等人发现。为什么会存在如此有规律的谱线？在光量子理论建立之前这只能作为经验公式存在，而在光量子理论建立之后，都得到统一的完美理论解释。当然这还需要电子能级的一系列研究为基础，元素的特征光谱就是电子在不同能级之间跃迁而产生的辐射。特征光谱的谱线对应了不同电子能级的差。玻尔不仅用量子理论有效地解释了氢等元素的光谱，而且由此使原子构造理论获得突破性的发展，甚至预测了当时还未发现的 72 号元素的性质。1922 年瑞典化学家赫维西和荷兰物理学家科斯特发现了性质与玻尔预测完全一致的 72 号元素铪。玻尔因对原子理论的贡献而获得 1922 年的诺贝尔物理学奖。

第三节　从光子到物质波

爱因斯坦似乎使光的粒子性重新展现，但此时光的粒子性显然已经与过去的“光微粒说”概念有天壤之别了，否则同样无法克服微粒说与大量实验的矛盾，经典的微粒说显然也无法精确解释康普顿效应中光散射过程产生的变化。爱因斯坦所描述的光量子的数学模型不是经典粒子的“坐标、直径、质量、动量、速度、运动轨迹”这一套概念，而是带有波动的“频率、波长、能量、速度、动量”这一套概念。这意味着光量子本身就是一个波动的对象，事实上这已经明确暗示了光的“波粒二象性”(wave-particleduality)。

光如此奇特的性质如果只是被看成一种特殊的性质是不能让科学满意的，科学永远需要通过还原而寻找到更加一般性的原理。要么让光的波粒二象性统一到原有的牛顿力学中去，要么就得想另一个办法证明波粒二象性只是更为普遍的规律中的一个特例而已，从而不让光子如此地“孤单”。

法国物理学家德布罗意 (Louis Victor due de Broglie, 1892.08.15—1987.03.19) 于 1923 年 9 月到 10 月在《法国科学院通报》上连续发表了三篇文章，题目分别为《波和量子》《光量子、衍射和干涉》《量子、气体运动理论和费马原理》，提出了现在称为德布罗意波的雏形，后在 1924 年的博士论文《关于量子理论的研究》中，详细阐述了他的物质波思想及其各种应用。这篇文章发表在法国《物理杂志》1925 年第一期上。这篇博士论文使他在 1929 年获得诺贝尔物理学奖。既然爱因斯坦对光子波粒二象性的数学解释已经体现了物质波的本质，那么，物质波就是在此基础上推广到一切粒子即可。他以频率与能量的关系 $E=h\nu$ 和爱因斯坦质能关系式 $E=mc^2$ 为基础，推导出了一切按一定速度运动的物质波数学模型，即：

物质波频率 $\nu=\omega/h$，波长 $\lambda=h/p$，　　　　（12-10）

其中 ω 为粒子的内在能量，p 为粒子的相对论动量。如果假设速度为光速，这就可以从德布罗意的物质波推导出爱因斯坦“光子波”（光量子）的理论。

这个理论从逻辑或数学上看起来是非常简单的，但在思想上却是一个非常巨大的跨越。有些近似演义性质的文章以调侃的方式认为德布罗意在博士期间一直无所作为，到毕业时东拼西凑了一些东西写成只有一页多纸的博士论文（事实上论文有七章、100 多页）以应付学位所需，这是非常肤浅的理解。这样巨大的理论思想跨越需要非常长时期的苦思冥想，才能打通相关的逻辑。一旦完成相应的数学和逻辑思考，相应的最终成果就会喷涌而出。1905 年的爱因斯坦连续发表了六篇重要的论文，完成了光电效应的量子解释、关于布朗运动的研究、狭义相对论等多个领域的一系列重大成果。1915—1917 年，他又完成了广义相对论、引力波等另外一系列重大发现。1665 年 8 月至 1667 年 2 月的 18 个月内，牛顿离开剑桥到故乡躲避瘟疫。在此期间，牛顿创立了微积分、发现日光的光谱、发明反射式望远镜和发现万有引力理论，一举奠定了经典物理学的基础。在数学、力学、光学三个领域都做出了开创性的贡献。后人甚至把 1666 年称为牛顿的“奇迹年”，而把 1905 年称为爱因斯坦的“奇迹年”。虽然他们石破天惊的系统突破性成果是在如此短的时间内大规模喷薄而出，但事实上是有长期苦苦思索为基础的。他们在奇迹年中爆发的成果相互之间也可能有一定相关性。例如，牛顿创立微积分事实上为牛顿经典力学的建立，以及从开普勒三定律中进一步推导出万有引力定律打下了数学基础。

如果以理论思维的角度来看，1924 到 1925 年就是德布罗意的“奇迹年”。由于德布罗意物质波理论的思想突破如此之大，以至当时他的导师朗之万都感觉很没有信心。如果不是同时寄给爱因斯坦的论文稿得到高度的赞赏，德布罗意的这个论文结果是什么可能都是个问号。事实上这个论文最初在物理学界大多数人也都感觉很难理解。粒子的质量越大，意味着能量和物质波的频率越高、波长越短，要展现其波动的衍射和干涉现象所需要小孔的孔径就得越小，对波长的测量分辨力也得越强，因此，质量越大的粒子要用实验展现其波动性就越难。光在静止时的质量为零，其波动性就是粒子中最容易展现的，而另一个比光子更大的最小质量粒子就是电子。因此，要证明德布罗意的物质波理论，接下来最好的选择就是证明电子的波动性。德布罗意根据物质波理论计算了电子的波长，以及如果要展示它的波动性所需要的小孔的大小。用一般物理方法要获得这样的小孔实在太难了，只有一些晶体原子或分子间的空间才会形成这样的小孔。因此，德布罗意预测电子穿过一些晶体时，会呈现光在穿过小孔时一样的衍射现象。

巧合的是，1925 年，美国实验物理学家，贝尔电话实验室的戴维森（Clinton Joseph Davisson，1881.10.22—1958.2.1）和他的助手革末（Lester HalbertGermer，1896.10.10—1971.10.3）在研究镍对电子的散射时，因实验事故使靶氧化。他们通过长时间加热清理镍靶后再做实验，发现电子被散射后出现类似光的干涉、衍射图样。这是由于长时间的热处理使镍靶由原来的微小晶体变成了大块的晶体，从而适合形成电子产生衍射的微小孔径条件。戴维森当时还不了解德布罗意的物质波理论，因此对观察到的新现象不知所以。1926 年夏天，戴维森到英国访问，获悉了德布罗意的理论，他立即意识到，自己在一年前所观察到的现象可能就是德布罗意波——从这个案例可以看到，很多时候作为粗大误差处理掉的测量结果，说不定就可能是得诺贝尔奖的新发现。回到美国后，他和革末一起立即重做实验，1927 年发表实验结果，完全证实了德布罗意的理论。几乎同时，英国剑桥大学的约瑟夫 · 约翰 · 汤姆逊（George Paget Thomson，1856.12.18—1940.8.30）在观察电子束通过金箔时也观察到圆环形衍射条纹，尽管这一实验也不是为验证德布罗意理论而设计，但也为德布罗意的物质波理论提供了又一实验证据。

戴维森和汤姆逊因证明电子的波动性，从而为全面证明德布罗意的物质波理论建立突破性的实验贡献而获得 1937 年诺贝尔物理学奖。

电子的波动性被证明之后，中子、质子也完成了很多类似实验。其中比较著名的是 1929 年德裔美国核物理学家奥托・斯特恩（Otto Stern, 1888.2.17—1969.8.17）团队利用自己发展出的分子束方法完成的氢、氦粒子束衍射实验，这组实验精彩地演示出原子和分子的波动性质。此后，越来越大的粒子波动性被实验观测到。1999 年，维也纳大学研究团队观测到原子量为 720 u（u 为相对原子质量单位，指以一个碳 -12 原子质量的 1/12 作为标准）的 C60 富勒烯衍射。2012 年，实现酞菁分子和比它更重的衍生物的衍射实验。2003 年，维也纳研究团队又使用一种近场塔尔博特 - 劳厄干涉仪（Talbot Lau interferometer）观测到质量为 614 u 的生物染料四苯基卟啉（Tetraphenylporphyrin）的波动性，以及质量为 1600 u 的氟化巴基

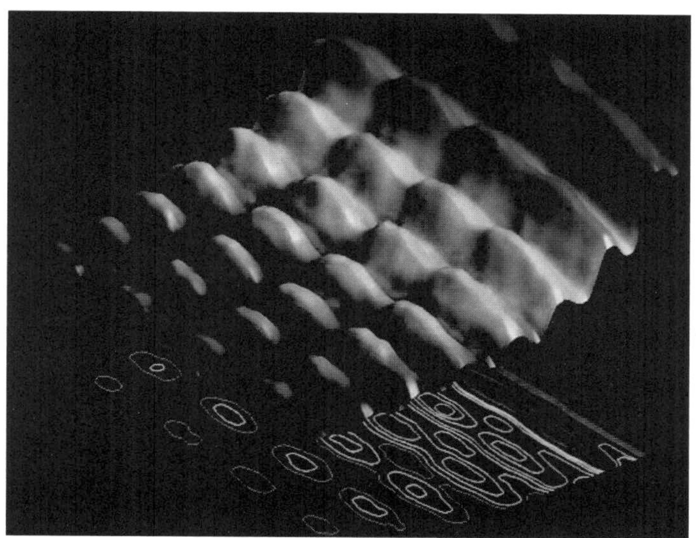

图 12-1　2015 年 3 月 10 日，瑞士洛桑的联邦理工学院 Fabrizio Carbone 研究小组首次拍摄的光子沿纳米线驻波照片。（Piazza L, Lummen TTA, Quiñonez E, Murooka Y, Reed BW, Barwick B, Carbone F.Simultaneous observation of the quantization and the interference pattern of a plasmonic near-field. Nature Communications 02 March 2015）

球 C60F48. 的干涉条纹。2011 年，质量为 6910 u 的分子成功展示出干涉现象。2013 年，质量超过 10000u 的分子干涉现象也被观测到。

图 12-1 是最新光子测量研究的照片，被一些人认为展示了“同时以波和粒子形式存在的叠加态的光线”。30 年前我就经常在实验室里用探针测量矩形微波谐振腔里的微波驻波（驻波就是通过合适地调整谐振的相位，使波动的波峰和波谷像停止不动一样）。这个沿纳米线形成的光驻波当然技术先进太多了，但与微波驻波并没什么本质上的区别。另外它同时显示了一些光子被电子吸收的光电效应现象。这是一个非常精彩的研究结果，不过“同时以波和粒子形式存在的叠加态的光线”，这个说法有些故弄玄虚了。尤其说观测到光的粒子和波的“叠加态”，这个说法本身从量子力学理论上说就是有问题的。“波”和“粒子”并不是“态”，更不会有态叠加。按照量子理论的玻恩解释，所谓量子的波就只是粒子出现的概率，只是它有些时候表现得像波，有些时候表现得像粒子而已，本身就是一个东西。对此，一些严肃的科学家也马上做了澄清[①]。

第四节 从物质波到量子力学理论

一、量子公理基础的建立

爱因斯坦的光子理论与德布罗意的物质波理论类似于惠更斯—菲涅尔原理，它们只是描述了粒子波粒二象性的一些主要参数之间的数学关系，而科学总是要寻求到最基本的、公理级的理论。既然是一切粒子都具有波

① Ben P. Stein, “No, You Cannot Catch An Individual Photon Acting Simultaneously As A Pure Particle And Wave” https://www.insidescience.org/news/no-you-cannot-catch-individual-photon-acting-simultaneously-pure-particle-and-wave.

粒二象性，那就需要建立相应的波动方程。

1925 年，德国物理学家沃纳・卡尔・海森堡（Werner Karl Heisenberg，1901.12.5—1976.2.1）提出，并由德国物理学家约尔丹（Ernst Pascual Jordan，1902.10.18—1980.7.31）、马克斯・玻恩（Max Born,1882.12.11—1970.1.5）、沃尔夫冈・泡利（Wolfgang Ernst Pauli,1900.4.25—1958.12.15）以及玻尔发展了量子的矩阵力学。

1925 年年底到 1926 年年初，奥地利物理学家埃尔温・薛定谔（Erwin Schrödinger,1887.8.12—1961.1.4）看到德布罗意关于物质波的论文后，在彼得・德拜的提示和建议下，建立了著名的非相对论的薛定谔方程，也称为波函数。薛定谔进一步的研究发现波动力学和矩阵力学在数学上是等价的。薛定谔起初试图把波函数解释为三维空间中的振动，把振幅解释为电荷密度，把粒子解释为波包，但他无法解决按经典波动理解的"波包扩散"的困难。最后物理学界普遍接受了玻恩提出的波函数几率解释。这说明，波粒二象性中的"波"与经典理解的波是有本质区别的。瑞典物理学家奥斯卡・克莱因（Oskar Benjamin Klein,1894.9.15—1977.2.5）和德国物理学家沃尔特・高登（Walter Gordon,1893.8.13—1939.12.24）分别推导出了薛定谔方程的相对论形式，使薛定谔方程进化为"克莱因 - 高登方程"。

1928 年，英国物理学家保罗・狄拉克（Paul Adrien Maurice Dirac,1902.8.8—1984.10.20）建立了狄拉克方程，包含了自旋等量子所有本征态特性，并且也独立证明了矩阵力学和波动力学是数学上等价的。1930 年 5 月 29 日，P.A.M. 狄拉克出版了他经典的《量子力学原理》第一版，量子力学的理论体系开始逐步完善起来。

1927年，约翰・冯・诺伊曼（John von Neumann 1903.12.28— 1957.02.08）与大名鼎鼎的数学家希尔伯特（David Hilbert,1862.1.23—1943.2.14，**近代数理逻辑尤其是公理化方法的奠基人**），以及诺戴姆联名发表了论文《量子力学基础》。1932 年，冯・诺伊曼出版其经典的《量子力学的数学基础》一书，在狄拉克等人工作的基础上，引入希尔伯特空间、厄米算符等工具将量子力学公理化，量子力学的“五大公设”说法就是在该书中提出。后来，玛格瑙将其第五公设修改为全同性公设。

稍等会儿，冯·诺伊曼？那不是计算机之父吗？怎么扯到量子力学领域去了？对了，他们就是同一个人。因为冯·诺伊曼作为“计算机之父”的名声实在太大了，尤其是他出版完《量子力学的数学基础》之后就不怎么管量子力学的问题了（公理基础已经建立起来之后，剩下修修补补的事情就交给其他人做去吧），所以普通人真的很少知道他还是量子力学公理基础最重要的奠基人之一。他 23 岁就通过业余时间自学考试获得数学博士学位，在苏黎世联邦工业大学实际学习的专业是化学（这位有一大堆领域“之父”头衔的真正父亲怕他纯粹学数学以后不好找工作，所以劝他去学化学）。有传说提到他 8 岁时学完微积分，12 岁就已经自学完并精通了集合论、泛函分析等当时属于数学博士们才去研究的深奥数学知识。能成为计算机之父，那是有相当深厚的数学基础为前提的。当然，这个事情也只是他 1944 年在火车站偶然遇到 ENIAC 机研制组的戈尔德斯廷中尉，后者力邀冯·诺伊曼加入 ENIAC 项目组。第二年，冯·诺伊曼和他人一起共同讨论，就发表了一个上百页的《存储程序通用电子计算机方案》——EDVAC（Electronic Discrete Variable Automatic Computer 的缩写），由此奠定现代电子计算机的理论基础并获得计算机之父的名声。

对一个父亲来说，真要生一个孩子也就一年时间足够了。

另外，他还是经济学领域公认的博弈论之父。按今天的网络语言来说，冯·诺伊曼充分体现了“作为一个化学专业的人，如果不能成为建立量子物理学公理体系的数学家和计算机之父，就不算是一个好的经济学家”。他在计算机架构、计算数学、算子理论、希尔伯特第 5 问题的解决、集合论、量子理论、博弈论、格论、连续几何、理论物理、空气动力学、连续介质力学、气象计算、原子能和经济学领域都有开创性的贡献。这仅仅说明了他是一位天才吗？既是，也不是！

二、成为“XX领域之父”的公理化方法

公理化是一种最重要的数学方法，并且是做出开创性贡献的基本方法。要想成为XX之父，你就得先娶一位可以成为母亲的妻子，并和她结婚。公理化方法就是一切科学领域之母。冯・诺伊曼不仅仅是一位数学天才，而且曾经作为希尔伯特的助手，深得其公理化方法的要领。只要能不断去建立新的公理或改进已有的公理，那就不断地会做出开创性的工作。但一般的学者却只是视已有的公理如神，既不敢去新建，也不敢改进已有的公理。这是视女子如神，只敢敬仰，不敢娶为妻子。大多数学者都是这种“单身汉类”的学者，无论他们多么努力，都是不可能当父亲的。

当然，如果没有深厚的数学基础和深得公理化方法的要领，想在公理层次做出有效工作的确也不是那么容易的事情。在现实生活中，必须是一夫一妻，而在科学领域，绝大多数的学者连“一夫一妻”都做不到，不是不能，而只是不敢（参见本书第十六章“情感误差”）。但冯・诺伊曼在科学领域里那可是“妻妾成群”，当然就会成为一大堆领域的“XX之父”了。

第五节　量子力学的奇异之处何在?

一、海森堡测不准原理（不确定性原理）的准确含义

1927年3月23日，海森堡以德文提交了著名的论文《量子理论运动学和力学的直观内容》（*Ueber den anschaulichenInhalt der quanten-theoretischen Kinematik und Mechanik*），文中提出了测不准原理，也叫不确定性原理（Uncertainty principle）。海森堡的不确定性原理可以用不同方法来证明，如以狄拉克方程为基础，得出的结果是：

$$\Delta x \Delta p \geqq h/2 \tag{12-11}$$

厄尔 · 肯纳德（Earl Kennard）在海森堡提出不确定性原理的同一年用量子公设数学证明的结果是：

$$\Delta x \Delta p \geqq h/2\pi \tag{12-12}$$

海森堡在其论文中是以更加实验化的直观方式来证明的。得出的结果是：

$$\Delta q \Delta p \geqq h/4\pi \tag{12-13}$$

这是不确定性原理有不同数学表达的原因所在，证明方法不同，得到的结果表达式不完全一致，但本质都是一样的。

海森堡在最初的论文中是这样来表达不确定性原理的。设想用一个 γ 射线显微镜来观察一个电子的坐标，因为 γ 射线显微镜的分辨力受到波长 λ 的限制，所用光的波长 λ 越短，显微镜的分辨率越高，从而测定电子坐标不确定的程度 Δq 就越小，所以 $\Delta q \propto \lambda$。但另一方面，光照射到电子，可以看成光量子和电子的碰撞，波长 λ 越短，光量子的动量就越大，所以有 $\Delta p \propto 1/\lambda$。经过一番推理计算，海森堡得出：

$$\Delta q \Delta p \geqq h/4\pi \tag{12-14}$$

这个原理不仅可应用于坐标与动量，还可应用于其他各种共轭的物理量，如能量与时间等。

我们前面在第十一章“误差理论”中已经讨论过，如果仅仅把海森堡测不准原理所表达的误差主要理解为主体干扰，它并不算有什么特别之处，任何宏观条件下的测量都会存在主体干扰，一切宏观条件下的测量也都是测不准的。但是，这个原理所展示的是减少主体干扰的极限特性，而这种极限特性正是物质的量子性而导致的。所以，海森堡的“测不准原理”或称“不确定性原理”，更准确地说是“主体干扰误差减少极限原理”，或“不确定性减少极限原理”，这个极限的限制量由普朗克常数体现出来。这个限制不是单纯单一物理常数的限制，任何一个物理常数的测量误差还是可以无限减少的，只是共轭的物理量测量误差的减少不能完全同时进行，它们最小的不确定性乘积会受到普朗克常数的约束。这就是这个原理所体现的准确含义。

但是，也有很多学者，尤其纯理论的量子物理学家们很不喜欢“测不准”这个概念，认为不确定性是量子本身固有的性质。其实，如果理解测量本质的话，这两种说法可以被认为等价的。因为测量必然要有测量主体与被测对象发生相互作用，在量子领域，我们利用的测量主体只能是量子，所以，量子本身的不确定性就必然导致相应的测不准。从宏观层次来理解，本来要想仔细听清楚比赛歌手的声音，必然要求评委和整个环境都尽可能安静，但偏偏任何量子的评委们也都自己唱个不停，所以能听到的比赛歌手的演唱结果只能是歌手与评委混在一起的声音。“评委们自己本身就安静不下来”与“因为他们自己安静不下来而听不清”，从测量角度其实就是一个意思，说拗口一点就是“等价的”。

如果仅仅是这样的话，可能只是有些让人遗憾，但是，这个不确定性原理在事实上从测量角度暗含的量子特性却不断展示出让人惊讶的表现。

二、玻尔的互补性原理与哥本哈根解释

1927 年 9 月 16 日，玻尔在意大利科摩——亚历山德罗 · 伏特（Count Alessandro Giuseppe Antonio Anastasio Volta，1745.2.18—1827.3.5）出生地，纪念这位发明了伏特电堆的伟大物理学家逝世 100 周年物理学会议上，以《量子公设和原子论的最近发展》（*The Quantum Postulate and the Recent Development of Atomic Theory*）为题做了演讲，在该演讲中提出了“互补原理”（Complementarity），有的也翻译成“并协原理”。

玻尔的互补原理并不是一个数学化的量子力学原理，而是一个哲学原理。这是我们要准确理解它的时候必须清醒意识到的一点。这个互补原理简单来说就是因为量子对象的测不准，使得任何测量结果事实上都是量子对象与测量装置之间相互作用的结果。量子力学的规律不能被理解为纯粹

的客观对象自身独立的规律，“既不能赋予现象又不能赋予观察器械以一种通常物理意义下的独立实在性”。因此，对量子力学的一切解释和理解都必须以这个前提为基础。因为量子力学的对象如此不同，因此经典物理学中的大量非常基本的原理都可能不再成立，包括因果律、因果的决定论等。量子理论的无矛盾性只能通过权衡定义和观察的可能性来加以判断。但是，无论是玻尔的互补原理，还是下面要说的哥本哈根解释，都没有直接给出到底该如何理解这种只能包含了测量主体的测量结果。

玻尔在 1921 年建立并长期领导了 40 多年的哥本哈根大学理论物理学研究所，涌现出了大批卓越的物理学家，对当时的量子力学做出过巨大的贡献，形成了哥本哈根学派。以玻尔的互补性原理为哲学基础，形成了对量子力学的哥本哈根解释。整个哥本哈根解释同样是一种哲学，而不是科学。正因为它是哲学，所以就存在很大的模糊性。玻尔最初在其演讲中只是认为，因为测量主体与被测对象的相互作用太强，从而不可能把量子理论描述的对象简单看成就是纯客观的对象本身。但后来在马克斯·玻恩对波函数的几率解释之后，哥本哈根解释逐渐演化成两种说法。

一是量子力学描述的对象本身在测量之前就是各种可能本征态的几率叠加方式的存在，但在进行测量时，会以一定的几率坍缩到其中一个本征态。这最初是由冯·诺伊曼提出的，他认为微观量子体系在未被测量时按薛定谔方程连续和符合因果律地演化，而在被测量时经历不连续的、非因果律的演化，这就是“坍缩”。

或者是第二种说法，在量子对象被测量之前，谈论量子对象的存在是没有任何意义的。

这两种说法都导致了极大的延伸误解和争议。量子对象的几率存在连建立量子对象波函数的薛定谔也无法想象，他提出了一个著名的薛定谔猫来说明这种困境：猫在被测量之前处于死和活的叠加状态，既是死的，也是活的。

我们可以用另一个可能更容易理解的比喻来说明这一点。在宏观条件下，我们可以对人进行测量，会发现50%的人是男人，50%的人是女人（不考虑阴阳人和男女比例不同等情况）。那么，在下一次观测一个人的时候，我们可以说测到这个人是男人或女人的几率各为50%。通过大量统计性的测量，结果的确如此，这是很好理解的。在这里我们是假定在我们进行任何观测之前，每个人到底是男人还是女人是完全确定的，测量到他们是男人还是女人，只是最终确认他们之前就已经存在的确定状态而已。但量子力学的哥本哈根解释不是这样理解的，它是说在被观测之前，一切人本身就是50%男人和50%女人的态叠加状态，只是在被观测的一瞬间，坍缩成了要么是男人，要么是女人。更重要的是，这个"50%男人和50%女人的态叠加"并不是阴阳人，阴阳人如果存在也是一种确定的本征状态。这怎么理解？关键问题是这种态叠加既无法想象，也无法被观测到，因为只要一进行观测，它就坍缩成单一的本征态了（要么是男人，要么是女人）。

第二种说法同样引起大量争议和误解。说量子对象在未被测量之前，讨论其如何存在是没有任何意义的，这马上就被人与贝克莱和马赫等人的哲学联系起来了——"存在就是被感知"，"世界在被测量之前是不存在的"。作为一门科学的量子力学，对于这些根本无法科学解决的问题是极为烦恼的。因此，有一个对这种解释烦恼不已的处理方法是"Shut up and calculate"，意思是"对这些问题闭嘴，计算就够了"。

三、爱因斯坦与玻尔争论的积极意义何在？

量子力学的这些问题想回避是很困难的，以爱因斯坦为首的一批科学家无法接受哥本哈根解释，更进一步说无法接受量子理论的不确定性，因此不断地对这种解释发起挑战。我们需要清楚理解到的是，有人把爱因斯坦的挑战理解为"反对量子力学"是大错特错的，认为爱因斯坦的努力一直是"失败"的更是大错特错的。这批科学家从来没说过量子力学是"错误”的，而只是不能接受哥本哈根解释，并认为量子力学不“完备”[①]。EPR 论文提到评价一个理论是否“令人满意”应从两方面来看待：一是这个理论是否正确，二是理论的描述是否完备。是否正确是通过实验测量的检验来确定，而关于量子力学，该论文要讨论的只是第二个问题。因此，尽管他们没明说，事实上是承认量子力学得到实验的检验，对其正确性不需要讨论。对于是否完备，论文中也有确切的定义，并不是漫无边际的哲学讨论。所谓完备的科学定义是“物理实在的每一元素都必须在这物理理论中有它的对应”，“要是对于一个体系没有任何干扰，我们能够确定地预测（即几率等于 1）一个物理量的值，那么对应于这一物理量，必须存在着一个物理实在的元素”。这话初看起来很难理解，居然谈到了“物理实在”的定义问题，但这说明了爱因斯坦他们考虑这个问题的时候已经对量子力学做了非常深入的思考了，事实证明这个思考是有预见性的，因为这个 EPR 问题的确最后导致了量子纠缠中物理实在的定域性，而这个问题在该论文中并没有明确提出来。这个论文的思路简单来说就是这样：

如果按照量子力学理论，一个量子对象中“不对易算符”（可以理解为就是海森堡不确定原理中共轭的量）对应的物理量不可能同时准确测量，先承认这样的理论是完备的。例如，动量和位置就是不对易算符对应的两个物理量，它们不可能同时精确测量。如果其中一个如动量精确测量，是一个物理实在，那么另一个如位置就不能精确测量，就不是物理实在。

那么再考察一个双粒子系统，它们相互作用（就是现在讨论很热的量子纠缠过程）后分离开，并且假设它们不再发生任何相互作用。在该论文中按照量子力学的波函数计算之后，通过对其中一个粒子的测量，就可以

---

① 著名的EPR论文中用到的表达“完备”的词是“complete”。A. Einstein, B. Podolsky, and N. Rosen: “Can Quantum-Mechanical Description of Physical Reality Be Considered Complete?”, Phys. Rev. 15 May 1935. 47, 777.

使得第二个粒子的动量或位置都获得精确测量，从而都是物理实在的，而它们属于同一个实在的对象。这就与上面的论述有矛盾。

其实，爱因斯坦一直就是对不确定性原理很难接受，他一直在设想用什么办法对量子获得精确的测量。他还有一个较为有名的思想实验是设想一个有很多光子的箱子，通过一个小孔不断发射出光子，这样箱子会因失去光子而失去一个很小的质量，同时记下光子发射时对应的时间。然后通过测量箱子的质量来精确测量失去的光子质量是多少，从而确定光子的能量，这样就没有与发射出的光子发生相互作用，但却可以同时精确地测量时间和能量这一对共轭的物理量。后来玻尔经过思考后用广义相对论有效反驳了这个思想实验设计。他们之间这类争论有很多，EPR 是其中产生出巨大积极成效的一个。这个 EPR 论文其实还是在设想如何对量子系统进行精确测量。

其实仔细读 EPR 论文可看出，爱因斯坦他们在这个论文中并没有明确说动量和位置是可以“同时”获得精确测量的，而只是通过两个粒子先发生相互作用后分离，从而不再发生任何相互作用，那么对其中第一个粒子的动量精确测量（从而导致坍缩后位置不再确定），就可以精确地确定第二个粒子的动量，从而第二个粒子的动量就是物理实在的。而如果是精确地测定第一个粒子的位置呢，测量导致的坍缩会使动量不确定，但由此得知第二个粒子的位置就获得精确测量，从而第二个粒子的位置就是物理实在的。但两个粒子之间没有任何相互作用，虽然测量第一个粒子还是存在动量和位置不能同时精确测量的问题，但第二个粒子的动量和位置却都是可能精确测量的。除非两个粒子有神秘的瞬间联系，测量第一个粒子的时候发生坍缩也瞬间影响到第二个粒子也发生坍缩了。

从爱因斯坦设想的光子箱子和 EPR 这两个方法来看，他的思路是一样的，都是想通过间接的途径去寻求共轭的物理量可以同时获得精确测量的方法（或者稍微退一步都可能获得精确测量），这说明爱因斯坦也意识到对量子任何直接的测量必然导致不确定性。后人只是在关注他与玻尔的争论，但事实上却没有理解爱因斯坦思想的实质——**不断寻求新的测量方法，以消除不确定性**。所以，表面看好像是爱因斯坦一方在攻击和批评玻尔的哥本哈根解释，事实上却是爱因斯坦在不断建立新的测量方法，去接受玻尔一方的攻击和批评。因此，尽管爱因斯坦一方想否定掉不确定性原理的努力一直没有成功，反而结果是导致了不断用更新的方式证明量子力学的不确定性原理，这个努力的过程是极为富有成效的。EPR 论文后来引导发现的量子纠缠、无限空间距离非定域作用、贝尔不等式、惠勒延迟实验方法以及后来出现的弱测量方法等一系列的创新，正是这种思想方法持续获得成果的证明。将量子力学不确定性中最不可思议和最极致的特性充分发挥出来的，不是肯定不确定性的玻尔和他的支持者们，反而正是爱因斯坦和他的支持者们。

大多数的凡人只是关注于最终谁是正确的，但对于科学来说，能够新发现点什么不是比谁最终是正确的更加重要一百万倍吗？别忘了密立根也是在严重质疑爱因斯坦光量子假说的努力中第一个用实验证明了光量子假说。难道说这个结果只是应该被理解为“密立根错了、爱因斯坦对了”吗？如果密立根能错到因此而拿 1923 年诺贝尔物理学奖的程度，难道我们不该天天祈祷能有犯这种“错误”的机会吗？

“正确”毫无意义，尤其那种哲学上被证明的“正确”更加地毫无价值。人们可以把爱因斯坦与玻尔的争论结果看作一再证明了玻尔一方的哥本哈根解释的正确，但后者正确的意义是什么呢？因此而新发现了什么呢？

如果认为量子力学是完备的（complete 这个词也可理解为完美的，完成了的），那就不需要再做什么了。只有认为量子力学是不完备的，才需要不断去努力做点什么。因此，从科学方法论的角度来说，我们更加赞赏爱因斯坦不接受量子不确定性的思想，在今天依然需要坚持下去。这也的确是事实，因为量子力学显然并没有发展到像欧氏几何、牛顿力学等那样，基本不需要再做什么的程度。

四、其他解释的努力

1935 年的 EPR 论文只是通过新的测量方法来试图证明量子力学不完备，并没有提到如何在理论上解决这个问题。到 1952 年 1 月 15 日，玻姆提出了一个“隐变量”理论试图解决量子力学的“不完备”[①]。隐变量理论解决问题的思路当然是首先承认量子力学是正确的和成功的，但可能缺少了点什么。只要补上这些缺少的东西，量子力学就应该完备了。因为有可能对到底缺什么变量做出不同的假设，所以隐变量理论其实既可能是科学，也可能变成哲学。尤其是如果出现多个变量的假设，就可能会违反未知因素唯一性原则。隐变量理论的关键并不是隐变量到底是什么（其实也没任何人最终说清楚是什么变量），而是其目的——在量子理论范围内消除不确定性，使得所有物理量都变成实在的，可精确测量的量。尽管这个努力最终目的一直未获成功，但却导致试图对隐变量理论与不确定性原理为基础的量子理论进行判决的贝尔不等式的积极成果。

另外还有其他多种假设，如多世界（many-world）或多重宇宙理论（multi-universe）[②]，Wojciech Hubert Żurek 的环境诱导超选择 Einselection（为 environment-induced superselection 的缩写）或称退相干理论[③] 等。[④]

---

① David Bohm，“A Suggested Interpretation of the Quantum Theory in Terms of ‘Hidden’ Variables. I” Phys. Rev. 85，166（1952）.

② 贺天平：《量子力学多世界解释的哲学审视》，《中国社会科学》，2012-1-1，历史一致论（consistent history，Griffiths, Robert B.（1984）. "Consistent Histories and the Interpretation of Quantum Mechanics". J. Stat. Phys. 35: 219.

③ Decoherence，Wojciech H. Zurek,"Decoherence, einselection, and the quantum origins of the classical", https://arxiv.org/abs/quant-ph/0105127. Submitted on 24 May 2001（v1）, last revised 19 Jun 2003（this version, v3）.

④ 郭贵春、贺天平：《量子世界的“测量难题”》，《江西社会科学》，2005.2。

玻尔采用“互补”这一概念，带有这样的思想——“从经典物理学看起来相互矛盾的性质，却是可以统一在一个理论中的”。这被一些人理解为辩证法的对立统一规律，或者东方文化中的阴阳互补。这是量子力学很容易被误解的又一个方面。由于量子力学研究的对象远离日常生活常识，它描述的现象有较多难以实验测量的方面，因此给很多神秘系统误差的出现（神秘主义）创造了条件。

五、无法消除的困难

态叠加和波函数的几率存在与坍缩之间存在着深刻的矛盾。为什么观测不到态叠加的状态，只能观测到坍缩后的本征态？

坍缩的物理机制和中间过程是什么？

测量之前被认为是漫延在无限空间的波函数，怎么会在测量的瞬间坍缩成一个点的呢？

电子跃迁而辐射出或吸收光子的中间过程是什么样的？

以上困难是量子理论本身难以消除的。并且，量子的“态叠加和几率存在假设”，与“坍缩假设”同时存在将导致未知因素不唯一。如果容许这样做，甚至都可能无法区别量子理论与“幽灵理论”的区别是什么。例如，可以按某个数学模型假设存在幽灵，但为什么测量不到幽灵呢？因为测量时会发生坍缩，变成测量不到的幽灵本征态。如果容许这样做，那就会没完没了。

第十三章

对量子力学的测量和循环因果律解释尝试

横看粒子侧成峰，叠加坍缩各不同，不识量子真面目，只缘身在量子中。

量子力学的一切困惑，全都根源于测量和因果律。一旦明白这一点，并且对它们有充分理解后就会发现，微观量子的内在规律，在宏观条件下也大量存在。当我们看清宏观条件下的量子现象后再返回去理解量子力学时，对量子的不确定性就会有全新的认识。如果不能理解量子力学认识论上的“爱－玻二象性”，就不可能理解量子的“波－粒二象性”。

第一节　换个方向看量子

一、不识量子真面目，只缘身在量子中

在以往所有的困难中，无非都是从经典的、宏观的常识角度看，量子力学理论如何难以理解——“违反因果律”“违反决定论”“违反确定性”……也就是说，人们在讨论问题之前有一些“经典的”“宏观条件下常识性的”标准，然后拿这些标准去看待量子理论，发现它们与这些标准不

相符合，从而感到困惑和难以理解。如果我们只是以这样的视角看问题，将永远无法真正解决遇到的困惑。我们为什么不转过身来换一个视角，如果量子理论已经一再被实验证明是正确的，那我们就以量子力学的事实来看看原有对宏观的认识，我们日常生活中常识的“经典”标准真是那样吗？一旦我们把视角这样反过来后就会发现，“经典”其实早就已经不是我们原来想象的那样“经典”了。

二、宏观条件下的量子规律

宏观条件下真的就是我们原来想象的连续、决定论式的吗？早就不是了！

数字电路中只有 0 和 1，不会有中间状态，这不就是量子化的吗？解释数字电路的布尔代数是完备的吗？没有人认为它是不完备的。但布尔代数可以解释数字电路 0 和 1 之间的状态“跃迁”吗？完全不能，现在不能，以后也不能。没人认为可以通过引入某个隐变量使布尔代数可以解释 0 和 1 之间的跃迁是怎么回事。

突变论中可以稳定存在的状态是量子化的，而量子化的状态之间的突变，也就是“跃迁”同样不是突变论的研究范围。

宏观条件下就是决定论的吗？早就不是了，混沌学就认为未来本质上是不可精确预测的，不是量子体系的未来，而是宏观条件下常识性事物的未来是满足不确定性原理的。量子力学的不确定性原理，只不过是普遍存在的不确定性原理的一个特例而已。

宏观条件下测量就是精确的吗？从一开始就根本不是，一切测量全都是有误差的。测量理论的核心就是误差理论。测不准原理就是一切科学测量的最基本原理。只是在近代科学发展的一开始，为迎合实证科学与古希腊科学的矛盾，牛顿才做出测量误差可以无限减少，并可忽略不计的假设。今天已经完全不需要这样的假设了。

最重要的，宏观条件下就是我们原来想象的因果律吗？根本不是，我在《生态社会人口论》中已经将循环因果律还原为经典因果律。宏观条件下的因果律大量存在循环因果，而人们总想将量子体系的因果律假想为古希腊的单向因果律，怎么可能成功呢？

量子力学的一切规律，全都在宏观条件下大量存在，有什么可奇怪之处呢？当我们将循环因果律返回去再应用于量子力学时，对量子的不确定性就会有全新的认知。

三、一切波和量子态都对应循环因果过程

循环因果律不仅可有效地精确解释数字电路中 0 到 1 的跃迁，也可以有效解释一切突变过程的跃迁；可以有效解释一切混沌现象的原因，也可以有效解释一切周期性过程是如何产生的。

一切周期性的规律本质上都是一种循环因果。

经典的钟摆只不过是一种动能量和势能之间循环转换的循环因果。

水波和声波也是动能和势能之间循环因果的转换而形成周期性的过程。

事实上，牛顿第一运动定律本身就是一个特殊的循环因果，它自己就是它自己的原因，也是它自己的结果，因此它会持续维持自己原来的运动。如果它是保持完全独立的匀速直线运动，这表现为惯性，看不出任何周期性。但如果是行星和天体，它们的自我循环因果就会形成周期性的转动。

数字电路之所以形成 0 和 1 的两种状态，是因为形成正反馈循环因果的电路只能迅速发展到晶体管的极限状态：饱和或截止。数字电路在 0 和 1 之间跃迁时并不是没有任何中间过程的，它们会存在脉冲的上升沿或下降沿。这个用示波器可以清楚地看到。一般把脉冲幅度从 10% 上升至 90% 的时间长度定义为上升沿时间长度，反过来从 90% 下降到

10% 为下降沿时间长度。根据循环因果律理论，这个时间长度最终取决于整个反馈环路的总放大倍数和电路的时延两个参数。例如，整个电路循环一周的总放大倍数为 2，总电路时延为 1 毫秒，那么上升沿时间宽度就为：

Max［总电路时延，总电路时延 ×（lg10/lg 总放大倍数）］≈ 3.3 毫秒

也就是脉冲沿至少需要一个电路时延的宽度，或者是需要多次循环放大达到从 10% 上升 90%（需要 10 倍放大倍数）的次数，乘以电路时延。

如果我们仔细研究量子力学的公理，本征态就只是量子可以稳定存在的各种状态，叠加态只是各种稳定状态可被测量到的几率所组成的一个矢量。波函数也只是量子可以在衍射等实验中展现出来的测量结果几率表达。因此，量子力学中所能测量到的一切结果，都只是微观量子可以稳定存在的状态，整个量子力学根本就不涉及稳定的量子态之间过渡的中间跃迁过程，所以也就不可能去解释相应的中间过程。就如同布尔代数不可能去解释数字电路的不同状态之间的跃迁过程一样。因为这些中间过程而引起的问题，量子力学全都不可能解决。因此，量子力学是完备的，如同布尔代数的完备一样。但它又是不完备的，也就是不可能解决微观世界的所有问题。或者换句话来讲，与其说它不完备，不如说我们需要以循环因果律为逻辑基础，去建立另外一套自洽的微观世界的“模拟电路理论”。

电子电路中有大量利用循环因果律产生周期性信号的例子，正弦波信号发生器、时钟信号发生器等都是如此。

而导弹控制、战争中敌我双方的互相杀伤、锁相环、生态环境中北美克洛维斯人将猛犸象吃完，以及此后人口的崩溃等都是有衰减（负反馈）的循环因果过程。

麦克斯韦的电磁场方程之所以能够预测存在电磁波，就是因为电磁波是一种电场和磁场的循环因果过程。

四、“宏观的全同性”以及“微观量子全同性的不完全性”

在数字电路中，只能稳定地存在 0 和 1 的状态。因此，一定程度上说它也是满足全同性公理的，前一个 0 与后一个 0 互换的话没有任何区别，至少在描述数字电路的布尔代数中它们是没有任何区别的。但事实上即使是在“全同”的 0 或 1 的状态也并不是绝对没有任何区别的。如果用极为精确的仪器去测量，会发现处于信号 0 或 1 的状态时，其电压幅度会有极微弱的波动。

在量子力学中，如果全同性公理绝对地成立，一切无区别的量子态之间的跃迁所发射出的辐射频率就应当是绝对没有任何误差的理想单频光辐射。理论上说，所有确定能级产生的量子跃迁都可以获得理想单频的辐射，都可以作为绝对准确的时间计量基准。这又是量子力学另一个极为奇特的地方：

量子不确定性的另一面对应着的是远高于宏观世界的极高确定性。

在实际计量活动中，的确并不是只采用铯 133 作为时间计量基准，铷原子钟、氢原子钟都被实际采用。为什么只有这些元素作为时间标准的设备呢?

实际采用的秒定义是 Cs133 原子基态的两个超精细结构能级之间跃迁频率相应的射线束持续 9192631770 个周期的时间。请注意这里面有“两个超精细结构能级之间跃迁”，“超精细”意味着更小的能级，从而更低频率的辐射。这个定义对应的辐射频率是 9192631770Hz，也就是 9.19263177GHz 的电磁波。频率越高，每个周期的时间就越短，应该说计时精度就越高。但是，实际实现时会有一个困难，因为从技术上说这种计时是通过电子电路的计数来实现的，频率太高的话相应的计数电路就很难制作了。相当多的电子能级跃迁对应的辐射是在可见光附近的频段，而可见光频段的电子电路是定义时间基准时的技术几乎无法实现的。接近可见光波段的信号一般比较容易通过干涉等方法测量波长，而微波及以下的频段比较容易测量频率，这就是为什么在可见光波段我们经常采用的单位是波长，而在微波及其以下的波段经常采用的单位是频率原因所在，虽然它们是完全等价的。采用铷原子钟和氢原子钟也是因为它们存在超精细结构能级，可以获得微波波段的辐射，从而比较容易通过电子电路进行频率计数。氢原子超精细结构能级对应的辐射为 1.42GHz，这个频率比 Cs133 原子钟的辐射频率低 6.47 倍，和我们现在 3G 移动通信的频谱处于相同的频段。很容易理解，这样的原子钟制作起来成本就会低很多，但时间标尺更粗，所以精度就会差很多。

可以很容易理解到，随着技术的发展，如果直接采用可见光频段的辐射来制作原子钟，不仅可用的能级和元素更多，而且测量时间的标尺更精细，测量精度就会更高。这就是现在正大力开发的“全光原子钟”，它是飞秒激光梳状发生器技术的发明使可见光的频率测量成为可能之后出现的。由于可见光频率比 Cs133 原子钟的频率高 3 到 4 个数量级，因此，考虑到一些余量，从理论上说采用全光原子钟可以使时间测量精度提升 100 到 1000 倍。同时我们也可见到用越来越多的元素制作原子钟的消息：锶原子钟、铝离子原子钟等都被采用。采用 CPT 技术（Coherent Population Trapping，相干布居囚禁）原子钟甚至可以做到像手表一样小。从理论上说单纯采用光钟技术只能提高精度或分辨力，并不能提升稳定度。但因为同时发展的激光冷却和囚禁原子技术可以更容易使原子冷却到接近相对零度的极低温，因此稳定度也极大提升。

但无论采用哪个原子钟技术，都必然会有一定的不稳定性。原子钟的不稳定度，事实上就是“全同性公理”并非绝对成立的实验证据。

世界上没有绝对一样的两片树叶，这句话在量子领域依然成立。世界上没有绝对一样的两个电子，也没有绝对一样的两个中子、绝对一样的两个质子。全同性是相对的，而不是绝对的，只是我们今天的理论和实验难以精确解释它们的差异而已。

五、用循环因果律解释原子结构的电磁辐射难题

1911 年，卢瑟福通过 α 粒子轰击金箔的散射实验发现原子核之后，否定了约瑟夫 · 约翰 · 汤姆逊的葡萄干模型。然后他提出了一个原子结构的行星模型。这个模型很快遇到巨大困难：这个体系将是极不稳定的，因为如果带负电的电子围绕带正电的原子核高速运动的话，按照麦克斯韦的电磁场方程，将会辐射出强烈的电磁波，从而导致电子不断损失自己的能量，最后很快就会“坠毁”到原子核上，但原子一般却都是很稳定的。这个模型提出后不久，玻尔用量子概念和巴耳末等人的光谱经验公式有效解释了原子中的电子是稳定在不同的能级上。直到今天，以玻尔的原子模型为基础建立的原子理论基本上普遍地被接受。但是，卢瑟福原子模型所遇到的问题其实并没有真正被解决，我们还是会返回去追问这个问题：带负电的电子在带正电的原子核外高速运行为什么电子会稳定在自己的轨道上，而不会辐射出电磁波呢？现在我们知道，其实并不是不辐射，而只是要么会在一定条件下以能级跃迁的方式辐射出特定能量的电磁波（光子），要么任何辐射都没有。麦克斯韦的电磁场方程为什么在后一种情况下失效了呢？而且在第一种情况下，虽然辐射出了电磁波，但似乎在精确的数量上也不能用麦克斯韦电磁场方程很好地解释。

如果我们假设一切量子都是循环因果系统，这个问题就有可能得到有效解决。麦克斯韦的电磁场方程并没有失效，带负电的电子的确是随时都在辐射出电磁波，但因为电子的循环因果律使它只能处在特定的轨道上才能稳定，所以，如果辐射出的电磁波使其损失的能量不足以使它跃迁到更低的一个轨道的话，它就会循环加速地吸收自己刚刚辐射出的电磁波能量使其返回到当前轨道。这样，它就一直不停地在辐射与收回电磁波，这也是它为什么在一个稳定的轨道上却表现得是“电子云”，而不是一个像行星一样的经典轨道原因所在。电子可以吸收和辐射电磁波这已经普遍被证

明，只不过我们能测量到的是吸收或辐射出可以正好跃迁一个能级的能量所对应的电磁波。既然它具有吸收和辐射电磁波的能力，那么我们假设任何能量的电磁波它都可以吸收和辐射就是合理的。后面将提到的双光子显微技术就一定程度上显示了电子处于能级之间状态的可能性。

如果我们考察一下电子电路中的施密触发器，可以从中得到很好的灵感。这种电路通过内在的循环因果机制形成两个稳定状态，记为 0 和 1，可以认为两个“量子态”。它可以根据输入的电压信号在两个量子态之间转换。例如，输入超过电压 V1，它就会转换到 0 状态，如果输入电压降到 V2，它就会转换到 1 状态。一般来说，V1>V2。如果触发器最初处于状态 1，输入电压小于 V1，这时即使有一个输入的任意波动，但只要电压没有超过 V1，输出就还是稳定保持在 1 状态。如果超过 V1，输出就会迅速转换到 0 状态。不会有中间状态能稳定存在。

电子在不同轨道能级之间的跃迁，与施密特触发器在不同量子态之间跃迁是极为相似的。

我在《生态社会人口论》中分析的克洛维斯人与猛犸象之间形成的循环因果关系也是极为类似的状态，克洛维斯人在不断地吃猛犸象，但猛犸象也在不断地繁殖。只要克洛维斯人不超过一定的限度，猛犸象数量就一直稳定在最高水平的量子态。而一旦克洛维斯人超过一定数量，猛犸象数量就开始迅速雪崩，并从几百万的数量短短几年之内下降到数量为 0 的量子态。中间状态是很难稳定的，除非克洛维斯人知道如何控制自己的人口数量和迅速改变自己的食物结构。

六、用循环因果律解释量子的随机性

循环因果会将无限微小的任意扰动无限放大，因此，即使循环因果不能去解释一切随机性，但至少绝大多数随机性是如何产生的原因可以通过循环因果律来得到解释。

在前面所说的施密特触发器的案例中，我们提到在输入端有两个判决电压 V1 和 V2，并且一般 V1>V2。为什么是这样呢？其实并不是说只能是这样，而是在电路设计时人为设定的，这样的设计可以使电路工作状态较为稳定，实现可靠和稳定的工作。如果我们设想一下，通过电路设计使 V1=V2=v，情况会如何。此时，当输入电压为 v 时，工作状态将会非常不稳定。此时如果我们进行 n 次测量，每次都是给这种施密特触发器输入一个电压为 v 的信号，输出会是什么呢？它每次会随机地处于 0 或 1 的状态。因为输入电压不可能绝对地正好为 v，而是会在 v 附近有任意微小的变动，比如说以 v 为数学期望服从高斯分布。结果是我们在输出中只能得到 0 和 1 的几率各为 50%！如果我们不能深入观测这个施密特触发器的内部结构，也不能观测输出 0 和 1 之间相互跃迁的中间过程，而只能从测量的输出稳定结果 0 和 1 来认识这个系统，我们就只能按 0 和 1 这两个“本征态”的几率各为 50% 来描述这个系统。如果输入的电压数学期望不是正好落在 v，而是比 v 高一点或低一点，那么影响的结果就是输出为 0 和 1 的几率各不相同，但总的几率肯定为 1。这就是说，0 和 1 这两个本征态的任意线性叠加全都是这个系统可能的状态！怎么样，是不是和量子力学中的情况变得极为相似了？

1963 年 3 月，混沌学创立者爱德华 · 诺顿 · 罗伦兹（Edward Norton Lorenz，1917.5.23—2008.4.16）在其论文《确定性的非周期流》[①]中分析了著名的“蝴蝶效应”。对于这个效应最常见的阐述是：“一只南美洲亚马逊河流域热带雨林中的蝴蝶，偶尔扇动几下翅膀，可以在两周以后引起美国得克萨斯州的一场龙卷风。”之所以会产生这种效应原因就在于，任意微小的扰动被近乎无限地放大，从而使一个任意微观的变化最终变成巨观的天气现象。这种“近乎无限的放大能力”从纯理论上说可以是单向

① Lorenz, Edward N. "Deterministic Nonperiodic Flow".Journal of the Atmospheric Sciences. 20（2）: 130 - 141. March 1963.

的，但最常见的是通过循环因果过程而实现，因为循环因果机制极易形成指数变化。

七、量子实验中受控性问题分析

因为哥本哈根解释把描述量子对象的波函数和叠加态解释为量子对象本身的存在，这必然需要引入测量时的“坍缩”，因为波函数弥散在整个宇宙空间，而任何测量只能在屏幕上得到一个点。这必然会带来坍缩的过程到底是什么的问题，并且会遇到“一个弥散在整个宇宙范围的对象怎么会瞬间收缩成一个点？”的难题。

随机性、周期性，这些都是存在循环因果，或信息放大（误差也会被放大）最典型的特征。如何来想象这种状态呢？我们还是先看看宏观领域是否可能出现这样的情况。

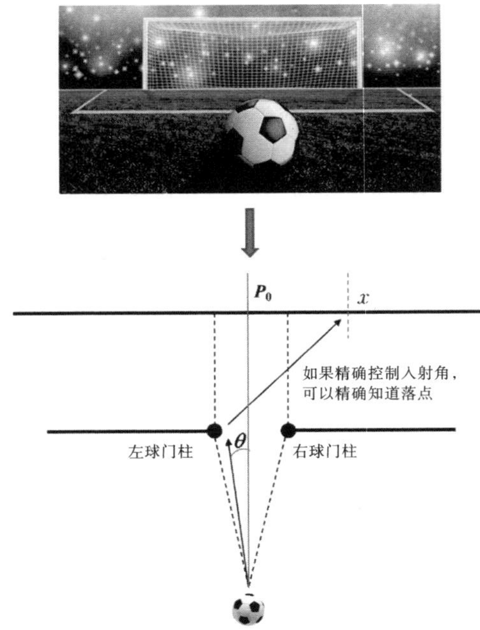

图 13-1　假设足球是量子的单缝实验

以足球射门的情况为例。我们假设没有守门员，并且为了与单缝实验的情况相比拟，把球门以外的边线都封起来，把球门内的网拆掉，并且在球门后面一定距离平行地设一个无限长的平板。这样，球门就相当于单缝，后面的平板就相当于测量的屏幕，足球就相当于被测量的量子。

为了可比较，我们再把球门缩窄，其宽度只是足球几个直径的尺寸。当射门的时候，如果足球未碰到球门柱直接射到球门内，足球就会以直线运行方式直接撞到后面的平板上。把所有足球第一次碰到平板的点记录下来。这样，垂直正对球门的平板会有一个比较高几率的碰撞区域，相当于出现一个正对球门缝的“亮条纹”。足球是一个“实物粒子”，那么最终形成的只会是这样一个中央的亮条纹吗？显然不是。我们看足球比赛的时候经常会看到，碰到球门柱的足球会发生运动方向的复杂反弹变化，甚至于碰到左门柱后还可能侧向弹到右门柱上再以不同角度射上后面的平板，或者还可能多次反弹再射向后面的平板。结果呢？后面平板上记录下的碰撞点会弥散到很宽的范围，中间几率高，越到远的地方几率越低。平板上会出现以中央亮斑为中心向左右对称散开很远的“散射面”。

现在我们再来假设一下，球不是简单地射向球门，而是一个以各种方式振动的球，如：

左右振动。

上下振动。

大小起伏振动。

……

仔细让它们射出时振动的相位一致，结果是什么？平板上碰撞的点几率会出现与振动频率相关的有规律起伏。这不就是出现衍射条纹了吗？

此时，假设有位物理学家根据平板上的衍射条纹建立了一个“足球波函数”，并且以此为基础建立了“足球量子力学”。进一步假设足球在发出之前就是这样一个足球波函数的几率状态，而在撞向平板的一瞬间“坍缩”成了一个粒子状的足球——这就是足球量子的“哥本哈根解释”。如果在整个测量中我们只能看到足球在平板上撞击的点，这样的说法我们真的无法区分是对还是错。并且这样的假设在数学计算时也很方便，甚至从来不会出错。

现在，我们再把思路完全反过来，足球的撞击为什么不在平板上形成一个单纯的亮斑，而是弥散到整个平板上非常广泛的区域呢？一旦我们提这个问题就会发现，足球在从发射点射出的时候，会有一个极小的不确定角，只有这样才会撞到左边或右边的球门柱，并且经过撞击方向的高度放大弥散到平板上很广泛的区域。只要这个发射角发生任意微小的改变，就可能会在最后形成极大的偏差，这就好像踢足球的是一位"臭脚"运动员。

如果球是存在同期性的振动，发射角的偏差会有一定周期性地被放大。

现在我们来换一位顶尖高手，可以把发射角完全限定在小于发射点与球门形成的夹角，从而不会与球门柱发生碰撞，这样会有什么结果呢？显然，所有的球都会撞到后面平板上正对球门的极小区域，只形成一个中心的亮斑，不再有衍射条纹了。

足球波函数并不算错，它所说的不确定性的确存在，但并不是足球本

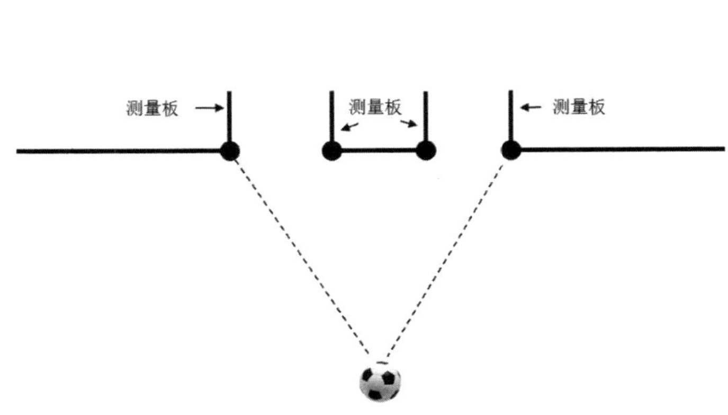

图 13–2 加测量板的足球量子实验

身就是不确定的，而只是足球发射时有一位“臭脚”的运动员而已。但也幸好有这位“臭脚”，使我们发现了足球本身存在的振动频率。

如果我们能够非常精确地控制足球的发射角，就像台球高手一样，那么可以发现，足球在平板上的落点位置 x 是可以精确控制的，并且可以获得式 13-1 所示精确的函数关系：

$$x=f(\theta, f, v) \qquad (13\text{-}1)$$

θ 是足球的发射角，v 是足球的运动速度，f 是足球的振动频率。假设我们除了通过测量板撞击外，我们无法知道足球是如何运动的，从而在双缝后面装上测量板，以确定足球到底通过哪个缝。图 13-2 画得有些夸张，以使读者看得更清晰。装这些测量板以后实验结果是什么呢？干涉条纹居然消失了！——因为测量板阻挡住了向不同方向散射的足球路径。

足球量子力学解释说，因为测量时发生了坍缩，从而就不再是波。但我们可以看到足球是如何运动的，所以很清楚，装上测量板后必然改变足球的运动方向，从而把可以引起干涉或衍射的足球方向改变了。所以，这个实验并不是完全受控的。

其实，单电子双缝干涉不是存在类似的问题吗？

在图 13-3 和图 13-4 各个电子双缝干涉实验方案中，设置在缝后面的遮挡和测量装置都很可能改变通过缝之后电子的运动方向，从而测量装

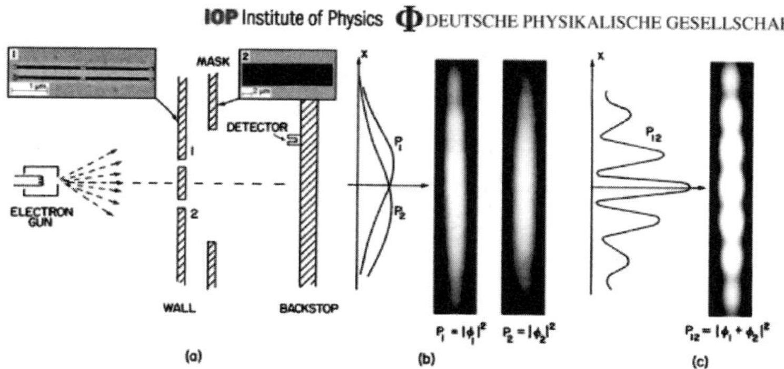

图 13-3　双缝电子干涉实验，先分别遮挡其中一个缝，再测两个缝的不同结果

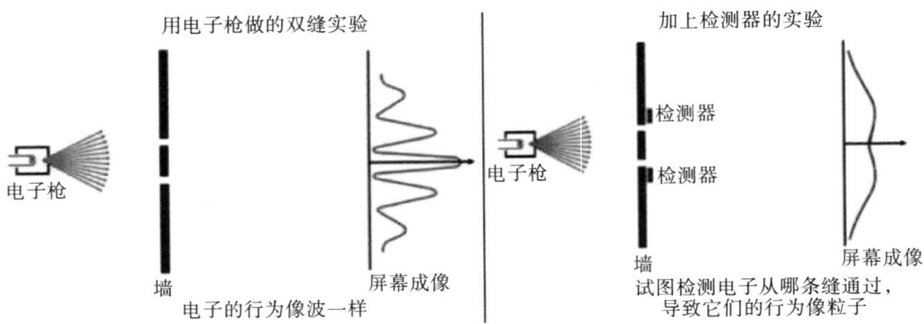

图 13-4 双缝电子干涉实验，先进行双缝干涉，再采用检测器发现干涉条纹消失

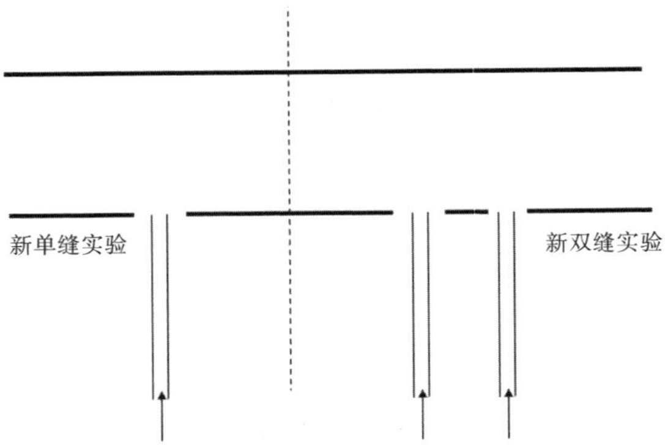

图 13-5 不与缝的边缘发生接触的夫琅和费入射光单缝和双缝实验

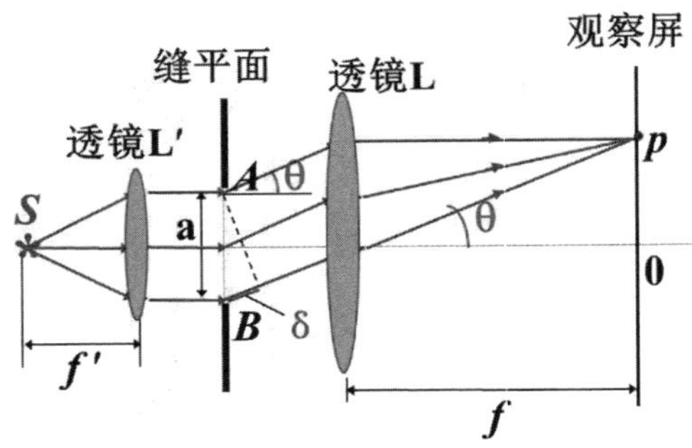

图 13-6 经典的夫琅和费衍射原理。入射光只作整体出现，并未分别精确控制光线在缝平面上距缝中心的位置，即入射光位置本身就存在随机性

置本身会严重影响测量结果。

现在我们再回到光的单缝和双缝实验。如图 13-5 所示假设光也是粒子的话，要在这些实验中产生衍射和干涉，光源发出的光线必须与缝的边缘产生相互作用。现在我们已经充分证明光的波动性了，为何不把思路再转换一下：如何能够让可以产生衍射和干涉的实验装置不再产生衍射和干涉呢？像前述的足球一样，有一个可能的方法，使入射的光线方向为平行，类似经典的几何光学中夫琅和费衍射的假设条件——光源距离缝平面无限远。所不同的是，入射到缝的光带形成比缝更细宽度的光线，确保不与边缝触碰，并且缝后面没有聚焦透镜。这样的话，衍射条纹就应该消失了。双缝实验也是类似的，将同一光源的光分离，形成平行的两条更细光线，并且不与双缝的四条边发生触碰，干涉条纹就不会再出现。

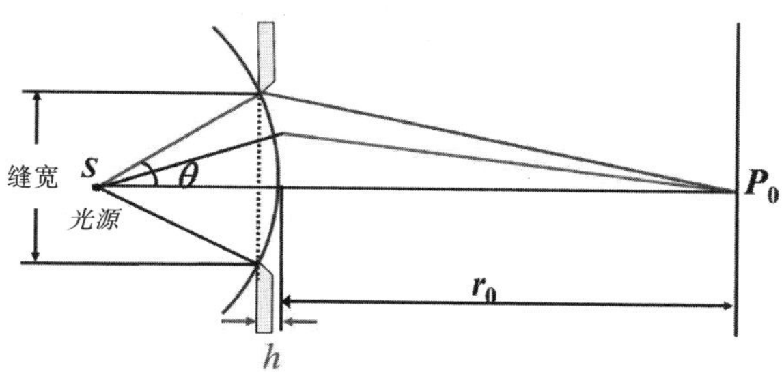

图 13-7　经典的菲涅尔衍射原理，光源是与缝平面距离较近的点状光源。入射光整体出现，未分别精确控制光线的射角，即光线入射角存在随机性

原来，之前所有实验中的衍射和干涉之所以存在，只是因为有一位光源的“臭脚”存在。不是最后测量时存在不确定性，而是光源本身就存在极微小的不确定性而已，并且它们被整个单缝和双缝实验装置高度放大了。

托马斯 · 杨、菲涅尔、阿拉戈、夫琅和费他们为了证明光的波动性，所以会将实验设计得尽可能让它可以产生衍射和干涉，这必然要求入射光存在覆盖整个缝的随机性。但后来所有实验中都要求出现衍射和干涉，否则就说明实验失败。这种潜在的假设前提事实上就决定了必须引入具有随机性的、不完全具有可控性的光源（相当于前述“足球量子实验”中的那位“臭脚”）。

作为受控实验，必须使影响结果的一切要素都在控制之内。问题并不在于单缝和双缝实验中光源的发射角或入射光线位置是不受控的，而在于这种不受控是否会影响到所要测量的结果要素。在证明光的波动性时，需要这样一个有一定随机性的光源。但如果要精确地决定光子在屏上落点是由什么引起的，就必须精确控制或测量光源极微小的发射角或发射位置才能解决问题。

第二节　一个解决隐变量和波函数随机性的可能受控实验方案讨论

前面已经证明了，对于要确定量子在测量屏上的准确位置来说，单缝或双缝实验中量子源（光源或电子枪等）是不完全受控的。因此，测量屏上量子落点的随机性不能作为证明量子具有随机性的实验证据。明白了这些，我们就可以设计如图 13–8 所示的可能的受控双缝实验方案。这个实验方案可以采用电子，也可以采用光子，只是不同量子选择时，缝的宽度等不同。

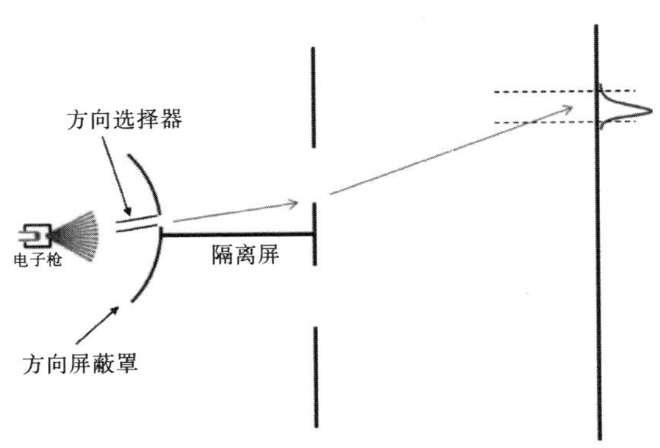

图 13–8　入射量子受控的双缝实验方案原理

在该方案中，增加了三个新装置：

1. 方向选择器。其目的是获得入射方向严格受控的电子。

2. 方向屏蔽罩。其目的是将非受控方向的电子吸收屏蔽掉。通过方向屏蔽罩与方向选择器的联合转动，来选择任意所需要方向的电子，并且将非受控方向的电子屏蔽掉。

3. 隔离屏。其目的确保电子只可能从一个缝中通过，从而避免单电子双缝实验中认为单个电子同时通过两个缝发生自相干涉的情况。这种情况在过去的双缝实验中既无法真正证实，也无法否定。而单电子同时穿过两个缝的情况按现有任何物理学知识（包括任何量子力学知识）又无法理解。隔离屏与方向屏蔽罩一起构成了一个屏蔽的、只可能单缝通过的空间，确保单个电子不能同时穿过两个缝。同时隔离屏与方向屏蔽罩之间也留有最小限度的空间以使后者可以自由地转动。

这个实验方案要求不在缝后面设置任何测量装置，以避免量子通过缝发生作用的过程被干扰。整个实验过程分三步。

第一步，传统双缝干涉验证（如图 13-9 所示）。首先去掉新增加的方向选择器，方向屏蔽罩和隔离屏。剩下传统的双缝测量部分：电子枪、双缝及测量屏，获得双缝干涉的传统结果。这一过程可以单电子进行，也可以大量电子同时发射进行。测量获得干涉条纹，尤其是各个干涉条纹的宽度。

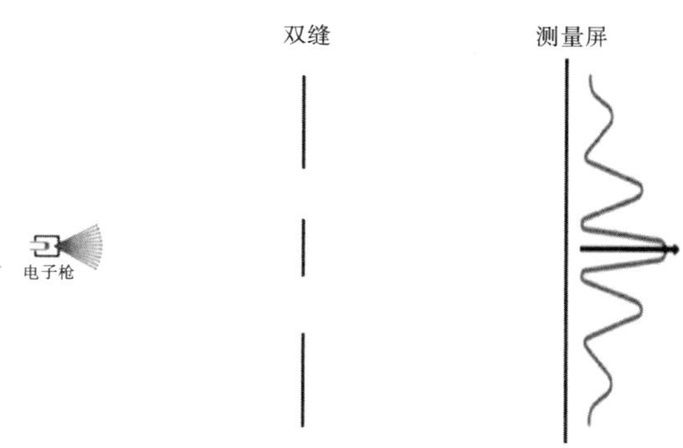

图 13-9　传统双缝干涉验证。

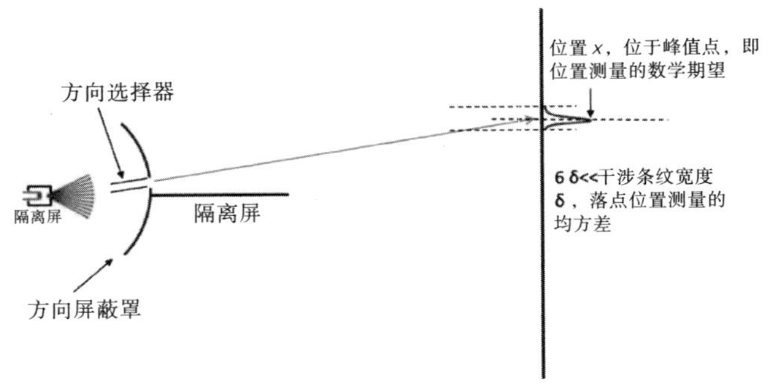

图 13–10　入射控制装置检验

第二步，入射控制装置检验（如图 13–10 所示）。将第一步实验中的双缝暂时移走，加入新增加的入射控制系统三个装置：方向选择器、方向屏蔽罩和隔离屏。转动方向选择器和方向屏蔽罩，以获得可以覆盖双缝的所有方向电子的测量。在每个方向位置上，电子会在测量屏上有一个落点测量值。该测量结果的数学期望 x 就是对应方向的落点，其均方差为 δ。为保证可以精确地区分它影响到的是哪个干涉条纹的具体位置，应满足 6 δ << 对应位置的干涉条纹宽度。

对电子进入方向选择器和离开方向选择器两个点位时的速度进行测量，以确定方向选择器是否会影响电子的速度。

另外去掉隔离屏再进行一次测量，以确定隔离屏的引入是否会改变电子的运动方向。

第三步，按前述图 13–8 进行入射量子受控的双缝实验。同步转动方向选择器和方向屏蔽罩，完整地测量可以通过所有双缝对应位置的电子束。这个实验结果不能直接获得干涉条纹，而只是获得落点在测量屏上的位置 x，与入射角 θ 的对应关系。分析如下：

我们认为，电子在各个入射角上最终产生与第二步检验时不同的偏转位置，原因是受到缝的作用影响。不同方向的电子会碰到缝的不同位置，从而产生不同方向的偏转影响。最终落点位置 x 是四个因素的函数：θ，电子入射角；λ，电子波长；ω，发射时相位；V，电子速度。可得：

$$x=f(\theta, \lambda, \omega, V) \tag{13-2}$$

假设 λ 、ω 与 V 皆为确定值，即常数。那么上述函数可简化为：

$$x=f(\theta) \tag{13-3}$$

对上式取微分：

$$dx=f'(\theta)d\theta \tag{13-4}$$

这个关系式的含义是入射角 θ 单位变化，对应的落点位置 x 的单位变化。落点位置 x 的单位变化越大，则相当于相应位置的电子落点越疏，对应波谷。如果落点位置 x 的单位变化越小，则相应位置的电子落点越密，对应波峰。因此：

$$d\theta/dx=1/f'(\theta) \tag{13-5}$$

应当与第一步干涉条纹位置上相一致，只是波峰的高度不一定一致。如果要测定每个干涉条纹波峰的高度，需要电子枪在各个入射角上的分布密度数据。

以上分析是简单假设 x 与 θ 的函数关系数学上单调的，但事实上显然不会是这样。两个缝的测量数据应当是关于 x 轴对称的。将 θ 轴沿 x 轴折叠，且将与 $|\theta|$ 即 θ 绝对值相同的 x 数据进行叠加，然后再进行上述数学计算，结果就应当是最终干涉条纹数据。

该实验中的电子也可以换成光子进行。

该受控的双缝干涉实验可以真正判决性地检验量子双缝实验中的干涉图案，或波函数是不是真正随机性的。如果实验结果与传统干涉实验完全相同，那么可进一步控制其他三个参数 λ、ω 与 V 来获得完整的测量数据。从而证明 θ、λ、ω 与 V 这四个参数，或其中部分就是爱因斯坦和玻姆所期待的隐变量。

这个入射方向受控的双缝实验也可以通过夫琅和费双缝实验方式进行，只是将上述入射角换成入射位置，将方向屏蔽罩的转动方式换成沿缝平面平移方式进行。方向选择器更为简单，不需要转动，只需要保持与缝垂直，随方向屏蔽罩一起平移即可。其他部分原理完全相同。不过，这个入射位置受控的夫琅和费双缝实验以目前技术只适合以光子进行。

该受控实验还可通过单缝实验进行。只是在入射受控单缝实验中，不再需要隔离屏，干涉条纹换成衍射条纹，其他原理相同。

以上这个受控实验是可能的吗？从经典的角度说是可能的，但对微观量子却需要讨论下它的可行性。问题在方向选择器是否可能获得上，要想获得尽可能方向精确的量，需要选择器尺寸尽可能小。但由于量子的不确定性原理，当选择器尺寸越小，位置越精确时，量子的动量不确定性就越大。甚至于，更小的一个选择器窗口，本身就会引起更大的衍射效应，使方向的不确定性增加。

但是，本受控实验方案的讨论却是有一定意义和价值的，它一是说明了过去实验方案中对入射量子存在的不确定性没有进行充分的考虑，二是在缝后面进行测量存在的对量子通过缝的干扰问题，三是没有隔离屏，使电子有没有可能同时通过两个缝不能得到受控的确定。这个实验方案分析说明了：微观量子测量结果的不确定，来源于量子源本身的不确定。

第三节　直觉更难理解的实验结果

一、爱因斯坦的分光实验

在第二节中提出的可能测量方案暴露了传统单缝和双缝实验方案可能存在的非受控问题。爱因斯坦的分光实验可认为对双缝实验方案的改进，这是借鉴了麦克尔逊—莫雷干涉仪的光行差实验原理。实验装置见图 13-11。

图 13-11 中，光子从光源 I_1 发出，遇到一个镀银的半透镜 *BS1*。按经典理论，光波分成两半，各占 50%。如果按量子力学理论，则是光子反射和透射的几率各占一半，整个系统的波函数是两者的叠加。分成两半的

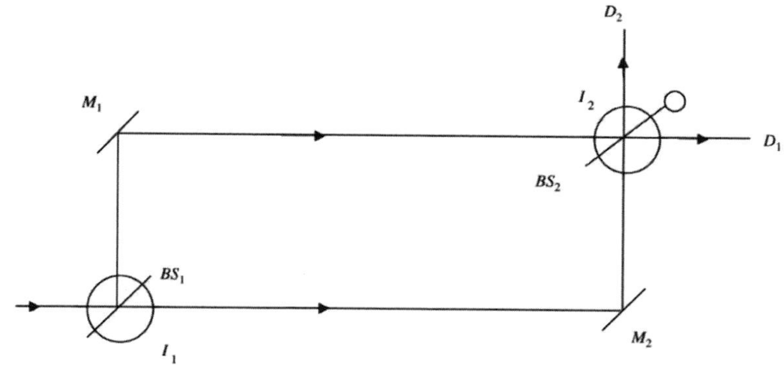

图 13-11　爱因斯坦的分光实验与惠勒等人的延迟选择实验原理图

光波或几率各半的光子经 M_1、M_2 两个反射镜反射，在 I_2 处汇聚。实验方案分两个步骤。

首先在 I_2 处放置两个方向的光子探测器 D_1、D_2，先不放半透镜 BS_2。如果 D_1 探测到光子，表明光子来自 M_1，如 D_2 探测到光子，表明光子来自 M_2。按照经典理论，光子要么经 BS_1 反射后，再经 M_1 反射到达 D_2；要么透射过 BS_1，再经 M_2 反射到达 D_1。在某一个确定的时刻，光子必然处于某一条轨道的某一个位置上。但是我们不知道它究竟在哪个轨道上。需要通过测量来确定。

然后在 I_2 处放置另一个半透镜 BS_2，来自 M_1 或 M_2 的光子再次一半透射，一半反射，并在此干涉。调整光程差，可以使达到探测器 D_1 的干涉光因反相而相互抵消，此探测器将不会接收到任何光子信号。该图中经过任何一次方向垂直的反射，会使相位发生 $\pi/2$ 的变化，当 D_1 方向正好反相时，D_2 方向会有 $\pi/2$ 的相位差异。此时，D_1 虽接收不到任何光子，但 D_2 处会有一定强度的光子信号。同样方法也可使 D_2 处反相抵消收不到任何光子，但 D_1 处可接收到。这样，当发生这种干涉时，表明光子是同时经过两条路线到达 I_2 处的，因为只有这样才会有干涉现象发生。放还是不放第二块半透镜 BS_2，相当于在双缝实验中打开还是遮挡另一个狭缝，但更加简明。

如果不放第二块半透镜 BS_2，测量结果会表明，光子只是走过其中一条路线 M_1 或 M_2 到达 I_2 处。如果放置第二块半透镜 BS_2，测量结果会表明，光子同时走过两条路线 M_1 与 M_2 到达 I_2 处，并发生干涉。

爱因斯坦认为，一个光子不可能既能只走一条路线，又能同时走两条路线。这表明量子理论是不完备的。玻尔用其互补原理进行解释，认为两者并不矛盾，因为这是两个不同的实验，而关键的是不可能同时做两个实验。

二、惠勒的延迟选择实验

在爱因斯坦分光实验的基础上，惠勒更进一步提出了延迟选择实验[①]。1979 年在普林斯顿召开的爱因斯坦诞辰 100 周年纪念会上，惠勒的发言讨论了这个设想而使其更加广为人知。这个实验设想是，当光子已经通过 M_1、M_2 之后再决定是否放置半透镜 BS_2。如果放置 BS_2 发生了干涉，说明光子同时走过两条通道。如果不放置 BS_2，从而未发生干涉，则说明只走一条通道。这样就导致了一个怪异的结论：观察者现在的行为决定了光子过去的路线，就像惠勒所说的"现象只有成为被观测的现象之后才成为现象"（"no phenomenon is a phenomenon until it is an observed phenomenon"）。不仅如此，这个实验甚至对因果律的时间顺序似乎也造成了困扰。顺便提一下，惠勒也是著名的"黑洞""虫洞"这些远超直觉概念的创造者。

在惠勒延迟实验的构想提出五年后，马里兰大学的卡洛尔 · 阿雷（Carroll O Alley）和其同事做了一个延迟选择实验，其结果真的如理论

① Wheeler, J. A.,［1978］, The Past and the Delayed-Choice Double-slit Experiment, in Mathematical Foundations of Quantum Theory, ed. Marlow, pp. 9–47, Academic Press, New York.

分析的那样。慕尼黑大学的一个小组也做出了类似的结果。

这个思想实验并没有限制实验室的尺度，M_1、M_2 两条路线原则上可以无穷长，几米、几千米乃至几亿光年都不会影响最后的结论。

更严重的危机出现了。现在已经不仅是光子究竟走哪一条路，能不能知道走哪一条路的问题，甚至基本的因果性时间顺序也遭到了挑战。

如果我们仅仅看这些实验方案的话，很难看出其原因要素的不受控。但是量子在一开始的来源处为什么在经过分光镜 BS_1 后反射和通过的几率各为 50% 呢？这本身就已经表明反射和透射的量子存在差异，否则它们不会在经过被认为完全相同的装置后产生完全不同的表现。因此，如同我在本章第一节中的分析所指出的那样，无论是爱因斯坦的分光实验还是惠勒的延迟选择实验都无法成为完全的经典意义上的受控实验。如果以这样的实验结果来得出完全受控实验情况下的结论，其结论当然就会极为怪异。

三、贝尔不等式与量子纠缠相关实验

1. 贝尔不等式

早在 1932 年，冯·诺依曼在其《量子力学的数学基础》中，对隐变量理论的不可能性提供了一个数学证明。后来，玻姆为冯·诺依曼的隐变量不可能性证明提供了一个实际的反例。贝尔在玻姆工作的基础上找出了冯·诺依曼证明的一个小小的漏洞。后者用了一个假设：“两个可观察量之和的平均值，等于每一个可观察量平均值之和。”但是，贝尔指出，如果这两个观察量互为共轭变量，也即满足测不准原理的话，这个结论是不正确的。

为了简化论证，贝尔只考虑自旋为 1/2 的两个粒子组成的体系，假定该体系处在总自旋为零的单态，两个粒子从某时刻起已经分开很远，以后它们之间不再会有任何相互作用。令 a、b、c 是空间三个任意方向的单位矢量，假设态函数存在隐变量 λ 。经过数学推导后得到如下不等式：

$$|p(a,b)-p(a,c)| \leqslant 1+p(b,c) \qquad (13\text{-}6)$$

贝尔不等式有很多变化形式，应用较多的是经过克劳泽（Clauser J. F）、Horne、Shimony、Holt 等人于 1969 年提出的 BCHSH 形式：

$$|p(a,b)-p(a,b')| \leqslant 2\pm[p(a',b')+p(a',b)] \qquad (13\text{-}7)$$

2. 阿斯派克特实验

贝尔不等式被认为隐变量理论与量子力学之间可以起到判决性作用。如果满足贝尔不等式，表明隐变量理论正确，如果不成立，表明量子力学的理论预测正确。在贝尔不等式提出之后的几十年间，经过了大量不同人以各种方式的实验验证，所得到的结果基本上一致倾向于量子力学的预测。其中尤其以 1981 年法国科学家阿斯派克特（Alain Aspect，1947.6.15-　）小组的实验最为令人印象强烈。这个实验不仅否定了贝尔不等式，而且清晰地展示了量子纠缠的非定域作用现象。该实验用紫色激光激发一个钙原子产生级联辐射，释放出一对向相反方向的绿色和蓝色光子。因为受动量守恒的约束，这两个光子会以动量大小相等、方向相反、自旋方向相反的方式向远处运动，并且两者在与前进方向垂直平面内的偏振（振动）方向也是一致的。由于量子纠缠，这两个光子像是一个整体那样相互联系着。实验结果否定了贝尔不等式，支持量子力学的预测。

不仅如此，该实验强烈展示了量子纠缠状态下的非定域超距作用。如图 13-13 所示，A、B 两侧的偏振片上部所示都呈竖直状态，两侧的胶片上都留下了光点。这较容易理解，因为垂直偏振的光都通过了偏振片。A、B 两侧的偏振片如图中部所示都呈水平状态以阻止光波，两侧的胶片上都没有光点。这也很容易理解，因为两边都是垂直偏振的光，都通过不偏振片。问题在下面，如图中下部所示，如果 A 侧偏振片竖直，B 侧水平，照理说应该是 A 侧胶片有光点、B 侧胶片无光点。但神奇的事情是，实验结果是两侧胶片都无光点。为了避免 A、B 两侧会发生什么相互作用，阿斯派克特以及后来的实验方案又采用各种办法防止 A、B 两侧产生相互作用的可能性。如以显著小于光从钙原子发射源到达偏振片的时间间隔改变

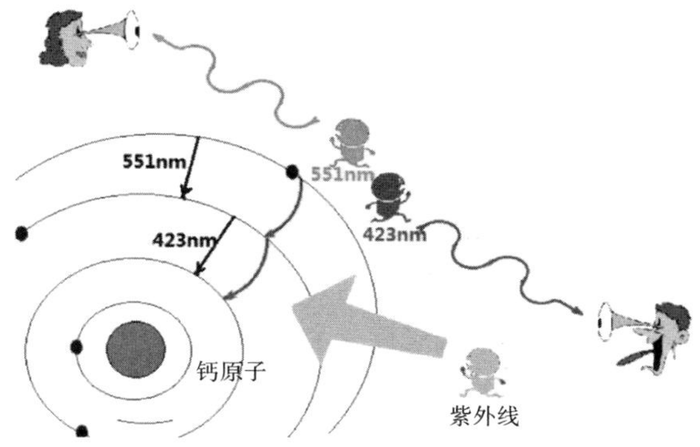

图 13-12　阿斯派克特量子纠缠实验原理

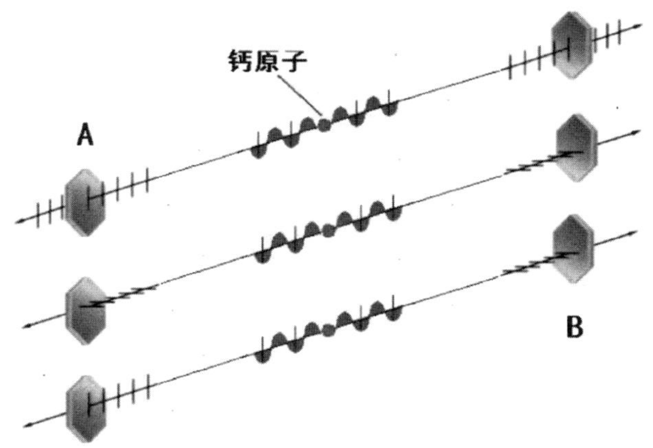

图 13-13　阿斯派克特实验中偏振片变化对测量结果的影响

偏振片的放置，甚至加上随机变化，不断延长钙原子发射源到偏振片的距离，最后结果却都一样。

这个实验强烈显示了在 B 侧光子不能通过该侧偏振片坍缩成粒子后，A 侧的光子也同时坍缩成粒子了。这正是 EPR 论文根据量子力学预测情况。有人把这称为“超光速”作用现象，但事实上这并不是“超光速”，而是两侧光子坍缩过程是完全同时发生的，根本就不存在速度的问题。如果有速度，即使是超过光速的速度，都意味着它需要一定的时间才完成两侧光子的坍缩过程，但在此期间，都可能存在一个潜在的困难：要么动量守恒定律可能遭到违反，要么在此期间另一侧的光子不是处于叠加态，从而使量子理论遭到违反。

3. 并非都是量子的特性

某些实验最初被认为量子的特殊性质，但后来发现事实并非如此。鬼影成像（Ghost imaging）就是这样一个案例。

1995 年，美国马里兰大学的华裔物理学家史砚华（Yanhua Shih，http://physics.umbc.edu/people/faculty/shih/）参与的 T.B. Pittman 等人所做的被称为“幽灵成像”的实验，的确充分体现了量子的非定域性作用[①]。如图 13-14 所示，纠缠光源发出互为纠缠的红光子和蓝光子。经过偏振器之后红蓝光子分开向不同的方向传播。让红光子通过一定形状的狭缝，这个狭缝的图像，就像幽灵鬼影一般，呈现在蓝光子投射的屏幕上。

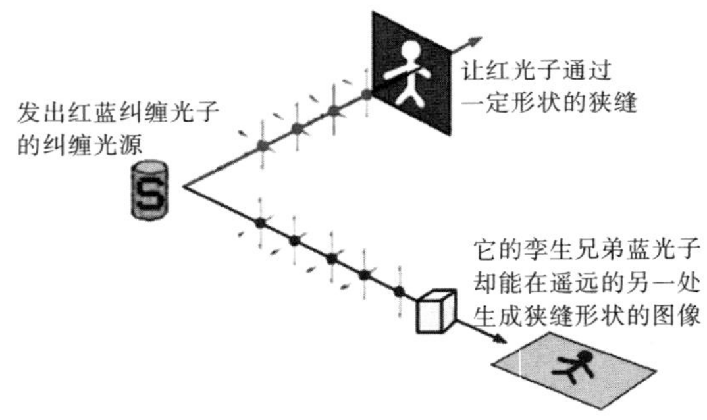

图 13-14　幽灵成像实验示意（http://songshuhui.net/archives/83786）

图 13-15 和 13-16 是 T.B. Pittman，史砚华等人论文里（T.B. Pittman，1995）的实验设计及结果图。在他们的实验中，狭缝形状是四个字母“UMBC”，这是马里兰大学的英文缩写。

更加清晰显示纠缠量子非定域性作用的是“量子擦除实验”，这个实

① “Optical Imaging by Means of Two-Photon Entanglement” T.B. Pittman, D.V. Strekalov, A.V. Sergienko and Y.H. Shih, Phys. Rev. A, Rapid Comm., Vol. 52, R3429（1995）.

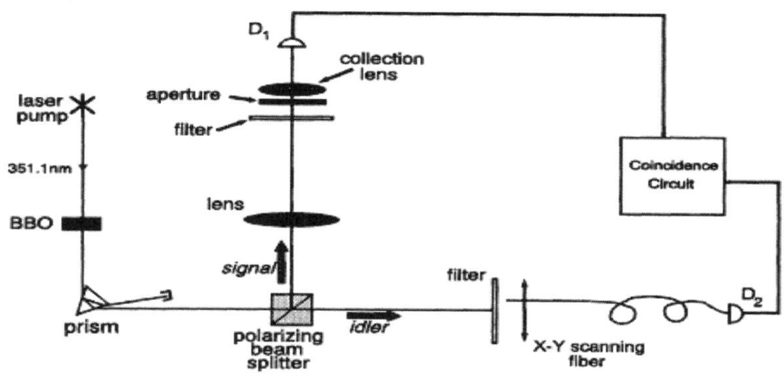

图 13-15　幽灵成像实验原理

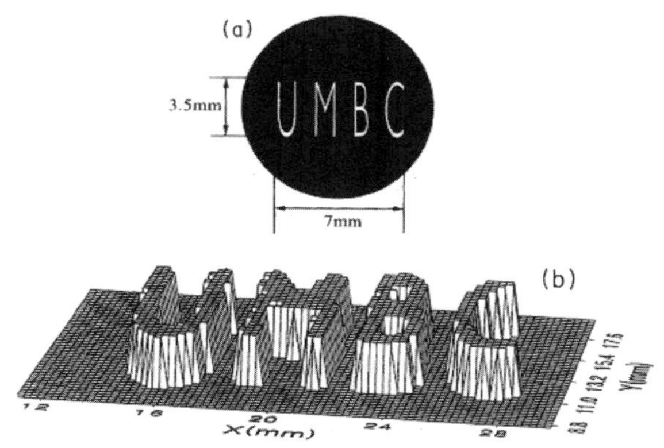

图 13-16　幽灵成像实验结果

验系统的原理大致是将一个“幽灵成像”系统与另一个双缝干涉实验的系统组合在一起。纠缠光子的非定域性作用不是引起“幽灵成像”，而是用于改变一侧光子双缝实验的结果，以此显示纠缠量子非定域性的作用。

但是，后来通过研究发现基于非纠缠的经典光源也可能实现这种鬼影成像。2002 年，罗切斯特大学的 Bennink 等人就使用随机指向的光源实现了鬼影成像[①]，这个实验开启了基于经典光源鬼影成像的研究。这种

① R.S.Bennink，S.J.Bentley and R.W.Boyd.“Two-Photon” Coincidence Imaging with a Classical Source.Phys.Rev. Lett.，2002，89：113601.

成像也叫量子成像（Quantum imaging）、双光子成像（Two-photon imaging），符合成像（Coincidence Imaging），国内较多称为关联成像（Correlated imaging）。

2005 年，中国科学院物理所的吴令安（女，1944.8— ）小组首次使用真热光源实现了关联成像 ①。目前利用纠缠量子和经典热光源的二阶和三阶关联成像是学术研究的一个前沿和热点之一。

需要注意的是“双光子成像”这个概念可能与另一个技术相混淆，就是双光子激发显微成像技术。一般光子激发电子产生跃迁，是一个光子能量正好对应一个电子的能级。但是，双光子成像是利用两个光子加起来的能量正好等于一个能级来激发产生跃迁。这样理论上说，好像应该也可以有三个或更多光子能量加起来正好等于一个电子能级，也应该可以激发成功的可能。这个现象暗示了电子能级之间是可以有中间状态的。

4. 量子通信

1989 年，GHZ 小组（格林伯格、霍恩、塞林格和西蒙尼）发现用三粒子纠缠系统，可以类似于贝尔定理，得出比贝尔定理更简单的结论：GHZ 定理 ②。2000 年，潘建伟等很快地首次成功利用三粒子纠缠态实现了 GHZ 定理的实验验证 ③。此后，利用量子纠缠和隐形传态原理进行量子密钥分发传输的实用化研究进展迅速。2016 年，以潘建伟团队领导的研究小组实现用量子通信卫星墨子进行量子密码分发的实用化研究获得巨大进

---

① Zhang Da［张达］, Chen Xi-Hao［陈希浩］, Zhai Yan-Hua［翟艳花］& WuLing-An［吴令安］, Correlated two-photon imaging with truethermal light［J］. quant-ph. 2005, 30: 2354-2356.

② D.M.Greenberger, M.A.Horne, and A.Zeilinger, Going beyond Bell' s theorem, In: M.Kafatos（ed.）, Bell' s theorem, Quantum Theory and Conceptions of the Universe, Kluwer Academic Publisher, 69-72, 1989.

③ JWPan, DBouwmeester,MDaniell,HWeinfurter,AZeilinger, Experimental Test of Quantum Nonlocality in Three-Photon Greenberger-Horne- Zeilinger Entanglement, Nature,2000,403: 515

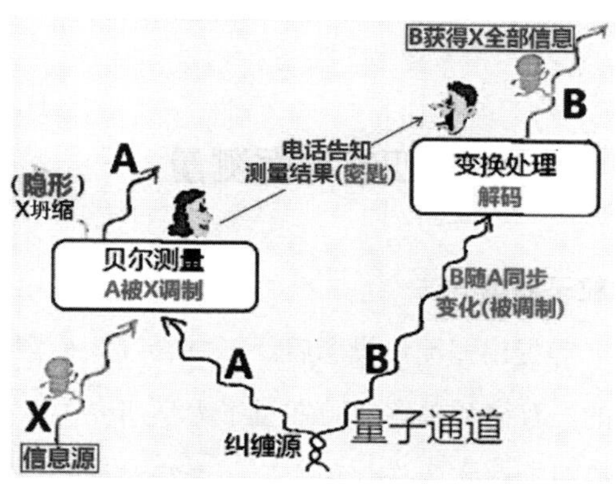

图 13-17　量子通信原理示意 http://blog.sina.com.cn/s/blog_14d7e95800102w98t.html

展。图 13-17 中 A 为 Alice，B 为 Bob，这两个进行量子密钥分发的假想人名一时间成为科技问题讨论网络上的“网红”人物。

很多从事量子通信的学者强调，因为 Alice 的测量方法必须通过传统的信道传递给 Bob，Bob 才能用接收到的测量方法去对 B 侧的光子进行接收处理，才能真正获得量子密钥信息，因此，量子隐形传态要有效传递信息的话是不能超光速的。但是，这种说法其实只是想回避掉一些太过尖锐的非定域性作用问题。非定域性的作用不是“超光速”，而是可无任何时间延迟地同步在两个纠缠量子间产生作用。它们好像看起来完全是同一个对象。难怪玻姆用两个摄像机从不同角度观察水缸里同一个鱼来比喻这种情况。这种非定域性的确是实验表现出来的，无法用任何理论解释的现象。

如果采用“幽灵成像”的方法，是可以将一幅图像瞬间传递到任意远的地方的。纠缠量子非定域性的作用距离是可达到宇宙空间范围的，因此，理论上说的确可以通过成对的纠缠量子将信息在瞬间传递到无穷远的距离。

第四节　弱测量

1. 多种微观粒子测量方法

当 Aharonov 等提出弱测量概念后[1]，才会让人们意识到原来的量子测量是很“强”的。双缝和单缝实验在量子力学研究中承担了非常重要和普遍的角色。无论对这些实验作何种变形，最终对量子进行测量的都是屏幕——量子撞击到屏幕上留下一个点。这个最终撞击的过程对应了极富争议的“坍缩”。这有点像要去测量一个鸡蛋，最终方法只是将鸡蛋撞到墙上留下一个斑块，通过这个斑块来对鸡蛋进行测量。很显然，一旦如此，鸡蛋本身就不再是鸡蛋了。这种测量方法与其说是“强测量”，不如说是“很粗暴的毁灭性测量”。其实，对微观量子的测量方法在过去就并非只有这种基于单缝和双缝实验原理的“强测量”，另一个常用的方法是测量微观粒子轨迹测量。最早出现的径迹测量是“云雾室”，它是由英国物理学家威尔逊（Charles Thomson Rees Wilson，1869.2.14—1959.11.15）在 1895 年发明的。其原理是饱和无尘的水蒸汽受运动粒子的扰动会凝结，这样就会在粒子运动轨迹上形成一条凝结水滴的轨迹。

利用云雾室进行测量的粒子运动轨迹就体现不出波函数的位置不确定性。类似这种测量原理发展出的“径迹探测器”现在已经有很多种，如：1952 年由美国物理学家唐纳德 · 格拉泽（Donald A. Glaser，1926.9.21—2013.2.28）发明的气泡室，以及核乳胶、固体径迹探测器、火花室、流光室（管）、多丝正比室、漂移室、时间投影室、硅微条探测器（新发展的

① Aharonov Y, Albert D Z, Vaidman. How the result of a measurement of a component of the spin of a spin-1/2 particle can turn out to be 100. Phys. Rev. Lett., 1988,60（14）: 1351-1354.

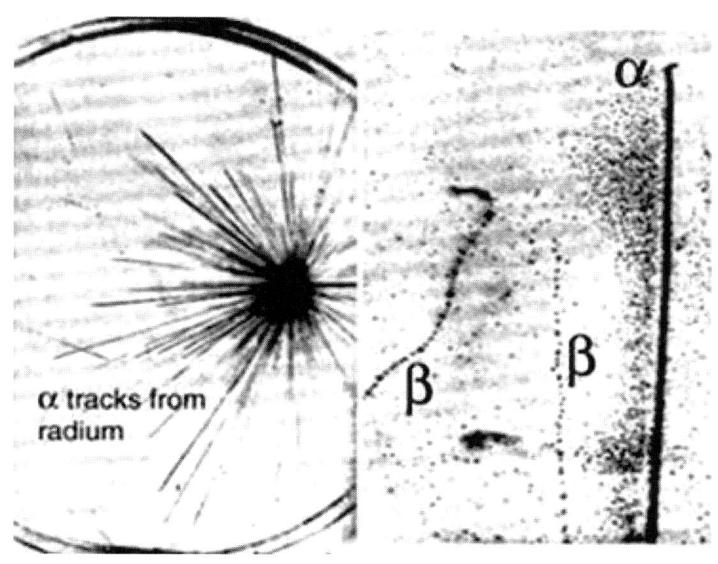

图 13-18　用威尔逊云雾室拍摄的粒子运动照片

硅像素探测器）、阴极条室等各种径迹测量技术。这些粒子径迹室方法不像屏幕那样坍缩式和一次性，而是相对较弱的测量方法，因此都可连续地显示出微观粒子运动中确切的轨迹。更重要的区别是：径迹测量可以只以单个粒子的测量为前提，而屏幕量子测量必须以大量粒子的统计结果才能显示出各个本征态的出现几率。

2. 弱测量

Aharonov 等人发展出来的弱测量方法其实还是以单缝或双缝的屏幕强测量为基础的，只是在最终的强测量（被称为“后选择”之后的测量）之前，会通过“前选择”且发生弱量子关联，使量子间建立弱耦合的关系，而后再进行“后选择”挑选出特定的量子，再对其中一路进行强测量。其原理如图 13-19 所示。

图 13-19 中有两个斯特恩 - 盖拉赫装置。这种装置是一个非均匀的磁场，最初发明的目的是用于实验验证原子角动量的量子性。如果按经典理解，原子角动量是连续的，经过斯特恩 - 盖拉赫装置后偏转也是连续的，

从而在测量屏幕上会形成一个连续的斑块。但因原子角动量的量子性，偏转也会是量子化的，因此在后面屏幕上会形成两个分离的条块。

在图 13–19 的原理图中，一束角动量为ξ的粒子先在 z 方向（**图中上下方向**）通过一个较弱的斯特恩–盖拉赫装置，因其磁场很弱，不会使粒子表现出量子性。然后再通过第二个 x 方向（**图中左右方向**）正常磁场强度，使粒子束因角动量的量子性而发生分裂，形成后选择。通过对分离后的两束粒子的强测量，可以获得与过去的量子测量非常不同的测量结果。正如 Aharonov 的论文名称所直接表达的，它可以使原来本征态为 1/2 自旋的粒子，最终测量结果出现上百个不同的自旋本征态。但根据量子叠加原理，最终测量的态只能是量子本征态的各种线性叠加，而不应超出其本征态范围。弱测量还会出现其他很多奇异的现象，此处不再深入讨论。

这里需要特别谈到的一点是：过去量子理论认为对量子的任何测量必然出现坍缩，结果只能是其本征态中的某一个。但在弱测量过程中，弱耦

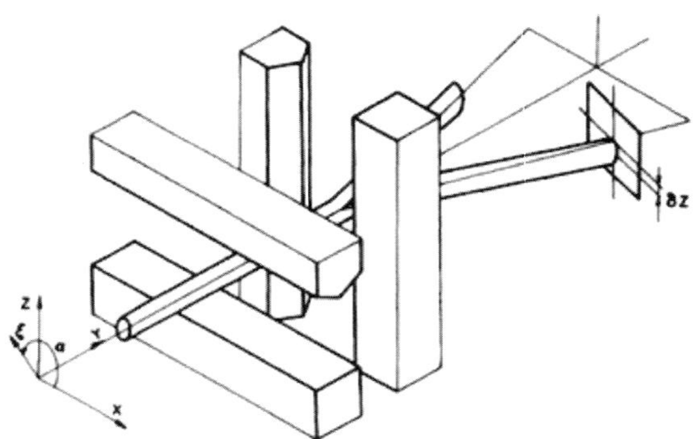

FIG. 1. The experimental device for measurement of the weak value of σ_z. The beam of particles with the spin pointed in the direction $\hat{\xi}$ passes through an inhomogeneous (in the z direction) *weak* magnetic field and is split by the strong magnet with an inhomogeneous field in the x direction. The beam of particles with $\sigma_x = 1$ comes toward the screen and the deflection of the spot on the screen in the z direction is proportional to the weak value of σ_z: $\sigma_{z_w} = (\delta z p_0 \mu / l)(\partial B_z / \partial z)^{-1}$.

图 13–19　Aharonov 等人论文中的弱测量原理

合可以起作用这个事实暗示了，坍缩过程其实是“屏幕测量”这种强测量表现出来的一种特殊现象，强测量、坍缩就是屏幕测量。粒子撞击到屏幕上，即使是在经典情况下也同样是类似的坍缩过程，如鸡蛋撞在屏幕上，整个结构全都坍塌变成别的东西。前述的径迹测量、弱测量中的弱耦合等与屏幕的坍缩类测量同样是有所区别的。

第五节　如何正确认识量子力学?

一、客观真值与测量真值问题

以测量的语言来说，“月亮在被看到之前是什么？”的问题，其实就是客观真值与测量真值之间的关系问题。这个问题并非只在量子力学中才会遇到，事实上它是一切测量都会遇到的问题。我们假设存在一个不依赖于认识主体的客观对象，这是很自然的直观想法和哲学观念，但从测量和科学的角度说，必须对这种想法有一个科学的表达。客观真值原则上是不可能被绝对认识的，因为只要进行测量，就必然是测量真值，而不可能再是客观真值本身。但是，我们认识世界的确是想要得到对客观真值的知识，因此就存在如何用测量真值去重建客观真值的问题。事实上，即使是在所有经典的领域，一切测量值都是测量对象与整个测量主体和环境共同作用的结果，甚至夸张点说是整个宇宙在特定条件下共同作用的一个结果，它只是在一定误差条件下体现了被测量对象的信息。这与退相干理论等表达的思想是类似的。在我们所以为的“经典领域”，因为人们认为总是能够为任何认识对象提供误差更少的或更高精度的测量，并且将测量过程对被测对象的改变减少到任意小的程度，因此，**更高精度的测量过程，相对于更低精度的测量过程，就近似体现出了客观真值对测量结果所起到的作用**。这样，更高精确度的测量值，可近似地被认为客观真值本身。并且，在经典条件下，通过不同测量主体系统获得的测量真值重建客观真值后，它们之间是相互一致的。

而在微观量子领域，因为我们只能通过微观量子与被测的微观量子发生相互作用来对后者进行测量，误差的减少存在理论上的约束。这样，即使是相同的客观对象，在不同结构的测量主体条件下，就会呈现出完全不同的测量结果。在这种情况下，一定程度上就会呈现出似乎奇异的结果，就是在不同测量主体结构条件下，对相同对象的测量结果会是不同的，我们无法用测量真值去有效地重建一致的，且与测量真值统一的客观真值。

因此，量子力学所描述的测量结果，只能是被测对象与测量主体甚至整个环境作为一个整体运动的结果，这其实就是玻尔对量子对象本质认识的核心要点。惠勒的所谓“参与性宇宙”模型（The Prticipatory Universe）其本质上也这个意思。这个核心要点事实上并不是量子力学所特有，而是一切测量共有的特性。即使在宏观的经典领域，在很多条件下也会呈现出量子力学的这种“测量主体决定测量结果”的特性。例如，在社会学领域，你想看到什么，往往你看到的就是什么。你想看某一个社会组织有没有矛盾，这样的测量本身就会制造出矛盾。

量子力学描述的对象并不是客观量子本身的纯客观存在方式，波函数事实上就是微观量子在一定测量条件下呈现的结果，并且是大量被认为具有同一性（甚至全同性）的微观粒子统计几率性的结果。例如，即使完全相同的量子实验来源，在单缝实验中的衍射图案决定了一种波函数，而在双缝实验中的干涉图案又决定了另一种波函数。在这种情况下，用这种结果去当作客观真值就可能会是不合适的。玻尔认为不能将量子力学的描述看作是客观对象本身，而应看作被测对象与整个测量系统共同作用的结果也正是这个意思。

说“讨论量子在被测量之前是什么状态没有意义”，并不是说量子在被测量之前不存在或没有确定的状态，而只是说在量子力学里，描述微观粒子的波函数不能被当作量子在被测量之前的客观真值。在经典世界，测量真值可以近似地看作等于客观真值，而在量子力学的世界，两者显著的和本质的区别被充分地展示出来了。因此，“叠加态”不能被当作被测量之前的客观真值，而只是一个统计性的测量真值。用不同的测量系统测量相同的对象，所得到的测量真值就有可能完全不同。

二、隐变量理论为什么是无法成功的

贝尔不等式在证明的一开始，就还是在采用量子理论的波函数或态函数来表达量子对象，只是想通过在这些量子理论的函数中引入隐变量来解决不确定性的问题，这显然是不可能成功的。因为采用量子理论的波函数或态函数本身就已经表明接受了量子的不确定性。量子理论波函数或态函数的本质，就是在一个特定测量系统中量子最终体现出来的概率分布。例如某一种量子在一个特定的双缝实验中表现出来的概率分布，就对应着它的干涉图像的波函数。如果整个测量装置变成单缝实验系统，表面看似完全相同的量子，其波函数又变成不一样的衍射图像了。因此，贝尔不等式的证明过程就表明它不可能超越量子力学。

如同在布尔代数的理论框架里无论怎么改进都不可能解释 0 到 1 的跃迁过程是如何发生的一样，无论在以概率函数为基础的量子力学框架内怎么改进，都不可能解释量子力学中存在的一些跃迁过程的问题。如原子中电子能级之间的跃迁过程，量子测量时发生的坍缩过程，纠缠的量子之间神秘的非定域性隐形传态过程，等等。

三、为什么量子力学现在如此受人关注?

1994 年，AT & T 公司的 Peter Shot 博士证明，利用量子纠缠的量子计算机（Quantum computer）能非常快速地进行大因子分解[①]。大因子分解问题在传统信息领域里计算量与复杂度呈指数关系，因此属于不可有效计算的。量子计量并不是一种通用的算法，但却正好可用于破解如现在常用的 RSA 这样依赖于大因子分解不可计算性质的密码。因此，如果量子计算获得成功，最主要的应用就是使得传统密码领域的技术可能完全失效。好在量子纠缠同时又可以进行量子密码传输。就目前来看，量子通信并不会对有效信息的传输效率有任何提升，仅仅是传输量子密码而已。量子计算也并不提升一般业务的计算速度，主要就是用来让传统密码失效。它自己“创造”了问题，又提供了解决问题的方法，所以弄得量子计算和量子通信越来越热。

从前面介绍也可以看出，量子成像、弱测量等都已经接近产生大量优异的实际应用。量子力学正进入应用大爆发的阶段。

四、从“波—粒二象性”到“爱—玻二象性”

从整个量子力学发展过程来看，似乎实验结果总是证明一切对量子不确定性的质疑都是错的，但我们能够以此认为爱因斯坦对量子力学不完备性的质疑是错的，而玻尔总是对的吗？媒体上常常出现“新的实验证明爱因斯坦隐变量理论出局”，事实是这样吗？不是这么简单。如果我们回过去考察整个量子力学的发展历史就会发现：只有坚持爱因斯坦“上帝不会掷骰子”的思想，才能真正理解玻尔的哥本哈根解释究竟是什么含义；只有坚持爱因斯坦追求确定性的科学方法，才能不断发现量子的不确定性究竟会表现出什么样的结果。原因何在？

---

① Shor P. Algorithms for quantum computation：discrete logarithm and factoring. Proc. of the 35th Annual Symposium on Foundations of Computer Science［C］，IEEE Computer Society Press，1994，124-134.

因为量子的不确定性所表现出来的现象实在太远离人类的直觉了，如果不采用爱因斯坦的方法，就很难有一个认识量子的参照和基础，就不会理解下一步该做什么。如果你只是简单地接受玻尔的解释，就会陷入一种虽然看似“正确”，但却是不可知论的状态，从而无所适从。因此，量子力学的发展历史，从哲学表现上就是一个不断从爱因斯坦开始找到新的矛盾，通过实验最终回归玻尔的解释告一段落，然后还是得从爱因斯坦重新开始，才能获得更进一步新发现的过程。他们不是谁对谁错，而是一个必需的认识循环。如果不能理解量子力学认识论上的“爱－玻二象性”，就不可能理解量子的“波－粒二象性”。

因果律、物理实在和相互作用的定域性，不能超光速的约束等都是极为基本的科学基础，是不能被轻易动摇的。量子力学的理论和实验的确又表现出大量非经典的奇异现象，这又是不能不正视的。但是，从科学的还原性要求来说，如果不能将量子的因果规律还原为经典的因果律，也是不能作为科学认识终点的。

目前所能想到的可能解决办法之一，就是从已经由我还原为经典因果律的循环因果律上找出路。上帝的确不会掷骰子，但循环因果律的研究表明，宇宙本身就是一个骰子，它会将无限精确的要素无限放大成纯随机作用的因素。

需要特别说明一下的是，本章在讨论量子力学时，尽可能小心翼翼地避开以量子力学的波函数、算符等公理为基础和前提，因为一旦你使用这些公理基础来讨论问题，其实就已经潜在地承认了它的假设，那么数学推导和实验结果与量子力学理论就不应该出现差异。但量子力学所遇到的问题，如果它真的是一种问题的话，很可能是其公理基础所未能覆盖到的领域。因此，我们只有从最一般的测量规律，因果律和循环因果律等为基础，才能发现今天的量子力学理论所覆盖不到的领域，如果这种领域的确存在的话。

第十四章

社会领域常见的五大主体误差

> 与一切测量仪器都存在误差一样，人作为认识主体同样存在误差。

第一节 人作为认识主体的误差种类

人作为科学发展过程中最重要的认识主体，必然对认识结果带来误差影响，这一点也不奇怪。只是人作为认识主体的“主体误差”肯定也会具有一些特殊性。从生理上说，人的感觉器官耳朵会存在“耳鸣”的现象，它并不是听到的外界声音，而只是感觉系统本身因某种病变等自身产生的“噪声”，在测量学中这被称为测量仪器的“本机噪声”“本底噪声”等，本书将之称为“主体环境干扰”。人眼也会有视错觉等现象，如眼睛中央凹处的盲点等。它们都会构成主体误差。这是人自身生理性的主体误差，与测量仪器等具有的主体误差并没有本质区别。人的观念、利益、意识等也会对认识过程形成误差影响，这一类影响同样属于本质上无区别的主体误差，只不过在误差影响的方式和途径上有所不同而已。一切现代科学在其科学化的过程中都有可能遇到各种社会障碍，它们构成了社会性的误差来源。总结起来有五大类：宗教信仰、伦理、心理、政治、利益。

所需要强调指出的是，这五大因素对科学认识来说并非一定是负面的，它们也往往会成为科学认识的强大动力。从原则上说，科学同情任何社会性的驱动力和影响力，只要合理地通过误差分析减少并控制其产生的误差影响就可以了。但是，如果这些强大的动力不能得到有效和合适的处理，它们也会对科学的认识过程形成强烈的干扰或误差。如同测量仪器的电源，它本身可以为测量过程提供能量，但如果处理不好，它们也会在测量结果中形成交流纹波等主体误差干扰。

第二节　宗教信仰

今天，宗教与科学已经基本脱离，各自独立存在和发展。但在历史上，宗教与科学有着复杂的关系。至少在两个时期，宗教对科学起到过非常重大的积极推动作用。

第一，古埃及时期。如果没有金字塔等与宗教信仰相关的建筑需求，埃及几何学不会发展到如此精致的程度。类似的远超现实社会需求的知识技艺发展在其他社会发展史上也有体现。如在中国考古发现的各类器物中，用于皇室的器物精细程度就远远超过民间的商业交易中的普通器物。埃及历史上，金字塔是宗教与皇室需求的合一体。正是埃及宗教需求对几何知识的极度追求，才使得古希腊科学找到了一个很好的发展完美知识体系的基础。

第二，欧洲大翻译运动。欧洲在重新引入古希腊的科学之后，由托马斯·阿奎那等人将古希腊的科学与宗教教义完全合一。这在早期对科学知识，尤其科学思想的普及产生过巨大的推动作用。如果没有上帝的力量，绝大多数老百姓是很难有兴趣去研读亚里士多德等人枯燥的学术著作的。今天的人们可能更为关注后来的科学革命中宗教与科学的冲突，但是引领科学革命的第一批勇士，如布鲁诺、伽利略、哥白尼等人，他们都是基督教的教士。他们的科学知识以及引导科学冲破基督教约束的创新，都是在基督教的书院里学习和产生的。类似的还有遗传学创立者孟德尔，也是基督教修道院的教士。学习科学知识和认识世界成为大众接近上帝的一种途径，这会成为非常强大的学习和研究科学的动力。

但是，宗教与科学毕竟是完全不同的范畴。一个属于信仰，另一个属于认识和理解。物理学是现代科学创立的第一个阵地。在这个过程中，以日心说为代表的现代科学思想的建立，与当时地心说宗教观念产生了严重的冲突，甚至于很多伟大的开拓者如布鲁诺、伽利略等人为此付出了生命或被囚禁的惨痛代价。这种困难并不是日心说本身从纯学术角度的突破性带来的困难，而是纯粹因为它与宗教观念产生的冲突所致。

经过这个阶段之后，科学就开始一步一步与宗教脱离了。到后来，相比日心学更有突破性的相对论、量子力学和宇宙大爆炸等学说，就没有再遇到任何宗教上的羁绊。

对宗教信仰引起的误差问题有一个原则：不要用任何科学的成就去证明宗教信仰，两者是完全不同的知识，用宗教信仰去证明上帝对双方都有好处的时代已经永远过去了。一方面，今天的科学本身已经具有非常强大的自我传播力量，不再需要通过宗教渠道来进行传播。另一方面，科学发展得太快，如果你用科学某个阶段的成就去证明宗教信仰，很快新的科学发展可能就会形成对这种信仰的否定，自找麻烦。基督教与科学发展的关系历史已经充分证明了这一点。现在有很多人试图将量子力学等的发展解释为支持了佛教或道教等中国古文化。千万不要去进行这种尝试，一旦建立了某些科学与宗教之间的联系，很快就会出现一大堆另外的科学事实去否定这些宗教信仰，对双方都不是好事情。

这里面根本就没有任何对错的问题，双方之间并无任何共同语言。

上帝的归上帝，凯撒的归凯撒，佛祖的归佛祖，真主的归真主。特别要再加上一句：牛顿的归牛顿。千万别去相互掺合。中国量子通信卫星被命名为“墨子”也引发过网友的争论。量子的归量子，墨子的归墨子，不要试图用量子力学的任何成就去证明中国古文化中的什么东西。“墨子”号不过是一个名字而已。也千万不要用“牛顿相信上帝，并且后半生一直努力为牛顿力学寻找上帝的推动力”试图去说明任何事情。牛顿力学是其上半生做出的工作，公认其后半生并没有值得纪念的科学成就。

第三节　伦理和心理

达尔文的进化论在宗教、伦理和心理层面都遇到过困难，这一新科学思想一是影响了上帝造人的宗教理念，二是让人与动物建立了进化关系，这使很多人从伦理观念和心理上一时接受不了。

弗洛伊德的力比多学说让人的所有心理全都建立在性的基础之上，甚至被称为俄底普斯情结的男孩恋母杀父和女孩恋父杀母心理。这种理论最初提出时就让人们伦理和心理上难以接受。而弗洛伊德的学生阿德勒建立的以自卑情结为基础的心理学说以及马斯洛需要层次理论相对来说就较少遇到伦理和心理接受上的障碍。

一般来说，现实社会中，人们并非有意要去与新思想和科学突破为敌，并不存在一个专门阻挡新思想和新科学观念的恶魔。只要没有五大社会影响，人们一般都不会去为难新科学思想的普及过程。

化学最初的实验基础建立过程相对就平和得多。在这个过程中，传统的燃素学派与氧化学派甚至有很好的合作。尤其氧化说得以成功的最重要证据——氧气的发现，是燃素说的学者完成的。无论是氧化说还是燃素说，对任何社会因素都不会产生显著的影响，它既与上帝无关，也与感情、伦理、政治、利益都没太大关系。

第四节　政治和利益

在以往所有现代实验科学思想的建立过程中，虽然有些可能遇到过一些社会困难，甚至严重的抵抗，但这种困难一般都是暂时的，并且随新科学思想的普及而烟消云散。如现代物理学科学化之后，宗教与物理学之间的矛盾基本上就消失了，而且这种困难和障碍的消失是永久性的。进化论、心理学等曾经遇到过的困难也都基本上永久性地消失了。

但是，某些学科却不仅存在相应社会影响，很可能成为一种障碍，而且这种障碍具有必然性和长期性，如历史科学。

历史科学天然地与政治有关，并且这种关系具有长期性，甚至必然性。人们常说“历史终将给出公正的评价”。很遗憾，人们之所以这样说就是因为，对于很多事情，历史科学往往难以给出公正的评价，甚至评价本身就是具有价值性和政治性的。历史科学的公正性问题甚至延伸到科学史的研究中。如相对论的建立，荷兰学者对洛伦兹的评价就比其他国家人对他的评价高，甚至认为洛伦兹才是相对论的创立者。洛伦兹是荷兰物理学家，他创立了电子论。他所提出的著名洛伦兹变换，是相对论时空最重要的表述。

每个国家的历史学家看待历史的角度都是不一样的。政治性和利益性的存在，使得人们在看问题本身之前就已经具备一定的角度，并且这种角度的存在是不可能完全消除的。

历史科学的学术研究中，你不可能要求中国人不研究中国的历史以及给出自己的观点。但只要是中国人研究中国的历史，你不可能要求他一点不受中国政治、利益和感情的影响。其他国家都是如此。

中国裁判在体育比赛中很难不偏向中国自己的运动员，美国裁判、英国裁判也是如此。因此体育比赛会有回避制度。法律审判也有类似的回避制度。

这种在看问题之前就预设性地存在不同的立场和角度差异未必一定就是不合理的。体育比赛中不同队员的支持者，为自己支持的参赛者加油是合情合理的事情。如果不是这样，体育比赛就少了最主要的乐趣。

在法律审判中，律师站在自己委托者的利益角度和立场考虑问题，这甚至是律师职业道德要求所必需的。法律必然存在不同利益角度，律师的职业道德也必然要求站在所代理的诉讼方利益角度考虑问题。

为什么体育比赛和法律审判中存在不同利益角度是可接受的?

最重要的原因是，他们有共同遵守的客观标准和依据。体育比赛中有第三方的裁判，法庭审判中有第三方的法官甚至陪审团。但这不是最重要的，最重要的是他们都必须遵守客观的规则。体育比赛有竞赛规则，法庭审判有法律规则。当人们走进赛场、走进法庭时，事实上就表明人们共同接受了这些客观规则。如果不遵守任何规则，那么就会变成没有任何界限，没有任何底线的“超限战”“无界战”的战争。事实上，即使是现代的战争也是有规则的，有相关的国际法。如果人们指望在打过仗之后还要过正常的生活，就得在即使是毁灭性的战争中也得遵守一些共同的规则。

存在不同利益角度不是绝对性的。在奥运赛场上每个国家的公民会为自己国家的队员加油，而当运动员回到国内比赛，不同城市的人会为不同城市的队员加油，这是很正常的事情。

一个律师在一个案子中为原告辩护，而在另一个案子中可能会为被告辩护，这都是很正常的。任何人不能说他“立场不坚定”。如果一个律师总是选择为被告辩护，这只是他纯粹从个人特长或商业角度做出的选择，并不是任何规则要求。

从学术的角度说，科学同情并理解站在任何利益角度或理论学派角度的辩护行为。一切利益或动机本身并无所谓对错或好坏。只要他们遵守相同的规则——测量和数学的规则，那么一切利益、感情或社会动机，都会成为寻找更多真实测量数据或严格数学推导发现的过程。

你可以站在劳方的利益角度说话，可以站在资方或股东利益角度说话，也可以站在政府官员角度说话，甚至可以站在监狱中犯人、恐怖分子角度说话……但无论你站在任何利益角度说话，都必须遵守学术上完全相同的测量和数学的规则以及共同的社会、法律和道义的规则。如果这种规则本身不完善，那我们就去改善它们，这种改善的过程也是有共同规则要遵守的。

科学可以用来证明或被利用来产生有利于某个利益方的结果，但科学本身并不带有利益性，它只能发现客观规律，但它本身并不能证明任何客观的规律是好还是坏。

例如，核物理学只能研究核反应过程是什么规律，而核反应本身并无所谓好坏，也无所谓利益。如果让高浓度的核燃料聚集在一起，它就是毁灭性的核武器，如果控制其缓慢释放，它就是民用的核电站。

甚至放射性对生物体的影响也无所谓必然的好坏。正常生物体受放射性影响会对身体造成伤害。如果对种子进行放射性照射，使其基因产生突变，就成为培育优良农作物的放射性育种方法。

在科学获得对现实世界更系统和完善的认识之后，才可以最有效地寻找到满足所有人合理利益的途径。同时，也只有这样，才能保持科学的真正独立性。如果它仅仅与某种利益或观念相捆绑，必然使其独立性受影响，无论这种利益本身是否合理。

第五节 政治和利益存在的必然性

宗教、伦理和心理三个方面的主体误差影响虽然还存在，但相对来说并不严重。尤其在近代科学建立以后，科学逐渐脱离了与宗教的从属关系成为独立的体系之后，这种影响就越来越小了。但经济学本身的研究对象就是关于政治和利益关系的，因此历史上才有“政治经济学”的说法。因此，政治和利益不可避免地会长期形成经济学研究的主体误差来源。

人们很可能认为，只要带上了社会障碍的影响，就会影响科学研究的客观性。这是为什么现代经济学家极力想去区分经济学的“实证问题”和“规范问题”，想把与政治和利益相关的、有关价值判断的规范问题从自己的研究对象中剔除出去，而只研究那些实证性的问题的原因。

但是，经济学就是这样一个非常特殊的学科。它的测量基础建立不仅存在政治和利益两个方面的严重影响，而且这种影响具有长期性、内在必然性和不可能一劳永逸地解决性。如果我们不能客观并理性地认识到这一点，就很难找到解决它们的有效方法。

利益的角度并不能是绝对的，如果一个经济学者这一次站在劳方角度讨论问题，下一次又站在资方角度讨论问题，我们不能指责说“这家伙立场不坚定”。

这也不意味着说一个学者就不能一辈子只从某一个特定的角度研究问题，例如因从个人特长等原因很容易形成特定的看问题角度。重要的问题是必须明白，任何固定不变的利益角度或理论观念角度，都很容易成为系统误差的来源。

2008 年诺贝尔经济学奖得主保罗 · R. 克鲁格曼在其所著的《经济学原理》一书导言中写道:“微观经济学的核心命题是亚当 · 斯密提出的如下真知灼见的有效性，对个人利益的追求经常促进社会的整体利益。”在我们看来，这相当于公开地说:“微观经济学存在一个固定的系统误差来源，而且微观经济学界永远不准备去修正它。”

我们说政治（*尤其是意识形态*）和利益是经济学主体误差的主要来源，这并不是说它们一定带来主体误差，但它们是一个强干扰源，必须主动去进行处理。如果没有对此做针对性的有效屏蔽处理，就必然会带来误差。不要指望你站在暴雨之中，但却说，“我不一定会被雨水打湿”。如果你不打雨伞，也不采取其他任何遮雨的措施，就一定会被雨水打湿。

经济学可以，而且应该用于提出或改进某种优良的经济制度，但如果经济学本身的发展导向只是去证明某种经济制度是优越的，这就可以肯定它极可能导致主体误差。因此，即使我们的研究仅从利益或观念角度来说，可能得出与传统经济学某些成果看起来类似的结论，但本质上却是完全不同的。因为我们是在任何经济学实证研究过程一开始，就提前做过意识形态和利益主体误差修正的。即使我们认为亚当·斯密的观点说出了某些真理，也绝对不能说把整个经济学发展的根本目的就设定成证明这一观念绝对正确。

第六节　政治的影响

经济学理论会直接影响到社会制度和体制的合理性问题。因此，我们就可看到为什么在过去人们会过多地纠缠在政府与市场、计划经济与市场经济、社会主义与资本主义等抽象概念的对立之中。显然是错误的以黄油和大炮假设的 PPF 曲线，却长期存在于萨缪尔森的权威《经济学原理》教课书中。因为它可以用来暗指苏联的计划经济是错误的。虽然苏联早已经不复存在，历史已经翻开了全新的一页，但要证明计划经济错误的政治作用力依然长期存在。

经济学家无法避免以下情况——任何得出的结论，都有可能被用于对社会制度或体制优劣的证明过程。经济学家们自己也很可能带上相应的政治目的性或者迎合某种政治目的性，这都不奇怪。任何政治目的性对经济学的影响并非一定都是负面的。任何推动力都可能成为科学发展有利的推动力，只要是严格遵从科学的基本规范，我们对以任何政治目的出发而带来的真正科学的研究成就，都可以持科学的尊重态度。但科学应当，并且必须有其独立的存在。

经济科学最大的意义和价值，并不是要去证明任何现存的社会制度是优越的，而在于指导人们有效地改革现有的社会制度，以更好地服务于人类。正如马克思所说："哲学家只是以不同的方式解释世界，而重要的在于改变世界。"

第七节　利益角度的影响

经济学的每一个数学公式都严重地带有利益性。每一个原始的测量数据都可能是属于某个企业或个人的商业机密。越是原始的经济学实证数据，其商业机密的程度就可能越高。

为什么微观经济学家们要为经济学家们可以有一致的观点进行辩护？因为经济学中有太多不一致的观点。科学研究中有不同观点是正常的，问题在于，科学的不同观点纯粹是对客观自然的理解不同造成的，它们有可能获得理性的解决。但经济学中的很多不一致的观点来自于不同的利益角度，只要利益角度不变，相应的观点不一致很可能是无法仅仅靠获得对研究对象本身的更多测量资料来解决的。

例如，买卖是经济活动中最基本的，也是最普遍的过程。买方和卖方既有满足和被满足等利益相一致的地方，但也有讨价还价等利益不一致的地方。

卖房子的就总想证明房价不高，还应该上涨；买房子的就总想证明房价太高，应该下跌。

买了股票的总希望这只股票上涨，卖了某只股票的总希望这只股票下跌。

做石油的总想证明石油最有前途。

做农业的总想证明农业最应该受到国家的支持和照顾。

打工者总想证明应该上调工资，资方就很关心劳动力等成本应该控制在合适水平。

……

以上这些难道不是经济学每天必须面对的问题吗?

不要以为社会科学的论点会受到价值判断等深重的影响，其实自然科学领域同样会有这些问题，甚至其强度一点都不比社会领域弱。例如，不同生产企业生产的产品，基本上都是按自然科学的知识生产的，但在评价这些产品技术时，都会受到厂家利益角度的深重影响。各个厂家当然会给出有利于自己产品的技术评价。在大屏幕彩电发展的初期，有背投、等离子、液晶等多个方案。不同厂家所选择的方案和投入是不一样的，不同厂家当然都会说自己选择的方案是最好的、最有前途的，并给出相应的技术论证和价值判断。甚至像爱迪生这样伟大的发明家也不能免俗，当初在交流电与直流电问题上，因他的企业选择并投入大量资金的是直流电方案，因此就对交流电进行技术的攻击，并通过公开演示用交流电将一只猫电死来攻击交流电是不安全的。

这种过程在营销领域甚至有专门的概念来表述，叫“技术引导”。所谓技术引导，就是要对自己厂家选择的产品技术方案给出价值判断和技术优势的论证。因此，自然科学技术领域，尤其是与生产技术密切相关的科技领域，不仅会受价值判断的影响，而且存在这种影响的情况远远比在社会科学领域普遍得多。作者本人就长期从事于战略营销和技术引导工作，并且曾与著名的中国移动技术标准旗手李进良等人一起，深入参与了中国移动的3G和4G标准的大论战。当然，我都是从支持中国TDD标准角度写的文章。这并不表明我下次写的文章就不能去支持非中国开发的技术标准。

第八节　政治和利益存在的合理性

人们很自然地会问：这种技术论证与科学技术的客观性之间是什么关系？科学如何看待这种价值判断？很多科学家对此很头痛，并极力想避开这些问题，以免被人认为自己的学术客观性受到影响。但是，至少对于科学的经济学来说，不同利益角度的广泛存在不仅是必然的，也有其合理性，这一点无须回避。存在不同利益角度，并不一定就意味着它必然导致主体误差。

马克思是极少公开承认经济学的政治和利益性的经济学家。他明确表示自己是代表无产阶级的利益说话的人。这没什么不好理解，马克思就是“无产阶级球队的球迷”，只为无产阶级的进球喝彩。或者说他就是无产阶级的“专业代理律师”，只为无产阶段的利益说话。只要我们理解了这一点，对于阶级性和客观科学性之间的关系也就没什么不好理解的了。不能仅仅因为一个原告代理律师只为原告的利益说话，就说他的话是不客观的。

不同利益角度也并不完全就只在不同阶级之间存在，它是广泛存在的。马克思坦率承认经济学存在利益性是具有重大价值的，只不过我们现在需要站在另一个的层面来看待这个问题。

政治和利益的存在是科学研究动力。一些科学研究者或科学研究活动为证明自己的清白，甚至要极力避免与利益扯上关系，或者在一些争论中指责某一方接受了某些利益方资金的支持，我们认为大可不必这样回避。一切资金的支持原则上都是可以接受的，接受的资金支持越多，原则上来说科学研究的资源显然就越多。问题是只要严格遵守科学研究的基本规范，并且显性地进行政治和利益角度误差分析就可以了。

既然利益的存在是必然的，如果我们回避它，不让它显现出来，它就会变成桌面下进行的活动。一个在桌面上进行的活动与桌面下进行的活动，哪一个更容易进行误差分析呢？当然是桌面上的更容易。

第十五章

科学心理学

古希腊人不信任人的感觉，是因为人的感觉的确太复杂。但在今天感觉生理学、心理学等已经获得充分发展的时代，应当有不同的看法。人的感觉并非不可信，只是人的感觉与一切测量仪器一样，都存在误差。只要引入人类感觉的误差分析，人的感觉资源可以作为科学的有效信息来源。

第一节　人类生理系统与心理系统

一、以往心理学研究的根本缺陷

欲望和需求因其复杂性，对其进行科学测量和研究尤为困难。心理学发展至今，虽然获得巨大成果，但依然很零散，甚至其科学性也受到一些学者的质疑。冯特、詹姆士、弗洛伊德、阿德勒、华生、韦特海默、柯勒、科夫卡、荣格、马斯洛、皮亚杰等，他们的心理学方法、观念、结论相去甚远。

其问题关键在于，至今对于心理现象的本质，还未建立起一个基本的科学原理解释。不同心理学派别之间也千差万别，相互之间无共同理论基础。这种情况被科学哲学家库恩称为“缺乏共同的范式”。

这种情况也给以心理学知识为基础的其他学科的研究，如经济学的需求研究等造成了巨大困难。

二、九大生理系统

人类的心理如同其生理系统一样，都是生物进化的结果。因此，它们都应当符合进化论角度的理解原则。所谓“进化论角度的理解原则”，就是以各生理系统的生物生存意义和目的性作为对其理解的最基本出发点。如消化系统，单纯研究其构成和生理机能是远远不够的，如果不能以“进食，并从消化食物中获取生物体生存所需要的营养和水分”作为该系统存在的目的，不仅无法准确理解消化系统的生理机能，甚至根本就无法有效区分出整个消化系统。

依据这个原则，可以很顺利地区分出人和动物的各种生存目的和功能的生理系统。当动物学家或古生物学家发现任何一个新的机体组织时，他们的第一反应就是:“这个东西是用来干什么的？它们对生物体的价值、生理功能和生存目的和意义是什么？”或许不同科学家对相同组织的理解有所不同，但这个原则却是所有科学家理解所有的动物机体组织时一致遵守的规范。以此原则为前提，生理学家们从人体的组织中区分出了以下九大系统：

1. 运动系统
2. 消化系统
3. 呼吸系统
4. 泌尿系统
5. 生殖系统
6. 内分泌系统
7. 免疫系统

8. 神经系统

9. 血液循环系统

如果不是以进化论的生物体生存目的原则为基础，就无法理解为什么要把某些机体组织的状态称为“病变”，因为它们的发展变化不是对有机体有利，而是产生危害，不能再正常地实现其应有的目的和价值。如果没有进化论理解的原则，有机体的任何状态原则上就应当是无差别的。就像作为牛顿力学研究对象的“物体”，无论是什么状态都只是量的不同，而不能说某些物体的形状是“病态的”，另一些是“正常的”。

三、七大心理系统

与对有机体组织进行科学研究的进化论原则一样，人或动物的所有心理过程也都是进化的结果，它们对生物都对应着相应的生存意义、目的和价值。只要以这个进化论理解为原则，我们就可以很容易区分出实现不同生物生存目的、功能和价值的七大“心理系统”：食欲系统、神秘系统、依恋系统、娱乐系统、性欲系统、自尊系统和智能系统。

1. 食欲系统。目的是控制和调节进食。以饥饿感驱动生命体寻找和获取食物，以食欲驱动生命体进食，以吃饱的感觉和食欲的消退及抑制使生命体停止进食；以各类难闻的气味、恶心的味道等，使生命体避开吃下可能对身体有害的物质。食欲系统及其延伸作用，是对经济过程影响最大的心理系统，人类的物欲、金钱欲等，都与食欲系统有基础的关系。简单的食欲是有显著周期性的。而在动物界已经出现的储藏食物的行为，已经把对“食物”的欲望变为对更为抽象的“储藏食物”的欲望。对“食物”产生欲望时，动物处于饥饿状态，而在“储藏食物”时，动物可能并非处于饥饿状态。河狸通过筑坝储藏可食的树枝，狐狸埋藏猎物，等等，都是将食欲系统对“食物”的欲望，提升为对“储藏食物”的欲望。而像鸟类筑巢等，将获取和储藏的欲望对象扩大为树枝和草秸。在这个阶段，被获取的对象已经不再是可食的东西，而是对生物的生存有价值的一切对象。人在进入石器时代后，就有了对工具的获取收藏欲望，到后来，有生存意义的工具越来越多，这些就形成了“物欲”。而在交易采用货币进行之后，物欲又更进一步进化为“金钱欲”。食欲系统，是这一切物欲和金钱欲最原始的欲望和心理系统。因此，食欲系统的运行规律，对人类社会经济过程产生的影响最为重大和显著。

2. 神秘系统。也叫好奇心，目的是控制和调节对未知事物的处理。以好奇心、神秘感吸引生命体关注未知认识对象；以恐惧感使生命体逃离具有潜在危险的未知事物。神秘系统在认知上是非常重要的，因为它是专门发展出来的认识系统，专门针对于未知领域或未知对象的。这在科学认识过程中起到很特殊的作用。

3. 依恋系统。目的是控制和调节动物安全。依恋使动物在遇到不安、孤独、寂寞时，会快速地回归巢穴。尤其母亲与幼崽的相互依恋，驱使母体和幼体不会远离，从而保护幼崽的安全。依恋也被称为“爱”。而从反面来看，以厌恶感、厌烦等驱使动物远离对生命体安全不利的对象和环境，或需要使幼子长大到一定程度后，脱离母体的保护，自己独立成长。很让人惊奇的是，动物在幼崽阶段外形和长相非常可爱，而长大到一定程度，身体特征如羽毛等会变得很难看，从而使其母体也会产生厌恶感，驱使过去曾爱恋有加的母亲转眼间变得“不近情理”。人类在发育到一定时期，会对父母和长辈产生逆反心理，以脱离原有环境而独立。依恋的对象除母子外，还有巢穴，并转变为对家庭、故乡的依恋。在人类社会中，工作和事业也会带给人以心理的寄托。所有这些都有依恋系统在其中起作用。

4. 娱乐系统。目的是控制和调节动物的运动。尤其需要捕猎的动物，其幼崽都会存在相互嬉戏的行为。它们通过这种嬉戏锻炼运动能力，以利于未来的捕猎。人或动物在幼儿期会非常好动，长大后会发展成对体育运动的喜好。

5. 性欲系统。目的是控制和调节生殖繁衍过程。通过情爱的欲望相互吸引异性接近，通过性欲驱使异性交配，从而与生殖系统配合繁衍后代。

6. 自尊系统。目的是控制和调节竞争过程。嫉妒导致的进攻，以获胜的荣耀激励这种进攻；以自卑、灰心驱使生物体撤退、躲避或顺从强势对手，以免继续与强大对手竞争使自己遭受更严重损害。自尊系统与其他心理系统有一个非常显著的不同之处在于，其他心理系统的欲望强度和满足度对应于刺激物的绝对值，而自尊系统的欲望强度却主要对应于自身与刺激物相比的相对值。例如，食欲的饥饿感，其强度只是相对于自身消化系统的绝对状态和食物的绝对状态。但自尊系统的嫉妒并不是因竞争对手的绝对情况产生，而是竞争对手与自身相比的相对值而产生。如果对手强于自己，就会产生嫉妒，相对优势越大，嫉妒感就越强。如果自己超过对手，就会产生优越感，超越对手越多，优越感就越强。在奥运会比赛中，并不是以运动员绝对成绩作为排名标准，而是以相对成绩作为标准。只要你跑在所有对手前面，你就是冠军。

7. 智能系统。目的是控制和调节学习、记忆，对事物建立新的分析理解。对应第二信号系统。

或许心理学家们未来可以区分的心理系统有所不同，或者会发现新的心理系统。但这个进化论的原则必须遵守，否则就无法对心理过程获得真正科学的理解。我们在划分以上心理系统时，并未去充分考虑一些非常简单的、更多具有生理性的反射过程。如：

皮肤受到某外界物刺激产生疼痛，而疼痛会驱使人迅速脱离刺激物。

人在昼夜循环过程中，到了夜晚就会产生疲劳和睡眠欲望，驱动人去睡眠休息。

……

以上过程同样遵循心理欲望作为行为策略系统，服务人类生存目的之原则。这些都是人类长期进化的结果。

第二节　心理系统与生理系统的联系

食欲系统、性欲系统、娱乐系统和智能系统等，不仅有很显然的目的性，而且它们与生理系统有相当高的对应关系。

心理上的食欲系统对应生理上的消化系统和神经系统。

心理上的性欲系统对应生理上的生殖系统和神经系统，并且对应第二性征和第三性征。

心理上的娱乐系统对应生理上的运动系统和神经系统。

心理上的智能系统对应生理上的中枢神经系统。现代脑科学研究已经发现了不同智能系统在中枢神经大脑皮层所对应的不同区域。

神秘系统、依恋系统和自尊系统，这三个心理系统可能并没有直接的生理系统与之相对应。依恋系统与皮肤感觉有一定的对应关系，因此拥抱、牵手等皮肤接触行为有体现和传达爱的功能。

第三节　多种心理系统的综合作用

虽然人的生理系统按功能和目的进行了区分，但人在实际活动中会有多种生理系统共同参与。例如，人奔跑主要是由运动系统实行的过程，但在这个过程中肯定不会是只有运动系统起作用。神经系统、呼吸系统和血液循环系统都起到极为重要的支撑作用。

人的心理过程也是如此，实际的某个心理行为很可能是多个心理系统共同起作用的结果。例如，爱情，尤其初恋一直是文学家描述的最复杂的心理过程，至今很难有科学的理解。但如果能明白爱情不过是性欲系统、依恋系统、自尊系统三个心理系统共同起作用的结果，而初恋只是增加神秘系统的强烈作用，这个最复杂的心理过程就可获得清晰的科学解释。爱情是异性相互吸引并接近，相互结合，它无疑是以性欲系统为核心和基础。但爱情显然并非完全是性欲系统的作用。“爱”字体现了依恋系统所起的作用，尤其当通过婚姻建立家庭之后，依恋系统所起的作用会越来越大。在相爱的最初阶段，能够获得一个让自己心仪的异性的肯定和爱慕，是对自己自尊心极大的肯定，因此会带来极大的满足感。而初恋时的神秘系统作用，会带有对异性的神秘吸引和接近、美好想象，但同时又会有不知后果是什么，当遇到某些变化时产生担心受伤的惊慌感。

第四节　七大心理系统理论与其他心理学理论的关系

在心理学界，目前与作者以上所提七大心理系统分析最为接近的理论是马斯洛的需要层次理论[①]。马斯洛的这个理论影响非常广，尤其是在企业管理的员工激励方法设计和市场营销中获得广泛应用。以此理论为基础，还衍生出多个其他的理论，如赫茨伯格（Frederick Irving Herzberg，1923.4.18—2000.1.19）1959 年与伯纳德 · 莫斯纳、巴巴拉 · 斯奈德曼合著《工作的激励因素》中提出的双因素理论，美国耶鲁大学教授奥德弗（Clayton. Alderfer）在 1969 年所著的《人类需求新理论的经验测试》中提出的 ERG 理论，美国哈佛大学教授麦克利兰（D.C. McClelland）在 20 世纪 50 年代一系列论文中提出的成就需要理论等。ERG 理论是指人有三种核心需要：生存（Existence）、相互关系（Relatedness）和成长（Growth）。ERG 就是这三个核心需要英文单词

① A.H. 马斯洛（A.H.Maslow）:《人的激励理论》,《心理学周报》，布鲁克林学院，第 50 期，第 370—396 页,1943 年 7 月。[美] 亚伯拉罕 · 马斯洛著，许金声等译:《动机与人格》（第 3 版），中国人民大学出版社，2012 年 7 月。

首字母缩写。麦克利兰的成就需要理论是关注人的三重高级需要：权力、合群、成就。

马斯洛把人的需要最初分为五个层次，后在1954年出版的《动机与人格》一书中分为七个层次，增加了求知与审美。但因为一般在企业激励理论应用中很少考虑这两种需求，因此一般讨论比较多的是五个需要层次，从低到高分别为：

生理的需要、安全的需要、归属和爱的需要、尊重的需要、自我实现的需要。这个理论认为之所以需要存在层次，是体现在以下三个方面：

1. 从进化的角度说，越高级的需要出现得越晚。

2. 从人成长发育的角度说，越高级的需要发育得越晚。

3. 从需要满足的角度说，只有低级的需要首先得到满足，才能转向去满足更高级的需要。

但是，作者所提出的七大心理系统原理并不特别强调需要的低级与高级。与人的九大生理系统类似，它们是互相配合的关系，更重要的是它们是实现不同生存目的、解决应对不同环境和自身状态问题的。呼吸系统和血液循环系统哪个更高级哪个更低级？显然根本就不存在这个问题。

无论是在学术研究还是在日常生活中，人们总是希望把人类区别于动物，并且总希望强调人类精神和心理的高级之处，尤其超越于动物之处。事实上，这本身就是人类自尊系统带来的结果，总要强调超过动物之处。目前有真正确切测量结果强力支持的，只有人的智能系统远超所有动物，其他方面则很难有确切证据。著名的古人类学家利基把脑容量700毫升作为人和动物分界线，这是人类的智能远超其他动物的最强有力证据所在。而有很多测量证据表明，人在很多感觉器官的性能上远不如动物，尤其嗅觉远不如大量动物的感觉系统，甚至是那些看似很低等的动物，如昆虫等的嗅觉系统。人在超声波感知上不如海豚和蝙蝠，视觉上不如鹰等。如果说人在心理活动上有高于动物之处，主要也是因智能系统远比动物发达所致。而在其他方面，很少有确凿的科学测量证据支持。

但脑容量更高并非就一定意味着更具有智慧，很有意思的是目前发现的生物进化史上脑容量最大的尼安德特人，比我们现代人的脑容量还要大。但科学证明尼安德特人的智慧远低于现代人。

马斯洛认为只有在低级的需要得到满足之后，才会产生高级的需要，事实上并非如此绝对。例如，幼儿在发现找不到母亲时，其依恋系统的作用会使其表现得非常焦虑，即使此时幼儿处于饥饿状态，依然会首先急于去寻找母亲。按马斯洛的需要层次理论来说，饥饿属于最低生理层次的需要，而寻找母亲属于高级的第三层次——归属和爱的需要。难道在这个幼儿吃饱之前就会对找不到母亲无动于衷吗？显然不是。在不同的需要占主导时，相应的需要就会成为首要满足的对象。一个没有吃饱饭的人，不会因此就对自己的自尊全然不顾。不能以饥饿的强度达到快要死亡程度这种最极端情况下，很多人会不顾忌尊严来作为层次关系的证据。因为大多数情况下，各种需要和欲望的强度都会处于相对中等程度，它们只是通过各自的目的和调节对象起作用。

另外，尊重的需要和自我实现的需要，其实都是自尊系统在起作用。它们属于同一个心理系统的机制和规律。

从七大心理系统理论可以明显看出，最低级“生理的需要”这个划分过于粗略和笼统。还有一个重要的问题是，很多心理活动是多种心理系统协同起作用的。而需要层次理论把不同需要严格区分开来，并且认为完全各自独立满足，互不相关，这样将无法解释很多心理事实。例如，爱情是属于低级的生理需要还是属于高级的安全需要，还是最高级的尊重和自我实现的需要。从人类七大心理系统理论可看出，事实上人类的爱情这种情感跨越了马斯洛理论中几乎所有需要层次。在爱情活动中这些需要很可能是同时获得满足的。异性的拥抱既有性欲系统的满足，也有依恋系统的满足。尤其对女性，依恋系统的体现更为丰富。

第五节　心理系统运行的一般原理

一、反射弧

一切有智能的动物，其智能和心理过程都是以神经系统为基础的。神经系统是一个控制系统，这个系统基本的构成如下：

1. 感受器。感受器的功能是接受外界或体内刺激。感受器大量存在于各种感觉器官中，如视觉器官里的视锥细胞和视杆细胞，听觉器官的声感受器耳蜗，味觉器官的味蕾，等等。感受器也广泛存在于体内器官中。在人造的控制系统中，这部分被称为传感器。

2. 传入神经。感受器接受各种不同的刺激后，将其变为神经冲动，通过传入神经传递到大脑。它对应于人造控制系统中的输入线路。无论传入神经还是后面谈到的传出神经，都是由神经元构成。神经元的构造见图15–1。

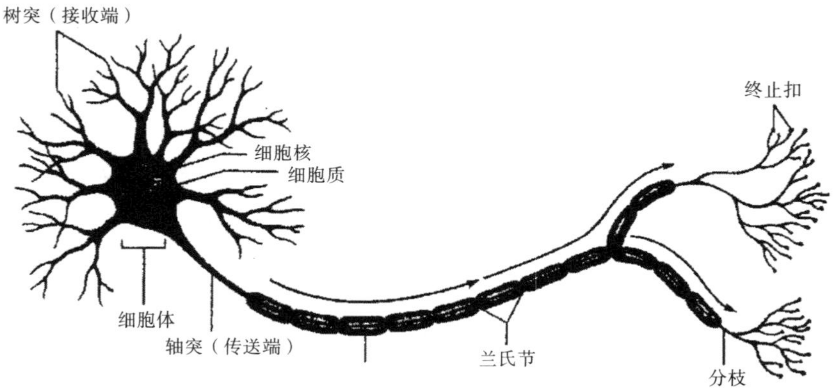

图 15–1　神经元构造，资料来源：R.L.Atkinson，R.C.Atkinson& Hilgard，1983。(摘自彭聃龄主编:《普通心理学》，北京师范大学出版社，2001 年 5 月。)

3. 中枢神经。大脑的中枢神经系统是一个汇集各感受器的信息，并且进行集中信息处理的地方。它对应于人造的智能控制系统的中央处理器、控制软件系统、存储系统等。这是整个智能活动最复杂的地方，至今科学对此了解得依然非常有限。但可以肯定的是，心理活动就产生于这里。在接受感受器的信息进行识别之后，大都会对应相应的心理活动，如欲望、兴奋或抑制等。心理活动类似于人造控制系统中的各种策略算法，当经过输入信息判断之后，就会选择相应的策略，然后发出动作指令。

4. 传出神经。当通过心理活动产生相应动作指令后，就会通过传出神经将相应的动作指令传递给相应的动作器官——效应器。传出神经对应于人造控制系统中的控制输出电路。

5. 效应器。效应器是根据中枢神经发出的指令进行相应动作的器官。如肌肉的伸缩等。人造的机器人中的驱动电机、减速器等，就对应于效应器，一般称为执行控制单元。

以上不过是名称不同，原理完全一样。人造的控制系统变化非常多，进化速度极快，并且可以进行各种理论可能性的验证。虽然人和动物的反射弧极为高级复杂，但因为它们进化速度非常慢，几乎无法轻易做任何改变去进行其他理论可能性的验证，借助于人造的控制系统对反射弧进行理解有巨大的好处。

生理的神经系统和人造的控制系统在统一采用电信号上也都是相同

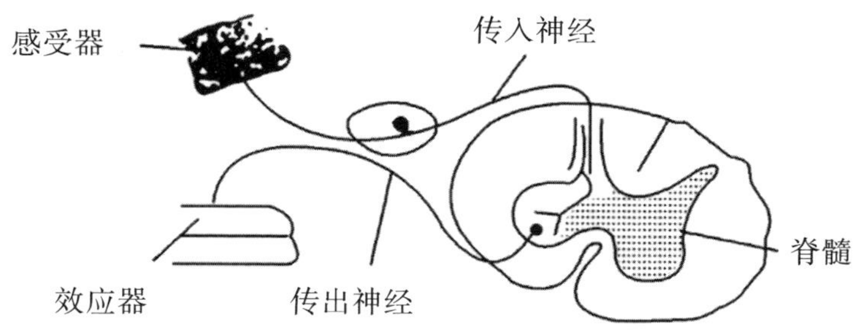

图 15-2　反射弧原理

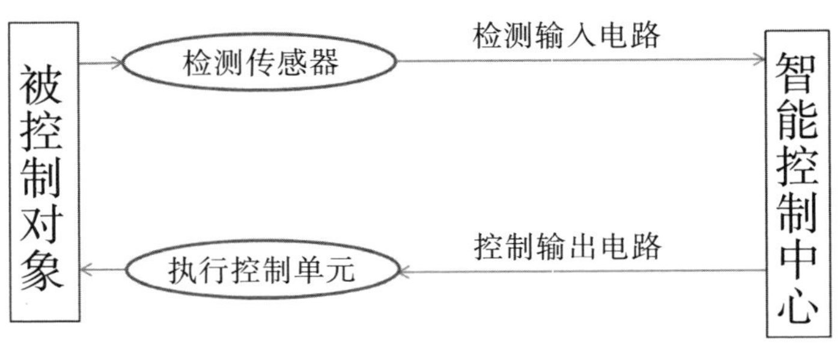

图 15–3　人造控制系统原理

表 13–1　反射弧与人造的控制系统对应关系

反射弧	人造的控制系统
感受器	传感器
传入神经	输入电路
中枢神经	以计算机等为基础的智能控制中心
传出神经	控制输出电路
效应器	执行控制单元

的。这种把各种不同刺激信号都转换成相同电信号的重要价值在于，它们可以很方便地进行统一的信号处理。不过，与人造的控制系统还是有很大不同，人和动物的神经系统是非常复杂的电生化处理系统。电在导线里的传递速度接近于光速，而在神经元中，信号传播以神经冲动（nerve impulse）方式进行，它也叫峰电位、动作电位等。在没有神经冲动时，神经元处于静息状态，其静息电压为 –70 毫伏（即膜内比膜外电位低 70mV），神经冲动峰电位约为 40 毫伏（即膜内比膜外电位高 40mV）。不同的神经纤维这些参数可能有所差别，哺乳动物的神经细胞的静息电位为 –70mV，骨骼肌细胞为 –90mV，人的红细胞为 –10mV。神经冲动以“全或无”方式不衰减地沿着神经纤维传导。它的传递速度比导线要慢得多，随动物的种类、神经纤维的类别、粗细与温度等因素而有较大差异，一般在 0.5 米 / 秒— 200 米 / 秒。

神经纤维的传导速度与纤维的直径有关，神经纤维的直径越大，传导速度越快。哺乳动物神经干内有三类纤维，即 A、B、C 三类纤维。

1. A 类纤维是有髓鞘的躯体传出（运动）与传入（感觉）纤维，直径为 1 微米— 22 微米，传导速度为 5 米 / 秒— 120 米 / 秒。

2. B 类纤维是有髓鞘的内脏神经节前纤维，直径小于 3 微米，传导速度为 3 米 / 秒— 15 米 / 秒。

3. C 类纤维是无髓鞘传入纤维与无髓鞘交感神经节后纤维，直径 0.3 微米— 1.3 微米，传导速度为 0.6 米 / 秒— 2.3 米 / 秒。

二、心理系统的机制是动物的反射策略系统

从以上与人造的控制系统对比介绍中即可清晰看出，一个完整的反射弧在原理上与人造的控制系统非常相似。而心理活动是其中极为核心的一环，前面我们所总结的人类七大心理系统，正是人在长期进化中形成的针对不同环境的策略系统。

不同的心理系统作用机制对应了处理不同环境变化的策略。

1. 愤怒，意味着心理系统给出的策略是进攻。

2. 惊恐，意味着给出的策略是逃离。

3. 食欲旺盛，对应的策略是进食。

4. 寂寞，对应的策略是寻求依靠和爱。

5. 友好，对应的策略是合作。

……

因此，人的心理状态极大影响和决定着人的后续行为。这与早期约翰 · 华生所创立的行为主义心理学派的观点似乎很像。这样的描述也可能会被看作是“机械决定论”。但事实上，心理策略可以是简单反射式（或反应式），也可以是复杂反射式的。简单行为主义把心理过程理解为“S—R”过程，即“刺激—反应”过程。但更准确地说，应当是“S—P—R”过程，即“刺激—心理策略—反应”过程。这就可以理解为什么相同刺激

会在不同人身上引起各种不同的复杂行为反应，并且随着人的人生经历和学习的积累，其行为模式也会发生变化。

事实上，即使是相对比较简单的人造智能控制系统，同样是“S—P—R”过程。只有原始的，没有任何智能的控制系统才是一种非常机械和固定的反应过程。随着现代智能控制系统中央处理部分运算能力越来越强，存储能力越来越强，算法越来越多，它可以在不同环境下，针对收集的不同信息做出各种不同策略的反应。人造的控制系统是对生物控制过程的模仿（被称为仿生学），但反过来，对人造控制系统的研究，可以更好地用于理解人和动物的反射过程（可称为逆仿生学）。

仅仅研究神经系统的硬件结构是不足以完全理解人类心理活动的，正如仅仅研究了计算机的硬件结构并不足以理解计算机的所有行为一样。人类心理活动以神经系统为基础，但大量心理活动取决取于“软件”，而不仅是硬件，这与人造的计算机系统是一样的。

三、条件反射理论

巴甫洛夫通过对动物大量的实验证明了可以通过学习和重复建立全新的反射策略。从而，将反射大致区分为条件反射和无条件反射。巴甫洛夫大量采用了狗作为实验对象。一般情况下，对于食欲系统来说，都是感受器见到或闻到食物，或已经没有食物的胃壁受到刺激等产生饥饿感，并流口水。但如果将这些刺激与原来和食欲系统刺激完全无关的响铃、闪光等联系在一起，反复进行刺激后，即使不再有常规的食物等食欲系统刺激物，而只是提供这些人为建立的刺激，实验狗也会产生食欲反应——流口水。

对于人来说，新建立的刺激物不仅是这种外界纯物理性的第一信号系统，还可以是语言等第二信号系统。例如当说到“酸梅”等食物对象时，即使没有看到酸梅的实物，人们也很可能产生食欲反应——流口水。

条件反射理论充分表明了心理活动的灵活性和易变性，这也正是心理活动难以归纳出稳定规律的原因之一。不同的人因经历、文化、成长环境等的差异，会建立大量后天的各不相同的心理反应策略、思维方式、心理习惯等。

第六节　人类心理机制的不适应和社会心理策略进化

人类心理作为应对生存需要的策略中心，因其机制不可能完善，从而必然会产生不适应，并随社会变化而进化。这种不适应体现为三个方面：对自身的不适应、人相互间的不适应、与自然的不适应。

一、对自身的不适应

因对自然本身的不可能完全正确认识和理解，相应的心理反应很有可能是“不正确”的。即使科学发展到今天，我们也依然不能充分地认识自然和社会。例如，食欲通过对味道好恶来选择食物。理论上说，味道好的应当是对人体有益的，味道不好的是对人体有害的。的确有很多食物与人的食欲系统正相关，既口味感觉好，也对人身体好。有人甚至认为，在人生病时，如果对某种药物感觉苦，但苦得很舒服，就表明这种药物对相应的疾病是有效的。但这种说法并未得到医学的确认。事实上，人的感觉器官很难完全准确识别某个对象对人体的有益或有害。例如，现在发现的大量属于芳香烃的有机物味道都很香，但它们多数对人体来说是有害的。鸦片、其他毒品、烟草等会使人产生很兴奋的满足感，但它们对人体是极其有害的。由于市场发展，食品和餐饮业总是在极力讨好人类的食欲系统，现在很多被称为垃圾食品的食物，它们对人类食欲系统的诱惑力可能超过对人体有价值的食物。这是心理系统对人自身不适应的方面。

二、人相互间的不适应

随着人类文明进化，人类越来越多地聚集在一起形成社会活动。社会活动可以增加人类活动的效率，但个体根据自己心理策略的活动，也很可能对其他人造成不良的后果，甚至严重的恶果。随着人类工具的发达，相互冲突产生的后果也越来越严重。例如，在动物阶段，因自尊系统而产生的相互竞争，一般在把对手吓住或通过攻击使其感到自卑，最多使对手负伤后，竞争过程就会结束。但因人类工具的发达，相互的攻击很容易造成某一方的死亡。为满足自己的食欲而偷窃，甚至抢夺他人的食物，在动物界也大量存在，而在人类这里，这甚至会变成造成大量伤亡的战争。因此，人类相互间的心理系统机制并不一定就自然地协调一致，而是会在相互之间造成不适应。

三、与自然的不适应

在原始的时代，人主要是与自然斗争。但随着人类能力越来越强，人口越来越多，对自然的破坏能力也越来越强。如果任由人天性和原始的心理策略驱动，可能对自然造成的改变程度超过应有的限度，从而对人类自身也产生环境的危害。尤其在今天环境问题越来越成为人类经济和社会进一步发展的最大约束之一。这是人的心理系统与自然之间的不适应。

因此，人类为阻止这种情况，首先想到的最简单办法就是产生抑制、否定、反对、贬低、嘲笑……这类原始心理策略或情感的社会文化。阻止天性的心理策略以最原始的方式起作用，这就是道德、伦理、宗教禁忌、礼仪等伴随人类工具的进化成为人类文明创造最初成就之一而产生的原因。这种调节人类心理策略的社会创造，会使心理过程和反应策略变得更为复杂化。例如，简单来说，当人在饥饿并看到美食时，依天性来说会产生食欲，并驱动人去获取食物并吃下去。但在社会中，所看到的食物并不属于自己，就不能直接去吃，否则，就会受到嘲笑或惩罚。这就使食欲并不能直接驱动产生吃的动作，而必须通过购买等获得属于自己的食物，才能去产生吃的动作。由此，相应的策略就会增加，并变得更加复杂。

但是，简单地否定、遏制人类原始的心理策略，也可能会产生阻碍正常心理策略的负作用。这就是历史上否定或禁欲与肯定以至纵欲的文化交替出现的原因所在。事实上，简单地禁欲和纵欲都是一种很粗略的方式。人类社会交往的复杂化，当然需要越来越精细的心理策略和智能策略去应对。例如，法律、社会体制、组织管理等更为精细的人们相互关系调节的方式。

从根本上说，只要人们不对他人产生危害，使自己的心理过程正常得到满足，是自然和符合天性的。

第七节　兴奋与抑制

一、兴奋与抑制

虽然不同心理系统的策略各不相同，但根据反射理论的研究，一般来说，它们大致都是采用“兴奋”与“抑制”来对行为进行不同方向的调节。

1. 兴奋。是刺激产生积极和主动行为的心理状态。它是神经活动由静息转为活跃的状态。

2. 抑制。与兴奋相反，它是刺激产生消极和被动行为的心理状态。它是神经活动由相对活跃转为相对静息的状态。

无论是兴奋还是抑制，都有正向和负向的心理状态。正向的是感觉愉悦、幸福、美味、友好、爱恋、舒适等心理感觉，而负向的是疼痛、厌恶、愤怒、嫉妒、惊恐等感觉。对未知事物的好奇和惊恐都是一种兴奋的状态，肌肤的疼痛和舒适也都是兴奋的状态……而困倦、疲劳和心中安宁等都是抑制的状态……但前述状态在正向和负向心理上却是完全不同的。

巴甫洛夫发现了兴奋与抑制有着复杂的作用机理。举例如下：

兴奋可以有扩散与集中机制。所谓扩散，就是一个地方的神经细胞兴奋，会引起周围其他神经细胞的兴奋。但在进行多次条件反射的学习、训练后，区别了不同的刺激，形成了分化，就会只对条件刺激物引起兴奋，这被称为神经细胞兴奋过程的集中。

兴奋还有诱导机制。当一种神经过程进行的时候，可以引起另一种神经过程的出现，这叫相互诱导。

大脑皮层某一部位发生兴奋的时候，不是引起扩散过程，而是在它的周围引起抑制过程，这叫负诱导。

大脑皮层某一部位发生抑制，引起它周围发生兴奋的过程，这叫正诱导。

连续给动物形成几个条件反射，并按照固定的顺序出现，经过多次训练后，条件反射就会形成固定的顺序。巴甫洛夫把这称为动力定型。这种动力定型是人类习惯形成的基础。如果这种动力定型被打乱，会引起人消极的情绪反应，如烦躁或睡觉。

二、反射周期内的兴奋与抑制变化

反射过程是为动物生存而建立的心理策略，因此，我们可以看到，随着某个动物生存的问题产生和解决，反射会呈现出周期性。以食欲系统为例，如果我们从没有饥饿感的时间点开始考察，随着动物胃中的食物逐渐消化完，以及外界和胃壁的刺激，饥饿感会从无到有，从弱到强，食欲的兴奋由此开始产生并逐步强化。食欲驱使动物寻找食物，并在找到后产生进食动作；随着进食量的不断增加，如果食欲一直维持强度不变，进食就会永不停止，很显然，最后可能会把胃撑破。因此，随着进食量的不断增加，对食欲的兴奋就会不断减弱，而抑制作用不断增强，直到最后感觉完全吃饱，食欲消失。从而完成一个反射周期。

在这个反射周期之内，是否还有更细致的结构呢？的确如此。反射周期的一开始，兴奋会越来越强，从而越来越强地刺激动物去觅食。但在发现并捕获了某个食物后，是否就会维持相同的兴奋程度，甚至更强的兴奋程度，并驱动去进食呢？要知道，寻找并捕获食物和进食是两个不同的过程。前一个过程是把外界有生存意义的对象变为“属于”自己的对象，而后一个过程却是要把这个对象真正地吃到自己身体里去，这是一个会对身体发生实际影响，甚至不可逆的过程。如果这个对象只是表面上像食物，但却可能对身体有害，急于吃下去则会产生有害的后果。因此，从这个实际需要来看，必须在完成第一个过程之后，有一个需要启动动物的智能，最大程度去判断捕获的对象是否真正可以吃下去的过程。这样，在捕获潜在的食物对象之后，就不能简单延续前一个阶段的兴奋强度驱动，直接把捕获的对象吃下去。因此，在完成第一个阶段之后，应当产生一个抑制的过程。无论是在动物身上，还是在人身上，都可大量发现这两个阶段之间的抑制过程。

例如，某些动物找到潜在的食物之后，并不是马上就吃下去，而是会小心翼翼地去闻一闻，尤其是发现过去不熟悉的食物时更是如此。只有在做出判断之后，才会先吃一口品尝一下。而一些高级的灵长类动物如猴子，在找到果子等食物后，如果发现上面沾有土，甚至会拿到有水的地方清洗后再吃下去。这个过程显得非常“理性”。

在市场营销过程中，客户的心理也会有类似的变化过程。尤其是一些大的订单项目，在一开始客户寻找技术方案时，会比较热情邀请各个厂家来提交方案。但当各个参与厂家充分提交了方案、报价和测试系统之后，真当要做最后决策时，客户又会有非常大的压力，不再表现出最初的热情，而是显得极为慎重，甚至犹豫。这个慎重和犹豫的抑制如果太强，甚至最后可能导致客户把这个项目本身否定了。因此，在不同阶段营销策略，需要面对的客户心理状态是显著不同的。

在动物确认食物可以进食之后，会再进入一个食欲快速增强的过程。因为一旦确认潜在食物是可食的，就需要快速地吃下去，以免其他竞争对手把食物抢走。再然后，随着进食量不断增加，则进入最后的持续抑制和兴奋减弱的过程。

因此，一般来说，在一个反射周期内，心理的兴奋，也就是边际欲望强度会呈现由四个阶段组成的 M 型变化过程。见图 15-4。

阶段 1：复兴期。一个反射周期重新开始，兴奋逐渐增强。完成寻找或将外界潜在对象获取归属自己的目的。这个阶段一般是一个面向外在的阶段。

阶段 2：理性期。在完成第一阶段后，需要转为实际满足过程。在进入实际满足过程之前，需要一个理性判断过程，来确认前一阶段获得的对象是否真的对个体有益处。

阶段 3：竞争满足期。持续增强判断，在判断获得肯定之后不断增强兴奋和欲望，并快速获得满足，以免竞争对手抢走自己的获取物。

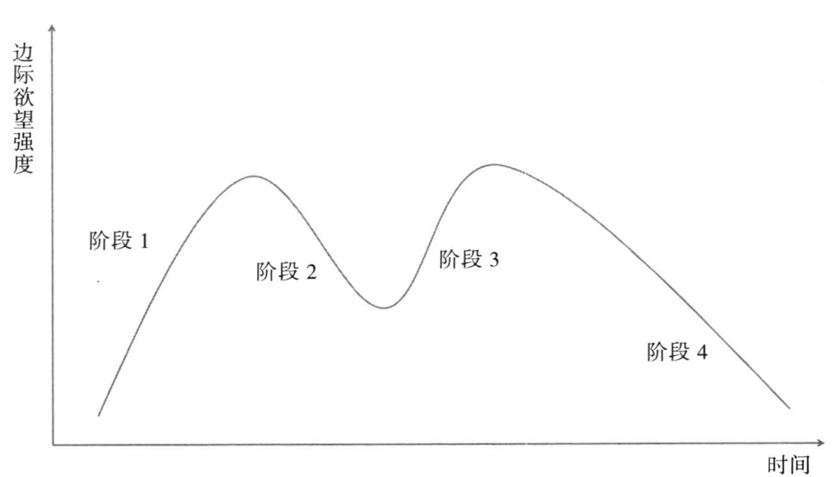

图 15-4　一个反射周期内欲望强度的变化

阶段 4：消退期。随着一个周期内生存问题的不断解决，欲望和兴奋逐渐消退，以免过度满足反而导致对自身的损害。

尤其是食欲系统，特别符合以上反射周期变化的规律。而诸如神秘系统、自尊系统等，就并未有特别明显的周期性。

反射周期的阶段 2 和阶段 3 对于营销管理具有非常重要的意义和价值。不要仅看到客户在一开始似乎很积极，甚至风风火火地想要买某个产品或系统。当进入阶段 2 时，会突然发现客户越来越犹豫，这个阶段很容易导致购买过程中止。而在客户已经购买的第 3 阶段，需要提供非常良好的售后服务，以使客户在开始使用产品时快速解决使用中遇到的问题，使这个阶段的疑虑迅速打消，并迅速获得满意。此时客户不仅会越来越兴奋，而且会将产品良好体验的信息传递给其他客户或增加购买行为。

三、跨反射周期的兴奋与抑制变化

一般来说，跨越反射周期，会是前一个反射周期内兴奋与抑制变化的简单重复。但是，通过巴甫洛夫的条件反射理论我们知道，多次相同反射周期不断重复的过程，会带来反射的学习、强化或厌倦等变化，而不会是绝对简单的周期重复。

例如，葡萄酒等食物，在最初喝的时候由于单宁的作用会有些发涩，最初人们因为不习惯，感觉可能并不太好。但随着品尝葡萄酒的次数增加以及学习葡萄酒知识的增多，从中获得的享受程度可能也会越来越强。因此，多次重复的反射周期，其兴奋或欲望强度有可能会逐渐增加，这与边际效用递减的观念并不相同。

由于条件反射复杂的负诱导等作用，如果出现另外新的更强兴奋刺激，有可能对原来增强的反射过程产生抑制。例如，当发现新的更好酒品时，此兴奋导致原来喜爱的品种被抑制，可能变得不那么喜欢了。

第十六章
情感误差

情感是人类认识的最大动力，也是最主要的误差来源。只有先认清人类自己，才能认清整个世界。

第一节 心理系统对认识作用综述

一、情感的多重性——动力、原理与误差

人类的心理是人类一切活动和行为（包括认识行为）的动机来源，因此，对心理系统科学认识首先是动机和动力的价值。人类是因为要满足自身的需要而去认识世界。食欲系统是最基本的心理系统，在饥饿感的驱使下，人和动物才会有寻找食物的动力。为寻找到食物，人和动物必须去寻找和识别食物，甚至要用更高级的智慧去判断什么地方可能存在食物，以便提升寻找到食物的成功率。或者记住曾经成功寻找到食物的地方，用记忆或导航能力再次去这些地方寻找食物。情感是人对世界反映结果的表现方式，也是驱动人类产生相应行为的兴趣所在。兴趣越强，产生认识世界的行为就具有越大的动力。

心理系统是人类对客观世界的反映机制，这种反映机制和原理反过来

也是理解反映结果的机制和原理。饥饿的感觉是对胃中缺少食物和感觉器官发现了食物的反映结果，那么饥饿感反过来也就表明胃中食物缺少或感觉器官发现了食物。如同万用表10伏特的输入电压会通过其测量机制和原理导致10伏电压读数的输出，那么反过来，如果万用表出现10伏的电压读数输出，也就意味着输入处的电压为10伏特。

但在这个过程中，如同任何测量仪器一样，人类心理系统的反映机制和原理也会对认识过程以不同方式产生情感误差。

在电子测量系统中，电源是测量装置的动力。如果滤波不干净，电源中的交流纹波会叠加到测量结果中。测量仪器动力系统对测量结果的误差作用是以主体环境干扰方式体现的主体误差。情感误差本质上也是一种主体误差。从误差来源角度来说，情感误差可根据一般的误差理论，分为情感原理误差、情感主体环境干扰、情感主体干扰等类型。

二、情感原理误差

人类心理系统反映世界具有特殊的地方，就是心理系统自身会在不同条件下产生相当大的反映过程原理变化，从而在反映对象相同的情况下给出不同的反映结果。例如，由于存在心理系统的周期性，对相同的认识对象，处于不同的心理周期就可能会做出不同的反映。食欲系统驱动人去认识和获取食物，但对同样的食物，人在饥饿和吃饱时产生的感觉评价会非常不同。这种对食物评价的不同和差异并不是食物本身存在，而是人类食欲系统自身原理变化叠加到认识结果上去的。如果不考虑这一点，要设计一个食品评估测量方案就很可能会引入情感误差。对相同的一种食品，在饥饿时进行评估和与吃饱时进行评估，就可能得出不同的测量结果。并不是食品本身真有这种差异，它只是心理系统处于不同周期引入的情感误差。对相同的事物，心情好时感觉一个样，心情不好时感觉又会是另外的样子。

三、情感主体环境干扰

人类自身会做梦、会幻想……总之，人类有极为丰富的内心世界。近代人类之所以能够成功地在进化过程中胜出，古人类学家认为现代人富有想象力是重要原因之一。很多人类给出的认识结果，不一定是外界真的存在这种事物，而纯粹只是人类自身主体环境产生的东西。即使不存在任何相应的外界对象，人类自身也会有相应的反映结果。由于学习和记忆的积累，以及心理系统自身的活动，人类自身精神世界（对应于波普尔所说的世界2）和认知世界（对应于波普尔所说的世界3）的丰富程度还在不断增加。这个丰富的主体环境具有多方面的作用：

1. 丰富人类反映机制和原理。人的心理系统建立的反映机制和原理并不是固定的，它可以随着主体环境的丰富而产生变化。现代的智能电子测量设备在更换软件以后也可能会使反映机制和反映原理发生变化。尤其当人类获得了新的认识或科学认识之后，对事物的反映就可能会发生变化甚至根本性的变化。例如，某个女孩最初可能不爱吃某种食物，当她得知这种食物有利美容后，可能很快就变得爱吃了。

2. 创造出新的内心世界。不仅包括艺术、宗教，甚至还有经验、科学理论。

3. 产生主体环境干扰。“情感主体环境”在认识中的作用是很复杂的，它很可能表现为情感主体环境干扰，从而对认识结果产生误差作用。情感主体环境干扰会带来很多人类特定的认识现象：

（1）让人生活在自己的世界里。外界根本不存在的事物，人类自己也能幻想出来。

（2）产生固执的偏见。带上有色眼镜看世界，看到的不是世界本身，而只是作为认识主体的眼镜的颜色。人类的情感是极为丰富的有色眼镜，人类看到的既是外界对象，也是人类自己的内心。

四、情感主体环境的丰富性和易变性

我们可以通过考察以下事实来感受情感主体环境的丰富和易变性有多么高。

加密过程是通过将原始的明文进行一定的变换，变成密文。然后可以根据加密机制反向地变换解密出原始的明文。在这个过程中，加密方法的不同，意味着反映的机制和原理不同。例如，在不同加密方法条件下，明文可形成如表 16-1 变换：

表 16-1　加密信息传递

明文	加密方法	密文
A	方法 1	Q
B	方法 1	R
C	方法 1	Z
A	方法 2	强
B	方法 2	中
C	方法 2	好

这样，在加密方法 1 条件下，当接收到 Q 时，意味着输入是 A；收到 R，输入 B；收到 Z，输入 C。在加密方法 2 条件下，当接收到“强”，意味着输入是 A；收到“中”，输入 B；收到“好”，输入 C……

改变各种不同的加密方法，几乎意味着可以将任何符号体系变换为其他任何符号体系。甚至可以没有任何规律。香农证明了为获得不可破解的加密方法，可以用随机产生的密码，对等长的明文进行加密，并且是一次一密。这样会形成几乎任意变换的过程机制。如果不确切知道加密过程和方法机制，接收到的信息就会成为无法理解的“天书”。

不同人形成的不同情感主体环境，一定程度上就成为不同的密码和加密机制，只有充分理解它们，才有可能破解它们表达的信息含义。

由于长期生活在不同的环境，虽然现在的人类都是来自相同的 15 万年前的同一个基因——夏娃母亲[①]，对相同食物的口味感觉却相差巨大，或者说喜欢的食物口味非常不同。

不同地域的人形成了不同的语言、不同的宗教，使得他们对相同的事物产生千差万别的感觉和评价。这并不是说事物本身有什么不同，而只是说明了人类认识主体环境或情感主体环境的差别。

五、情感主体干扰

当人内心拥有什么样的心情，就会表现出什么样的态度。而人的态度会在其观察外界，尤其是同为人的其他对象时体现出来，这种态度会对被观察者产生不同程度的影响。因此，人有什么样的心情，往往就会看到什么样的结果，这并不是被观察的对象本身就是如此，而只是观察者的态度干扰了被观察的对象。这与量子测不准原理误差类型是一样的。

六、其他方式

除以上途径外，不排除其他主体误差方式引起的情感误差来源。例如，在人类社会活动中，每个人会与其周围环境形成非常丰富和复杂的循环因果关系，这使得人类的主体环境干扰以外界环境为中介返回认识过程形成两种干扰类型：以环境为中介的情感主体干扰和以环境为中介的情感主体环境干扰。

---

① 1987 年，加洲大学伯克利分校的卡恩和威尔逊等人对全世界 100 多位妇女身上提取的线粒体 DNA 进行研究后，在《自然》杂志提出了著名的“夏娃假说”，即今天地球上所有人的线粒体都是由大约 15 万年前非洲的同一位妇女传下来的。

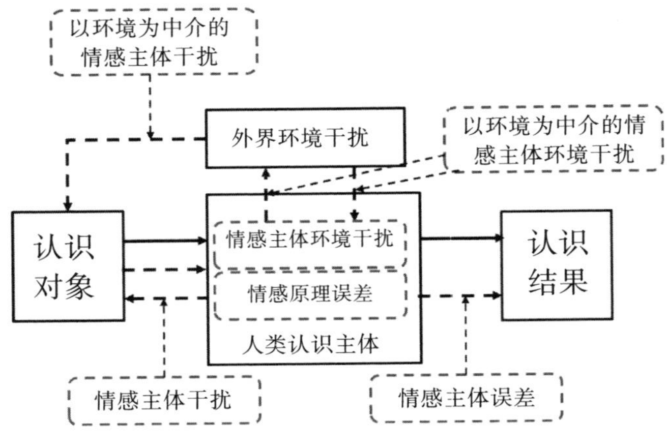

图 16–1　情感主体误差类型

各情感主体误差类型可总结如图 16-1 所示。

以环境为中介的情感主体干扰的例子有：在网上发文章认为某景点非常优美，该文章引起很多网友到该景点去旅游。游客的突然增加刺激该景点管理人员迅速改变景点环境。当作者本人真去该景点时，所看到的情况与当初写文章时已经不同了。此干扰事实上通过环境使认识对象发生了改变，虽然该案例中这种复杂的干扰结果是良性的，但实际社会环境中负面影响传播也同样常见。

以环境为中介的情感主体环境干扰的情况可能很奇特。例如，某个人仅仅根据自己的想象无意中制造了一个谣言，这个谣言迅速在周围进行传播。过一段时间后，这个谣言经过一定的传播且发生一定变化后传回到这位最初谣言制造者耳中时，他竟认为是听别人说的了。

一切心理系统都可能会导致情感主体误差，但对于科学认识来说，影响最大，并且引起误差最大的主要是三个心理系统：神秘系统、依恋系统和自尊系统。

第二节　神秘系统情感误差

一、作为认识动力的好奇心

神秘系统引起的好奇心首先是人类认识未知对象的动力。这种结论对一切心理系统都是成立的，只是神秘系统本身是专门针对未知对象进化出来的心理系统，因此对于认识来说尤其具有普遍性和重要性。

好奇心最重要的价值在于吸引，他会吸引人类去认识未知的世界。亚里士多德在《形而上学》中说“古今以来人们开始哲理探索，都应起于对自然万物的惊异；他们先是惊异于种种迷惑的现象，逐渐积累一点一滴的解释，对一些较重大的问题，例如日月与星的运行以及宇宙之创生，做成说明。一个有所迷惑与惊异的人，每自愧愚蠢（因此神话所编录的全是怪异，凡爱好神话的人也是爱好智慧的人）”。

关于人类的心理系统，其实普通人也都会自己有所感觉。这些心理系统所起到的作用在过去往往会以一些名人的警句或名言而被人们广泛传播。关于好奇心的名言尤其多，这表明了好奇心对于科学研究和认识世界所起到的驱动力有广泛的认识。例如：

爱因斯坦说过有关好奇心的很多名言：“好奇心是科学工作者产生无穷的毅力和耐心的源泉。”“我没有特别的才能，只有强烈的好奇心。永远保持好奇心的人是永远进步的人。”“谁要是不再有好奇心也不再有惊讶的感觉，谁就无异于行尸走肉，其眼睛是迷糊不清的。”

居里夫人有句名言：“好奇心是学者的第一美德。”

写下《科学研究的艺术》一书的贝弗里奇（William Ian Beardmore Beveridge，1908.4.23—2006.8.14）说过：“认识到困难或难题的存在，可能就是认识上令人不满意的现状，它能够激励设想的产生。不具好奇心的人很少受到这种激励。”

英国 19 世纪哲学家和经济学家，写下著名的《政治经济学原理》的约翰 · 斯图尔特 · 穆勒（John Stuart Mill，1806.5.20—1873.5.8）说过：“青年的朝气倘已消失，前进不已的好奇心衰退以后，人生就没有意义”。

2007 年 11 月 18 日，中国著名画家范曾在第十届“挑战杯”竞赛系列创新论坛上，竟也做出题为《科学家的好奇心——致赛先生的徒子徒孙们》的演讲，认为“好奇心是科学之母”。

这些表明了，大量做出杰出成就的学者甚至艺术家，好奇心在他们成功道路上起到过非常重要的作用。以下会详细讨论为什么同样都有好奇心，而在这些做出杰出成就的人身上起到有效作用，对普通人起的作用却很小，甚至可能起反作用。

二、神秘系统的主要运行原理

1. 好奇吸引与好奇心的消失

神秘系统首先是吸引人类去关注未知的对象，但需要注意的是，具体如何去认识，并不是神秘系统本身所解决的，它需要调用智慧系统去认识引起好奇和神秘的对象。因此，保持神秘感，也就会保持吸引力。直到神秘感和好奇心消失，吸引力也就会消失，它意味着人类对原来神秘的对象通过认识和了解，将其已经变成熟悉的对象（虽然实际上可能并未真正透彻认识），因此好奇而保持对事物的研究状态，是科学家获得新认识的重要途径。

能够产生好奇的对象，往往是因为相比熟知的对象呈现某些差别，尤其是奇异的差别之处。

2. 恐惧逃避与恐惧感的消失

如果未知的对象显现出特异的地方，会很容易引起人的恐惧。恐惧促使人逃避开引起恐惧的对象，使人避开潜在的危险。

神秘系统看似神秘，其实它的运行原理并不复杂，其原理如下：

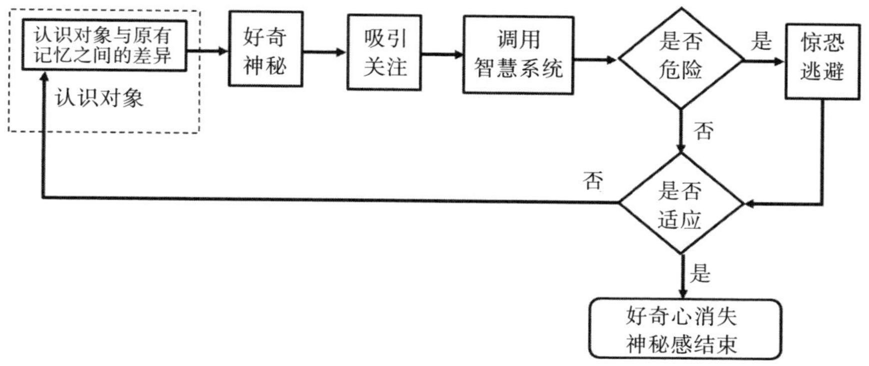

图 16–2　神秘系统工作原理系统

三、不同人神秘系统运行的差异和误差

从表面看，所有人的神秘系统框架性的运行原理都是一样的，但为什么不同人会有不同的运行结果呢？

1. 是否适应的判断标准不同

很多人并不是真正不断追求更清楚认识客观对象，而是“见多不怪”。只要事物重复出现的次数一多，很快就适应了。或者因为要不断深入地认识事物，也是一件很辛苦的需要不断学习和深入研究的事情，或者了解太多会在实际社会中受到打击，如身边人劝阻说不要太多费时间精力等，人们很快就会因见多不怪而使神秘系统吸引的好奇消失。而学习和研究型的人则在是否适应的判断标准上有所不同，他们不会轻易地做出适应的判断，必须把对象彻底搞清楚才心安。

2. 惊恐的极度放大

在做出是否有危险的判断上，绝大多数个体不是独立地做出判断，而是依据其他个体是否有惊恐行为做出是否有危险的判断。这会导致如果某些个体在出现神秘系统的时候表现出惊恐行为的话，惊恐就会急剧放大，导致整个群体出现盲目的惊恐行为。如出现大地震、传染病等信息时，整个社会有可能出现非常盲目的恐惧性行为。如当年中国 SARS 时出现抢购板蓝根和醋，导致平时很便宜的醋被以成百倍价格抢购。又如日本 3 · 11 大地震时，中国部分地区出现大量抢购食盐的行为。要阻止这种盲目的行为，需要信息的及时透明，并且使公众很快转向适应状态，使神秘感尽快消失。

3. 可递进的认知持续循环

如果在是否适应的判断标准上不断追求对事物的完备和深入的了解，就不会轻易适应，并持续保持对事物的好奇心。这是那些卓有成就的学习型和研究型人士的运行模式，也是好奇心能真正有效促使如科学研究不断深入的动力。好奇心本身并不导致对事物的更深入认识，只有持续地循环，不断调用智慧系统，才有可能导致对事物不断深入地认识。

4. 不可递进的认知持续循环及神秘锁定误差

持续的神秘系统循环是导致对事物不断深入认识的前提，但并不是只要这个循环持续就一定能导致对事物不断深入认识的。神秘或好奇心与认知之间其实存在一定矛盾。要维持好奇心，就得保持事物有未知状态，而如果把作为认识对象的事物认识清楚了，神秘感又很快通过适应判断而消失了。

亚里士多德就注意到了这一点。他在《形而上学》中说："可是，在某一含义上，修习这一门学术的结果恰与我们上述探索的初意相反。所有的人都从对万象的惊异为开端，如傀儡自行，如冬至与夏至，如'正方形的对角线不能用边来计量'等，说是世上有一事物，即便引用最小的单位还是不能加以计量，这对于所有未明其故的人正是可惊异的。然而实际恰正相反，依照古谚所谓'再思为得'，人能明事物之故，而后不为事物所惑；对于一个几何学者，如果对角线成为可计量的，那才是世间怪事。"也就是说认识事物从惊异开始，但如果认识清楚了，就没有惊异了。而没有了惊异，对事物又没有了好奇心和吸引力。

那么，如果要永远保持神秘感和吸引力，后果是什么呢？可能导致的一个策略就是让事物处于永远认识不清的状态。这样神秘系统的运行结果不是使事物不断被更深入地认知，而是设定的认识框架就是使被认识对象处于永远也无法认识清楚的状态。这是神秘系统带来的最大情感误差之一。UFO、潜科学等之所以永远不可能有科学的结果，问题就在于这种认识框架本身的设计和目的就是要让被认识对象处于神秘状态，从而永远也不能被真正认识清楚。我们把这种误差称为“神秘锁定误差”。

不同个体神秘系统运行原理都一样，最终会表现为好奇心结束时所获得的成果却完全不同。可能有的个体最终发现了有价值的环境，或有利自己的食物等对象；有的个体获得了对新事物的更多认识；有的个体仅仅是“见多就不怪”了，什么有价值的结果也没有，只是简单适应；有的甚至是将认识对象锁定在未知状态，以更长时间保持和享受神秘感。

第三节　依恋系统情感误差

依恋系统运行原理如图 16-3 所示。

依恋系统与神秘系统有些相反。神秘系统的核心驱动力——好奇心导

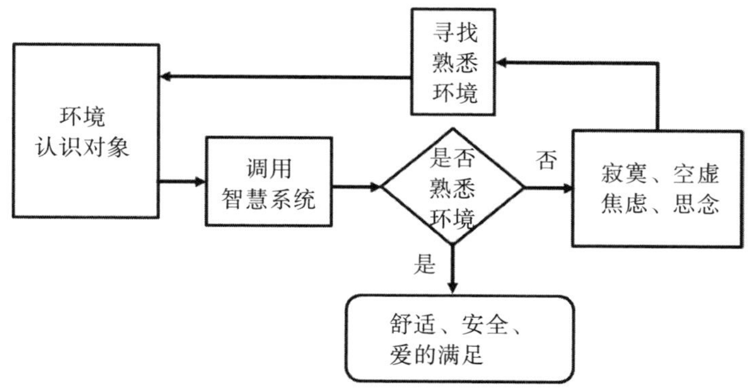

图 16-3　依恋系统运行原理

向未知和差异，而依恋系统的核心驱动力寂寞、空虚与焦虑却把个体导向熟悉的环境。但最终，它们都使个体在熟悉的环境和状态下感觉到舒适、安全。如果离开熟悉的环境，就会出现寂寞、空虚、焦虑等状态，刺激个体寻求到熟悉和安全的环境。这是为保护个体在安全环境的心理机制。尤其自我保护力很弱的幼儿，在母体和自己巢穴的环境就会很舒适和安全，而一旦离开母体，就会非常焦虑、不安、空虚等。

依恋感越强，就会越倾向于使个体锁定在原有的环境和框架。在对认识的影响上，依恋系统既会有助于保持认识系统的稳定，同时又会倾向于僵化。因此，依恋所可能导致的最大误差，就是“熟悉环境锁定误差”。

这种认识误差在发现全新的事物规律时，尤其会导致人们产生焦虑感，而不是单纯从科学的逻辑上来理解相应的问题。

第四节　自尊系统情感误差

自尊系统是同类生存竞争中非常重要的心理系统。它对个体生存竞争的意义非常显著。在优势对比处于太弱状态时，如果同类个体表现友好，会采取崇拜顺从方式策略，以使个体寻找到非常强大且友好的同类个体作为保护。如果同类个体太强，且不友好，采取自卑逃避策略可以避免与过于强大的对手对阵，导致自身遭受毁灭性灾难。

在优势对比处于弱势状态，如果同类个体表现友好，会采取羡慕策略，以亲近和模仿学习，从而使强势同个体的优势能够传导到自己身上。如果表现不友好，则采取嫉妒策略，以进行进攻战胜对手。

当获得优势时，自豪感和自我实现成为自身非常突出的满足感。追求这种满足感和自我实现是个体自身非常强大的驱动力，使得自身可以不断增强生存竞争的优势。在人类社会的体育比赛、各种奖励等活动中，通过自尊系统持续获得自身能力的增强是一种极为强大的行为动力。但是，这

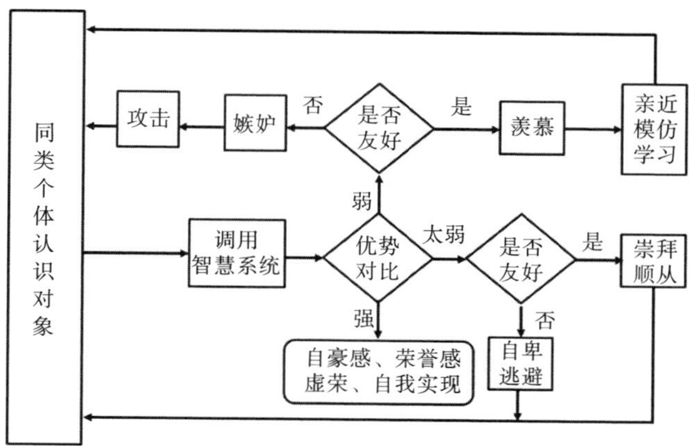

图 16-4　自尊系统工作原理

种心理动力系统处理不好的话也很容易引起攻击性的冲突。因此我们不难看到体育赛场上，甚至看台上打起来的场面。在工作场合竞争也很容易引发冲突。

自尊系统引起认识误差的案例很典型地体现在人工智能的认知上。因为人类普遍把拥有智能和精神世界看作人类最大优势的方面，如果有人工智能会在这方面超过人类的话，会使很多人在这方面的自豪感受损，因此就总要寻找一些优势的方面，或人工智能的弱点来自我安慰。

早期好莱坞有关机器人故事电影作品（《未来世界》《血洗乐园》）中，一方面表达了对机器人智能超过人类这种未知世界的恐惧，另一方面这些艺术家们想当然地从机器人身上找到的一个弱点是它们怕水。因此，人类的勇士们最后都是一盆冷水将机器人制服了。事实上，这种认识对机器人技术是相当外行的，水下机器人是机器领域最早的应用领域，它们不仅不怕水，而且比人类适应水下的能力要强得多。

1997 年 5 月 11 日，IBM 开发的超级计算机深蓝战胜了国际象棋世界冠军加里・卡斯帕罗夫。很多中国人马上给出结论说国际象棋规则很简单，计算机这种只记简单规则的人工智能很容易适应，但中国的围棋需要战略思维，计算机不可能超过人。2016 年 3 月 15 日，GOOGLE 公司开发的 AlphaGo 以五局四胜战胜韩国围棋世界冠军李世石。很多人马上又提出一个安慰，中国的麻将需要政治思维，需要看住上家，防住下家，只有中国的麻将会成为人类最后的防线了。

与 AlphaGo 对弈的是韩国围棋大师李世石，中国人没感觉受不了。开发 AlphaGo 的是 Google 公司，而不是中国公司，中国人没感觉受不了。为什么李世石输给了 AlphaGo，中国人会觉得受不了呢？为什么很多中国人听到这个消息后的反应不是说把麻将当成在棋牌类人工智能领域发展要抓住的最后的机会，而是认为这是人类最后的一个阵地？为什么这样认为？

如果说二十年前中国人没有做出“深蓝”，战胜世界象棋大师，可以认为当时没有这个资金和能力，但今天没有写出 AlphaGo，那就不是资金问题，也不是能力问题，而是态度和理念的问题。如果二十年后，又是美国人写出战胜麻将的人工智能软件的话，那就不是态度和理念的问题，而是中国人的思维方式问题了，这个问题会影响中国科学未来的发展，使得我们被严重地锁定在某种错误的状态下。

事实上，这种观念完全是不得要领的，它们只是自尊系统带来的误差而已，就如同认为机器人怕水一样荒谬。当年深蓝战胜加里·卡斯帕罗夫的时候，中国人应当考虑的问题是自己如何开发出围棋程序战胜人类。在 AlphaGo 战胜李世石时，中国人马上应当想到的问题是如何开发出麻将程序战胜人类，中国的超算目前处于世界最高水平之列，硬件上已经完全不是问题了。但是自尊系统带来的误差使中国人本身的思维方向锁定在一个完全错误的状态。

另外，由于整个自尊系统的分叉特别多，不同情况下策略的差异非常大，因此它导致的结果也会呈现出相当不稳定的特点。友好的朋友可能瞬间成为具有相互攻击性的仇人，敌人也可能瞬间成为顺从和模仿学习的朋友。

第十七章

全科型知识结构的意义

随着科学从单因果联系或少量因素的因果联系，向越来越复杂的多因果联系方向发展，解决科学问题的跨学科特性越来越强。某些学科要实现有效的科学认识，会接近跨越人类所有科学的学科领域，如经济学、历史学等。例如经济学的巨大困难在于，它的完整研究对象包含需求、交易、生产全过程。要对经济的所有研究对象进行科学的测量和研究，需要跨越心理学以及几乎所有科技生产等学科领域。这需要真正的科学经济学家必须具备通晓几乎整个人类科学文明成就的能力。另外，影响人类历史发展的更是人类所有科学的学科。因此，建立一种全科型的知识结构越来越成为一种必需，信息技术的发展也为获得这种能力提供了充分的技术条件。

第一节　全科型知识结构对经济学研究的意义

一、经济学研究对象涵盖范围的宽广性

要完全科学地覆盖经济学研究对象的一切方面，接近于要通晓整个人类文明。这是经济学要成为科学所面对的极为困难的因素之一。经济学的

研究对象涉及三个方面——需求、生产、交易。而这三个方面几乎把人类文明的所有方面都涵盖进来了，以下我们分别做简要分析。

二、需求涉及的知识领域

需求涉及人类的心理过程。要对人类的心理过程从经济学角度进行科学的研究，几乎涉及整个心理学领域。人类心理和精神对象是科学最复杂的研究对象之一。要获得对人类需求的完备理解，经济学家需要首先成为科学的心理学家。

三、生产涉及的知识领域

如果说科技是生产力，甚至是第一生产力，那么有可能变为生产力的所有科技领域，就全都是与生产相关的知识。当然，有少数科技知识，在当前状态下可能很难看出它们与社会生产会有什么关系，如：

目前难以看出有什么实际用途的数学知识。

原子核以下层次的高能物理。

地球外，尤其太阳系外深空天文学知识。

……

而即使以上所说的在目前看来与生产过程无关的知识，未来也可能会与生产过程发生联系。例如，地外深空探测和研究目前看似没什么实际用途，但在未来当人类生产和生活领域走出地球后，相应的知识也必须纳入经济学生产领域的研究对象。

在马歇尔之前，古典经济学家们都会对各类生产过程进行直接考察和分析。马克思可以说是对生产过程进行直接考察最全面，也可能是最后一个采用这种方法的经济学家。他在《资本论》中甚至花了整整两章的内容，来对这些属于生产技术的问题进行详细讨论（详见《资本论》第一卷，第十二章“分工和手工业”及第十三章“机器和大工业”）。在马歇尔、瓦尔拉斯、庇古等数理经济学家之后，经济学家们远离了对生产过程本身的详细观察和测量。在当今信息爆炸、科技爆炸的时代，人们普遍认为要通晓整个与生产相关的科技知识似乎已经不可能做到了。当前的经济学家们对此大多望而生畏，甚至把经济学专业当作属于文科的社会科学范畴。这样，学习和研究经济学的学生，一般都是没有工科背景的人，这使他们更难具备理解生产过程的基础知识。

不仅在经济学界人们认为这种全科型知识结构不可能再具备，科技界人士也持同样看法。直接地、全面系统地研究生产过程这一工作的确极为艰难，但这并不表明不可行。并且，如果不具备全科型知识结构，经济学就无法有效测量生产过程。而如果对现代社会的整个生产过程连精确测量和理解的能力都没有，经济学要想真正成为科学又怎么可能呢?

四、交易涉及的知识领域

相对来说，交易过程涉及的知识范围似乎要少很多，但令人惊讶的是，目前的数理经济学研究几乎是把大量与交易相关的知识排除在外了。例如，市场营销、价值工程、库存管理等。很难想象，一个从不直接测量和研究交易过程的学问，怎么能够被称为“经济学”？并且可以去大谈交易和交换?

第二节　历史学研究需要的宽广知识领域

一、严格测量学理论对历史研究的意义

历史学研究从科学性上来说主要体现在对考古证据的发掘，但因为缺

乏严格测量理论的支持，即使在这个领域也依然缺乏最严格的科学性。

一般历史学者只知道应当以获得的考古证据等来支持相应的历史学理论，按照这种想法来做，人们以为就是科学了。例如，一般把人类进化的阶段分为旧石器和新石器等时代。这看起来似乎没什么问题，理论当然要以事实为依据嘛！事实越多，论证的力度似乎就越大。但真正严格的科学并不完全是这样的。科学测量的数据要准确反映事实对象，必须严格考虑到整个测量系统的信号变化全过程。如果一个测量空间电磁场强的仪器读数是 15dbm，是不是能够直接说空间场强就一定是 15dbm 呢？不能简单这么说，因为有可能输入口上还加了 20db 的衰减器，因此在还原空间电磁场强时需要把这衰减的 20db 加上去，空间场强就是 20+15=35 dbm。这才是严格准确的科学数据。否则就会在理解时产生“系统误差”。

现在再回到人类进化的考古领域，我们今天的考古过程就是一台测量仪器，时间就是一个衰减器。不同的原始人类工具材料在时间上衰减率是大不一样的。石头的衰减率最低，而木质材料，火的灰烬等衰减率是非常大的。那么，当我们发掘出了不同原始人类的工具材料后，是要把它们当作无区别的事实同等看待吗？当然不能。我们必须把时间衰减的因素补偿回去，才能真正准确地还原和理解原始人类的工具使用状况是什么样的。但是，因为我们发现的石器材料远远多于其他材料，这个领域的学者们只是简单地以为科学就是要以事实为依据，因此就把发现石器较多的时代称为“石器时代”。这个名称一旦建立，就会使很多缺乏严格和系统科学素养的人误以为这个时期人类的工具就是石器。事实上，木器显然是人类更容易获得的工具材料来源，火是人类更为重要的工具，还有用动物的骨骼做成的工具等。因为这个领域的学者普遍缺乏严格的科学实验和测量的素养，即使获得了大量考古证据也往往不能对其进行真正科学的合理解释。

“新石器时代”同时伴随了大量陶器的出现，而后出现了铜器和铁器，还有少量金器、玉器等。而在这些阶段，木器、竹器也占据非常重要的地位。因这些历史距离现在较近，发掘出的新石器之外的工具、尤其木器等较多，因此“新石器”作为一个时代名其实已经在很多人潜意识中难以接受了。铜器和铁器作为历史时代的名称更难被普遍接受。还有人试图把最近信息技术的时代称为“硅器时代”，接受的人就属罕见了。另外，不同地区因环境的不同，其社会历史发展会呈现出不同的工具特征。例如，中国南方很少发现石器，很多考古学家认为这个地区的竹器起到很重要的作用，这的确与其他地区，甚至中国北方地区有很大差异。任何新工具材料的出现的确引起相应历史的重大变化，但把相应的时代以此工具材料命名是不合适的，显然同时期还有大量其他工具存在，并且起到很重要的作用。因此，在所谓“旧石器时代”，除石器之外的木器、火等工具会在相同历史时期起到重要作用是很自然的事情。

二、历史学所需要的全科型知识结构

影响人类社会历史的因素涉及整个人类文明的成就，包括所有科学知识、各种生产技术、环境变化、艺术、政治、社会组织、宗教、军事、经济等全都会对人类发展历史产生不同角度和不同程度的影响。要想有效从事历史理论的研究者，其知识结构必须达到通晓相应历史阶段整个人类文明成就的“全科型”的程度。因此我们可看到，努力要对整个人类历史发展规律进行研究的历史学家，都是不同程度地具备这种能力的大师，如：

马克思与恩格斯的历史唯物论。

美国学者斯塔夫里阿诺斯的《全球通史》。

英国历史学家汤因比的《历史研究》。

马克斯·韦伯的《新教伦理与资本主义》。

中国学者金观涛和刘青峰夫妇的历史系统论。

贾雷德·戴蒙德的《枪炮、病菌与钢铁》。

……

由于历史理论体系极高的全科型知识结构的需求具有极大的获得难

度，贾雷德·戴蒙德甚至在《枪炮、病菌与钢铁》一书的最后部分认为历史学科算不上是一门“科学”，一般归入“社会科学”领域，甚至在社会学领域也属于科学化程度最低的学科之一。他在书的序言部分认为在汤因比之后，以该思路研究的工作就停止了。书中说：“在汤因比的尝试后，全世界对历史因果关系的综合研究已经受到大多数历史学家的冷遇，被认为提出了一个显然难以解决的问题。”在其《枪炮、病菌与钢铁》[①] 一书中列出了作者在本书中集合的不同知识门类：遗传学、分子生物学、生物地理学、行为生态学、流行病学、人类遗传学、语言学、考古学、演化生物学、地质学，以及对技术（本书主要是采集、农业等生产技术）、文字和政治组织的历史研究。作者事实上还具备了深厚的进化论功底。“这样的作者必须具有包括以上各学科的广博专业知识，这样才能把相关的各种先进知识加以综合。”“这些条件初看起来似乎是要求多个作者协同工作。然而，这种办法从一开始就注定要失败，因为这个问题的实质是要建立一种统一的综合体系。这种考虑就规定了只能有一个作者，尽管这样做会引起种种困难。”戴蒙德认为因为他拥有的特殊知识结构优势，从而具备了进行这种历史理论研究的能力。作者透露了他的知识结构优势来源和形成过程：母亲是教师兼语言学家，父亲是儿童遗传疾病专科医师，他本人在鸟类、生物、语言、历史和写作上有长期积累，他是生理学博士，自己选择的职业研究方向为分子生理学、演化生物学、生物地理学。

即使戴蒙德已经拥有如此广博的知识结构，却依然在其研究过程中欠缺一些关键性的知识结构。作者书名中的“枪炮”代表了历史发展过程的战争行为，但作者对军事知识几乎没有专门研究过，这就难免在一些问题的看法上缺乏军事研究能力，更无法突破一般军事研究中的专业军事家的错误束缚。例如作者将印加帝国皇帝阿塔瓦尔帕轻易相信皮萨诺的欺骗进

① 参见贾雷德·载蒙德:《枪炮、病茵与钢铁》，上海译文出版社 2006 年版，第 16—18 页。

入他预设的阵地，归结为行政组织和信息等的落后，这个分析不无道理，但却不能简单看待。事实上，战争中的战略欺骗成功的案例远远多于失败的案例，能够像中途岛海战中美国成功掌握情报击败日本海军偷袭的战例是不多的。德军在二战中绕道比利时，越过马奇诺防线攻入法军，700 万大军袭击苏联的巴巴罗萨计划；日军偷袭珍珠港和菲律宾美军基地等都非常成功。如果说苏联行政组织落后在西方可能还有市场，但要说当时英、法、比利时和美国的国家行政组织都落后可能整个欧美铁定都没人接受了。在这里可能有人会对珍珠港事件提出一些异议，因为有一个观点是认为这个事件之前罗斯福是知道的，当时中国的情报人员池步洲的确破获了日军的情报，并发给了美国人，但为激怒美国人参战罗斯福故意把情报压下来了。如果我们以科学的历史研究态度来看待这个问题，根本就不可能会有这种争议。要知道任何时候情报都有可能是混乱不堪的，事后很清楚谁真谁假，但事前怎么确认某个情报真假呢？ 1941 年 12 月 7 日 7 点 49 分日军开始实际攻击珍珠港，20 分钟后日本驻美外交使馆给美国政府递交了最后通牒。但 10 个小时后日军又成功偷袭了菲律宾的美军基地，几乎导致麦克阿瑟的菲律宾方面军全军覆灭。一个珍珠港还不足以激怒美国人，还要再搭上菲律宾的美军基地吗？如果日军偷袭珍珠港时，美军将计就计设下埋伏将日本军队全部歼灭，难道不足以激怒美国人让美国参战吗？人家都这样以一个大型特混舰队的兵力打上门了，无论是让对方偷袭成功，还是把对方全部歼灭，或者将对方击溃，只要一交战，美军就多少肯定有伤亡，美军伤亡 2400 人、240 人或只伤亡 24 人，难道事后罗斯福要想宣战还有谁能拦得住吗？珍珠港事件还有人争论，日本偷袭菲律宾成功就没任何人敢说是罗斯福故意让给日本的了吧？！所谓罗斯福故意压下情报之说，不过是想为罗斯福和美国政府留点面子而已。在德军进攻比利时绕道成功马奇诺防线、巴巴罗萨计划、盟军反攻的诺曼底登陆等过程中，事先被攻击一方都得到过大量情报，但都无法判断真假，因为同时也有大量假情报干扰，从而最后使偷袭成功。这就是战争史的一般规律，珍珠港没有例外也没什么稀奇的，用不着找那么多花哨的借口。当年的阿塔瓦尔帕没有识破皮萨诺的计谋，其行政组织、信息来源和学识上的问题的确加重了其识别的难度，但仅以此作为判定依据从战争和军事规律上说是远远不够的。逻辑上说它们是“有可能充分”却肯定远非必要的条件。因此就不能用受到入侵者成功欺骗的事实，作为证明其行政组织或信息学识上一定有问题的充足理由。日本学者岩岛久夫在《突然袭击的研究》一书中对这类问题有系统的论述，书中讨论的第一个战例就是日本偷袭珍珠港。在受到突然袭击后，印加帝国长期无法做出有效的应对，才是其整个文明，包括行政组织、技术知识、学识、生产能力等全面落后的证明。

第三节　全科型知识结构多方面价值和意义

一、科学活动的管理

具备全科型知识结构不仅仅对于经济学、历史学等社会科学研究有理论必要性，而且具有众多理论和实用价值。

科学从早期天才的活动，已经转变为当今世界众多国家的重大发展战略活动。中国政府有主管科技发展的科技部，其他国家也有类似机构。各国重大的、国家级的科技发展战略计划出台了很多。如20世纪80年代，由于日本提出第五代计算机发展计划，刺激各个国家纷纷出台大量国家级，甚至国家联盟级科技发展战略计划。但是，这一轮的国家级科技发展战略计划执行得并不理想，尤其日本第五代计算机计划最终基本上是不了了之。中国的“863”“973”等科技发展计划持续很多年，投入巨大。虽然因主要是跟随型方式取得了大量成就，但在原创性的项目上效果依然不尽如人意。问题关键就在于，现代科技已经发展得如此庞大复杂，即使是深处这个体系内顶尖的科技精英们，全都只是了解其中极少一部分的人。

由于缺少通晓整个科技的方法，没有人可以对全局给出任何概念和整个科技内部清晰的逻辑联系。在这种情况下制订的总体科技发展战略，所能得到的，难免只是以一种极少的局部替代全局的结果。因此，全科型知识结构是成功制订国家级科技发展战略的基础能力，这是一个非常重要的实际价值所在。

二、创新投资

随着创新在经济活动中的作用越来越大，创新投资的市场需求也在不断扩大。而从事创新投资的合伙人和投资家们，需要快速地深刻理解各种不同生产领域，尤其全新生产领域，这也需要全科型知识结构的支持。

越来越多的科技发展，取决于不同学科领域的融合和交叉。如果能具备对整个科技文明的全科型知识结构，对于建立和促进跨学科的融合当然是有巨大帮助的。

因此，研究如何具备涵盖整个人类科学文明的全科型知识结构的方法，是具有多方面学术和实际价值的。

三、科学概念的统一性

早在19世纪末20世纪初出现了“生物计量学”（Biometric）。20世纪30年代挪威经济学家R.弗里希和荷兰经济学家J.丁伯根仿照生物计量学提出了“经济计量学”（Econometrics）。这两位还因对建立此学科的贡献而获得第一届诺贝尔经济学奖。瑞典Umea大学S.沃尔德（S.Wold）在1971年首先提出“化学计量学”，1974年美国B.R.科瓦斯基和沃尔德共同倡议成立了化学计量学学会。其实，以上这些学科名称本身就完全搞错了。计量学是解决测量过程中的量值单位统一问题，并建立各测量对象单位的基准。因此，计量（Metrology）只是测量

（Measurement）的一个分支或子集。从生物计量学、经济计量学和化学计量学等学科本身的目的来看，它们根本不限于计量这个工作，而应当是整个该学科的测量学。这些学科的错误名称长期存在本身就充分证明，该学科的全体学者们对测量学都相当不清楚。最初生物计量学的名称叫开了，搞经济学的 R. 弗里希和 J. 丁伯根也跟着叫“经济计量学”。这些领域的人对测量学更加不清楚，而测量学专业的人本就不太懂生物学，更不懂经济学，人家都因此获得诺贝尔奖金了，搞测量学的人就是发现了名称很不对劲又敢说什么？最后连最严谨学科之一的化学领域竟然也跟着叫起“化学计量学”（Chemometics，Stoichiomety）了。一个很低级的学科名称错误，竟然如此长期地无人可以纠正。仅仅是一个学科名称还不是真正的问题所在，关键是从这个案例可看出：完全缺乏全科型知识结构，对科学发展所形成的认知盲区会有多么严重，事实也正是如此。

四、缺少测量基础的计算机科学存在的问题

即使在一些看似非常科学的领域，因缺少全科型的知识结构，同样长期存在一些严重的缺陷和问题，计算机科学就是如此。直到今天，高等院校的教课书中依然对计算机的发展划分成如下四代：

第 1 代：电子管计算机（1946—1958 年）

第 2 代：晶体管计算机（1958—1964 年）

第 3 代：集成电路计算机（1964—1970 年）

第 4 代：大规模集成电路计算机（1970 年至今）

这个分代事实上不仅对研究和理解计算机意义很小，甚至某种程度上是误导日本第五代计算机错误方向的错误理论。如果计算机科学能够有计算机科学测量基础，就绝对不会有这样的理解了。

以上四阶段分代的看法显然是根据计算机核心电路采用的器件为依据的，它虽然是重要的，但却并不是电子数字计算机的核心问题。真正核心

的问题是集成度、运算速度等技术指标以及应用所决定的计算机类型。事实上，计算机发展到目前应当按如下多方面的角度来理解。

器件的发展影响的是集成度和应用方式的可能。在所谓第 4 代计算机之前，因为器件体积的庞大，事实上只是一代：主机时代。而到了大规模集成电路时代，计算机体积的不断缩小，使得其发生了一个真正重大的变化，就是可以开发生产个人使用的电脑，这就是 PC。当集成电路进一步发展后，手机就可以变成电脑了。现在的智能手机事实上就是一台电脑。集成电路再进一步发展，电脑可以变成个人佩戴的装置。

因此，过去的计算机发展是分成这样四代：

第 1 代：主机时代。主机时代并没有在后来结束，而是一直作为一种机型发展到今天，并且形成庞大的系列，这就是超算、HPC（**高性能计算机**）、大中小型系列服务器等。从发展历史上说，电子管、晶体管、小规模集成电路、大规模集成电路、超大规模集成电路、多核、GPU、SOC、异构计算 CPU……都可以作为其发展历史的分代。后来的其他计算机发展的分代同样有如此情况。当新时代的计算机出现后，原来的计算机时代并没有结束，而是与新生代的计算机共同进化，从而使计算机的品种更为丰富，而不是新时代出现后老的时代就结束了。

第 2 代：PC 时代。可以分为台式电脑、手机电脑。

第 3 代：手持电脑时代。平板电脑、智能手机。

第 4 代：佩戴式电脑。

PC 出现后，主机时代并没有结束；手持电脑出现后，PC 时代、主机时代都没有结束；佩戴式电脑出现后，前三代电脑都没有结束，它们一起在进化和发展。因为缺乏计算机科学的测量基础，尽管计算机现实如此清楚地呈现在人们面前，高等院校的教课书中却一直是如此无视现实地给学生们灌输完全错误的知识。在传统错误理解的第 4 代大规模集成电路计算机之后，计算机科学家们事实上已经无法对计算机的发展给出理论的总结了。其原因是多方面的：

一般学院派理解的技术发展分代，都是新一代技术出现之后，老的技术时代就被淘汰了。例如，火车的内燃机技术出现之后，蒸汽机车技术就逐渐被淘汰了；电气机车技术出现之后，内燃机车也逐渐被淘汰；高铁出现之后，普通火车持续进入被淘汰之列。在过去计算机科学家划分的 4 代计算机技术也是如此。晶体管计算机出现之后，真空管被淘汰；集成电路出现之后，晶体管被淘汰；大规模集成电路出现之后，中小规模集成电路被淘汰。但是，以上我们所划分的计算机分代情况却非常不同。PC 出现之后，主机系统长期存在，并且还在无止尽地发展。有人的确曾认为 PC 出现之后，大型机和巨型机的生命周期将结束，但事实上却没有；即使在 PC 内部，手提电脑出现之后，桌面 PC 依然长期存在和发展；手持电脑出现之后，PC 的发展虽然受到影响，但并没有表现出消失的可能性；佩戴式电脑出现之后，更不会有人认为前面几代电脑会消失。

另一个更让学院派学者们无法理解的是，一般新一代的技术都是在各个方面，至少是在主要技术指标上超越原来老一代的技术，但计算机的发展却不是这样。新的 PC 时代的计算机，其计算性能等主要技术指标上不仅没有超越老一代的主机系统，甚至是远远低于主机系统的；手机电脑的计算性能长期低于 PC；佩戴式电脑计算性能更是低于手持电脑和 PC。新一代计算机的出现主要不是计算性能的突破，而是因集成度的提升，使得携带的方便性和个人应用的方便性产生跨代。

除以集成度和计算性能来考察计算机的分代发展之外，I/O 技术和存储技术的发展也会对其产生重大的影响。相对于计算性能来说，I/O 技术的发展是非常缓慢和困难的，因为它要与人的感觉系统相配合。直到现在，主要的输入装置依然是几十年基本无明显技术变化的 102 键盘和鼠标，相对变化较多一点的是输出装置显示器。手持电脑从键盘鼠标发展为输入输出合一的触摸屏，已经显得是非常革命性的变化。I/O 技术变革最大的是通信接口的变化，从最早电话 MODEM 几 k，发展到 56k，而后 DSL、LAN 接入、WLAN、CCMTS、移动的 3G\4G\5G 等宽带化方向，本地的USB、蓝牙等，计算机的数据越来越多是通过通信接口进行I/O。

存储技术的变革对计算机的影响人们关注得很少，其实它的影响也是非常大的。直到目前还在广泛使用的硬盘决定了计算机操作系统以及数据库等众多计算机的技术结构，而当固体存储的闪存，以及正在发展中的相变存储器等如果获得突破，将会对计算机的体系结构产生颠覆性的影响。

我在2008年《中国计算机世界报》上分三期连载刊登了存储对计算机发展影响的文章，主要阐述了内存的扩大将会对计算机体系结构产生的革命性变化，我把它称为“海量内存计算机”，这一设想比SAP公司提出“内存计算”概念早了十年。计算速度除对CPU的运算速度外，对数据存储的访问以及通信速度也会造成非常大的影响。磁盘的数据访问是一种半随机、半流式的设备。所谓随机访问简单说就是想访问哪个数据就可直接访问哪个数据，并且访问速度性能基本是一样的。而流式访问则是一种需要排队的，要访问某一个数据，需要从头到尾地挨个去找。这样，访问某一个数据要先调出排在它之前的所有数据才有可能访问到。磁带就是一种纯流式的存储设备。磁盘在访问时是通过磁头左右摆动的“寻道”，和磁盘高速转动来获得磁盘上某个位置数据的。寻道和磁盘转动都是流式的访问过程，两个加在一起有点随机性。磁盘的平均寻道时间指标在几十年的时间内几乎没有什么太大变化，基本就在7到9毫秒。磁盘转速性能提升也很少，几十年间也就提升三四倍，从两三千转提升到最多也就不到九千转。硬盘访问速度的提升主要是靠提升存储密度获得的。因此硬盘与内存之间在随机访问速度上一直有6个数量级左右的落后，而内存与CPU片内寄存器之间有2个数量级的访问速度差异。这个巨大的访问速度差异经常会使磁盘对计算机性能造成极为严重的拖累。人们在使用PC时经常会出现几乎死机一样的状况，只听着硬盘在哗哗转动，屏幕却几乎不动，就是因内存有限，经常需要在内存与硬盘上开出的虚拟内存之间倒腾数据引起的。如果有海量的内存，消除这种无意义的数据倒腾，有大量数据访问的业务计算性能就会有数量级的提升。如果采用固体存储器，因其随机访问性能本身就接近内存，因此用固体硬盘的电脑起动速度只需要几秒，而其他配置完全相同，只是硬盘采用传统磁盘的 PC 启动速度能到 1 分钟之内都非常困难，甚至可能要接近 2 分钟。大量计算性能（尤其有大量数据访问的计算业务性能）上有明显差异。

以上我们讨论的还是事务性的通用计算机系统，如果是要用在实时处理的设备上，还有以 DSP（数字处理器）为基础的嵌入式计算机，以及以 FPGA（现场可编程阵列）为基础的计算逻辑，也可算作一种嵌入式计算机。它们只是有设备内的通信接口作为 I/O，以及海量内存概念（所有软件和数据全部在内存中），避免时间不确定的以硬盘为软件系统基础的虚拟内存。它们并没有被列入前述通用计算机发展的分代中，而是很早就开始成为一个相对独立发展的计算机路线。在手持式计算机，尤其佩戴式计算机时代，这两者开始出现交叉。手持式计算机一定程度上开始接近嵌入式计算机，佩戴式计算机与嵌入式计算机尤其类似。

第十八章

如何获得全科型知识结构

没有什么是不可能的（impossible is nothing），关键在于是否掌握相应的方法。

第一节　获得全科型知识结构的难点和可能性

一、获得全科型知识结构的困难

就在 200 多年以前，像达·芬奇、康德、笛卡尔、马克思这些可以通晓当时人类几乎所有社会生产和科技领域的全才、博物学者等还存在。而自工业革命以后，人类社会生产和科技知识的迅猛扩展，可以用“知识爆炸”来形容，人们普遍认为，再想要实现这种全科型知识结构已经越来越不可能了。而要真正有能力以科学的方法来研究经济学这门学科，偏偏就是必须具备这种全科型知识结构。毫无疑问，这的确是一个极为困难和艰巨的挑战。

仅以中国科技论文数量为例，2000 年为 49678 篇，2012 年为 16.47 万篇。12 年增长了 3 倍多。有资料统计 2006 年全球科技论文数量为 135 万篇。别说是所有论文内容，一个人就是仅仅要把这些论文摘要和目录看完都已经不可能。

除专业论文外，学术专著、专利、企业中的生产技术秘密更是浩如烟海。报纸、互联网上非正式生产的论坛文章、网络新闻、博文、微博、网络百科、邮件等，更是不计其数，它们之中同样会产生很多有价值的东西。

据 CISCO 公司在 2011 年 6 月 1 日发布的 Cisco® Visual Networking Index（VNI）Forecast（2010—2015）预测，到 2015 年，全球互联网流量将比 2010 年增加 4 倍，达到每年 966EB，平均每秒钟的流量为 245TB，相当于 2 亿多部高清电影。

事实上，不要说一个人面对所有当今的科技知识领域，就算一个很狭窄专业领域里的专家，也无法把自己所属专业领域的所有知识细节全部掌握。

但另一方面，知识爆炸既是一个挑战，同时也提供了寻求比古人更好实现全科型知识结构的条件和机会。只要具备有效的方法，实现这种全科型知识结构并非不可能。如果解决了这一问题，其意义无疑是非常重大的。

具备这种全科型知识结构，并不是说要知晓知识的每一个细节。曾有记者问爱因斯坦是否知道铁的熔点是多少，爱因斯坦回答，人的脑子是有限的，手册上有的东西用不着去记住。最重要的是具备理解各个学科的思维方式以及在需要时快速深入学习的能力。

二、知识信息核心内容的稳定性

具备全科型知识结构不仅是可能的，而且是现实可行的。每个知识领域基本的原理性知识并没有多少，而且很难改变，真正新增的知识内容并不是很多。可以说，每年看似浩如烟海的科技论文中，99.99% 以上是高度重复的东西。例如，一个经典学者写了一篇真正有价值的论文后，会衍生出成千上万篇“浅说”“试论”“简介”“商榷”之类的论文，而他们所做的工作仅仅是解读、评价、争论、简介前面那篇论文的含义、意义和价值，这些论文真正新增的知识内容几乎没有。

曹雪芹一本《红楼梦》衍生出多少篇论文，养活多少代文人？如果考虑写出另一本具有《红楼梦》价值和地位的文学作品，又能多少年才会出一本呢?

三、知识信息压缩技术

现代视频压缩技术可以把200Mbps原始信息量的标准清晰度视频信息压缩到只有1Mbps，甚至更少，将信息量减少至压缩前的1/200。最新的H.265标准压缩技术甚至可以达到将视频信息量压缩至1/500的能力。

一张原始图片可能会有上百兆字节的信息量，而采用当前互联网上常用的JEPG图像压缩技术处理后，剩下的信息量可能还不到1兆。

信息之所以能够被压缩，原因在于其真正属于全新的信息内容很少，绝大多数属于“冗余”，也就是重复的、没有真正新内容的信息，它们完全可以从其他信息里“变换”或推导出来。

现代的视频压缩技术，不仅仅是将当前视频图像进行压缩（静态压缩，或称帧内压缩），而且有动态视频的压缩（动态预测压缩或帧间压缩），它可以根据视频图像变化的预测规律偏差进行压缩。也就是说，我们可以只关注科技发展的变化，以减少真正需要了解的新知识，而且如果对科技发展变化的规律有所了解后，还可以只考虑偏离这些发展变化规律的东西。

例如，摩尔定律是对集成电路知识和生产科技发展变化规律的描述。这样，根据这个规律你可以知道10年、20年以后集成电路知识的发展状况是什么！如果没有偏离这个发展规律，那么仅以摩尔定律即可以覆盖这些巨大的集成电路知识的变化。如果偏离了摩尔定律，我们才把它视作真正新的变化。以这种方式，甚至可以把相当大量有规律的知识变化也纳入不变的范畴。从而可以花更少的精力去把握更大量的知识变化。

因此，对于全科型知识结构来说，我们需要了解的是，将知识信息进行静态压缩和动态压缩处理之后，还能剩下来的东西是什么。

书可以越读越多，也可以越读越少，可以越读越厚，也可以越读越薄！

四、知识信息检索技术

要获得没有冗余的、真正属于全新的知识，需要具备很强的知识信息搜索能力。当前的网络搜索技术、电子图书馆、网络百科全书、大数据处理技术，提供了远比过去更加容易掌握各个不同学科的条件，这对获得新的科技知识提供了巨大的便利。经济学家们可以借助这些工具的帮助，获得所必要的全科型知识结构。

第二节 获得全科型知识结构的方法和途径

一、知识信息压缩后剩下的内核

从以上分析可知，要获得科学的经济学研究所需要的全科型知识结构，不是要去阅读每年新出现的数以百万计的论文，而是要获得被知识信息压缩技术处理后能剩下的东西。每年新增的科技知识的确浩如烟海，但经过有效的知识信息压缩处理后，真正值得关注的东西其实少得可怜。

尽管随着科技的发展，每年都会新增很多新知识，但对于科学的经济学研究来说，只要掌握了以下基本的核心内容，通晓整个当代科技也就不再是不可能的事情。它们包括，“两大科学的基本工具和八大知识体系”。

二、两大工具

作为科学研究的两大基础工具，必须包括数学和测量。即使在伽利略为科学引入实验之后已经400年的今天，人们还是在较大程度上只把数学作为科学的基础。尤其是经济学的研究，更是走在单纯地高度数学化的道路上。由于对测量认识的欠缺，很多学者建立经济学实验基础的努力进展甚微。

只要充分掌握了数学和测量这两大科学的基本工具，在理论上就已经具备了通晓人类整个科技文明的能力。

三、八大知识体系

除了两大基础工具，通过对现代人类整个科技知识信息充分压缩和抽取整理，我们可整理出八大知识体系。这八大知识体系内部具有高度的相关性，不同知识体系之间则差异较大。因此，只要充分掌握和理解了这八大知识体系的内在核心思想，通过它们，就可以对整个人类文明、科技、社会生产的全体知识进行通晓式的理解。也就是说，理论上，你只要读十本书，就可以理解当代整个人类文明的全部，它们也就成为具备全科型知识结构的“秘籍”和“诀窍”。这十本书就是：数学、测量和八大知识体系。这八大知识体系分别是：

1. 心理和精神

2. 机械

3. 化学

4. 生物、农业、医学

5. 电子信息、软件

6. 金融

7. 法律、政治、管理

8. 战争、竞争、竞赛与博弈

当然，这八大知识体系的划分具有客观上的深刻依据，但并不是绝对的，它们有可能会随科技知识的发展产生变化。尤其由于知识体系之间的相互渗透不断加剧，学科的隶属关系处于高度可变之中。一些不同学科交叉产生的新兴边缘学科可能很难确定其到底归属于哪一个大的体系。如“经济心理学”是属于经济学还是属于心理学？现代生理和医学的研究越来越深入分子层次，与化学的关系越来密切，相关研究是属于化学还是属于生理学，其界限也越来越模糊。

甚至于，分类的主要目的之一是易于学习，提升学习的效率，因此也可能随个人学习知识的喜好或习惯而发生某些改变。

分类的主要目的之二是易于知识的整理、归档，从而便于查询和使用。而由于现代计算机和网络技术的发展，知识整理、归档和查询技术（大数据处理技术等）快速发展，对分类的要求也大大降低。图书馆的目录分类相对较为严格，而建立在关键词匹配基础上的网络搜索就完全不依赖于知识的分类。

这八大知识体系的划分有以下几个方面的基本特性：

1. 触类旁通。同一类别知识具有非常类似或相同的基础知识。从而每个知识体系内部具有高度的相通相融性。

2. 隔行如隔山。不同知识体系相互之间相通性较低，不具有共同的基础知识，很难简单跨越。学会酿葡萄酒后很容易理解白酒是如何酿造出来的；会种黄瓜后很容易理解如何种南瓜，但它们与自来水处理会有极大区别；会机床加工后很容易明白如何操作机械手；会冶炼铁后很容易明白如何冶炼铜。而就算对石油提炼行业了然于心，对明白模拟电视信号如何转成数字电视、手机是如何工作的几乎毫无帮助。

3. 思维方式转换。不同知识体系需要非常不同的思维方式。例如艺术需要思维活跃、跳跃，甚至浪漫，但机械需要细致和严谨。**数学需要思维**

的高度逻辑性，而实验和测量需要很强的动手能力。数学对每一个证明过程要求的是“绝对”和“正确”；而测量过程的每一个环节所面对的都是“相对”和“误差”，对其结果的要求是“精确”，而不是“正确”。具备全科型知识结构的关键困难并不在于不同知识领域需要的基础知识不同，而是思维方式的巨大差异，甚至完全相反的思维习惯要求，它们构成了理解和跨越不同知识领域的最大障碍。因此，要实现跨越不同知识领域，不仅要学习不同领域的基础知识，更重要的是必须在解决不同领域的问题时，具备“思维方式转换”的能力。

4. 相互融合。各体系的知识和成果可以充分地向其他体系渗透，或相互影响。并且这种跨知识体系的渗透，往往可以带来非常重大的、令人耳目一新的创新成果。各个知识体系会直接对应一些高度专业性的行业，也就是该行业可非常清晰地划入，且仅仅可划入这几大知识体系的某一个。但所有生产行业并非可以严格地划分到各个知识体系中去，而是高度融合的。某些知识体系会高度广泛地融合到几乎所有行业中去，如信息行业、财务等。

以下对几大知识体系以及对应的生产领域分别加以简单介绍。

第三节　八大知识体系简介

一、心理学和精神生产

以人的精神和内心世界为研究对象，或开发满足某一类精神需求、欲望的生产行业。例如：

宗教、各种艺术（小说、绘画、雕刻）、各种娱乐业（电影、电视、音乐等）、体育、旅游、博彩，甚至色情业。它们是为人们提供纯心理或精神性的满足。

心理满足会向其他行业渗透。因此可以在很多别的行业发现满足心理或精神需求的影子。产品的设计和包装、外观、人机界面和人机接口等，都在考虑人的心理满足。

二、机械知识体系

它以牛顿的经典力学、机械原理等知识为基础。它的应用非常广泛。

对应的机械生产工艺包括：

1. 模具为基础的制造。高温材料模具的金属铸造；以金属模具为基础的塑料等材料的注塑；手机、电视、打印机、照相机、玩具等塑料机壳等制品制造；混凝土的常温浇铸，等等。

2. 车、铣、冲、切割（锯）、削、刻、磨、破碎（爆破）、剪。这类工艺是通过将固体材料按一定方式减少进行的机械加工。鲁班锯木料、厨师切罗卜、裁缝剪棉布、机床切钢板、宝石工切玉石……都是相同的切、割、削工艺。钻不过是圆形旋转的切割。采矿、地表的挖掘、以盾构方法为基础的地下挖掘系统同样都是一种切割过程。以各类炸药的爆破是一种相对最为粗放的切割方法，尽管存在定向爆破等技术。较新的激光切割技术，只是将机械切割变为热切割。

3. 软化成型。玻璃吹制，与馒头、饺子制作原理相同（前者是高温软化材料成型，后者是常温软化材料成型）。而光纤拉纤，与兰州拉面也是异曲同工。

4. 锻造。另一种软化成型方式。它是利用锻压机械对金属坯料施加压力，使其产生塑性变形。一方面可消除金属在冶炼过程中产生的铸态疏松等缺陷，优化微观组织结构，另一方面获得一定形状和尺寸锻件。

5. 沉淀。利用液体生产固体产品，如造纸等。

6. 过滤。高精尖的分子膜工艺，与用沙布过滤米汤、用漏勺洗紫菜原理上没什么不同。

7. 组装。螺接、梢、键、钉、焊、铆、粘。

从旧石器时代打制石器，到新石器时代的磨制石器，这些都是机械制造过程。

8. 涂膜、喷涂、镀（喷镀、电镀、化学镀）、高温气相沉积等。这类工艺是在一个固体表面增加一层较薄物质的工艺。绘画、写字、打印也是类似。

9. 现代的 3D 打印，提供了全新的、以材料精确地层层增加方式的制造。它与沉积方式有一点类似，只不过是每一层的几何形状上都可以非常精确的方式进行。3D 打印在机械制造上是一次真正意义上的革命。出版了《3D 打印：想象与未来》一书的康奈尔大学创意机器人实验室主任 HodLipson，把 3D 打印的颠覆性总结为以下十点：

（1）复杂性免费。也就是制造任意复杂形状的物体，与制造最为简单的物体，成本是一样的。

（2）多品种免费。也就是制造任意多品种产品，与制造单一产品成本是一样的。

（3）不需要组装。一般制造一个非常复杂的部件都可一次成形，它能将过去需要几十个零件才能组装出来的复杂部件，变为零件数量为 1。零件直接成为部件。

（4）零间隔时间。不同代产品间迭代的间隔时间为零。

（5）零几何形状限制。对于制造的几何形状没有任何限制，只要计算机可以设计得出来，采用 3D 打印技术就可生产出来。

（6）零技能制造。采用传统的生产方式，操制生产工具，甚至数控机床等生产工具时，需要很高的技能。相应的人才培养非常困难，但采用 3D 打印不需要这种技能。

（7）紧凑式、便携式制造。以往的机械生产工具往往非常庞大，一些机床重量甚至达到以吨计算。但 3D 打印机可以是非常轻便的，可以单人拿着到处移动。

（8）没有废料。因 3D 打印不需要切割等减少材料的过程，只是一层层精确叠加而成，因此所用材料一般情况下只要与被制造的对象刚好一样就可以了，不会产生多余的废料。

（9）无限的材料色度。可以在打印分辨率的水平上任意混合不同材料，从而可将不同颜色材料进行任意调色，从而形成无限丰富的材料颜色。

（10）精准复制。与 3D 信息获取技术相配合，可以无成本差异地精准地复制任何对象。而采用传统制造技术，不仅精准复制极为困难，而且被复制的对象越复杂，精准复制的成本就会越高。

采用 3D 打印技术，尤其可无成本差异地生产任意复杂形状的对象，未来甚至可以以此生产出新型的复杂材料。

三、化工

化工的基础知识是化学。

化工生产与各类化学反应过程相关，其生产工艺都有相应的特定规律。因化学反应过程常常需要反应物质充分混合，从而使不同物质进行化学反应生成新的物质，或者使某种物质分解生成新的不同物质。因此，化工生产所要解决的问题一般就是如何使反应物充分混合，以及如何使生成物进行分离。如果说机械生产主要是针对固体对象，或液体、气体转变为固体方式，那么化工生产就主要针对液体和气体对象。因为液体和气体比较容易充分混合，也比较容易分离。

所以，以液体或气体流动来形成相应的生产工艺流程就是常见到的方法。如，化工生产工艺大多表现为液体或气体的高炉。

如果是固体物的化学反应，一般也需要通过粉末或泥浆混合后来进行。如高温陶瓷材料制造等。

通过搅拌充分混合后进行反应。一般针对黏稠的物质。

化学反应除了多种物质合成生成新物质外，还有某种物质分解。如通过电解等分解出不同物质，如电解氧化铝生产铝，电解水生产氢气。

通过化学反应生产所需要的物质时，常常是多种反应生成物混在一起。一般利用不同物质的比重不同，或熔点（反过来是液体变固体的凝固点）、沸点等，不同物质在不同温度产生相应的相变等性质，来进行不同物质的分离。

四、生物、农业

以生物进化、分子生物学、生理学等为基础。

一切生物的生长，本质上都不过是在吸入更多养分基础上的细胞分裂过程。

包括的生产过程有：

1. 农业。如，植物种植、动物养殖。

2. 可称为微生物“种养”的酿造。它一般不是获得微生物体本身，而是其改造物。而植物和动物的种养一般是收获生物体本身。尽管中国白酒酿造有高温处理，酵母菌需要外加，葡萄酒是全过程常温酿造，酵母菌就在天然的葡萄皮上，直接把葡萄捣碎后就开始发酵，但两者之间依然高度相通。还有奶酪制作过程中的发酵工艺。

3. 直接从自然界生长物获取资源的，如捕捞、狩猎、采摘。

4. 医疗。它属于生物体维护业。

5. 人类自身“养殖”，餐饮、食品、厨艺。

五、电子信息、软件

以中低频电路、微波电路、脉冲数字电路、计算机原理、信号分析、软件编程等为基础知识。

电子器件的生产。气相沉积，蚀刻工艺，与材料和机械制造有类似之处。

电路产品生产。手工焊接、波峰焊接、表面贴 SMT。

接头连线制造、整机组装基本属机械行业。

硬件的制造基本都还是属于机械或化工行业概念，但电路的工作运行原理与机械行业截然不同。尤其软件工作运行原理差距更远。

六、金融

包括银行业、证券、投行、外汇、贷款、债券、财务服务等。在货币形成以后，以货币的时间价值为基础进行的金融规律研究，其实已经脱离微观经济学的原理制约。货币作为交易工具出现和成熟以后，其本身也具有了全新的效能，出现了以货币的投资功能、时间价值、不同国家货币间汇率等为基础的金融产品。因为货币本身有投资价值，由此带来时间价值。通过储蓄将大众的货币集中到银行，以货币的投资和时间价值为基础，这事实上是金融价值的实业基础，又衍生的出大量不同的金融产品和金融衍生品等。金融服务已经发展成为现代经济运行、包括生产和交易的基础设施。

七、法律、政治、管理

它们与心理学和精神领域有接近的地方，但方式和方法完全不同。

人类本来是受自己欲望和需求支配产生行为的。但要组成一个社会，按照满足社会的需要产生行为，就不能简单地任由个体以自己的欲望来行事。社会组织要解决的首要问题就是如何使个体成为社会的一员，而不是分散的个体。如果个体不按某个社会组织的需求来产生行为，就可能成为破坏组织的力量。实现这个目的的途径有多种：

1. 强力。就是简单地强迫，甚至消灭不按组织要求产生行为的个体。但这种方法显然不是积极的手段。

2. 以宗教、道德、伦理等思想权威方式使人们具有某种所希望的行为倾向。不过这种方式往往是一种比较含糊的、倾向性的行为方向，而很难规定太多具体和细节的行为规范。

3. 以人的权威，通过权力来管理指挥所有个体，按统一的社会组织要求产生行为。这体现为政府政治管理，和其他各类组织的管理。以人来管理的方式优点在于，可以使社会中最精英的优秀人员，把他们的相对更优决策，放大为社会全体成员的行为。而这种方式潜在可能出现的问题也是很明显的。过于偏向于这种管理方式的，被称为“人治”。并非只要以人来管理就是人治，所谓人治只是想用来说明给予管理者的人权力过大，不受任何制约，由此产生个人缺陷可能会对社会造成严重危害，却又难以得到纠正。不同人拥有不同的权力，很容易导致不同人的利益不平衡。拥有较大权力的人，会较容易存在利用权力进行腐败、获取不公平利益的问题。

4. 现代社会更为普遍的就是以法律体系、规章、制度等客观的行为规范来管理社会。它们的有利方面是：

（1）对所有人公平，是一个客观的权威，而不是只赋予某些人的权威。

（2）它可以对人的行为做出非常详尽的规定和约束。

（3）法律规范是经过大量社会精英广泛讨论产生的，可以最充分地吸收社会的智慧。

因此，法律体系是现代社会运行最重要的基石。

当然，仅仅指望于用某一种方式就想使社会运行很完美是太简单的想法。法律更多只能规定不能做什么，它是社会运行最低的保障。而对于如何做才能实现更好的效率，它是一个需要个体不断创新的过程，法律对此能起的作用相当有限。不要指望通过法律规定就可使所有人都能发财或成功。因此，过度地法律化，以为整个社会完全以法律来运行，也可能会使社会陷入缺乏活力的境地。

八、战争、竞争、竞赛与博弈

它们涉及人与人之间或组织之间的博弈关系和过程。关于战争，笔者在另一本书《超越战争论——战争与和平的数学原理》里有非常详细的讨论，此处不再深入进行。

如果对以上八大知识体系都分别做过深入的研究，并且深通测量和数学两大科技基本工具，你就可以宣称世界上没有任何不能在三天之内基本搞明白的行业了。在人类的知识体系没有出现“特别重大”的理论突破之前，这个观点都是可以成立的。即使出现了像爱因斯坦相对论这样重大的基础物理理论的突破，其实对人类社会生产体系也并没造成什么可以明显看得出来的重大改变。

人类目前的社会生产体系基本都是处于原子以上的层次（生产过程不改变原子的构造）。在原子以下层次进行生产的核反应，目前只是处于高端物理学研究的加速器和极少数核能或核武器应用中，还远远没有成为广泛应用的制造技术。通过以上几个知识体系，基本可理解当前和未来至少数以百年，甚至千年计算的人类历史发展过程中，所有原子以上层次生产制造的过程和相应的科技发展。

第十九章

以测量角度看科学的发展

测量是科学的源泉，检验理论的标准以及科学进步最重要的体现之一。科学认识过程表现为测量与理论的循环。

第一节　测量是检验理论的标准

一、测量高于理论

测量是检验和判断一切理论的终极标准，而理论却不是检验和判断建设任何测量设备的终极标准，必须搞清楚这个科学的基本关系。尽管这个原则是近代科学革命的一开始就建立的，但事实上直到今天这个关系依然未能真正厘清。

举些个人测量活动中的案例来说明这一点。我在郑州邮电部设计院仪表室工作的时候，经常涉及卫星地面站的选址测量问题。卫星地面站需要良好的电磁环境，雷达是主要的干扰源。因此，根据雷达干扰环境进行选址是卫星通信地面站建设的主要工作之一。其实，雷达频点、发射功率、在卫星通信频段的谐波强度、地面形状等信息都是可以查到的，根据电磁波衰减的理论公式和以上数据，可以通过理论计算出某个候选站点是否满足要求。理论上说只要计算正确，基本上不需要实地测量就可以确定选址。但事实上，我们在实地测量中经常遇到与理论计算完全相反的情况。

一次是在青岛卫星地面站的选址中，有一个候选站点非常令人满意，被认为最理想的站点。因为它北、南、西三面环山，东面是大海，又在公路附近。设计工程师都认为根本不用测了，如果其他候选站点不满意，就直接选这个了。但是既然我们已经把频谱仪拉到青岛，还是“装模作样”测一下吧。一测不要紧，发现东面海上有一个非常强的雷达干扰信号，根本不用天线放大器都能看到，功率超过卫星地面站干扰标准10 万倍。

当时因为经常进行雷达测量，中国绝大部分军用和民用雷达的频点、脉冲宽度等数据都在我的笔记本上，对最常见的440 水平雷达的5个频点、脉冲宽度、脉冲频率等参数，843 俯仰雷达的参数等都已经记在脑子里了。一看频谱仪上干扰雷达信号的参数，我马上就知道它是什么雷达发出的，甚至大致估算出它离我们测量点的距离是多少。这个最初理论上计算认为最理想的站点就这么给废弃了。

另一次是在厦门卫星地面站选址中，测出的结果更让人意外。当时根据理论计算得出两个候选的站点，其中一个站点 A 两三公里的视距范围就有一个雷达，最初被认为干扰肯定会比较大；另一个候选站点 B 四周都是山，被认为不可能有电磁干扰，是最终理想的站点。但是实际测量结果却大出意外。A 站点怎么测都测不出雷达干扰信号，最后直接跑到雷达天线下面测，才发现雷达谐波居然比正常值低了 50 多 dB，显然是加装了天线滤波器造成的。这个是正对金门前线的海防雷达，采用了更好的技术是可以理解的。

而 B 站点的测量结果正好相反，这个四周都是山的地方发现了很强的微波通信信号，而且越往山凹里面走，测出的微波信号越强。原来这个四面环山的地方变成了一个微波谐振腔，并且上面正好有一个原来未考虑到的微波通信线路经过。一般情况下，卫星选址中很少考虑微波站的影响，主要是雷达干扰。因为微波站是固定线路的，只有位置上非常巧，正好卫星地面站在两个微波站连线上才会受到很强的信号干扰。另外，雷达信号是脉冲信号，杂波比较大，而微波信号是相对比较稳定的通信载波信号，本身就有比较好的滤波，杂波相对较小。因此，在卫星选址中较少考虑受微波站的影响问题。这次就正好这么巧撞上了。

二、测量高于理论的原因

之所以要做实验和测量，就是因为科学不能仅靠理论的预测来发展。理论和测量之间也是有相对独立性的。在科学理论和实验的关系中，之所以最终测量高于理论，其原因如下：

1. 理论正确边界条件参数假设错误

任何理论都不能凭空推导出结果，必须建立在一定的边界条件参数的假设前提之上。如果边界条件与实际不相符，理论推导的结论就可能与事实不符，这并不表明理论错了。例如前面所述卫星地面站的案例中，三个与理论计算不相符合的情况都是属于边界条件与最初理论分析的假设不同。电磁波衰减的理论是绝对没错的。

2. 理论正确对理论的选择与应用情况不符合

理论并不只有一个，而是有很多，不同的理论适用于不同的前提条件。所有的理论都正确，可是如果使用了不符合前提条件的理论，就不会得到正确的结果。例如，空气阻力是一个非常复杂的问题，影响空气阻力的原理本身就有很多。当运动物体的状态和相对运动速度处于不同范围，空气阻力的理论模型是非常不一样的。

导致空气阻力的原理主要有：

（1）压差阻力：主要是空气作用于运动物体前后压力差不同造成的。它是汽车、飞机、火车等的空气阻力中相当普遍和主要的空气阻力。

（2）摩擦阻力：这是空气分子与运动物体表面碰撞摩擦等因素造成

的。它会将运动能量变成热能，对运动产生阻力。

（3）诱导阻力：由于运动物体上下空气压力不同产生升力，由于产生升力而诱导出来的附加阻力称为诱导阻力。

（4）干扰阻力：运动物体不同部分激引的气流相互干扰，形成额外的更多阻力。

（5）内循环阻力：汽车等发动机进排气系统、冷却系统、车身通风系统等所需要和产生的空气流流经车体内部所产生的阻力。

（6）音障（激波阻力）：当运动物体速度跨越音速时（马赫数接近和大于等于1时），会产生激波，对运动物体形成很大的阻力。

（7）粘滞阻力：任何流体都会对在其中运动的物体产生粘滞作用。当物体运动速度非常高时，空气的粘滞阻力就会越来越占主要作用。

绝大多数空气阻力的计算可采用如下公式：

$$F=\frac{1}{2}C\rho S\nu^2 \tag{19-1}$$

式中，C 为空气阻力系数，ρ 为空气密度，S 为物体迎风面积，v 为物体与空气的相对运动速度。由上式可知，正常情况下空气阻力的大小与空气阻力系数及迎风面积成正比，与速度平方成正比。形成空气阻力的原因不同，主要体现在空气阻力系数不同上面。

粘滞阻力主要采用斯托克斯公式计算：

$$F=6\pi\eta\nu r \tag{19-2}$$

式中的 η 为流体的粘性系数，ν 为物体与空气的相对运动速度，r 为运动物体假设为一球形物体时的半径。由该公式可知，粘滞阻力与速度成正比。

物体形状不同，相对运动速度不同，所采用的理论就会不一样。理论都正确，但如果用错了理论当然不会有正确的结果。

3. 理论本身就不正确或不完善

科学发展史上出现过很多不正确的理论，后来都通过实验和测量放弃了。这样的案例非常多。

通过以上分析可明白，无论科学理论正确还是不正确，最后推导出来的结论都需要通过测量进行确认。因此测量的地位高于理论。

很多成功的科学实验和测量是与正确的理论相联系，但也有很多是与错误的理论相联系，还有更多实验和测量是在自身规律指引下独立发展的。

第二节　理论与测量的循环关系

一、错误的科学理论依然会推动科学的发展

正确理论指引下的实验和测量就不用说了，怎么还有在错误理论指引下获得良好发展的呢？这样的例子不仅有，而且还很多。迈克逊・莫雷干涉实验就是这样，它是在以太理论指导下发展出来的。这个实验做了一年多，跑到地球上各个不同的地方去做。结果是什么呢？做出什么新发现了吗？什么也没发现，无论到什么地方测，干涉条纹都纹丝不动。但是，“什么现象都没发现”这本身就是一个非常重大的发现，它使得物理学家们放弃了以太理论，更重要的是以它为基础得出了光速不变原理，爱因斯坦由此发展出了相对论。

现在世界上能量最高的对撞机，欧洲 CERN 的 LHC（大型强子对撞机）在 2012 年发现希格斯粒子之后，就再也没有发现任何新粒子，尤其是超弦理论预测的可能存在的超对称粒子。没发现超对称粒子就是“毫无所获”吗？绝对不是，如果真的确认“什么也没发现”，这本身就是重大的发现，如同迈克逊・莫雷干涉实验中无论怎么努力都发现不了干涉条纹移动一样重大。因此，以中国计划建立的 CEPC—SPPC 对撞机有可能什么也发现不了为理由反对建设这个对撞机，其理由是完全不成立和不科学的。

当年爱迪生在发明白炽灯的时候，曾尝试了 4 万多种材料依然未能找到所用的灯丝。有人听到后惊讶地问：都失败 4 万次了还在找？爱迪生告诉这个人：你完全搞错了，我已经成功地知道有 4 万种材料是不能用的。最后直到尝试了 8 万多种材料后才找到所需要的。每次尝试一个新的材料，其实都是一个新的理论假说，而后通过实验测量去验证是否成立。被放弃的理论假说比成功的还要多。

在历史上，哥白尼的日心说、解释燃烧的燃素说、解释热现象的热质说、解释光传播的以太假说等理论假说最后都被放弃了，但它们在历史上其实都起到过很重要的作用。炼丹术在今天看来是迷信，但很多最原始的化学知识就是在这个过程中形成的。

日心说是近代科学革命的先导性学说，对伽利略等进一步的发展都有重大推动作用，但本质上说日心说是不对的，我们今天已经明白太阳系只是银河系中的一员，围绕着银河系中心的黑洞旋转，而银河系也不过是整个宇宙亿万星系中的一员。

燃素说被拉瓦锡的氧化说替代了，但我们要记住对氧化说最关键性的氧气，是燃素说学者发现的。

热质说是 18 世纪被科学界用于解释关于燃烧和热现象的一种理论。它认为热的传递是由于热质的流动。热质被认为无重量的物质，物体吸收热质后温度会升高，热质会由温度高的物体流到温度低的物体，也可以穿过固体或液体的孔隙中。有意思的是，热质说是在拉瓦锡的氧化说替代燃素说后开始盛行的，拉瓦锡的《化学基础》一书就把热当作一种物质。后来热质说无法解释高速摩擦产生大量热量等现象。到 19 世纪中期，逐渐被能量守恒定律所替代。但是，直到今天常用的热量单位卡路里（Calorie）就是起源自热质（caloric）理论。在相当长的时期里，热质说还是有效地推动了热力学的发展的。

以太假说是用来解释光在真空中的传播，很早物理学家就认为光是一种波，而如果真空中没有任何物质，光波就没有介质承载了。因此，著名的物理学家惠更斯就提出存在“以太”这种无所不在的物质作为介质承载光波的传递。迈克尔逊 · 莫雷干涉实验就是为验证以太理论而设计的，这个实验后来导致以太假说被完全放弃，继而建立起光速不变原理、相对论和光的波粒二象性等认识。而“以太”这个名字在今天通过“以太网”这个概念名称继续影响着日常的科技，只是这时它纯粹只是一个名称而已。

错误的科学理论也是科学，也会产生促进科学进步的价值。而不是科学的理论即使“正确”也应当被抛弃。因为不科学的理论根本就无所谓正确，它们不可测量、不可检验。

二、理论与测量的基本关系及两大循环

科学理论与测量之间并不是一次性地完成检验的过程，而是处于无止境地循环过程之中。首先充分阐明这一点的还真不是哪位科学家，甚至也不是哪位科学哲学家，而是政治家和哲学家毛泽东。他在 1937 年 7 月发表的著名哲学文章《实践论》中讨论了这个循环关系，他得出的结论是：“实践、认识、再实践、再认识，这种形式，循环往复以至无穷，而实践和认识之每一循环的内容，都比较地进到了高一级的程度。这就是辩证唯物论的全部认识论，这就是辩证唯物论的知行统一观。”[①] 尽管他把这个观念归因于马克思的辩证唯物论，但事实上，中国共产党之所以能够在全球所有共产党中如此特殊，正是因为其思维方式上始终遵从了两个循环：

1. 认识上的理论与实践循环，以实践为终极标准——一分为二，实事求是，与时俱进……

2. 实践中的方法与目的循环，以目的为终极标准——投入产出和利润额最大化的军事思想、白猫黑猫论、摸着石头过河论、三个有利于标准、

① 《毛泽东选集》第一卷，人民出版社 1991 年版，第 296—297 页。

三个代表、科学发展观、中国梦……

虽然不同时期，不同人的表达形式和方式不同，但以上核心的思维方式都是一样的。尽管这种思维方式时常被中断，但终会被深入中国人骨髓的东方文化思想所找回。

在1979年左右，中国社会发生了两场影响深远的大讨论：官方的“实践标准大讨论”，民间的“人生目的大讨论”。这两场讨论过程之中其实都不是采用完全科学的方法，但是却帮助重建了与中华文明思维方式相吻合的以上两个循环。在这样两个循环中，世界上一切优秀的文化、认知和文明成就全都被有效地席卷进中国，而不会完全在意其原来的理论是什么样的。一切原有的理论和认知一旦进了中国，就马上被这两个循环深度加工而可能变得和原来不再完全一样。因此，近代中国的社会实践过程从来就不是百分之百按哪个理论操作的结果。这就是为什么西方所有理论家都解释不清中国现在所发生的事情根本原因所在。把今天的“中国特色社会主义”实践看作“东西方文明”之争是完全错误的，千万不要忘了社会主义理论也是来自“西方”的理论，马克思是德国的犹太人，而不是中国人。这个理论传递到中国的中间过程的苏联社会实践也主要是属于欧洲范围。无论是社会主义理论还是市场经济理论，到了中国全都变成认识循环过程的中间物，并且早已经面目全非了。如果不能深刻理解以上两个循环，就不可能有效理解中国今天正发生的社会进程。

以上所有这些都还只是经验性的，或哲学层次的理论。如何能够在科学上阐述它们呢?

整个西方国家之所以不能建立这种正确的循环关系的认知，是因为经典的古希腊因果律禁止循环因果。当我在《生态社会人口论》一书中将循环因果律还原为经典因果律之后，也就为这些基本的循环过程建立了牢固的逻辑基础。

以数学和逻辑为基础的科学理论，是人类创造的思维过程，而以仪器设备为基础的测量和实验过程是世界本身的“思维过程”。作为认识对象的世界本身其“思维过程”是不可能错的，错的只可能是人类对它的认识。也正因为如此，只要理论能够有效地启发建立起良好的测量系统，使世界自身有效地进行思维，就同样可能使世界本身很好地展现自身。这样，即使是错误的或不完善的科学理论，同样有可能获得成功的测量结果。因为世界本身的思维过程不可能错，所以即使科学理论错了，它有效刺激出的世界本身思维过程也同样是正确的。

其中的困难在于如何使以上两个思维过程之间建立起真正的有效联系。这就是一切的理论概念和推导出的结论都必须是“可测量”的，这是一切科学认识必须遵从的绝对标准。否则，理论与测量之间的循环关系就不能真正建立起来。

科学理论本身当然也有内在的标准，这就是逻辑和数学标准。但这些标准是作用于理论内在的，而不是直接作用于整个理论与测量之间的循环关系。

在科学的发展过程中，只有物理学为代表的自然科学真正有效地建立起了科学理论与测量之间的无穷循环和以测量为终极标准的关系，但整个社会科学都还没有真正建立起这种基本关系。

例如，美国的政治思维就不是这种循环的科学思维，他们一定要坚持某种理论，并认为它是“不证自明”的绝对真理。无论按这种理论把一个国家搞得好不好，甚至搞到亡国，理论也永远是对的。但是中国的思维方式完全不同，只要一个国家搞不好，肯定是政治理论有问题，不会牺牲目的来满足理论。这使美国等西方国家的社会理论与中医等的科学化水平基本处于同一层次：它的确在很多时候可以解决一些问题，但却不能真正科学地解释它为什么有效，以及如何避免它产生的欺骗和错误。

必须清楚指明的是，只有今天中国社会以两个循环为基础的政治思维方式，才是与物理学为代表的纯科学技术思维百分之百相一致的。有了这两大循环，即使错误的理论也可能最终产生正确的效果，没有这种循环，即使正确的理论也可能导致错误的结局。因此，能否建立起这两个循环和明确谁是终极标准，比理论是否正确更加重要。

科学认识过程是理论与测量的循环，以实验测量为终极标准。

科学应用过程是科技与市场的循环，以市场需求为终极标准。

即使一个新的理论和技术是正确的，产品也必须经过实验室测试、中试、小规模试用、大规模试用、正式商用等过程。

一种新的农药不经过实验室测试、实验田测试，就直接拿到大田全面地正式商用，怎么可能不出现毁灭性的粮食绝收？

一种新的药物完全不经过实验室测试、小白鼠实验、多批次临床对照测试，就从纯理论阶段直接跳跃到成品药物上市大规模使用，怎么可能不死人？

先不去说理论本身是否正确，就算 100% 是真理的理论，整个西方在社会领域的思维方式，就是直接上来要求一个国家完全按照其理论设计一步到位地全面变革，这样怎么可能不出现“用真理去亡国”的必然悲剧？这是思维方式的错误还是把“跳过两个循环”故意作为一种致使他人亡国的超级战略，就只有采用这种思维方式的人自己清楚了。

整个西方世界包括美国，需要来一场“两个循环大讨论”的思想解放运动，否则他们就不可能跟随中国真正上升到第三次科学革命的层次。

第三节　测量独立的发展地位

一、测量是科学认识世界的另一个独立路径

过去的科学哲学和科学学几乎是把科学的发展完全等同于科学理论的发展，实验与测量仅仅被看作科学理论的附庸，只是为了证明、验证或否定理论。这是一个大错特错的观念。

科学理论的确是我们认识世界的一种非常简单、成本很低的方法。例

如，只要知道118种原子（包括了人造的）和它们的同位素，就会清楚知道了组成所有数以百万计种类的化学物质的最原始材料。这在前面已经做了充分讨论，不再复述。

但是，测量是有其自身独立存在和自我发展路径的，它是科学进步的另一条独立的线索。有大量认识对象无法以极为简单的科学理论来概括，只能用看起来很笨的、几乎单纯获得大量测量数据的办法来认识。例如，气象水文资料的测量和记录一般不会带来任何新的理论，但相应的工作者永无止境地在做着这个工作。气象水文资料的记录本身就是科学工作的内容。海床的细节、地球各个地方的地理构造、地表的油气分布、天体的运行状况、天体表面的地理细节……所有这些可以有一定理论的辅助，但它们主要是通过测量数据的积累来获得相应科学认识的。

二、反对论文——以测量数据认识世界

1. 论文与测量数据

数学和测量是科学认识世界的两个不同方法的极端。数学是纯粹的理论，测量是纯粹的数据。以数学为基础的科学理论和以测量为基础的数据都是科学认识世界的结果。人们更多接受理论，但却忽视数据。

这表现在论文、专著和科学理论被看作科学的成果，但测量数据、测量报告、测量设备和技术积累并未普遍地被看作同等重要的甚至更加重要的科学认识成果。地图数据、历史考古数据和历史记录、物理学化学等的各种常数测量数据、天文测量数据、产品测量数据……随着现代信息技术和大数据技术的飞速发展，以数据来认识世界的方式其经济性和效率也在快速提升。

以历史研究为例，因为论文在各种科学评估过程中占有过大的权重，因此各种学科包括历史学科都要以发表的论文作为评价学者们成就的依据。但是，很多历史论文事实上把考古资料切成了碎片去讨论一些猜测性

的结论，而考古过程最重要的科学成果是获得系统完备的考古测量过程和结果的数据。

考古遗迹的发掘过程是具有一定破坏性的，历史学家说，这些古迹如果是一本书的话，它是只能被读一次的。如果操作不好，发掘过程很可能会对古迹形成破坏。量子力学的测不准原理在这里也有类似之处。因此，对考古发掘的整个过程应当进行尽可能详尽的记录。目前，利用信息技术可对考古过程进行大量的技术改进。古迹的发掘是一件非常辛苦的事情，往往需要大量技工协助考古专家进行工作，这更增加了考古过程的破坏可能性，或取出的文物因管理问题造成混乱，无法还原发掘出的准确地点和摆放姿态。采用网络实时考古系统，权威的专家可实时监控发掘过程，并且对考古过程尽可能详尽地用高清相机和摄像机进行记录，对发掘出的文物包装用二维码进行标识，这些技术都可以使考古记录尽可能准确和完整。甚至对以为是废弃物的紧挨文物的泥土也应充分采样保存，而不应简单地用水冲走，因为如果分析其中的物质成分，很可能留有具有考古价值的信息。

考古的结果最有价值的是所有考古资料数据的完备和系统呈现，而不是以此为依据的论文。例如，海昏侯墓中发现的马蹄金、竹简，尤其墓中私印都指向刘贺的时候，只要再关联上《史记》等其他文献中的相关记载，根本就用不着再写什么论文，任何人看完这些测量数据都会得出这是刘贺墓的结论。一万篇关于海昏侯墓的国际一级刊物论文，都不比一个最完备系统的海昏侯墓数据库系统的科学价值万分之一更大。但是，当前以论文为核心的科学成果评价系统却完全扭曲了这个关系。

以考古数据为基础的论文不仅科学价值有限，而且很可能导致负面的结果。

2. 数据完整性的破坏

当我们去看考古学论文时，所有考古测量数据都被论文作者分割成碎片，并且只是截取其中一小段去得出结论。

3. 引入误差

写论文很容易引入作者自己其他来源的误差因素。90% 以上的历史研究论文或文章都纯属引入无聊争论和误差因素的垃圾，大都是被以论文为核心的评价体系逼出来的。

4. 数据不准确

论文对数据往往是从自己所论述观点角度去引用，这很容易导致数据不准确。

5. 多媒体数据精度有限

现在论文只是发表在平面学术刊物上，如果是图片，其分辨率必然是相当有限的。而如果是在网上数据库的最高清晰度照片，其精度可以达到技术可能的最佳效果。这是论文不可能展现的。如果是以博物馆实物展示，可以更加精确完整地展示测量数据。

6. 鼓励隐匿考古资料

因为以论文为核心的错误观念，历史学家为获得更多发表论文的机会，很可能有意无意地隐匿考古资料。因为垄断了考古资料，就垄断了写论文的资源。这样的科学评价体系结果是导致历史研究的巨大投入无法使公众得到真正有价值的科学研究成果。如果以系统完备的测量数据为最高评价依据，历史学家就会最积极地将数据完整系统有关联地呈现出来。

因此，除了对整体考古测量数据的报告和说明外，应尽可能地不要轻易去写论文。对历史研究的科学成果，应当以系统化的数据库和数据呈现为最高科学成就，对这些领域科学研究成果的评价系统中，应当尽可能贬低论文的价值。甚至对发表历史研究文章太多的学者给予降级的评价。我们要的只是测量数据，不是要他们的文章。

7. 论文与测量数据库的案例比较

这里以几篇历史研究论文为例说明问题。需要先声明一下的是，这几篇历史研究论文我认为作为学术论文是水平相当高，并且极有价值的。但如果更换为数据库方式，其价值将完全不可同日而语。

第一篇是《东南文化》2008 年第 1 期上发表的论文，是中国科学技术大学科技史与科技考古系王长丰、张居中和浙江省考古研究所蒋乐平所写《浙江跨湖桥遗址所出刻划符号试析》。这篇论文非常精彩地收集了除跨湖桥文化遗址出土的陶器上的刻符之外，还有中国其他不同地方出土的 8000~4000 年前大量不同文化遗址发现的刻符，并认为它们可能是数字卦。

第二篇论文是洛阳市第二文物工作队蔡运章，中国科学技术大学科技史与科技考古系张居中所写的《中华文明的绚丽曙光——论舞阳贾湖发现的卦象文字》，发表于《中原文物》2003 年第 3 期。这篇论文是研究贾湖出土龟甲等器物上发现的刻符，并讨论它们是否可被认为文字。

第三篇是北京联合大学应用文理学院历史系韩建业《试论跨湖桥文化的来源和对外影响》，同样发表于《东南文化》2010 年第 6 期。该论文收集比较了上山文化、彭头山文化、皂市下层文化和跨湖桥文化等遗址发现的陶器，并对它们相互影响关系进行了研究。

类似的论文可以找到很多。以上三篇论文是历史学术研究中常见的模式，要去发现不同历史遗迹相互之间的规律性关系。我们设想一下，如果我们建立一系列的数据库，将所有历史遗址自身建立完备的数据库，其中含有分类的文物完备测量数据。那么我们可以什么方式做科学研究呢？可以极为方便地对全世界发现的所有历史时期的刻符和文字按年份、地域放在一起进行没有任何遗漏的、任意的比较研究。任何一篇论文篇幅都非常有限，不可能去对全球发现的某一类历史遗址进行完全的比较分析，例如对全球所有发现的陶器进行没有任何遗漏的比较分析。而如果不能进行这样的完备数据比较分析，所得到的就不可能是研究进行的时间点上最优的结果。一旦完备的数据库建立起来，进行这种完备数据的比较分析就是一件极为简单的、最没有技术含量的、可以交给计算机去完成的工作了，还需要顶尖学者们浪费宝贵的时间吗？以论文方式进行研究，就必然是截取部分数据的研究结果，很可能就是片面的。因此，在今天的时代，论文是最没有意义和价值，并且只会是制造学术垃圾的方式，无论以传统科学标准来衡量学术水平多么高的论文都是如此。

在过去，因为人的研究能力所限，在一篇论文的篇幅中呈现的研究结果是人类绝大多数研究者一定时间（如一个月到几年间）内可能进行的研究成果呈现的比较合适的方式。这同时也造成了研究成果必然以论文篇幅形成碎块，并且只能靠研究者自己去搜索和整合这些不同的论文。但在今天信息技术的时代，因为第七代信息技术对人类智能的极度放大，论文的篇幅已经越来越不适合科学研究成果的呈现了。

三、具有科学认识结果价值测量数据的要求

作为具有科学认识结果的测量数据需要满足以下的标准：

1. 系统和完备

不仅对所有考古资料要完备地记录和呈现，有系统地编号和管理，而且对发掘过程的数据资料，所有参与发掘的人员、时间、对文物进行实验室测量和分析的结果等数据也需要完整、系统和完备地以“本征数据库”呈现。在论文呈现形式中，对论文质量的重要评估标准之一是引用率。但对于以测量数据呈现形式的系统和完备性要求来说，应当以“非本征引用量”来进行评价。也就是说，所有关于某个研究对象的测量数据引用，必须全部可以完备地从“本征来源”获得。如果需要从其他地方引用，就是“非本征引用”，非本征引用产生的数量就是非本征引用量。例如，一切关于跨湖桥考古的测量数据，必须全部可以从“本征跨湖桥遗址数据库”网上获得。如果必须从其他途径引用，就会产生“非本征引用”。非本征引用量超过一定限度，就意味着本征跨湖桥遗址数据库是不合格的。

2. 数据关联

数据不能是独立的，应当有充分和系统的关联。如任何一个文物资

料，可以最方便地关联到它发掘时在古迹中的原始位置、姿态、发掘者资料、发掘时间、修复过程、修复者资料、与其他考古资料的关联等。另外，不同来源所获得的考古资料之间的关联性也应充分地获得。如不同地点考古资料之间的关联，实际发掘的考古资料与历史记载资料之间的关联等。某一文化会有不同地点的考古遗址，所有这些考古遗址本征数据库都应当是关联的。例如，仰韶文化遗址有5000多个，所有这5000多个遗址的本征数据库都应当是高度关联的。如果进行了充分的数据关联，其实可以很容易发现很多因果关联。例如，仰韶文化、红山文化、河姆渡文化在时间延续上高度相关，都是7000多年前到5000年前，产生和消亡的时间高度一致。这很容易产生这些文化的产生和消亡研究应当做关联性的考虑，而不能单独地去研究某一个文化的消亡原因。而这些文化产生的时间点与跨湖桥文化消亡的时间点又是高度对应的。它们应当是7000年前的海侵事件之后同步在不同地方产生。这些考古数据与古地质和地理数据的关联，可以产生更高的科学价值。例如，海侵事件绝不会仅仅出现在钱塘江下游地区，而会是一个全球性的事件。以此与全球考古数据相关联，不仅可获得极高的科学验证，而且可以使更多地区的考古发掘有一个历史参照事件点。如果这次海侵不是一个全球性事件，就应当是一次瞬间灾变性的大海啸。引起这次海啸的灾变原因是什么就成为一个需要寻找的新研究对象，以及它的影响应当在钱塘江下游及沿海都应当留下广泛的遗迹。可能的对象是大地震、超级火山、小行星撞击等。这样的高度数据关联研究，很快就可以最高效、最大泛围地确认或产生历史科学结果。

3. 网络呈现

应当可以从网上查到所有数据资料和它们的所有关联资料，可以是付费获取。一切纸质的科学研究成果，都是属于第二代科学范畴。未来一切纸质的科学资料都只能属于历史研究的价值，或仅仅是特定阅读工具的价值。凡不是以网络形式呈现的新研究论文和测量数据都没有资格具备任何第三代科学意义上的地位和价值。某条河流的水文资料，某个地区的地质资料等都可以建立本征数据库。

4. 多媒体

应最充分地利用最新的信息技术，以尽可能多媒体化的资料呈现测量的数据。除高清图片外，尤其应以高清视频呈现等。这些在论文中不可能看到。一图胜千言，一视胜千文。

5. 博物馆的实物呈现

将实物，或为保护实物而制作的复制品以博物馆形式进行实物呈现。

以上这样做的好处是很多的，它们可以高效、低成本地获得最大的科学价值。例如，假设发现了一大批竹简，只要进行良好的编号管理和数据关联，以及将竹简高清图片上传到网络空间，网上的业余受好者们都可以很快把它解读完了，哪里还需要极少量的专业研究者花费漫长的时间去解读，他们只要对业余爱好者解读的结果审核一下就可以了。他

图 19–1　月球上的河流？嫦娥二号拍摄的照片。哈德利月溪（Rima Bradley）是阿波罗 15 号的降落地和主要考察对象。图片来源：中国探月网

们的主要精力应当放在发掘整理好更多考古数据上。只要完成了这个工作，他们的科学研究价值就已经最大化了。因此，并不只是原始数据简单保存就够了，而是需要做大量工作将数据进行处理、修复、归类、拼接、数据统计和关联。

不仅是考古研究应当如此，太空探测等大量领域也都应当如此。例如嫦娥计划的数据展示系统[①]，这种数据展示的精度可以不断提高，展示的技术可以更加三维化。只要不涉及国防安全的数据，都应当将科学测量的数据尽可能完备系统地公开到网上。2016年9月14日总部位于巴黎的欧洲航天局公布了一幅借助“盖亚”空间探测器测绘完成的银河系三维地图，显示11.4亿颗恒星的位置和亮度，这些恒星约占银河系恒星总数的1%。这是迄今人类绘制的最精确的银河系地图。“盖亚”探测器于2013年12月升空，次年7月正式投入使用。该项目计划利用5年时间，通过探测器搭载的10亿像素阵列相机，对银河系超过10亿颗恒星进行高精准度“扫描”。此次公布的星系图仅是基于“盖亚”探测器在最初14个月观测工作中积累的数据。

第四节　测量自身发展的规律

科学理论是以逻辑和数学为基础作为其发展轨迹的。测量有其自身独立的发展轨迹，它主要表现为：使更多对象可测量、更高的分辨力和灵敏度、量程的扩展或更高极限量的测量、精确度的提升、误差的减少、更低测量成本、更高智能化……这些改进非常能够体现出科学的进步，因为它们很好地体现出数量上的改进。

---

① 参见：http://moon.bao.ac.cn/multimedia/img2dce3.jsp.

一、更多对象可测量

科学的认识并不仅仅是理论的变化，更重要的是将新的科学认识变成新的测量手段，从而可以将越来越多的认识对象变成可测量的。例如，最早测量天体只是用光学望远镜，后来增加了光的波谱分析、电磁波的射电望远镜、天外高能粒子射线测量，现在发现引力波后又增加了天体引力波测量。

二、更高的分辨率、分辨力和灵敏度

这是科学向更为微观，或微弱信号方向认识的扩展，分辨率、分辨力和灵敏度应用场合有所不同。

分辨率一般指空间上最小可分辨的像素或视角。

分辨力应用较宽一些，它不仅可以指最小可分辨的空间、显示刻度，也可以指最小可分辨的多种物理量的改变（物理量本身并不一定是最小量）。如果一台测量仪器在测量 100 克质量时，当发生 0.01 克以下质量变化时无法再分辨，此时的质量变化分辨力就是 0.01 克。如果是指最小可测量到 0.001 克的物质，这三个概念其实都有采用的。另外，分辨力还可指最小可分辨的频率间隔等，如扫频仪在扫描 1GHz 频率时，最小可分辨 0.1Hz 以上的频率变化，此时的频率分辨力就是 0.1Hz。

灵敏度较多指有能量或质量的最微弱的可测量。如最小电压、电流、磁场、质量、光……灵敏度越高，也就是可以测量越微弱的信号。当可测量的信号越微弱时，可能反过来意味着可测量信号源的空间距离上越远。例如，射电天文望远镜的灵敏度越高，就可以测量到更加遥远星体发射的电磁波或射线的微弱信号。无论是射电望远镜还是光学望远镜，有更大的天线面积，就可有更大的汇聚式放大能力，从而获得更高的灵敏度。另外通过有源放大、滤波技术、更灵敏的接收器件、同一区域长时间累积能量等不同技术手段，也都可以有效增加天文望远镜的接收灵敏度。

2016 年 8 月，中国电科 14 所智能感知技术重点实验室宣布研制成功中国首个基于单光子检测的雷达，相关研究在美、日、意大利等国家更早已经开展。量子雷达理论上可极大地提升雷达的分辨率和灵敏度。简单来说，电磁波是具有波粒二像性的，传统雷达是把电磁波当作一种波来利用，而量子雷达是把电磁波当作粒子来利用。当作为波来利用时，就有瑞利衍射问题。电磁波的波长决定了目标形状分辨能力的大小，如果雷达波

图 19–2　哈勃望远镜 HUDF（哈勃超深场）团队，从 2003 年 9 月 3 日到 2004 年 1 月 16 日，对准同一区域通过近 4 个月超长曝光拍摄的 130 亿光年外的星系照片，估计当中有 1 万个星系（照片来自 NASA：http://www.nasa.gov/vision/universe/starsgalaxies/hubble_UDF.html）

图 19-3　2012 年 9 月 25 日，在 HUDF 中心区域，哈勃望远镜又拍摄了一张灵敏度更高，包含约 5500 个星系的极深场（XDF）图片（http://www.nasa.gov/mission_pages/hubble/science/xdf.html）

频率为 2.5GHz，其波长约为 0.12 米，从理论上说，小于 0.12 米的目标物因为会产生较强的衍射，这个频点的雷达就很难准确识别其方位了。另外，雷达探测目标是通过发射一段雷达脉冲，然后接收目标物对这段脉冲的回波，通过测量回波的时间和能量幅度来识别目标的距离等信息。雷达脉冲在时宽（脉冲宽度）和频宽（频谱宽度）上是有矛盾的，这会给雷达性能的设计带来很大的困难。因为一般来说雷达脉冲时宽越窄越好，这样测量距离范围越大，测量距离的精度越高。频宽也是越窄越好，这样能影响雷达信号的频谱就越少，抗干扰能力越强，对其他频段应用的干扰也越少。由于传统雷达是以测量电磁波的能量为基础，因此，要想测量越远的距离，需要的能量就越高。

量子雷达是通过发射单个电磁波粒子进行目标物测量的，这样在理论上就可有效解决传统雷达的很多问题。

1. 突破衍射极限。

2. 需要的能量极低。它对应的只是发射单个量子所需要的能量。

3. 量子接收系统的噪声基底极低。由于雷达发射和接收的几乎是完全相同频谱特性的电磁波，这样发射波的基底会对接收的信号产生非常严重的干扰。而量子雷达会使这个基底降低若干个数量级。虽然接收信号同时也变弱了很多，但综合起来会使灵敏度获得极大提升，雷达有效探测距离提升数倍到数十倍。

4. 不再有时宽和频宽的矛盾。单光子相当于把时宽和频宽都同时降到理论上最低程度了。

5. 极高的抗干扰能力。利用量子的性质，尤其是量子纠缠的性质，可以有效区别自己发射的量子与来自环境中相同波长的电磁波。

目前量子雷达主要有三种原理：

一是接收端量子增强激光雷达（ Quantum Enhanced Lidar/Ladar ）。它发射传统的电磁波，在接收处采用量子增强检测技术提升雷达性能。

二是干涉式量子雷达（Inter—ferometric Quantum Radar）。它发射和接收的可以是纠缠也可以是非纠缠的量子。一路射向目标物，另一路经过延迟线后与从目标返回的量子在接收侧利用 Mach—Zender 干涉仪进行经典的相干检测。Mach—Zender 干涉仪可以把两个传输路径的光子相位差变成光子数量差。这种原理的量子雷达性能很容易受到损耗、大气的影响。

三是量子照射（Quantum Illumination）。这是 2008 年美国麻省理工大学的 Seth Lloyd 提出的方案。它发射纠缠的量子，其中一个射向目标，另一个存储在量子存储器中，从目标反射回来后的量子与存储的纠缠量子进行量子最优联合检测，这可以最大限度地利用量子特性提升量子雷达的性能。目前的技术是利用泵浦光子穿过 BBO 晶体，通过参量下转换产生大量纠缠光子对，各纠缠光子对之间的偏振态彼此正交，将纠缠的光子对分为探测光子和成像光子，成像光子保留在量子存储器中，探测光子由发射机射向目标，经目标反射后，被量子雷达接收。探测光子和成像光子进行量子最优联合检测。采用纠缠的量子雷达分辨率相比非纠缠的量子技术可以理论上提高平方倍[①]。

除以上基于传统回波探测基础上的量子雷达原理外，还有人提出其他各种原理。如可以不测回波，而利用照射到目标上的量子被吸收，会引起干涉条纹变化的效应而建立的量子雷达原理[②]。

三、量程及其扩展

量程，是指测量仪器所能测量的最大值，或测量仪器某个档位所能测量的最大值。任何测量仪器都存在量程的约束。当被测量超过测量仪器量程时，或者测量仪器无法再按常规做出相应的反应（如进入常规因果关系或常规数学函数关系的截止区域），或者输入量太大会造成测量仪器的不可逆变化（毁坏）。

量程限制并不是绝对的，可以根据技术的发展不断扩展。扩展量程一般有两种方法：

一是在测量仪器与被测对象之间加入一个确定倍数的衰减装置，使得经过衰减后的信号落入测量仪器的量程范围之内。通过这种方法，在获得最终测量结果时，就必须加上衰减装置的影响。如，在测量微波功率时，可在输入口上加一个 20dB 的衰减器，当测量结果是 10dBm 时，实际被

---

① 参见：肖怀铁、刘康、范红旗:《量子雷达及其目标探测性能综述》,《国防科技大学学报》，2014 年 12 月。江涛、孙俊:《量子雷达探测目标的基本原理与进展》,《中国电子科学研究院学报》，2014 年 2 月。吴中祥:《量子雷达的原理、特性、用途》，http://blog.sciencenet.cn/blog—226—1001956.html。

② 参见：谭宏、赵明旺、张国安:《基于几率波探测下的量子雷达系统原理》,《华中师范大学学报（自然科学版）》，2016 年 8 月。

测对象的功率值就应当是 10dBm+20dB=30dBm。

二是采用量程更大的其他测量仪器。这样就可能会在不同量程区间，使用不同的测量方法。

例如，国际计量委员会以 18 届国际计量大会第七号决议授权 1989 年会议通过了 1990 年国际温标 ITS—90。ITS—90 定义了四个不同的温区，在不同的温区，采用不同的技术手段来实现温度计量。

第一温区为 0.65K 到 5.00K，T90 由氦 3 和氦 4 的蒸气压与温度的关系式来定义。

第二温区为 3.0K 到氖三相点（24.5661K），T90 是用氦气体温度计来定义。

第三温区为平衡氢三相点（13.8033K）到银的凝固点（961.78℃），T90 是由铂电阻温度计来定义。它使用一组规定的定义固定点，及利用规定的内插法来分度。

第四温区为银凝固点（961.78℃）以上的温区，T90 是按普朗克辐射定律来定义的，复现仪器为光学高温计。

以上是较为严格的计量体系，在不同量程区段采用不同测量手段实现测量。一般情况下在各个不同量程范围，针对不同测量目的会开发多种不同测量仪器。

四、感觉阈限

感觉阈限就是人或动物感觉系统的分辨率、分辨力、灵敏度和量程等限制。这些感觉系统其实就是自然进化的测量仪器，因此对测量仪器的所有总结的规律其实都适用于感觉系统。

人的感觉强度与刺激信号物理强度之间的关系体现为对数关系，也就是感觉到的信号强度是实际物理强度的对数。这个规律被称为“费希纳定律”。它是德国物理学家、心理物理学创始人 G.T. 费希纳（1801—

1887）在韦伯研究基础上获得的结论。测量结果以对数规律体现有很大的好处，就是它的量程可以非常大。实际物理信号功率值 10 万倍的变化，以对数规律体现只是 50dB 的变化。人感觉器官的这个特性也被运用在测量仪器中，用于诸如空间电磁波信号的功率和幅度等测量，以及微波测量等的结果输出。

测量仪器宏观方向的量程和微观方向的分辨力、灵敏度，在生物感觉生理学研究中都被称为“阈限”。感受变化的感觉分辨力大约为 2%，也就是小于 2% 的变化，人的感觉器官将察觉不到。这个规律在感觉生理学中被称为是“韦伯定律”。它是由德国著名的生理学家与心理学家 E.H. 韦伯（1795—1878）发现的。

人耳听觉在频率方面的阈限（量程范围）一般为 20HZ—20000HZ。超过这个频率范围，人耳就听不到。而蝙蝠等动物却可以听到人耳听不到的高频声波（超声波）。

声强超过 120 分贝，可使人耳产生痛觉，再强就可能会破坏耳膜。它构成了声音强度大的方面的阈限（声音强度上的量程）。

在最小可听到的声波强度方面，是以听觉的“绝对阈限”来表达的。它在感觉测量严格定义上是采用多次测试后，有 50% 次数可以听到，另 50% 听不到。此时的声音强度就被定义为“绝对阈限”（灵敏度）。

表 19-1 是人类五种不同感觉绝对阈限的近似值：

表 19–1　人主要感觉的绝对阈限

感觉种类	绝对感觉阈限
视觉	看到晴朗夜空下 30 英尺外的一支烛光
听觉	安静环境下听到 20 英尺以外表的滴答声
味觉	可尝出两加仑水中加入一茶匙糖的甜味
嗅觉	闻到散布于三居室一滴香水的气味
触觉	感觉从 1 厘米高处落到脸颊上蜜蜂的翅膀

五、极限环境研究

量程不断地向外扩展，对应了科学研究在数量范围上的扩大。这一类研究表现为极限环境研究。超高温、超高压强、超强电磁场、超高电流、超高电压、超净环境、超高真空、超短脉冲……这类极限环境的扩展和测量，会不断带来新的科学认知。

例如，中国工程物理研究院流体物理研究所在 2013 年研制成功的聚龙一号装置，在亿分之一秒内，获得了功率超过 47 万亿瓦（瞬时功率相当于数倍的全球电网功率）的软 X 射线，800 万至 1000 万安培电流，120 万大气压的峰值磁压力……这类极限环境的建立和以此为基础进行的实验，不仅可对核武器等作用过程的机理进行实验模拟分析，而且可以为极限环境下的材料科学和新物理机理等研究提供实验基础。

新的物理学现象的发现以及类似宇宙大爆炸理论中宇宙最初阶段的极限环境下演变过程等，都涉及极限实验环境下物质运动现象的研究。因此，极限环境研究对这些学科发展也都具有重要意义。

六、更小的误差和更高的精确度

误差越小，对认识对象的认识就更为精确。关于误差的分析和处理，在前面已经详细分析，此处不再重复。

七、测量成本的降低和效率的提升

测量是科学研究活动中成本相对较高的方面。因此，测量成本的降低和效率的提升对科学研究的进步具有实际资源可获得性上的巨大价值。由于测量设备不一定是可大规模生产的，它们往往针对特定的测量对象，因此，测量设备的成本往往也比一般的工业商品成本要高。但是，随着智能化处理系统的大规模普及，测量系统除传感器外，后续部分越来越通用化，这使很多测量系统有可能大规模生产，并大规模降低成本。例如现在安防和监控系统，就是大规模商用化的测量设备。测量设备成本越低，可获得的测量设备越多，从而得到的测量数据也会越多。这是大数据时代可以出现的基础所在。

科学哲学无法理解科学的进步体现在什么地方。本节所总结的所有测量发展规律，都是最充分体现科学进步的量化指标。

第五节　认识的有限性与无限性

测量的量程、分辨力、灵敏度和误差，表达了测量的有限性，从而决定了科学认识在数量上的有限性和相对性。一切科学认知的规律都只能是以有限量程范围和有限分辨能力范围内的测量结果为依据而得出的结论。随着量程向强弱两个方向的扩展、分辨力的增强、误差的减少，原有的科学认知可能继续有效，也可能就会在新的条件下不再有效。这是科学认识在量上有限性的体现。

或者随着新的原因要素的发现，原有科学认识无疑会发生改变。这是科学认识在任何特定时期范围上有限性的体现。

相应地，测量的量程、分辨力的可扩展、误差的可减少，是科学认识在量上无限性的体现。

随着某一个原因要素获得认知，以此为基础就可以去认识更多的新的一个未知要素。这是科学认识在范围上无限性的体现。

除此之外，抽象和思辨地谈论认识的有限和无限是没有任何意义的。

第二十章
诺贝尔奖与领导世界科技的汇聚战略

> 无论在舞台上获得多么好的成绩和奖励，在聚光灯下多么辉煌耀眼，都只是参赛选手，应该换个角度多想想谁是坐在评委席上的人。优秀的参赛选手当然是需要的，但如果一个国家级的科技发展战略只是纯粹以参赛选手角度考虑问题的话，那就太狭隘和低层次了。

第一节　从新型加速器 CEPC—SPPC 争论谈起

一、CEPC—SPPC 之争反方观点综述

2013 年 9 月 13 日至 14 日，中国科学院高能物理研究所在北京承办了“环形正负电子对撞机和超级质子对撞机（CEPC—SPPC）”研究项目启动会。参加会议的有来自高能所、清华大学、北京大学、中国科技大学等 20 多个单位的 100 多名粒子物理学家和学者。CEPC 为“环形正负电子对撞机”（Circular Electron Positron Collider），计划在 2020 年之前完成预研，2021 年启动建设，总预算大约为 300 亿人民币，建设期内每

年 30 亿元。有 50 公里和 100 公里两个方案，后者预算比前者约高 40%。SPPC 为超级质子对撞机（Super proton—proton Collider），是在 CEPC 基础上于 2040 年启动建设的后续更高能量对撞机，总预算为 700 亿人民币。2015 年该项目概念设计报告（CEPC—SppC Preliminary Conceptual Design Report）发布[①]。该报告有三卷，卷一的“物理与探测器”部分参与者有来自 17 个国家 128 个研究单位的 480 位科学家。卷二的“加速器”部分参与者有 9 个国家（中国、美国、法国、英国、德国、意大利、俄罗斯、日本和澳大利亚）57 个研究机构的 300 名工程师和科学家。从参与者的规模和范围可见，其代表了国际顶尖物理学界非常广泛的智慧与期待。

但是，这样的计划也遭到一些人的反对，其中一个在民间产生很大影响的是一位华裔王先生，他曾经是哈佛大学的物理学博士，但在 20 多年前因美国 SSC 项目（超导超级对撞机，Superconducting Super Collider）的下马而对物理学这门学科心灰意冷，与他几乎所有同门师兄弟一起投身到金融界了。他最近在网上贴出名为“高能物理的绝唱”[②] 的帖子强烈反对这个项目。我之所以不指出该位先生的姓名，因为他的文章其实不是在科学的意义上反对建设对撞机，该文已经完全变成以人身攻击的方式将超弦理论支持者标识为骗取科研经费的“骗子”，将中国描黑成“人傻钱多的金主，愿意浪费大笔钱财买一个超英赶美的虚名”，这样的语言更符合某些世俗大众媒体的口味。如果以情感和社会误差来进行分析，王先生自身存在很大的情感误差，因为自己早已经离开物理学界，如果物理学有越大的发展，越会令其后悔不已。就像他现在从事的金融领域，如果是被其抛掉的资产，肯定希望这个资产越来越贬值，而绝不希望其保值。如果反

---

① 参见该项目官网：http://cepc.ihep.ac.cn/preCDR/volume.html。

② http://m.newsmth.net/article/TheoPhys/35749 ? from=singlemessage&isappinstalled=0。

而是升值甚至大幅升值就更让其恼火了。物理学早就已经是被王先生抛弃掉的资产，尤其当初抛弃时还是很有感情的，所以，如果他不想回头重新进入物理学的领域，就最好不要再对物理学发表任何意见，因为他的意见还不如原来与物理学完全无关的人更能保持中肯。他的整篇文章充满的都是对自己抛弃的资产竟然不断大幅升值的强烈妒火。如同一个已经在20年前就与妻子分手的男人，既然完全没有想回头与前妻复婚的任何念头，就不应当跑回来时不时骚扰一下别人，何苦要牵扯进一堆说不清道不明的恩怨和是非呢？

如果只是这位早已抛弃物理科学资产者也倒罢了，著名的诺贝尔物理学奖获得者杨振宁作为反对者主角出现，就不能不触动人们严肃地分析一下了。2016年，杨振宁，菲尔兹奖获得者、著名华裔数学家丘成桐，中科院高能所所长王贻芳纷纷发文对该项目进行了激烈辩论。杨振宁："中国今天不宜建造超大对撞机。"[①] 王贻芳："中国建造大型对撞机，今天正是时

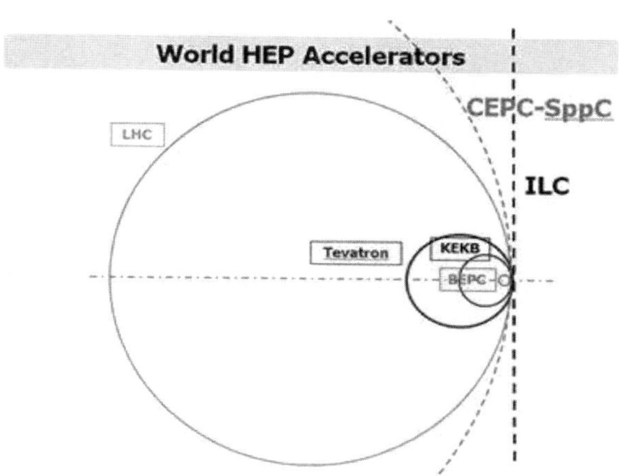

图20-1　CEPC—SPPC项目规模与现有对撞机对比

① 微信公众号：知识分子，2016-09-04。

机。”[①] 丘成桐专著《从万里长城到巨型对撞机》[②] 引起更大范围的对该项目的争论。这些争论是否对这个项目的进展产生影响很难评估，不过2016年7月CEPC-SPPC项目在发改委的项目评审中仅以一票之差未能进入复审却已成事实，该项目后续8个亿的资金暂时未能得到支持。也有一些较为平静和专业的观点，如美国阿贡国家实验室周华博士[③] 认为暂不上马这样需要巨大资金的项目是可理解的，但2015年科技部支持了3500万的预研资金也表明中国对此项目留有余地，或许5年、10年后情况会有所不同。

杨振宁等反方观点主要在于：该项目花钱较多，而高能物理本身缺乏对社会的实用价值，所以不值得。其他关于这个对撞机能否发现超对称粒子，能否发现其他新的粒子，或对解决物理学问题是否有帮助的讨论，大都属于理论分析甚至猜测范围了。

二、真正问题所在

在此，我们要问这样的关键问题：这个新的超级对撞机能否做出新的科学发现无疑是有不确定性的，假若最极端情况下它建好后一个新粒子都没能发现，是否值得去建设它？我们的答案是：“肯定值得建。”更进一步，如果它建好后什么新粒子也没发现，等这个对撞机过几十年退役之后，是否值得再建更高能量的对撞机？答案是“毫无疑问还应当再建”。这个问题是非常关键的，如果它的支持者们没有特别明确这个问题，甚至在受到一些攻击后，就轻易地以暗示它会做出什么新发现、有什么连带投资收

---

① 微信公众号：中科院高能所，2016.9.5。

② *From the Great Wall to the Great Collider*，丘成桐 / 史蒂夫 · 纳迪斯著，电子工业出版社，2016年4月。

③ 《海外学人建言巨型对撞机：支撑黄金十年国家战略优先是关键》，微信公众号：知社学术圈，2016.9.12。

图 20-2　三位争论的主角王贻芳、杨振宁、丘成桐（从左至右）

益、预算不高等来争取资金支持，这不是真正科学的态度，并且会误导社会，后患无穷。其实，无论是反方还是正方，在争论中所提的支持己方的理由绝大多数都是有问题的，并且完全没有涉及以上对科学最关键的问题。这样的争论内容是极其有害的。

杨振宁先生对中国原来的 BEPC（北京正负电子对撞机）也是持反对态度。我曾看过他在清华大学演讲的视频，有一个细节很重要。杨先生是一位卓越的理论物理学家，但对做实验很不在行，而且不是一般的不在行。他说当时他所在的实验室有一句流行语：哪里有爆炸，哪里就有杨振宁。在其英文回忆录里说法是：Where is yang，where is bang。杨先生在理论物理上的成就是非常令人尊敬的，但是，尽管理论物理和实验物理看起来是如此接近的两门学科，事实上却相差甚远，尤其是当人们只具备其中一个思维方式的时候。

爱因斯坦非常爱好拉小提琴，甚至经常在一些音乐活动中坐第一小提琴手的位置。因为他的威望别人当然不好与他争。但是，只是自娱一下完

图 20–3　喜欢坐在第一小提琴手位置上的爱因斯坦

全无妨，爱因斯坦在物理学上的伟大成就丝毫不能成为其在音乐上地位的任何依据。如果爱因斯坦去告诉音乐界小提琴手以后应当如何，音乐界会如何看待呢？

举爱因斯坦的这个例子是要表明两层意思。一是杨振宁在理论物理学上的成就的确非常高，除了与李政道一起获得诺贝尔奖的宇称不守恒定律，他发表高水平理论物理学论文达 300 多篇，有大量不同领域开拓性的理论物理学工作。其中与米尔斯一起建立的杨－米尔斯规范场理论甚至是比获诺贝尔奖的宇称不守恒定律更加重要的贡献。在网上可以很容易查询到他做出的大量重要的贡献详细内容。如知乎上有网友“杜聿明”对“杨振宁在理论物理方面的贡献有哪些？”做了如下介绍：[①]

1. 弱作用宇称不守恒（诺贝尔奖工作）

① 参见：https://www.zhihu.com/question/21759107。

2. Yang-Mills 非交换规范场理论（弱电统一的基础之一）

3. 费米子系统的 Bethe ansatz 严格解和 Yang—Baxter 方程（引起数学领域对辫子群和纽结理论的广泛研究）

4. 非对角长程序（凝聚物理的核心理论之一）

5. 磁单极子的量子化和规范理论中的拓扑结构（拓扑场论的开创性工作，微分拓扑被引入物理学）

6. Lee—Yang 单圆定理（相变现象的基础理论）

7. 2D Ising model 的自发磁化和临界指数（临界现象和普适类的开创性工作）

8. 玻色气体的 Lee—Huang—Yang 修正（富有远见的理论，50 年后方被冷原子实验证实）

百度百科词条"杨振宁"对他的学术成就有更详细的介绍和总结。[①]

从这些成就可以看出，说杨振宁先生在理论物理学上开拓性成就的重要和丰富程度已经是接近（不敢说等同）爱因斯坦这样级别的物理学家是有一定依据的。

二是与任何伟人一样，都会存在相应的局限。杨振宁的父亲杨武之就是数学教授，他本人也主要是擅长数学和理论物理。在这个问题上产生相当大的偏差并不奇怪，因为过去整个科学界都非常缺乏对测量科学价值的详尽研究。科学界本身也历史地存在一定偏见，这无疑深刻影响了包括杨振宁在内的很多物理学家的科学观念。如果用钴 60 验证宇称不守恒的吴健雄当时与杨振宁和李政道一起获得诺贝尔奖，或者吴健雄独立地获诺贝尔奖（理论贡献与实验贡献即使为相同对象也应当属于不同的获奖项目），相信杨振宁先生对测量的看法会与现在有所不同。

---

① 参见：http://baike.baidu.com/view/2127.htm。

第二节　杨李之争及其对实验科学的影响

一、对杨李之争的科学态度

在这里，不能不顺便谈一下著名的“杨李之争”问题。李政道和杨振宁两人合作写的宇称不守恒论文，让他们在1957年共同成为最早得到诺贝尔奖的两个华人。此后，两人亦有一些物理学上的合作。但是，两人在获得诺贝尔物理学奖之后渐渐心生嫌隙，关系越来越紧张。1962年，两人彻底决裂，分道扬镳。两人的决裂是诺奖历史上甚至科学历史上极为罕见的现象，震惊了物理学界，很多科学家表示遗憾。奥本海默得知后，很尖锐地批评说，杨振宁应该去看精神医生，李政道不要再做高能物理了。当年周恩来也曾试图劝说双方言归于好，虽然最终未能成功。对于这个问题，有以下看法。

双方对解决宇称不守恒问题共同做出贡献是历史事实，也是双方都不可能否认的。

诺贝尔奖不会对因做出相同贡献的合作获奖者给出任何先后排名，都是承认平等贡献。推荐他们的资深物理学家之所以推荐他们共同获奖，也表明了物理学界对他们共同贡献的肯定，这已经是盖棺定论的事情。如果事前争论一下可能对是否能获奖还有点意义，都已经共同获奖了还有什么好争的？他们在功成名就之后，其实就应该进入到对功劳完全释然的阶段了。

吴健雄用实验证明了他们的理论，为此做出重大贡献却并没有最终获诺奖。作为从中深受益处的杨与李本应将主要努力放在肯定吴健雄贡献的价值，但却陷入相互之间的争议，这只会降低双方本应作为大师级科学家素养的分量。充分提醒这一点是必要的，因为这一争论，以及因为吴健雄未能得到应有的对待，已经严重影响到科学界尤其中国科学界和公众对实验科学价值和地位的看法。本来这一个物理学课题是三位华裔科学家共同做出了完整的结果，并且还有一位是华裔女性，本应当成就一段难得的佳话，却因为令人遗憾的两位得奖男士相争，未受到平等对待的女士却始终保持冷眼以对，变成了不应有的结果。

二、吴健雄钴60实验的价值

对待诺贝尔奖需要平常心看待。杨振宁获得的科学成就非常巨大，他获得诺贝尔奖的确是实至名归。不过，具体到他获奖的宇称不守恒定律的理论证明，这个成果一是他与李政道双方共同做出，这个所有人包括争议双方都一致公认；二是发表的论文署名是李政道在先。以这个成果授予杨振宁先生诺贝尔奖似乎是有点“委屈”杨振宁了。不过，这种事情也不是什么难理解的，诺奖评选委员会不是神仙，诺奖本身就不是以追求公平为原则的。爱因斯坦在物理学上做出的最伟大贡献是广义相对论，其次是狭义相对论，再其次是量子力学，然后才是光电效应的理论工作。可是他获得诺奖的理由就是光电效应，而不是相对论，并且是经过12年时间的不断被提名才获奖的。当初他获奖之前有一些重量级的人物对他的相对论大加批判，多次影响了诺奖委员会的评选工作，使爱因斯坦虽多年被推荐，却一再落选。如果不是诺奖委员会规定一个人在一个领域只能得一块诺贝尔奖，爱因斯坦是有资格拿四块诺贝尔奖的，但他只得了一块，而且理由还远远没有体现出他的真正贡献。但这对爱因斯坦的伟大有丝毫影响吗？丝毫也没有。如果杨振宁先生不要再去介入争论，人们会客观评价他在物理学上的所有杰出成就。诺贝尔奖是颁发给在相应领域为人类做出“最伟大贡献的人”，但从可操作性上说只能提一条获奖理由。人们更应该把诺奖看作对获奖者所有贡献的肯定，而不仅仅是具体获奖时的理由。如果所有人都能充分理解这一点，也不会让此争论中的当事双方心里有任何“委屈”。如果他们感到有任何“委屈”，那吴健雄才是真的有“天大的委屈”。

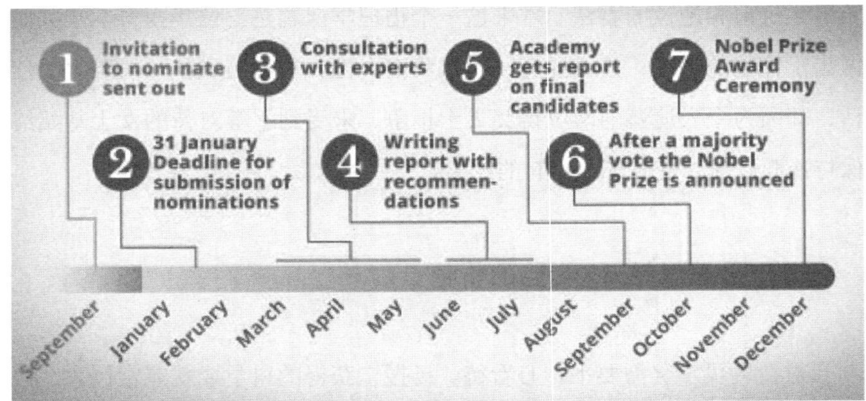

图 20-4　诺贝尔物理学奖评选工作时间表，摘自诺贝尔奖官网（http://www.nobelprize.org/nomination/physics/）

李政道与杨振宁（以下笔者在所有提他们的名字时没有先后问题，甚至故意随机出现“杨李”与“李杨”，以示无先后次序地并列）的论文是1956年10月1日发表[①]，1957年他们就得诺贝尔奖了，这在诺奖历史上是极为罕见的事情。在做出成就十几年甚至几十年之后才获奖的案例比比皆是。他们之所以这么快就获奖，与吴健雄通过钴60的β衰变很快验证了这个理论，并在1957年1月15日将相关实验文章寄给《物理评论》有不可或缺的重大关系。同日哥伦比亚大学为这项新的发现史无前例地举行了一场记者会，第二天，《纽约时报》就以头版报道了吴健雄实验的结果，并引起整个科学界的巨大轰动。宣传也是很重要的，整个科学界因此就很快地了解了所有相关成果，使得推荐工作顺利展开。

按照规定，每年诺贝尔奖提名截止时间为当年的1月31日，10月份就要公布正式评选结果，中间还有大量的专家咨询、撰写推荐报告、评选最终候选人、投票选出最后获奖人的工作要做，并且都是有严格时间

① T.D.Lee and C.N.Yang.Question of Parity Conservation in weak Interactions［J］.The physical Review，1956，104:254。

表的。理论的成果如果没有实验的证明几乎是不太可能获奖的。由此可见，留给李政道和杨振宁成果提名的真正时间窗口，其实仅仅只有两个星期。他们当年被提名的编号是最后两个，杨振宁编号是58—0，李政道是59—0。这个速度在诺奖历史上可以说是“瞬间完成”。同时也可以清楚地知道，提名人首先肯定是非常熟悉他们工作的人，另外提名人也冒了一定风险，相当大程度上说是有些“破格”提名的。注意吴健雄的实验论文1月15日只是“寄给”《物理评论》，不是正式发表，正式发表一般情况下怎么也得几个月以后了。李政道和杨振宁那篇获奖的论文就是《物理评论》1956年6月22日收到，当年10月1日发表，中间有3个多月的正常时间差。这也是为什么他们的提名人都各自只有1位的原因所在。其他人根本连消化这个成果的时间都没有，别说是重复做实验去验证，连正式的实验成果论文都还没看到，在这种情况下怎么可能去做提名人呢？这也是为什么吴健雄的提名是落在1958年，而不是1957年的原因所在。所以，关于吴健雄的诺奖评选与杨振宁和李政道名额上会因安伯勒的事情产生冲突应当是不成立的。事情可能正好相反，第一年他们获奖，紧接着第二年吴健雄又想要因相同的一个成果原因而获奖，这事实上会在无形之中增加难度，会让人认为诺贝尔奖委员会在这个事情上有些过于偏心。因此，杨和李他们太快被提名和获奖，导致吴健雄没能在同一年与他们一起被提名，其实才是客观上的纯技术性的因素增加吴健雄获奖难度的真正原因所在，至少是极大增加她短期内获奖的难度。这或许是当时热情提名和支持李和杨两人的人们始料不及的事情。但是，吴健雄为什么很长时间以后也一直未能获奖呢？

三、诺贝尔奖与测量的关系

吴健雄在1958年到1965年的已公开数据有5个年份（1958、1959、1960、1964、1965）总计获7人次提名，后来是否还有过被提名现在还不得而知。但是，最终提名她获奖失败反映了实验工作的艰辛和难以得到诺奖“平等对待”（之所以打引号是因为并非意味着相关科学家们真有任何偏见）的方面。因为实验工作一般都很难一个人完成，吴健雄是与美国国家标准局的其他几位科学家共同做的实验，尤其是其中合作者安伯勒也做了很多工作。一部分美国人认为这是一个合作的实验，没有安伯勒他们的低温原子核极化技术，实验就不可能完成，把实验的功劳全部归于吴健雄是不公平的。诺贝尔奖不会颁发给集体，安伯勒的贡献是否应该获奖又是另外一个问题，后来的“杨李之争”是否使得这个项目成为一个有提名资格和评审资格的学者们唯恐避之不及的是非之地也不得而知。总之，吴健雄令人遗憾地与诺贝尔奖失之交臂。但是，多次获诺贝尔奖提名本身已经足以证明吴健雄的卓越成就和荣誉。如果我们仅仅因为她最终未能获奖就对吴健雄在实验物理学上的客观科学贡献有任何忽视，那实在是对科学认识上浅薄之极的。如果因吴健雄如此迅速地完成实验工作，而不是让宇称不守恒理论的实验验证忍受个十年八年，甚至几十年的折磨，就轻视实验工作的科学价值，那也是浅薄之极的。如果吴健雄不是那么快地完成实验论文提交给《物理评论》，而是只要晚几个星期提交，使得她自己可以与李杨他们同一年被提名，虽然李杨他们获诺奖会晚一些，但不会把吴健雄落下。这样的可能性会使我们对吴健雄的落选更加感到痛惜，并为她的牺牲和奉献备感敬意。

为吴健雄未能得到诺贝尔奖认可深感不平的重量级科学家有很多。吴健雄也不是神仙，她不可能对自己承受的不幸结果一点感觉也没有。吴健雄对于自己没有得到诺贝尔奖，多年来从未公开表露过意见，对杨李之争更是从未有任何评说。1989 年 1 月，她在回复史坦伯格（Jack Steinberger，1921—　）的一封信上，除了恭贺史坦伯格 1988 年获得诺贝尔奖，也对于他在信中，以及在《科学》（1989 年 1 月）杂志文章中对她成就的高度赞扬，表示深受感动和极为感谢。吴健雄在信中说：“像你这样一位近代物理的伟大批评者，所给予我这样一个罕有的称赞，是比任何我所期望或重视的科学奖，还要更有价值。我的一生，全然投身于弱相互作用方面的研究，也乐在其中。尽管我从来没有为了得奖而去做研究工作，但是，当我的工作因为某种原因而被人忽视，依然是深深地伤害了我。”

更重要的是，如果未来某个巨型的科学实验装置做出诺奖级别的发现，但却因只能是属于集体工作而几乎不可能获得诺贝尔奖，人们就因此忽视这些装置的科学作用和价值，那是非常错误的观念。

千万不要认为诺贝尔奖对实验和测量工作有任何轻视，事实正相反，诺奖委员会极为重视实验和测量的价值，这一方面是基本的科学观念，另一方面也是慎重起见，问题只在于游戏规则上的限制。阿诺 · 彭齐亚斯（Arno Penzias，1933 年 4 月 26 日—　）与罗伯特 · 威尔逊（Robert Wilson,1936 年 1 月 10 日—　）是搞通信的工程师，并没想去研究物理学。但他们所在的贝尔实验室有足够的经费，可以研发出当时世界上接收灵敏度最高的无线电接收系统。他们只是在 1964 年调试设备的时候意外发现太空有一个无法消除的各向同性的稳定“背景噪声”。经过仔细测量，在波长 7.35 厘米的微波噪声相当于 3.5K 黑体辐射。他们搞不清楚是怎么回事，通过与麻省理工学院和普林斯顿大学的科学家们交流才发现，这就是后者花费多年心血和努力一直无法找到的宇宙大爆炸理论的直接证据——宇宙 3K 微波背景辐射。彭齐亚斯和威尔逊于 1978 年获得诺贝尔物理学奖，这近乎天上掉下来的。直到他们拿到诺奖，对什么是宇宙大爆炸理论依然是一头雾水。这个案例说明了很多问题：

1. 诺贝尔奖评选委员会的科学家们心目中对实验和测量绝对没有任何轻视，并且事实上正好相反，他们对实验，尤其物理学领域的实验是极端重视的。

2. 越是到现代，科学的发展需要的实验和测量设备越是需要充足经费的支持。

3. 测量有其独立的运行规律和价值，并不只是科学理论的配套物。

2012年，造价100多亿美元的欧洲强子对撞机LHC发现了希格斯玻色子。这个成果引发的结果之一是2013年的诺贝尔物理学奖授予了英国物理学家彼得·希格斯（Peter Higgs、1929年5月29日— ）和弗朗索瓦·恩格勒（François Englert，1932年11月6日— ），他们两人1964年分别在理论上建立了希格斯机制。整个LHC团队的人连喊一句委屈的想法都没有，因为所有人都很清楚LHC团队根本不可能获得诺贝尔奖，不是他们的工作本身意义和价值不够，不是他们的努力付出和聪明不够，甚至也不是他们受到任何委屈，而仅仅因为这是大团队协作努力的成果。这个案例也说明了很多问题：

1. 现代科学发展的实验和测量工作需要越来越多的经费。

2. 把诺贝尔奖作为评价科学研究价值的指南，已经越来越与需要大团队协作的现实科学发展阶段不相符合。如果以为在花费100多亿美元建设的LHC设备上，几千名顶级科学家付出大量辛勤努力工作之后，唯一价值和目的就是为希格斯和恩格勒俩人去瑞典分800万瑞典克朗（当时约合120万美元）的奖金，这种认知偏差已经达到要用“恶搞”和“荒唐”这样的词汇来形容的程度。如果那样，搞实验科学的人会想还不如把比这个奖金多上万倍的100多亿美元直接分了算了，省得自己费半天劲，结果只是那俩搞理论的哥们儿去拿奖，咱搞实验科学的却什么也捞不着。

3. 无论CEPC未来建成后获得多少伟大的科学成果，王贻芳他们这些围绕对撞机做研究工作的科学家们几乎是注定不可能得到诺贝尔奖的，原因仅仅是他们必然需要大团队协作的努力才能有所成就。

杨振宁先生以是否能得诺贝尔奖作为评价CEPC的依据是相当令人遗憾的，他应当理解到讲这种话不仅是不正确的，而且会深深刺痛那些为吴健雄未能获得诺奖而惋惜的人。他在学术上的所有成就如果积极地评价可以说接近爱因斯坦，但从他对实验科学所一再表达出来的看法已充分证明，他在科学基本理念上与爱因斯坦之间的差距要用“天壤之别”来形容。只能说他们当年荣誉得到得太顺了。在 30 多岁的年龄，在做出成果仅 1 年后就迅速获得诺奖。历史上最年轻的三位诺贝尔科学奖分别是：

1915 年，威廉 · 劳伦斯 · 布拉格 25 岁时获诺贝尔物理学奖。需要说明一下的是，他当年能如此年龄就获奖，本身努力工作当然是基础，但与其父亲威廉 · 亨利 · 布拉格一起获奖也有一定关系。

1923 年，弗雷德里克 · 班廷 32 岁时获诺贝尔医学或生理学奖。

1935 年，让 · 弗雷德里克 · 约里奥 - 居里 35 岁时获诺贝尔化学奖。他的太太伊雷娜 · 约里奥 - 居里一同获得该奖，为史上最年轻的女性化学奖获得者，获奖时 38 岁。注意他岳母可是“诺奖产粮大户”的居里夫人，并且是历史上最年轻的女性物理学奖获得者，1903 年其 38 岁时与丈夫皮埃尔 · 居里一起拿了物理奖。1911 年她个人又因为发现元素镭和钋而拿了一块化学奖。钋（polonium）这个元素的名称就是为纪念居里夫人的祖国波兰而命名的。直到现在元素周期表里总共也就 118 种化学元素，自然界存在的也就 94 种，居然其中有两种都是居里夫人发现的。居里夫人的外孙女婿亨利 · 拉波易斯是 1965 年和平奖获得者。这一家子 5 个人拿了 6 块诺贝尔奖的奖章，要按获奖时年龄来比，又可以得 3 个诺奖中的诺奖，按单人得奖数量，居里夫人也是与多人并列的冠军，简直是把拿诺奖当种菜了。这一家人拿的诺奖数量可以与 13 多亿人的中国整个国家相提并论。有位记者去居里夫人家采访时，发现居里夫人的女儿把诺贝尔奖的奖章拿在地上玩。记者大为惊讶：“天哪！那可是诺贝尔奖的奖章啊，怎么能让小孩子当玩具。”居里夫人平淡地说：“我就是要让孩子从小明白，荣誉不过是一种玩具。”当然了，人家居里夫人家这种奖章确实也有的是，真不是太稀罕这玩意儿。

历史上获诺奖的平均年龄分别为：物理学奖 55 岁，化学奖 57 岁，生理学或医学奖 62 岁。

而 1957 年杨李他们得诺奖时年龄分别为：李政道 31 岁，杨振宁 35 岁。由此可见，他们获奖的年龄基本上是属于历史上最小年龄之列的。从公开资料看，他们当时都只有一个被提名人次，在此情况下当年就立即获奖，由此可见诺贝尔奖委员会对他们是相当“照顾的”，对比之下，我们可以查寻到有很多人在长达 10 年、20 年的时间里被提名的人次达到几十个的人，最终还是未能获奖。遗憾的是，他们并未珍惜，使得他们直到已近暮年还在自己损害自己的荣誉。

四、当事人应有的正确态度

无论如何，这是他们互相合作的成果，他们应当互相感谢！

他们是学者，不是娱乐界的明星，完全不需要靠任何八卦的事情维持自己的知名度。他们的争论应当受到同等的批评和谴责。这种争论是物理学的羞耻，诺贝尔奖的羞耻，更是华人社会的羞耻，甚至是整个科学界的羞耻。他们两人将华人“不团结”“窝里斗”的认知坐实到了诺贝尔奖的舞台上，这是一切华人都应当记取的深刻教训。他们本来都是极受人尊敬的华人学者，这样的争论无论提出的理由是什么，都只会减低他们的荣誉，而绝不会增加任何分数。

五、公众应有的正确态度

这并不完全是他们自身的问题，周边的环境，尤其华人社会（包括中外的华人）的环境也应当深刻地反思。直到今天，还是有大量华人社会，包括华人学术界、个人和媒体站在当事人一方的立场上卷入这场争论之中。事实上，他们所有争论的理由显然全都是不成立的。有些资料提到诺奖颁奖时杨振宁的夫人杜致礼要求走在最前面等。但是，就算退一万步讲事情真的源于杜致礼女士对待荣誉的态度，将荣誉让给作为家人的太太有什么不可以的呢？当时李政道也应找个合适的场合让自己的夫人走在自己前面，很遗憾他当时没有用这种更为幽默、宽厚和温馨的方式，来应对杜致礼作为女人的心理。杜致礼女士的父亲杜聿明作为淮海战场战败的国民党被俘虏的统帅，当时还是处在以战俘身份被关押状态已近9年时间，母亲曹秀清在台湾受到限制不能去美国看望他们。可以想见作为曾经显赫家族大家闺秀的杜致礼女士心中会有多少难言的苦楚，她内心深处期待杨振宁能够出人头地为自己争一口气也是可以理解的。当她突然遇到杨振宁获诺贝尔奖这样一个难以想象的巨大情感宣泄出口，曾经从天堂瞬间被打入地狱，又从地狱瞬间转升到天堂的大悲大喜人生转换，使得她宣泄的方式或许不一定恰当。杨振宁获诺奖后，其岳父杜聿明的状况的确马上获得根本性的改善，在台湾的母亲也迅速得到国民党政府的特别关照，并被容许到美国探望他们。这些其实都是应当让人深感安慰之事。杜致礼女士现在人都已经作古，对已经作古之人还要记下什么恩怨呢？

季承的《李政道传》、江才健的《杨振宁传》等书籍都站在一方的立场去详尽披露两人的恩怨和争议。直到今天还有大量的人不断在介入这个争论之中。李昕在《我所知道的杨振宁、李政道之怨与杨振宁、翁帆之恋》"[①] 一文中提出杨振宁和李政道双方先是保持了相当长时间缄默，而后李政道先提此事，然后杨振宁才提此事。杨振宁除宇称不守恒定律之外还有更重要的杨－米尔斯规范场的贡献等，以这些作为支持杨振宁的“证据”。其实，这些“证据”从科学的角度说什么意义也没有。

公开提杨李争论时间的早晚最多只能说明两人对待历史事实的态度表现差别，甚至连导致这个差别的原因也说不上在谁。杨振宁做出规范场论的贡献与杨李之争毫无科学联系。多此一举地提此事反而更会使人误认为杨振宁成名更早，有借原来的名声占有他人成果的嫌疑。本来这个事情是杨振宁极受人尊敬的贡献，但非常怪异地以杨李争论的方式提出来，唯一的实际作用是极大损害了杨振宁的名誉。因此，所有外界的人介入这个争

① 微信公众号：学术中国，2016年9月29日。

论事实上都是在为此事不理性地火上浇油。当事双方的争论令人痛心与扼腕，而周边的人介入这个争论，从而为自己捞取名声的行为更是令人厌恶之极。

其他周边的人正确的态度是学习奥本海默、周恩来和吴健雄等人的处事方式。人们应当积极地去正面宣传他们在科学上所做出的成就和各种积极贡献，但如果不是站在科学的立场上，而是站在矛盾一方的立场上加入这个争论，介入者自己，以及发表这些争论的媒体、出版社都很可能变成应当受到更严厉谴责的对象。如果周边的人全都能够持这种科学的态度，杨李之争不至于发展到这样的程度，也不至于到今天还没完没了。

一直到今天，加入双方争论的季承、江才健、杨建邺、李昕，以及“学术中国”公众号等媒体，表面看似支持一方的朋友，事实上都是借朋友的不幸去沽名钓誉者。对他们两人的工作最了解，并且是一位女士的吴健雄都不说什么，你们这些大男人又有什么资格去评说这些无聊之极的八卦？这不是娱乐圈，而是科学界！

华人公众甚至科学界相当多的人在诺贝尔奖的外表光环面前心态完全失衡，已经失去基本的人格尊严，失去判断是非的基本标准和能力了。

六、对当事人的期待

无论是否有可能，我们唯一殷切期待的事情是双方能尽快在有生之年做出公开声明，对过去所有关于杨李之间的恩怨争论都完全放弃，对双方曾经的合作表达感谢之情。这样的声明只会增加全社会尤其科学界对他们的尊敬。即使不能真正劝和，至少不要让争论继续下去。如果他们的家人和真正的挚友能够成功劝说双方做此公开声明，也是为历史和科学做出的卓越贡献。

任何人，包括科学家并非不能去为自己的功绩做澄清甚至去争议，屠呦呦获诺奖之前早就有争议，我们不去讨论这种争议本身的是非，但至少这种争议是可能有意义的，是要澄清发明过程中各方贡献的大小和主次。即使杨李之争中讨论文章署名权谁排第一也是有意义的，因为论文的第一作者与第二作者之间按科学界惯例的确是有地位上的差别的。但杨李之争的情况完全不是这样。这么多年的宣泄，那些陈芝麻烂谷子的事情，明白人早已心知肚明，好事者即使明白也照样会故意添油加醋和只是专注那些无聊的是非之事。他们主要只是在争“双方已经获诺奖的共同工作谁更重要”这种极其小家子气，也完全不符合诺贝尔奖规矩的、毫无意义（诺奖对共同协作而获奖的人根本就没有任何先后排名和地位之分）的，甚至可以说要用“愚蠢”这样的词来形容的事情。

这种争论事实上是不理性地对当年努力向诺贝尔奖委员会提名他们共同贡献的科学家的否定，是不理性地对诺贝尔物理学奖评选委员会最终评选结果的否定，是让真正尊敬、爱戴他们的人，曾经配合和支持他们工作的人心寒不已，更是为科学家之间的正常协作蒙上一层不应有的阴影。眼看着大量表面上站在双方立场上的好事者向对方互泼脏水的行为，虽然心痛无比却只能无可奈何。只有他们抓紧在有生之年尽快做出公开声明，才能不给科学留下遗憾，不给真正帮助过他们的科学家们留下遗憾，不给他们自己一世的英名留下遗憾，不给真正尊敬和爱戴他们的人心里留下遗憾。

人们对诺贝尔文学奖，尤其和平奖争议是较多的，但对科学奖，尤其物理学奖争议极少。没有任何别人去争议 1957 年他们两人得的物理学奖合理性，反而是他们自己在那里相互争议，有不理性到这种程度的事情吗？

图 20-5 为诺贝尔奖官网上吴健雄资料截图，提名人中有 3 位是诺贝尔奖获得者。注意这只是 1965 年之前的资料，之后的还没有公开。

他们争论的结果是什么？

诺贝尔奖的官网上公开数据中，无论得奖还是没得奖的，全都应该

Chieng-Shiung Wu

Lastname/org:	Wu
Firstname:	Chieng-Shiung
Gender:	F
Year, Birth:	1912
Year, Death:	1997

Nominee in 7 nominations:

- Physics 1958 by Polykarp Kusch
- Physics 1958 by Willis Lamb, Jr
- Physics 1959 by J Rossel
- Physics 1960 by D Frisch
- Physics 1964 by Herwig Schopper
- Physics 1964 by Emilio Segrè
- Physics 1965 by Emilio Segrè

图 20–5　诺贝尔奖官网上吴健雄资料

可以清楚查询到提名人的详细资料[①]。吴健雄虽然没有获奖，提名她的年份和提名人的详细资料全都可以清楚查到。但是，1957 年诺贝尔物理学奖的公开提名资料中，已经查不到李政道和杨振宁两人的提名人是谁的任何资料了。

图 20–6 为诺贝尔奖官网上已经没有提名人（nominator）的杨振宁资料截图，只留下“Nominee in 1 nomination”（一人次提名中的被提名人），但“Physics 1957 by ”后面是空白。获诺奖者是有资格成为提名人的，但官网上也没有杨先生提名其他人的任何资料，包括没有发现他提名吴健雄的资料（当然这也只是根据 1965 年之前的资料所得到的结果）。

“能测量到什么”是科学证据，“测量不到什么”也是重要的科学

① 参见：http://www.nobelprize.org/nomination/archive/list.php.

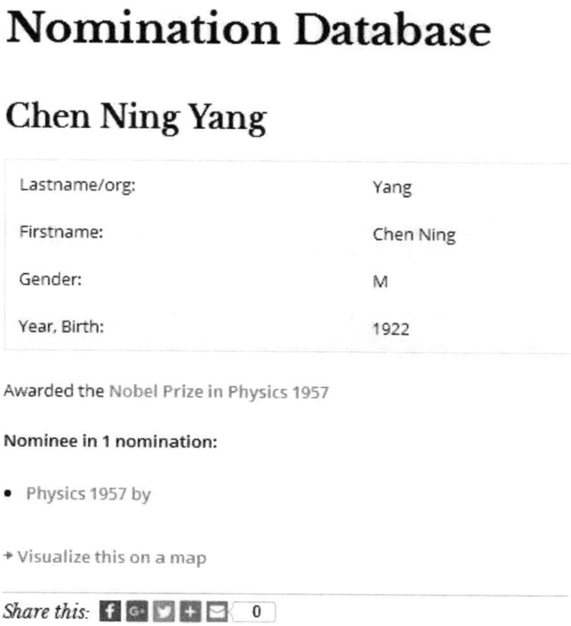

Nomination Database

Chen Ning Yang

Lastname/org:	Yang
Firstname:	Chen Ning
Gender:	M
Year, Birth:	1922

Awarded the Nobel Prize in Physics 1957

Nominee in 1 nomination:

- Physics 1957 by

→ Visualize this on a map

Share this: 0

图 20-6　诺贝尔奖官网上杨振宁资料

证据。

杨先生希望把自己与爱因斯坦相提并论，那就看看爱因斯坦的资料是什么样的。

图 20-7 为诺贝尔奖官网上爱因斯坦的资料截图，他成为被提名人的详细名单要翻好几屏才能显示完，共 62 人次。从 1910 年到 1921 年 12 年间有 10 年都是被提名人，直到 1921 年才获诺奖。1921 年当年被提名达到 14 人次，而在 1922 年他已经获物理学奖后还有 17 人次提名他获物理学奖，足见其“人气爆棚”的程度。从 1919 年（得诺奖之前就已经有资格成为提名人了）到 1954 年，爱因斯坦有 9 次成为提名人（1955 年 4 月 18 日过世）。

真正的荣耀并不仅仅体现在是否能得诺奖，而且体现在其被多少人提名（被认可的广泛程度），尤其提名过多少人上面，这样才是“功德圆

Albert Einstein

Lastname/org:	Einstein
Firstname:	Albert
Gender:	M
Year, Birth:	1879
Year, Death:	1955

Awarded the Nobel Prize in Physics 1921

Nominee in 62 nominations:

- Physics 1910 by Wilhelm Ostwald
- Physics 1912 by Clemns Schaefer
- Physics 1912 by Wilhelm Wien
- Physics 1913 by Bernhard Naunyn
- Physics 1913 by Wilhelm Ostwald
- Physics 1913 by Wilhelm Wien
- Physics 1914 by Orest Khvol´son

图 20–7　诺贝尔奖官网上爱因斯坦的资料

满”。如果后面两项，尤其提名过多少人一项是零，最终的荣誉也将大打折扣的。被认可广泛未必能证明一定是对的，但提名过多少人至少肯定可以证明其提携他人的热心和品格。

没有提名人信息是否为普遍情况呢？我仔细查看了所有已经公开的 10580 个诺贝尔科学奖的提名资料，类似情况的确有。1919、1921、1930、1951 年有 3 人 4 人次出现生理学或医学奖不显示提名人信息情况，这 3 人都未获奖。化学奖里这种情况相对较多，1902、1906、1909、1910、1911、1912、1917、1936、1956 年也都有此情况。其中只有 1906 年 Henri Moissan 因制取出剧毒元素氟而获得化学奖，他有 41 人次被提名，提名 3 人次。其中 1906 年获奖年份有 1 人次提名人未显示。其他情况里的人都未最终获化学奖。但是在物理学奖里，无论是否获奖，

1957 年的李政道和杨振宁是唯一没有显示提名人的情况，并且都是只有 1 人次被提名。

至于未显示提名人的原因，从纯理论上说无非三种情况：

1. 纯粹技术性的原因，当时的资料搞丢了，实在找不到，或网站工作疏忽，或是诺奖委员会官方有规定不应显示，或可以不经说明就不显示提名信息等情况。

2. 当时提名人自己的主观意愿，各种原因不愿意再公开自己曾提名的信息。按规定程序或法律条文不公布相应的提名信息。

3. 诺贝尔奖委员会官方的意愿。诺贝尔奖不像奥运会等体育比赛，后者只是发个奖牌，如果事后发现不再承认当时的颁奖，可以宣布收回。但诺贝尔奖不仅是荣誉的奖励，也发了很多钱。就算发错了，基本上没办法去取消，因为钱可能都被人花光，也收不回来了。再者，就算有一定程度的不再认可，当事人在科学上一般都还是有相当大贡献的。这个奖项规定是不能毛遂自荐的（对比之下，有很多科学奖励是要参选者自己申报），获奖者只能被动等待有人提名和评审，不像奥运会是主动报名参赛。如果诺贝尔奖委员会主动给人发了奖，然后又公开收回来，这种处理方式对别人也太过了。因此，从始至终主动权全是在诺奖委员会手里，就算发错了也不太可能采用“取消”“收回”等极端的方式来处理，只能通过规则上聚集全世界相关领域尽可能最权威、最全面的资源评审等途径，尽最大可能保证评奖过程不出现“错误”级别的结果，虽然说 100% 保证一点偏差没有也是很难的。因此，依照基金会的相关法规，在 50 年相当充分考察之后，以不公布提名人信息等方式可以最委婉地表达某种不再认可的意愿。

事实上的真实原因是什么呢？只要点击未显示提名人信息位置，就可以发现 1906 年 Henri Moissan 案例中只是没有显示提名人名字，但显示了该提名人就是瑞典皇家技术学院的诺贝尔奖委员会成员。其他化学奖未显示提名人名字的基本上都是属于这种情况，因此，这些都应属纯技术性的原因。只有 1956 年的 1 例是什么信息也没有，甚至都没有提名人的栏目，也未做其他任何说明。4 人次的生理学或医学奖未显示提名人的，有 3 个是有具体的职位、学院、城市等信息，只是没有名字，有 1 人次是没有任何信息。这些情况就不好评判原因是什么了。而李政道和杨振宁的资料，网上是有一段清楚无疑的评论（comments），并且是唯一发现有这种评论的情况。双方的评论除名字以外，其他内容完全相同。全文摘录如下：

Information regarding nominations to Chen Ning Yang cannot be released at this time according to the statutes governing the Nobel archives of the Royal Swedish Academy of Sciences.

The deliberations, opinions and proposals of the Nobel Committees and classes in connection with the award of prizes may not be made public or otherwise divulged other than in accordance with the provisions of article 10, paragraph 3 of the Statutes of the Nobel Foundation.

In considering an application wider of the Statutes of the Nobel Foundation, the rule shall be that material relating to the research work of a named person may not be released during that persons lifetime. If an application is made for the release of material which includes a special investigation or opinion by a named person who is still alive, the material may not be released without the consent of the person concerned.

我们只能据此说这是诺贝尔委员会根据相关的法规和条文（statutes）所做出的明确安排。为避免引起任何不必要的误会，我不去翻译这段英文，由读者自己去仔细和慎重地加以理解。

你们自己都在事实上否定人家提名人的工作，还指望人家积极披露自己的资料吗？

诺贝尔奖不是一劳永逸地、可以躺在上面吃喝不尽的功劳薄。得诺贝尔奖极不容易，得了以后需要利用它做更多对科学有益的事情，去功德圆满地发现和提携更多的其他人才，不是拿它来“作”的。他们的被提名人都只有 1 个可以理解，因为时间太仓促，得奖太快。但他们作为提名人的地方是不是空的却只取决于他们的努力。人生在不同时期应有不同的转换，如果李政道和杨振宁还有什么要争的，那就是他们谁最先声明放弃曾经的争论，更重要的是诺贝尔奖的公开资料中他们作为提名人的清单部分不要永远是空的。

七、讨论此事的原因

作者在此充分讨论此事的目的在于：

1. 充分说明我对杨振宁在高能加速器上的观点持批评态度是做了充分的情感误差修正的，与其他不相干的事情完全无关。这也是杨先生自己还在继续，或鼓励这个争论继续存在迫使我不得不做出这样的误差修正声明。如果他们不停止这样的争论，导致的结果就只能是其他任何严肃的学者在进行相关科学讨论时都不得不做出此误差修正的声明。作者甚至要在这里呼吁：在他们当事双方做出公开放弃争论的声明之前，所有涉及他们的科学讨论都应当严肃地做出这样的声明，以此使他们充分意识到这些争论所导致的对他们自身名誉的危害。如果他们的争论没有体现出任何不利的结果，甚至华人社会中相当多的人不以为耻反以为荣地推波助澜，这会为整个中国科学界树立一个极为错误的价值标杆和极坏的榜样。坦率地说，如果其他任何人想去开发利用他们两人的争论，对继续争论本身进行批评甚至谴责是唯一正确的利用方式。

2. 希望读者不要将我对杨先生在这个问题上的批评延伸到其他任何问题上去。对这样的延伸我本人持强烈反对的态度。并且个人强烈反对网络和舆论上对杨先生大量与科学完全不相关的攻击性言论。我的批评意见不影响我对杨振宁先生在理论物理学上卓越贡献的高度尊敬。杨先生是华人中第一批获得诺贝尔科学奖的杰出学者，我个人也认为杨振宁先生是华人中间贡献最伟大的理论科学家之一，这一看法不受其他任何事情的任何影响。但也不因此而产生另外的不客观判断。

3. 最重要的，希望消除这个争论对实验及测量科学价值认识上造成的偏差和错误影响。如果说这个事情上有任何“委屈”的话，唯一“受委屈”的是吴健雄女士和测量科学。在这个问题上我们有必要最充分地提醒这一点。

综上所述，我们对杨振宁先生关于 CEPC 的反对观点之所以持批评态度，原因总结如下：

1. 杨振宁先生自己一再宣传他对测量科学不在行，并且不是一般的不在行。作为一个有很大影响力的学者，在明知自己非常不在行的领域，且属最重大问题上随意发表意见，这不是一个严肃的科学家应有的态度，也不是一种负责任的行为。

2. 他获诺奖的同时，为他获奖做出关键性贡献的测量科学家吴健雄蒙受了委屈。杨先生对此不仅没有充分表示，反而在事实上让人感觉到他从中得出了错误的相反结论，一再表露轻视测量科学价值的观点，这是非常不合适的。这也会使人们难免认为，他已经是带着自豪的神情不断去宣传他在测量科学上的特别不在行，事实上是在表达他内心深处对测量科学的轻视。

3. 将“能否获得诺贝尔奖”作为中国这样一个大国科技发展战略的核心价值之一，这种狭隘的观念在当今科学发展越来越需要大团队协作的时代，会导致越来越大的认知偏差，对中国科学界产生了不应有的严重误导。杨政宁到今天都还未能处理好杨李之争问题，也充分证明他不是一个擅长团队协作的学者。客观地说，杨振宁当年所在的时代，高等研究院个人之间的相互合作非常差，杨振宁在其周围环境里来看，还算属于相对积极进行合作的学者，他有非常多的成果都是与他人合作进行的，这也是他的学术成果相对较多的原因所在。除李政道外，杨振宁与 Mills、Byers 等都有成功的学术合作。但是，这并不表明他确实有能力处理好学术团队的协作问题。毕竟他连最低限度两个人团队协作的问题都没能力长期处理好，却一再试图对最终需要数以千人计算的大团队协作项目发表看法，其说服力难免会受到质疑。在一再自我损害自身荣誉的情况下，杨先生本人谈论诺贝尔奖相关问题的特殊资本还剩下多少？在把诺贝尔奖的所有规则真正搞清楚之前，应慎重为宜。

八、“吴健雄对撞机”命名提议

鉴于以上分析，在此隆重提议：如果不与后面将讨论的命名权赞助等选项产生冲突的话，应当将CEPC正负电子对撞机命名为“吴健雄对撞机”，以提醒人们正视实验物理学和测量科学的价值。后面还会对诺贝尔奖的本质进行更深入的讨论，并证明诺贝尔奖只是科学活动中的一个游戏规则，尽管是最出色的一个，但它并不是所有科学研究活动完备的和充分合理的价值指南。

第三节　李杨之争的另一种历史假设——无界战

如果我们仅仅把杨李之争看作他们私人之间事务的话，我们能做的事情最多也就只能到此为止了。但是，在研究这个问题的最后阶段，2016年9月28日很幸运与中国国防大学郭高民先生深入交流，并且他赠送给我了他2015年的新作《无界战》（人民出版社，2015年1月版）。

我两天之内一口气读完了他的《无界战》。他书中的大量观点都是我想说而不敢直接说的，要研究清楚这个课题，那是另外一个知识学习量极为庞大的工作。他在书中所说的很多观点，与我不谋而合。例如他认为人类的知识从整化、专业化，未来可能重新走向另一个层次的整化，一个人有可能再次能够理解整个人类的科学知识。他独立提出的这个设想，正是

图20–8　2016年9月28日晚与郭高民先生交流他的《无界战》和我的《越超战争论》军事理论问题时，留下这张照片。事后照片发给他时，他在微信里说："嗯呀，我怎么没把《超越战争论》拿着呢！不该有的历史性疏忽！"我说："这没关系，下次补上。"他回答："好，下次补一个。"

我在本书中全科型知识结构方法要解决的问题。未来战争的方式除了传统人们心目中认为的农工时代刀对刀、枪对枪的"歼灭战"方式以外，还有更多战争主体、对象、工具、场域、方式等没有界限的"无界战"和"泛界战"，它们可能是常态化存在、整体化运行、"弱相互作用"，只要能达成"争利"的战争本质目的。这些战争方式可能看似无声无息、无影无踪，但在"无界战"军事家的脑海里，它们同样惊涛骇浪，获得重大的战略利益，却杀人于无形。不是商场"如"战场，而是商场本身就是最广泛的无界战的战场。

钱学森在回国时，美国海军次长 Dan Kimball 说"我宁愿打死他也不愿让他走。不管在哪里，他都值三到五个师"。诺贝尔奖获得者所拥有的巨大战略影响力，同样不会比五个师更低。如果以这样的战略影响力为基础进行无界战，所获得的战果将会何等之巨大呢？

在看过《无界战》之后，国庆节整理本书的书稿期间，突然间一个全新的历史轮廓完整地出现在我的脑海里。当然，这些只能被看作以《无界战》的理论研究科学史的一个理论假设。

1953 年 7 月 27 日，朝鲜停战协议签订。这是一个历史性的事件，在第一次对外战争中，美国第一次在没有胜利的停战协议上签字，使这场战争成为它的一个巨大伤痛。当然，在任何国家的精英知识界都不乏反对政府政策的人，尤其在美国高能物理学界更不缺乏反战人士。但此后多年，这场战争都是美国国内一个禁忌的话题。

在短短的 4 年之后，两位华人科学家竟然成功证明了宇称不守恒定律。一般情况下，如果在物理学领域发现一些新的守恒原理不算太超出人们的科学常识范围，如能量守恒、质量守恒、动量守恒、电荷守恒等或以这些为基础发现的其他守恒原理。并且这些守恒规律一般都是非常基本的，最需要遵守的公理级别的原理。可以想见，在当时把宇称守恒作为一个公理级的基本规律认可的环境下，当李政道和杨振宁他们竟然提出弱相互作用宇称不守恒定律时，物理学界的惊愕会有多大，很多人会本能地认为他们肯定什么地方搞错了，如同现在要是有人提出动量不守恒、质能不守恒，物理学界很多人的本能反应是肯定有什么地方搞错了一样。但是，短短几个月之内，这个表面违反一般物理学常识的理论竟然被严格的实验证明了。又可以想见，这引起的远超出物理学界的震撼会有多么强大。尤其更让一些人无法忍受的是，用实验证明这个理论的，居然是另外一个华人女性吴健雄！这都是什么架式？ 1920 年 8 月 26 日，美国的妇女才第一次获得了选举权。直到 1963 年德裔美国科学家 Maria Goeppert-Mayer 获得 1963 年诺贝尔物理学奖之前，只有居里夫人获得过诺贝尔物理学奖。直到今天历史上也只有这两位女性诺贝尔物理学奖获得者。要是让吴健雄这位华人成了在美国历史上第一位获得诺贝尔物理学奖的女士，这还不翻天了?!

这哪里是在证明宇称不守恒?在很多人眼里看来这分明是在证明短短4年前中国志愿军在朝鲜战场把联军打得一败涂地是理所应当的了。那些本来就反对这场战争的学术界人士这下可找到了一个意外表达情绪的途径了。李政道和杨振宁他们这么快就有些破格地被提名、获奖，哥伦比亚大学破天荒地为吴健雄实验结果举行记者会，学术成果本身的地位当然是基础，但某种程度上这不正是历史背景上大量知识精英们情绪发泄的一种反映吗?

李政道、杨振宁、吴健雄他们可能做梦也不会想到，1953年作为农工时代传统战争方式的朝鲜战争结束了，而短短几年之后，他们却无意中以无界战的方式卷入了另一场作为这场战争后续的世纪大战。而且他们可能更想不到的是，这场跨越半个多世纪的无界战其实是他们首先发起了震惊世界的强大攻击，它甚至不亚于刚入朝的几十万志愿军在朝鲜战场前两次战役中对联军造成的震撼程度。受到如此强大攻击的一方会无动于衷吗?我们认为不会。这仅仅是一个猜测还是有坚实的历史证据作为支持呢?

李政道和杨振宁的确之前就为学术功劳署名先后问题有过争议，甚至在诺贝尔奖的颁奖会上一些顺序问题上都发生过争议。但他们在获奖之后直到分手之前还是合作过长达5年的时间，一起合作写过不下30多篇论文。这样的学术精英会特别在意自己的学术成果，这是他们普遍的脆弱点，就算华人相互间更喜欢内斗这也不难理解。但另一方面，华人也有比较好面子，尤其像他们这样知名度已经如此之高的人士会更加好面子。就算内部有矛盾，谁也不愿意轻易地公开化，顶多是慢慢找个理由少交往一些就是了。但他们为什么会如此不理性地将这样的事情公开化呢?仅仅是他们个人问题就会导致这样的结果吗?我们显然有理由对此持怀疑态度。

一个可以设想到的反击作战方案就是，故意在他们身上制造一些近乎丑闻的事件，那不仅可以将他们无界战的强大攻击有效化解，而且可以长期阻止有提名资格的人，以及诺贝尔奖委员会的人不要轻易再去让吴健雄，以及其他华人科学家获得诺贝尔奖，这样一来就可以取得极为巨大的长期战略功效。要知道，当时李政道和杨振宁已经是诺贝尔奖获得者，要想对他们做些什么必须是要绝对机密，不能露出任何马脚的，否则可能导致完全相反的糟糕结果。于是，经过多年详细侦察，一个精心策划、天衣无缝的作战计划开始执行。

他们 1962 年闹翻的直接原因是 1962 年 5 月 12 日出版的美国《纽约客》（New Yorker）杂志上刊登的伯恩斯坦文章《宇称问题侧记》[①]。今天当然只能是猜测，但一看这种文章本身就不是什么安好心的主题。这样表面上赞扬两人合作的长篇文章，不就是要把两人长期合作过程中所有成果，尤其关于获诺贝尔奖的宇称守恒问题上谁功劳更大、谁功劳更小一定要在大众媒体面前掰扯一个清清楚楚吗？虽然文章作者是与杨李他们都熟知的大物理学家伯恩斯坦，但如果伯恩斯坦这种学者也是被人利用呢？如果找本身就对华人世界有成见的人显然比较容易被人发现，但如果找与华人关系较好的科学家，去写一篇赞扬李政道和杨振宁合作成就的文章呢？伯恩斯坦很容易就会兴高采烈地接受了。

最终结果是一篇赞扬华人世界最先获得诺贝尔科学奖的两人之间亲密合作的长文，把他们之间亲密合作关系彻底公开地搞翻了，这本身是确凿无疑的历史事实。所有加入争论的人包括他们本人恐怕谁都没想到过这一层。我不能确信无界战的战争一定是以这种方式开始，但却可以清清楚楚地看到，直到今天以他们为作战对象的无界战还在惨烈地继续。

如果真有仇视（或敌视）杨李获奖而故意从中挑拨的行为，别说是主

---

① 舒泰峰：《〈李政道传〉披露与杨振宁恩怨始末揭决裂谜局》，《瞭望东方周刊》，2009。曹可凡：《想想吴健雄的委屈，杨振宁李政道的宿怨又算得了什么》，微信公众号：上海观察，2015 年 10 月 6 日。

动去爱护作为华人世界骄傲的他们而帮他们破解，整个华人世界直到今天都还自己在那里主动地、愚昧至极地分成两拨人相互对骂，哪还有什么抗击战争攻击和自我保护的能力？

这一理论假设也对吴健雄为什么始终都未能获奖给出了一个合理的解释。如果她地下有知，当可含笑九泉。她并不是什么贡献未受认可，而是第一个在战场上获得奇迹般胜利后中枪倒下的勇士。

如果事情只是杨李私人之间的事情，其他人真不好再多说什么。但如果他们是陷在一场世纪大战的战场上，我们就有责任提醒他们：这不是他们该待的地方。问题根本就不是如何把他们私人之间的事情扯清楚，更不是纠缠什么“当年他们一起喝咖啡的时候是谁先提到的宇称不守恒的想法”。这种早就已经毫无意义的问题，甚至都不是要介入他们私人之间的恩怨去劝和，而是一场很可能被人为点燃，在他们获奖之后其实就已经毫无意义的战争该结束了。

第四节　杨李之争的循环因果律分析

一、循环因果律的结果与初始状态无关

我们先考察一个电子设备中的模拟正弦波信号发生器的工作原理，如图 20-9 所示。放大器 A 输出联接到放大器 B 的输入，B 的输出联接到 A 的输入，从而它们形成了一个循环因果的关系。如果相位合适的话，它们之间就会形成正反馈的关系。它们之间有一个滤波器，可以选择不同频率的信号通过。一旦形成这样一个电路，结果是什么呢？只要一接通电源，A 和 B 的正反馈就会迅速形成，并通过滤波器输出由其决定频率的正弦波信号。

一个问题是：最初的正弦波信号是哪里来的呢？是来自于 A 还是来自

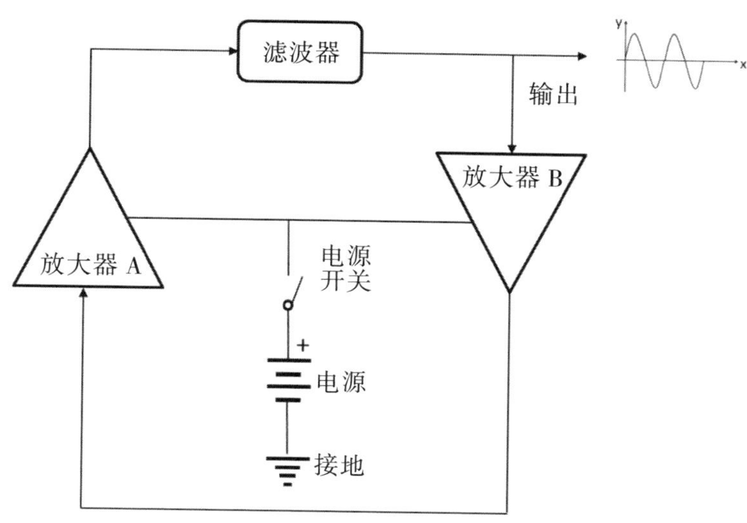

图 20–9　正弦波信号发生器简单原理

于 B，答案是：这根本不重要。从纯理论上说，如果接通电源后线路上没有任何信号，两个放大器的输入都是零，那么双方放大后的输出信号也是零，这样就不会有任何信号输出。但事实上这是不可能的。只要它们形成了这样一个循环因果的关系，任意微弱的扰动最终都会迅速刺激正反馈形成，而这种扰动是必然存在的。

因此，决定输出信号的是这样一些因素：

基础因素是两个。一是形成了这种正反馈的循环因果过程；二是接通了电源。

但是，决定输出什么样的信号却只取决于一个因素：滤波器做出什么样的选择。把滤波器调谐到什么频率上，输出的就是什么频率的正弦波。

我们现在把放大器 A 和放大器 B 换成杨振宁和李政道，把他们的协作看成形成了循环因果的关系，一旦形成这样的关系，就会产生强烈的正反馈过程。一旦如此，他们之间某个学术成果最初的思想火花是谁先产生的就完全不重要了，重要的是这种正反馈过程会将任何有价值的学术火花迅速放大，变成成熟的学术成果。

那么最终输出的是不是一定就是有价值的学术成果呢？不是，那要取决于滤波器的选择是什么。如果把滤波器调谐到学术研究上，输出的就是诺贝尔奖级别的物理学论文。但如果调谐到功劳评价上，正反馈的结果就是两人之间争功劳的战争。一旦其中一个人要强调其功劳更大，就会迫使另一个人去强调他的功劳更大。而最初是谁先强调的也不重要，重要的是滤波器的选择是什么。

由此我们就会明白，《纽约客》的那篇文章《宇称问题侧记》，就是把滤波器从物理学问题选择切换到功劳评价选择的关键性动作。一旦完成这个切换，杨李之争逐渐变成一个公众问题之后，滤波器就变成公众选择。公众是不可能选择只传递学术信息的（甚至根本就不会传递这方面的信息），而只会是锁定在他们功劳争论的八卦问题上，从此就锁死了他们之间的正反馈过程，只能是无休止的功劳争论的战争。

二、解决杨李之争问题的途径

从理论上说，解决这个问题的途径有以下几种：

1. 完全切断他们之间的正反馈过程。双方不再去对另一方的信息做任何反应。外力只对他们的争论进行批评和谴责。

2. 将信号向相反方向变成负反馈。无论对方在功劳问题上做任何表示，另一方只表示感谢信息。

3. 将功劳评价的滤波器选择破坏掉。对关注他们功劳评价的公众行为进行谴责，尤其把对他们宇称问题上“原创思想来自于谁”的追究和讨论本身就看作是不道德的行为，予以强烈谴责。

4. 从根本上解决并列成就中的功劳评价问题。这个详见下面并列学术成就问题讨论。

三、并列学术成就问题

杨李之争其实提出了一个的确很有意义的科学成就评价问题：对于平等正反馈系统里的两个学者学术成就功劳问题如何体现？事实上，诺贝尔奖对共同协作成果奖励（用词为“was awarded jointly to”）不作任何先后排名的方式是完全正确的，但学术文章中惯例第一作者必须是唯一的，即使对于共同的平等协作完成的论文，也一定要分出谁是第一作者，谁是第二或更后排名的作者。这种方式评价本身对于杨李协作所做出的成果的确是有重大缺陷的。他们绝大多数共同完成的论文其实应当是并列第一作者，获得诺贝尔奖的“宇称不守恒定律”最合适的评价是“并列完成”。奥运会上并列冠军的现象并非罕见。当然，这种“并列第一作者”情况需要有严格的限定条件：

1. 双方形成了稳定的学术研究循环因果关系。

2. 这种循环因果关系在相应学术研究活动的一开始，甚至在此之前就已经形成。

3. 这种稳定的循环因果关系贯彻了整个学术研究活动过程，一直到最后完成该成果。

4. 双方对学术思想的放大能力相等或无法区分高低。

如果具备以上条件，我们就应当认定形成学术循环因果关系的双方在相应学术成果上应当作为“并列第一作者”看待，而不再考虑其中各阶段的学术原创思想是来自于谁。需要特别注意的是，应当严格小心把师生、团队领导与成员等当作并列关系。

很显然，杨李之间的协作绝大部分都应作为“并列第一作者”看待。根据循环因果律的原理，其中间各个阶段原创思想来自于谁完全不重要。获得最终成果最重要的原因是双方形成了循环因果关系而带来的。这是杨李之争带给我们学术评价上的另一个非常重要的启示。

学术协同和形成有效的循环因果关系可极大地促进学术的发展，杨振宁在当时是非常积极推进建立这种循环因果学术关系的学者，在这一点上，我们应当对他给予充分的肯定和赞赏。

第五节　诺贝尔奖与科学资源汇聚能力

一、日本政府的诺奖计划

在今天，很多人以能否获得诺贝尔奖作为评价一个国家科学成就的指标。这是否有道理呢？有一定道理，但也很容易对人产生严重的误导。1995 年，日本提出将“科学技术创造立国”作为基本国策，重视基础科学研究、开发基础技术。2001 年 4 月，日本出台《第二个科学技术基本计划》，明确提出要在 21 世纪头 50 年里培养 30 个诺贝尔奖获得者。这份计划提出了几个重点方向：基础研究、与国家和社会发展密切相关的课题、新领域的跨学科融合。与此相配套，在经费投入、人才培养、公共研究平台建设、产学研联合等方面都提出了改革方向。在提出这一目标之前，诺贝尔奖百年历史中，日本仅有 9 位得主。但从这一目标提出到 2015 年的 14 年间，日本一共产生了 15 位诺贝尔奖得主，显现出“诺贝尔奖井喷”。就在本文写作接近完稿时，2016 年诺贝尔生理学或医学奖授予了日本分子细胞生物学家大隅良典。如此看来，日本当年制订以获得诺贝尔奖为目标的科技发展计划似乎是很成功的。事实果真如此吗？

能够得到更多诺贝尔奖当然是一件好事情，但是，很少人深入地去想一想诺贝尔为什么要设立这么一个奖项。

二、一门空前伟大的生意——诺贝尔为什么要设这个奖？

阿尔弗雷德·贝恩哈德·诺贝尔（Alfred Bernhard Nobel，1833.10.21—1896.12.10）最初设立这个奖项的遗嘱公布的时候，瑞典人并没看清遗嘱细节，只是简单地以为诺贝尔这个富豪把钱捐给老家瑞典了，因此都很高兴。但他们很快发现事情不是那么回事，设立的这个奖励基金是以全球范围做出最重大贡献的人士为目标的，不是专门留给瑞典人的。这下整个社会舆论的批评和谴责之声很快占了上风，媒体界甚至公开地鼓励亲属上诉，把这个遗嘱给废了，看起来当时很多的瑞典人有些上当受骗的感觉。反对它的理由主要是“法律缺陷”和“不爱国”。媒体抱怨说，一个瑞典人不注意瑞典的利益，既不把这笔巨额遗产捐赠给瑞典，也没有给瑞典人甚至斯堪的纳维亚人获奖的任何优先权，还要瑞典承揽这些额外工作，从而给瑞典人带来的只是麻烦，而不是任何利益，那纯粹是不爱国的，瑞典的奖金颁发机构将不可能令人满意地完成分派给他们的任务。遗嘱还把颁发和平奖金的任务交给一个由挪威议会指定的委员会，瑞典与挪威之间当时的关系是一种联邦性质，而且双方关系当时已经非常紧张，挪威正轰轰烈烈地闹着要独立呢！这将要严重损害瑞典的利益。一部分社会民主党人士指责说，诺贝尔设立奖金支持个别杰出人物，无助于社会进步。他们认为，诺贝尔的财产来自劳动和大自然，应该使社会每一个成员都得到益处。全都是一些义正言辞的观点，我们今天在反对CEPC—SPPC的声音中见到的也都是类似的观点。

对其法律缺陷的批评，曾被认为将使整个遗嘱作废。高明的律师们挑出的第一个毛病是，遗嘱中没有明确讲出立嘱人是哪国公民。这样一来，就难以确定该由哪个国家的执法机关来判决遗嘱的合法性，更无法确定该由哪国政府来组织诺贝尔基金委员会了。这个指责不是没有道理的，因为，诺贝尔生在瑞典，成长在俄国，创业活动遍及欧洲，晚年也没有成为任何一个欧洲国家有国籍的公民。他们挑出的第二个毛病是，遗嘱没有明确指出全部财产由谁来负责保管。他们说，虽然遗嘱说要成立一个基金会，但又没有指定由谁来组织这个基金会。所以，可以认为，遗嘱执行人无权继承遗产，而继承遗产的基金会又不存在。

别以为看不懂诺贝尔的都是些凡夫俗子。最令人丧气的是，诺贝尔在遗嘱中委托瑞典科学院来评定物理学和化学奖，但该院院长汉斯·福舍尔居然也极力反对诺贝尔的遗嘱，主张把诺贝尔的财产直接捐赠给瑞典科学院。福舍尔甚至还拒绝参加研究评奖细则的会议。

但是，经过遗嘱执行人索尔曼等人不懈努力，1898 年 5 月 21 日，瑞典国王宣布诺贝尔遗嘱生效。1900 年 6 月 29 日，瑞典国会通过了诺贝尔基金会章程。1901 年 12 月 10 日，诺贝尔逝世 5 周年的纪念日，颁发了首次诺贝尔奖。

到现在情况是什么呢？瑞典人逐渐明白了诺贝尔给他的祖国留下的是一笔何等巨大和受用不尽的财富，而这个惊天的秘密直到今天全世界也没几个人能彻底参透。

三、诺贝尔奖的实际功效

整个瑞典不仅是以每年颁发诺贝尔奖为荣，甚至瑞典人自己要是有谁获得了诺贝尔奖，反而会受到整个瑞典社会的强烈质疑和挑剔。历史上有 15 个瑞典人获得诺贝尔奖，现在哪个瑞典人要是再得诺贝尔奖，首先迎接的不是祝贺，而是瑞典媒体一片极端严苛的质疑声，以至于瑞典人得奖的可能性越来越小。为什么和当初全反过来了？人们只是以为诺贝尔是一位伟大的发明家，发明了炸药，但如果不明白他是一位多么伟大的商人，就不会明白他在死后为整个瑞典民族做了一笔具有何等空前利润的生意。只要看看每年围绕诺贝尔奖发生的事情就明白一切了：全世界最顶尖的科学家和高等学府，每年挖空心思把世界上一切最重要的科学成就推荐

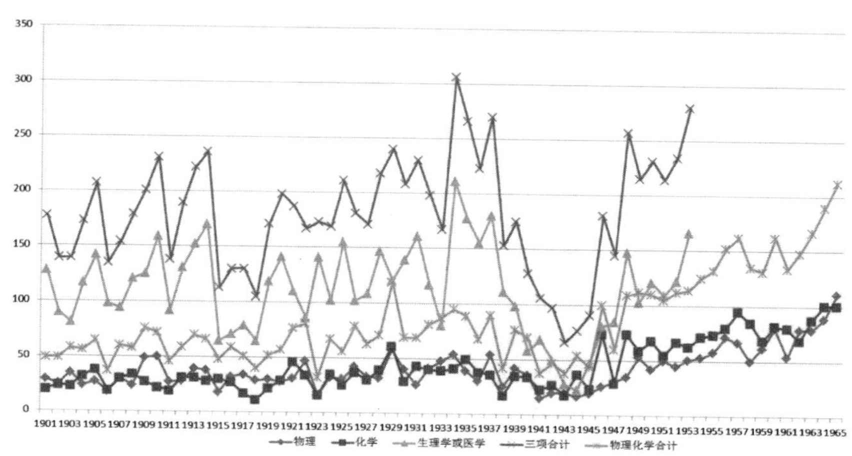

图 20–10　诺贝尔奖官网已经披露的三个科学类奖项提名数据统计

到瑞典科学院，供他们研究分析，最后从中挑出每年的获奖名单。其他人只是知道最后获奖的一个成果是什么，但瑞典人却知道所有被推荐的优秀成就和全世界最顶尖的科学家们对他们的分析评价。现在有媒体说每年推荐的候选名单在 1000 到 3000 项。但事实上这都是猜测，因为相关提名的所有信息有 50 年的保密期。现在从诺贝尔奖官方网站（http://www.nobelprize.org/nomination/archive/）看到的官方信息只是 50 年前的。写这段文字的时间是 2016 年 10 月 6 日，从该官网获得的已公开提名信息如图 20–10 所示。

表 20–1 诺贝尔奖提名统计信息

奖项	时间范围	提名总数	年平均
物理	1901 到 1965（共 65 年）	2658	40.89
化学	1901 到 1965（共 65 年）	2812	43.26
生理学与医学	1901 到 1953（共 53 年）	5110	96.42
文学	1901 到 1965（共 65 年）	3005	46.23
和平	1901 到 1966（共 66 年）	4321	65.47
合计		17906	

由表20-1中分析可见，从1901年到1965年的65年时间内，物理、化学、生理学与医学三个科学类奖项每年平均的提名总数约为180.57。当然，随着这个奖项越来越受重视，总体上说除一战和二战期间提名的人数有显著下降外，其他年份在波动中不断增加。1965年科学奖的提名数据是：物理111个，化学101个，没有生理学和医学的数据。而这两个项目的提名数量加起来就是212个，已经超过了三个科学奖的多年平均数。有生理学或医学奖的1953年数据是：物理51个，化学63个，生理学或医学166个，三项合计280个。

最让人叹为观止的是：所有人都为自己能有资格免费地替瑞典人做这个工作而感到荣耀！

在当今信息和知识爆炸的时代，并不意味着新知识真的有多少，关键是要从浩如烟海的知识信息海洋中甄别筛选出真正有价值的知识信息。在过去知识不是太多的时候，学术杂志或大众媒体的编辑们承担了这个甄别筛选的工作。而在今天互联网时代，GOOGLE、百度、维基百科等搜索工具和百科知识工具之所以有如此之高的价值，其实道理很简单，它们也是帮助人们完成了这个知识筛选的工作，甚至甄别的工作还做不了。评选诺贝尔奖的最大价值，就是它汇聚了全世界最优秀的一批科学家，从无边无际的知识成果中甄别、筛选出真正杰出的成果，甚至于这些最优秀的科学家会费劲心思、用尽平生所学对这些筛选出的成果进行评注、解释，再恭恭敬敬地端给瑞典的科学家。别人还要在垃圾成堆的知识信息海洋中去挑选，而人家瑞典科学家每年只要轻轻松松地把最精华的，最多不过几百、近千的成果（很多可能还是每年有重复的），并且都是被顶尖高手们切碎了、煮烂了以后的“知识精品食物”吃下去。至于其他的垃圾论文，就算每年百万篇，以后发展到上千万篇又如何？看不看都无所谓了。

什么叫领导？就是能让勤奋地给自己做事情的被领导者，为能够直接向他汇报工作感到自豪和幸运。什么叫精神领袖？就是能让心甘情愿免费给自己打工的被领导者，仅仅为能够得到他的肯定而感激涕零。如果被领导者是全世界最优秀的顶尖科学家、艺术家和政治家，这样的领导者该被称为什么？全世界最顶尖的科学家们每年都在满怀崇高使命地免费地为瑞典人汇报全球科学研究的进展，为能够得到瑞典人的颁奖而发狂。全世界顶尖的科学家们可以心中高洁、视钱财为粪土，却极少有人能抗拒诺贝尔奖的认可（据传说特斯拉、爱迪生等人曾拒绝过物理学奖，拒绝文学奖的人相对较多些）。至今对诺贝尔俯首称臣的不是某一些人，某一些国家或组织，而是全世界的整个科学界、文学界甚至政界，瑞典每年付出的却只是基金里的部分利息。

最初该基金是 3100 万瑞典克朗，约合 920 万美元，每年总奖金为 20 万美元。经过货币贬值，该基金的理财运作增值等各种变化，2001 年一个奖项的总奖金额到达最高为 1000 万瑞典克朗，2012 年降为 800 万瑞典克朗并保持到 2016 年。每年总奖金额不到 1000 万美元，每一个奖项总奖金额约 100 万美元。这个数额的确可观，但一个诺贝尔奖与中国上市公司高管们的年薪较高者也差不多就是同样水平。2015 年屠呦呦得的生理学或医学奖总奖金额为 800 万瑞典克朗，约为 600 万人民币，屠呦呦分到一半，约合 300 万人民币。当记者问屠呦呦这些奖金怎么用时，她笑称："这点奖金还不够买北京的半个客厅吧？！太少了啊！"到此人们就该理解诺贝尔为瑞典人留下的生意划算到何种程度了，人们也该明白世界科学的领导者到底是谁了！不是英国，不是美国，更不会是日本。无论他们得多少诺贝尔奖都不会成为世界科学的领导者。你能想象每年仅仅用 5000 万人民币就雇用全球各国数以千计的最顶尖科学家、文学家和政治家们为中国工作吗？做梦吧！能雇上几个人就不错了，这也就只够中兴、华为等公司一个很小的产品科室一年的研发费用而已。但人家诺贝尔就帮瑞典做到了，不佩服能行吗？！

2001 年获得诺贝尔奖的日本化学家野依良治对日本政府的诺奖计划表示"没有头脑""简直可笑"，日本舆论也对这样"设定数值目标"的做法有意见。这个表面看似崇拜和讨好诺贝尔奖委员会的计划，还受到了诺贝尔委员会的谴责和批评。但面对各种批评，日本政府仍坚持这一目标，并在瑞典斯德哥尔摩卡罗琳医学院设立了“研究联络中心”，其职能是做游说工作，包括向诺奖得主以及诺贝尔基金会人员提供一切费用全包的赴日旅行。看到了吗？上杆子地花钱讨好领导，被领导谴责批评了，还是要上杆子地追上门寻求领导的认可。日本政府这样做并无不可，只是不应当如此露骨。你不得不承认人家诺贝尔的英明，那是人家在一百多年前就看清了，并且制定了的规则，作为后来者在这个问题上你只有追随和尊重的份。但如果仅仅是这么简单地追随，那就成问题了。

从 2000 年开始，日本科研经费投入并无明显增长。到 2014 年，全日本攻读博士的人数较 2003 年巅峰期还减少了 15%。日本文部科学省 2013 年 4 月发布的统计结果显示，与 2001 年的统计结果相比，愿意进行“长期研究”和“开创全新领域之挑战性研究”的人数减少，而希望“在短期内获得成果”和追逐“眼前流行之研究趋势”的人数增加。虽然这主要应当是整体日本经济发展停滞造成的，但以诺贝尔奖为核心的国家级科技发展战略并未有针对性地找到解决方案。

尽管诺贝尔遗嘱中说的是对上一年度为人类做出最重大贡献的个人，但实际上出于慎重确认获奖项目真实可靠的目的，颁发的奖项一般都是需要很多年之后才能被认可的。这些年日本人所获的诺贝尔奖，大都是该计划之前做出的成就。这些计划的确可能有效加速了对这些成就的国际认可和诺贝尔奖委员会的认可，但它对推进日本科学发展的真正作用，却需要很长时间之后才能用实际结果做评价。不过有一点是肯定的，它丝毫没有增加对于一个国家科学发展最重要的汇聚能力。

四、奥运会、奥斯卡与诺奖

如果简单比较一下奥运会、奥斯卡奖与诺贝尔奖，就可以清楚看出这个奖项的特点所在。

奥运会比赛获奖有三个名次：冠军、亚军和季军。即使是三个团队，也同样可以获得这三个名次。如果一个团队有十二个人，每人都有一块冠军的奖牌。当然，获奖的人越多，奥运会主办方就得准备越多的奖牌，花钱就得越多。即使是没有进入前三名的，他们比赛成绩的名次也是相当有价值的。从第四名一直到第几十名，甚至能参加奥运会本身就已经是相当好的荣誉。

奥斯卡奖最后只有一位“最佳XXX奖”获得颁奖，但四个潜在的获奖提名者中其他三位未获奖者是公开的，能够获提名也是荣誉，可以进行宣传。

获得诺奖可就太难了。如果按诺贝尔遗嘱的想法，每个奖项每年就一个人获奖。虽然执行中改为最多三个人（文学奖最多两个人），但无论人多人少，每个奖项的奖金是一定的。如果是三个人获奖，那这三个人的奖金是分享这一个奖项的总奖金。获得提名而未能获奖的候选人名单是严格保密50年的，因此，获得提名，甚至进入最后名单而未获奖者不仅任何奖金都没有，也完全没有任何荣誉的价值和意义。

很清楚，诺贝尔要的不是对科学贡献评价的公平，而是以有限的奖金最大可能地创造这个奖项的吸引力。奖励越重，越集中，公平性虽然越小，但吸引力却越大，作为奖励的投入产出比就越高。它把奖励的作用力和效能发挥到了极致。最初发奖时，一个项目的奖金相当于当时一个教授一年薪资的20多倍。这就是为什么诺贝尔奖虽然不是娱乐业的奖项，却比娱乐业的奥斯卡奖更能创造眼球吸引力和引起全世界无数人的疯狂。由于它的影响如此之大，以至于其他科学领域的奖项也都拿诺贝尔奖来给自己做衬托，以彰显自己在国际领域里顶尖的地位。图灵奖号称是“计算机界的诺贝尔奖”，普利兹奖号称是“建筑界的诺贝尔奖”，瓦特林 · 路德奖号称是“地理学界的诺贝尔奖”。在数学界，阿贝尔奖和菲尔兹奖在为谁更有资格称得上诺贝尔级别而较劲。至于那些与诺贝尔奖所属领域相同的奖项，最多只能去追求把自己标榜为“诺贝尔奖的风向标”“诺贝尔奖的预备奖”了，意思是拿了这些奖之后，下一步就该去角逐诺贝尔奖了，他们能想到的最高目标追求也就是把自己标榜成通向诺贝尔奖的最后一个阶梯。

诺贝尔一开始就压根儿没想过要在全世界去追求公平，那也是他力所不及的，他不可能去给全世界 5 个领域（物理学、化学、生理学或医学、文学、和平。经济学奖不是诺贝尔遗嘱的内容）的所有做出卓越贡献的人公平地颁奖。如果那样，别说是基金的利息，就算把诺贝尔基金再增加 10 倍，1 年就把整个基金全发完了也远远不够。请读者牢记住这一点。

五、科学能力发展的关键——汇聚和判断能力

集聚效应是一个经济学名词，指经济要素的汇聚会引发经济能力的正反馈，使得产生集聚效应的地方会像黑洞一样抽吸其他地方的经济资源，不断地自动放大自己的经济竞争能力。科技内生能力的发展与经济发展是有类似之处的，科技能力也存在集聚效应。如果一个国家能够充分汇聚全球科技资源，自身的科技发展就会占有极为有利的地位。因此，一个国家的科技发展过程中，如果注重建立科技的汇聚能力，充分引发科技的集聚效应，就能起到事半功倍的效果。

瑞典通过长期评选和颁发诺贝尔奖，有效汇聚了全球顶尖科学家的资源和智慧，以及他们的大量工作，这使瑞典的科学研究和科技能力有效地长期占据世界巅峰水平。一个仅仅只有 898 万人口的国家，只有北京市人口的 40%，却在大量科技领域占据世界领先地位。一大批世界顶尖的民用和军用科技公司在全球发挥着巨大的影响力。在移动通信技术、航天、航空、雷达、坦克、军用飞机、汽车、生物科技等众多高科技领域执世界科技之牛耳。首都斯德哥尔摩不仅是世界通信巨头爱立信的总部，曾经的另一个巨头诺基亚总部也在这里。

伦德市仅仅是瑞典南部的一个很小的小镇，距离丹麦非常近。该市

不过区区 5 万人口，在北京市根本都算不上一个能排得上号的大住宅区。但伦德大学的人员数量竟然就达到 3 万。这里曾是在世界手机业占重要地位的索爱手机开发中心，并且大量软件、生物工程等高科技公司也云集于此。

2004 年，我还在中兴通讯（ZTE）任第四营销事业部技术副总经理的时候，瑞典 ISA① 邀请我去瑞典考察投资环境。在斯德哥尔摩有皇家科学院的几位教授给我介绍他们在手机消费行为上的研究，以及其他学院实验室在芯片、虚拟现实等领域的研究进展，与手机设计公司进行交流。在瑞典南部的伦德市考察了索爱公司的手机芯片和手机操作系统开发基地，以及其他几个软件公司。ISA 请我到瑞典考察是希望 ZTE 增加在瑞典的投资。ZTE 当时在斯德哥尔摩已经有一个研究所。瑞典为了吸引外来投资制定了很多优惠的政策，其中有一个政策让我震惊不已：如果能够在瑞典投资开发项目，投资多少，瑞典政府可以增加投入同样的资金，并且获得的专利完全归外来投资者所有。怎么会有这样的好事情？我对这个政策之所以感到非常惊讶，是因为中国当前的科技发展政策也是专利战略，直到现在也还是在提“知识产权战略”。在我们的印象中科技战略的核心就是知识产权，而瑞典怎么会对知识产权这么“看淡”呢？甚至自己投了钱却把研发产生的专利让给“外来投资者”？！

瑞典政府能够这样做肯定会有他们的道理。正是这次考察让我深深感受了诺贝尔伟大和英明到多么让人高山仰止的程度，以及瑞典人以汇聚能力为核心的聪明绝顶的科技战略带给了他们多么重大的长期利益——只要能让科技能力集聚于瑞典，他们就能永葆科学的活力。至于诺贝尔奖的荣耀、奖金、以后研发的专利……这些表面上最容易看到的“便宜”让他人占去好了。诺贝尔已经为瑞典抢占了这么一个最为有利的

① 瑞典政府投资促进署，瑞典外交部的一个下属机构，相当于中国很多政府里的招商引进办公室。

位置，其他人就别想再以相同的方式建立这种汇聚能力了。其他国家越是投入巨资发展科学去争诺贝尔奖，带给瑞典的好处就越多，即使你明白了这个生意的奥秘，你还是得对诺贝尔奖的光芒顶礼膜拜，诺贝尔高明就高明在这里。

美国通过二战之后派兵硬抢，获得了大批德国顶尖的科技人才和科技成果，通过大量优秀的教育、开放的文化、硅谷良好的创投环境吸引了全球的资本、科技人才和创新成果汇聚到美国。这种汇聚能力尽管可以在一定程度上模仿，但有很多在相当程度上是不可复制的。

诺贝尔奖只有一个出处，再想用同样方法复制已经没有机会了。想和美国人一样利用世界大战的机会硬抢顶尖科学家的机会也没有了。中国要想在当今历史条件下建立属于自己的全球科技汇聚能力，只能寻求其他可行的方法。利用中国的经济条件和大型工程建设的能力，成批地、成系统地建设大型科学研究设备，以此建立科学汇聚能力，是中国不可多得的科技发展战略机遇。尤其是选择一批价格最为昂贵，美欧难以承担的科学研究设备，应成为中国科技跳跃式发展，建立全球科技汇聚能力的关键战略。只要放开思路以不相干获益原则[①]同步推出对他们的经济开发计划，就不会使他们在经济上成为任何问题。

判断能力是另一个更为核心的和彰显真功夫的能力。瑞典通过评选诺贝尔奖，最巧妙地借用了全世界最顶尖的外脑帮自己进行判断。中国自身对自己做出的成果，到现在依然要借助于国外的评价才能有效判断。如果不能进入 SCI 索引，如果不到英国的 *Nature* 或美国的 *Science* 杂志上去发个论文，就被人看不上。如果英文不好，那你无论水平多高就都别指望得到好评了。事实上，一个国家内部制定的科学评价指标本身就是一个最好的评价这个国家科学判断能力的指标。中国越是依赖国外媒体和学术杂志进行判断，就越是体现了中国自身对科学判断能力太低。

---

① 详见第二十一章 科学研究的经费来源与“不相干获益”价值分析。

而科学判断能力的高低，会直接影响汇聚能力的高低。你花钱搞出来的最高水平成果，只能用英文发到别人的学术杂志上去，那也就是在帮别人汇聚最优秀的成就，而自己国内的人反而很难看到。如果那样，你培养再多优秀的科学家，搞出再多优秀的科学研究成果何用之有？全都是在替别人打工。

很多人说科学没有国界，这百分百正确。正因为如此，所以一个国家最重大的科学发展战略才需要把提升自身汇聚和判断能力作为最重大的头等问题，去赚别国科学家的成就。如果你不考虑这一点，自己花大价钱支持的科学家们获得的成果，就很容易被别人汇聚赚走了。

第六节　诺贝尔村

一旦我们明白了诺贝尔奖的关键价值是其对科学资源的汇聚能力，就明白我们其实也可以借助这个建立我们自己的各种汇聚能力。例如，可以建设诺贝尔村，给予所有诺贝尔奖获得者以及被提名者，从各国科学院的院士选择出的人士，以及其他有重要科学成就甚至只是有科学研究潜质的人员与其家人永久性或阶段性免费在其中居住的权利，完全来去自由。同时在其周围开发大学城、研究机构、系统的科学研究设施、数字图书馆、学术会议中心、高端房地产和旅游区。以此汇聚全球科技资源，并且可以获得大量直接的经济效益。如果以科技汇聚能力建设为思路，其实还可设想出更多方法。中国已经不可能有机会去吃“颁发诺贝尔奖”这么肥的肉了，但借机会喝点汤还是可以的。

别老想着只是去得诺贝尔奖这个层次的事情。诺贝尔奖只是科学研究活动中的一个游戏规则而已。只有真正理解这个游戏内在奥秘的人，才能从这个游戏中获得最大的利益。

无论在舞台上获得多么好的成绩和分数，在聚光灯下多么辉煌耀眼，都只是参赛选手。多想想谁是坐在评委席上的人，谁是评委身后普通人根本不会注意到的真正“大佬”，从比赛中获益最大的永远不会是任何聚光灯下的歌手。优秀的参赛选手当然是需要的，但如果一个国家级的科技发展战略只是纯粹以参赛选手角度考虑问题的话，那就太狭隘和低层次了，尤其像中国这样准备领导世界未来 400 年科学文明进程的大国更是如此。

第二十一章

科学研究的经费来源与“不相干获益”价值分析

一方面，科学的发展越来越是一个耗费金钱的事业，另一方面，社会中多余的金钱却有无数。如果沿袭传统的财政拨款等思维方式获得科学发展所需要的资金，其来源是极为有限的。如果采用科学“不相干获益”的思路，将使科学发展所需要的资金来源无限扩展。

第一节　科学的相对独立性

一、科学的独立价值

由古希腊文明所开创的科学最重要的起点就是使科学成为具有相对独立性的活动。亚里士多德在《形而上学》中称“他们探索哲理只是为想脱出愚蠢，显然，他们为求知而从事学术，并无任何实用的目的”。其他文明之所以在认识世界的道路上半途而废，停留于满足社会实用的水平上，问题就在于它们没有实现这种超越。科学的认识本身就是目的，它在根本上是不能以当下的任何社会实用目的作为评价依据的。正因为科学不是以实用为目的，所以它可以最终获得最大的实用性。这已经被科学革命和工业革命几百年来的历史充分证明。因此，绝对不能引入实用性作为纯科学发展的标准，尤其是不能成为评价科学的核心标准。特别要注意的是：当有人以不具备实用价值来攻击对撞机的时候，千万不要用它可能具备的实用价值去进行反击，因为这样做本身就是在为科学引入和认同社会实用价值的评判标准。对于这样的攻击只需要一句话，科学是具有独立性的，它本质上不以社会实用性为评价依据。一定要坚决地回击一切破坏科学发展独立价值和评价标准的错误观念，拒绝一切对科学研究进行直接价值评估的行为。

因为 CEPC 项目的争议，王贻芳不得不面对一些科学研究有什么用的疑问，经常有人问他这个问题："你做这个科学，你要么有用，要么能得个诺贝尔奖，你两个一样都没有，做这个研究干什么呢？"① 在此，我们需要对科学的独立价值进行一个总结，如果不清楚这个问题，去问"科学有什么用？"的问题本身可能就是错误的。

1. 普遍认知和智慧

科学是关于世界最普遍的认知和智慧，而不是关于某一个特定实用知识的，它是关于事物最系统、完备原理的智慧。它们本身并不具有直接的实用价值。CEPC—SPPC 没有任何确切的直接社会实用价值，已经建成的 FAST 也不多，但我们必须做这些，因为它们是科学所需要的。不要说人类现在已经测量到 138 亿光年宇宙大爆炸起始阶段的遥远距离，就是近在"咫尺"，平均离地球不过 38.44 万公里，合区区 1.28"光秒"的月球，人类到现在也还没有真正开发利用起来。但这丝毫不影响人类一直在不断地研究探索从月球一直到 138 亿光年之间的无数星球、星系、星云的科学现象。

如何来理解这一点，只要举一个简单的例子即可。金钱本身不能吃，不能喝，不能穿，不能用来代步，可以说它本身什么价值也没有。但是，金钱是普遍性的间接价值，所以它可以换取一切有价值的东西。科学就是

① "王贻芳:《科学有什么用?》，微信公众号：知社学术圈，2016 年 7 月 3 日。

金钱，而其他的知识就是直接可用的商品。如果问科学有什么用，只要问一下金钱有什么用就可以了。科学不仅可以带给我们现存有用的东西，而且可以带给我们过去完全没有，且想象不到的有用之物。我们今天生活中所有的有用之物，几乎都是通过科学的发展得来的。之所以科学支撑下的近代工业文明可以横扫其他一切文明，原因就在于科学是金钱，而其他一切文明都只是特定的商品。不理解科学独立价值，就如同不理解金钱的价值一样。

2. 为其他科学建立基础

科学并不是简单地直接去交换有用的东西，而是作为一个整体产生实用的价值。但是科学的研究必须是一个一个去进行的。每一个具体的科学研究活动都是补充科学大树的某一个枝节。因此，每一个科学研究活动在完成自身所在枝节认知的同时，也是在为其他科学认识，甚至是整个科学大树的完善建立基础。牛顿力学有巨大的实用价值，这一点人们都认同了，但最初牛顿力学的发展和验证大量来自于天文观测。第谷的天文测量和由此建立的开普勒三定律并没有产生社会实用价值，但它们支撑起来的牛顿力学却产生了巨大的实用价值。

3. 满足人类的好奇心

亚里士多德说科学起源于人类对自然的惊奇，人们需要知道这个世界的规律和秘密。我们生活的这个世界和宇宙的过去、现在、将来是什么样的？构成我们这个世界的物质是什么样的？人类自己是怎么来的？人类未来的命运将会如何？人类之所以有好奇心就是要推动人类去认识未知的世界，这是人类的本性，这种本性进化出来对人类具有重大生存意义。

4. 满足人类的自尊心

能够认识到过去从未认识到的知识，能知道常人所不能理解的规律，这是一种智慧，它会带给人自尊心的满足。诺贝尔奖就充分利用了人类的自尊心满足作为对科学研究的强烈激励。科学研究如此受人尊敬，因此它也是一个国家软实力最重要的体现和标志。

对前两个价值，可能人们是比较容易理解的。而对后两个人类心理满足的价值，可能理解得不是很清楚，会觉得这与传统科学的理解不太一样，并且与科学本身不太相干。在后面我们谈到对科学价值开发的“不相干获益”时，人们可能就会理解这两个价值的作用有多重要了。

二、反对纯科学研究项目的实用性评估

我们当然不赞同完全不考虑实际成本和自身承受能力去进行花费昂贵的纯科学研究项目，但问题的关键在于，中国其实并不是花不起这个钱，只是因为这个钱本身数额比较大，这样巨大的成本支出无疑会让项目评审者尤其是公众去问：这么大的投入有什么意义？科学研究项目可以去评估它的纯科学意义，但对其实用性的评价是极其有害的。

有人根据美国、欧洲多家研究机构采用不同模型和方法的评估结果认为，航天领域每投入 1 元钱，将会产生 7 元至 12 元的回报。这种评估其实纯粹是为争取经费而做的功课，这样的评估不是好事情，因为它会为科学引入极其有害的实用目的评估标准。

那位王姓的博士爆料当年 SSC 下马过程中遇到的最尴尬问题是该项目重要推手的温伯格一开始把预算压得太低了。他在项目下马后组里会议总结教训的时候很后悔，若是早把实际上接近 200 亿美元（1993 年币值，相当于 2016 年 330 亿美元，超支比率约为 450%）的真正费用分发到各个工业州的转包商，最支持这个项目的得州议员就不会在国会孤立无援。但是，让王博士当年的物理学梦想破灭的终极原因是什么呢？温伯格为什么被逼得要把预算压得这么低？不就是整个社会太追求高能物理学的直接实际投入产出导致的吗？而今王博士却要让这种悲剧的真正根源继续在中国存在下去。

高能物理的实验和测量设备是最昂贵的科学研究设施之一。为减轻单个国家的财政压力，越来越多项目以国际合作方式进行。即使如此，项目

所在国还是会承担主要的经济成本。如果说航天会有国防和军事价值，纯科学研究的高能物理短期很难看出任何实用价值。如果进行实用目的评价，这些事情就没法做了，尤其是它们相对于其他实验项目总预算几亿到十几亿人民币而言，300 亿到上千亿人民币的总投资的确不是一个数量级的事情。正是因为这样的实用价值评估做多了，美国的 SSC 项目在已经花了 20 多亿美元之后却在争议中下马。如果我们不能坚持科学本身的独立性，就会在社会实用价值的误导下使很多纯科学的研究工作无法得到社会的理解和支持。

如果说 SSC 有什么教训，就是社会实用目的讨论得太多了，使得科学的独立价值在美国已经无法存在下去。最终决定让 SSC 下马的不是科学家，也不是商人，而是国会里对科学和生意全都是外行的政客议员。100 年或 200 年以后，科学史学家们将会讨论美国的“李约瑟难题”：为什么美国拥有领导第三次科学革命的一切条件，却失去了相应的机会？而对其原因的探讨将会从其政客们逼迫 SSC 工程下马开始，它表明了美国精英们已经不再具有领导世界科学文明的意识，科学的独立价值已经被彻底破坏和放弃。他们不想花费 100 亿或最多 200 亿美元研究高能物理，担心发现不了新的超对称粒子，同时期却为阿富汗和伊拉克的战争花费了 3 万多亿美元，付出了可以建 300 个 SSC 的钱，得到的测量结果却只有一个：没有发现任何大规模杀伤性武器。

让科学家们去讨论科学的实用价值带来的结果必然是，逼着科学家们在他们不擅长的商业领域去编故事获得经费，最终使科学的独立性不断被损耗。这就是我们为什么强烈反对所谓“航天工程每投入 1 元，就会有 7 到 12 元产出”的评估原因所在。一切纯科学研究社会实用目的评估基本上全都可以被看作是“骗人的鬼话”，对纯科学越是擅长的学者，可能越不懂怎么做生意。你让这些不懂做生意的人去谈这些项目有什么商业价值，本身就是逼着科学家们去说谎。例如，你可以把加减乘除的数学知识价值评估为 1 千亿、1 万亿、10 万亿、100 万亿、1000 万亿……你能说这些评估不对吗？

更重要的是，科学家们能对自己所做出的价值评估负责吗？显然不能。那么如果不能实现这些评估的价值怎么办？答案是科学研究的项目做完后，这些商业价值评估指标就和他们彻底没关系了。既然他们完全不对这些商业价值指标负任何责任，为什么要以这些商业指标作为他们所做项目的评价依据？

三、科学与实用的“不相干获益”关系

我们强调科学的独立性，显然不意味着说否定社会实用性。古希腊科学的伟大和缺陷正是反映在这个关系没有处理好上。科学独立价值之所以无比巨大，原因正是在于其最终会为社会提供无穷的实用价值，这种价值会比单纯的直接追求实用性要大得多。我们把独立的科学与社会的实用价值关系定位成**“不相干获益”**。这种“不相干获益”并不是从科学内部的角度向外考察，看某个科学研究项目有多少潜在社会实用价值，而是从科学研究的外部角度来看，如何去“开发利用”科学研究的结果，甚至包括它的过程。

“不相干获益”有多方面含义：

一是全社会都应当不断深入地认识和理解科学本身的独立价值。

二是科学独立的发展成本需要在全社会总体支出一定比例范围之内考虑。对社会实用目的有更快支持价值的研发活动当然可以优先考虑。

三是不排除在充分保持科学独立性的前提下充分地开发它的社会实用价值。“不相干获益”就是说无论“相干”还是“不相干”，只要能从中开发产生获益都可以。“不相干”就意味着可以**“任意相干”**。因此，对科学研究结果和研究活动的社会实用目的开发千万不要被某一个思路限制死了，以为只有研究结果本身有直接或间接科技原理关系的开发利用才算是有实用价值的，完全不相干的仅仅是参观的科学旅游、房地产开发等同

样是开发利用，甚至可能是短期内价值量最大的开发利用。越大的商业价值，可能越是与人们的日常生活，人类世俗的吃喝拉撒，生老病死的需求相关联的。

四是科学家们当然可以对研究项目的潜在实际利用做出一些建议，但这些仅仅是为开发利用者们提供参考，而不是其科学研究项目本身是否值得去做的评价标准。开发利用科学研究的主体只能是来自企业界和商业界。

四、群体突破

CEPC—SPPC的反对者中有些观点认为有更好的研究方案，如新原理加速器，以及初步确定为日本建设的ILC（国际直线加速器，International Linear Collider）。但是，科学的研究在一开始谁都无法绝对地确定哪种方案是最终会胜出的，很多时候需要多种方案同步尝试。中国暗物质测量就是以锦屏地下实验室、太空卫星“悟空”等多种方式并行。中国在科技和经济发展中有一个很成功的模式就是“群体突破”，像中国的超算就有三种方案同步推进——天河、神威、曙光，这样才会你追我赶、互相竞争、互相促进，最后通过各种思路的竞争找到最成功的路径。谁说中国建了CEPC—SPPC就一定是把其他思路全堵死了，可以新原理加速器、直线加速器同步搞嘛。我们不仅认为应当建设CEPC—SPPC，而且应当把初定为日本建设的ILC也争取过来进行建设，搞一个超大型的实验物理科学城。甚至于在日本已经确定要做这个ILC前提下，中国也一定要重复地再搞一套更大的。科学测量的设备本来就不是说只能是一套，原则上说实验结果最好是在不同地方可重复。

中国自然科学基金委刚成立的时候，国家的投入只是8000万元人民币，到2016年是248亿，30年上升了300多倍。整个基础研究经费投入持续快速增长，2015年达到670.7亿元。随着中国基础研究经费的资源量不断增长，可以做的事情越来越多。如果用“不相干获益”思想引入真正懂商业的人来同步进行开发，可获得的资源会更多。

五、测量的独立科学价值

更高的灵敏度本身就是测量设备最重要的科学价值，而不仅仅在于发现新粒子。美国已经有 GPS 了，中国再建北斗有科学价值吗？当然有，只要你能提供更高的定位精度。如果定位精度为 10 米，可以为汽车提供导航；如果定位精度为 1 米，可以为导弹提供极为精准的制导；如果定位精度为 10 厘米，可以为汽车和无人机等自动驾驶提供精准导航；如果定位精度为 1 厘米，可以让送货的无人机直接把货物放到预定的货物架上……

在某些理论家看来，将氢原子的质量测量精度提高一个数量级，把小数点后的有效数字增加一位似乎科学价值很小。但科学的发展非常重要的方面的确就是不断将小数点后面的有效数字不断增加。我早年学习测量时曾看到过一个令我至今印象极深的资料，实验物理学家们不断用更精确的测量数据，去验证已经是非常经典的库仑定律。该定律指出两个带电粒子的库仑力与电量乘积成正比，与它们之间距离的平方成反比。实验物理学家们居然将距离的“平方”这个数据验证到“1.9999999999”，小数点后面 10 个 9，而且还在持续寻求用更精确的测量数据将小数点后的有效数字不断增加。这件事给了我非常强烈的震撼，并且从中真正理解了什么才是真正的科学。

并不是只要发现希格斯粒子就足够了，更高的加速器能量，可以为已经发现的希格斯粒子等提供更为精确的测量数据，将其所有数据小数点后面的有效数字不断地增加，只有这样才能解决对希格斯粒子更深入的认识，这些是与获得诺贝尔奖同等重要，甚至是更加重要的科学成就。这个价值是建设更高能量加速器肯定可以实现的。美国当年放弃 SSC 时，之所以最终国会议员等外行们做出放弃的决定，完全以理论角度来看待科学，从而无法理解其测量科学价值也是一个非常重要的原因。人们可以花钱，但需要清楚知道这些钱花完后意义是什么。完全从理论角度来看待，就会要求支持建设的人说清楚它的理论价值是什么，能发现什么新的粒子。但作为一个严肃的科学家，是没有任何人能保证肯定可以在某个能量区段一定可以发现新粒子的，否则的话就不用花这么多钱建设高能加速器进行实验和测量了。如果从测量的独立价值来看待这个项目，它的科学价值和意义就确凿无疑。建设这种测量设备本身就是要用它来验证理论，而不是反过来用任何理论假设来为这些测量设备提供合理的支持。

这就是为什么我们认为建设CEPC—SPPC的科学理由是“毫无疑问”的，因为它能量更高，灵敏度和测量精度更高，这本身就是毫无疑问的全人类科学的突破，它会把我们带到全新的未知领域。即使它没有发现任何新的粒子，在其退役后还应当建设更高能量的加速器“也是毫无疑问”的，因为新的加速器能量更高，灵敏度和测量精度更高。这本身从科学上说就足够了，不理解这一点的，就足以证明其不懂什么是科学。

所有新的科学理论发现都是在测量精度、误差、量程、分辨率、灵敏度等不断提升的过程中产生的。科学可以从理论上分析可能会在什么区段发现什么，但从根本上说科学不知道它们提升到什么程度才能真正做出全新的发现，因为那是未知的世界。但我们知道只要不断提升这些指标，就一定会做出全新的发现。更重要的是需要清楚理解到：没有发现，同样是另一种形式的非常重要的发现。

第二节　科学研究的成本

虽然科学研究是人类最大的价值所在，但这个事业的确是需要成本的。有些研究可能本身不需要很多的成本，典型的如纯数学的研究，它需要的主要是数学家的智慧。有些需要实验设备的研究就会消耗相对较多的成本，实验和测量设备越难，成本就可能会越高。以下是部分尖端科技计划的投入和成本情况。

1992 年以王绶琯、苏定强院士为首的研究团队提出，2009 年 6 月 4 日通过验收的 LAMOST 望远镜[①] 总投资 2.35 亿人民币。它采用了 4000 根光纤，是国际上口径最大，光谱获取率最高的大视场光学巡天望远镜。

FAST 项目在 20 世纪 90 年代初由南仁东提出概念，到 2007 年 7 月 10 号被发改委批准时，总预算为 6.67 亿人民币，这个项目 2016 年 9 月底投入使用，前后耗费 20 多年时间。

2014 年 8 月，可用于暗物质测量的四川锦屏地下实验室二期启动，包括 4 组共 8 个实验室及其辅助设施，2015 年年底完成土建工作，2016 年年底之前投入使用。2015 年上半年，雅砻江水电公司开挖 4 个 130 米长的洞窟，每个洞窟 13.2 米宽、13.2 米高，实验空间由 4000 立方米扩容至 12 万立方米，其空间容积仅次于意大利的地下实验室，扩建费用约 3 亿元人民币。使用液态氙进行暗物质探测实验的“熊猫 X”[②] 团队的负责人——上海交通大学透露该项目计划最终将进行一个终极的暗物质捕捉实验，使用 20 吨昂贵的液态氙，这比目前任何一个同类实验使用的液态氙都要多得多。2014 年 8 月 24 日，PandaX 项目组在上海交通大学发布了实验组使用 120 公斤级液氙探测器（最灵敏的中心区有 37 公斤）所获得的首批数据。实验组宣布，探测至今尚未发现任何暗物质的事例。第一步正在将液氙探测器升级到 500 公斤级。

除了利用地下实验室进行暗物质测量外，中国科学院空间科学战略性先导科技专项 5 颗科学卫星中的第一个采用卫星测量方案寻找暗物质。

---

① 大天区面积多目标光纤光谱天文望远镜，Large Sky Area Multi-Object Fiber Spectroscopy Telescope，也叫郭守敬望远镜。

② Panda 是粒子和天体物理氙探测器英文首字母缩写：Particle and Astrophysical Xenon Detector。

2015 年 12 月 17 日，暗物质粒子探测卫星（DAMPE：Dark Matter Particle Explorer）“悟空”在酒泉卫星发射基地成功发射。这个卫星花费 1 亿多美元。该专项中第二个也是世界首个量子通信卫星“墨子号”已经于 2016 年 6 月发射，这是整个耗资 100 亿美元量子通信计划中的一部分。第三个是硬 X 射线调制望远镜，2016 年底升空，搜寻黑洞和中子星相关的辐射。

宇宙中的普通物质、暗物质和暗能量占宇宙的比例为 4%、23% 和 73%，但目前物理学中即使是最成功的粒子物理标准模型也只能接受宇宙中的普通物质，也就是说我们对 95% 以上宇宙成分目前几乎还一无所知。但在获得暗物质和暗能量的直接测量数据之前，这个说法还只能算是一个理论假设。这个假设可能会使人们联想到为解释光在真空中传播的以太物质假设，但后来的测量结果证明以太物质并不存在，但以太理论的失败导致新的物理理论——相对论和量子力学的问世。

外太空的空间站、探测月球或更远行星的探测设备成本都很高昂。中国的嫦娥计划一期工程耗资 14 亿元人民币，载人航天计划从 1992 年启动到 2012 年的 20 年间总花费为 350 亿元人民币。

科学研究，尤其尖端科学领域的研究是很花钱的事情，因此它只能是经济上相对富裕的国家才能从事。随着中国经济的发展，从 20 世纪“九五”计划期间零星出现一些尖端科学领域的项目，到 2016 年“十三五”计划起始时期，众多项目如雨后春笋般地涌现出来，如上海光源、全超导托卡马克装置、重离子加速器装置、FAST、大亚湾中微子探测、广东散裂中子源及实验站、X 射线自由电子激光等大科学装置渐渐成为中国社会津津乐道的事情。另外月球雷达站，12 米光学天文望远镜等项目也在计划之中。仅中科院主导建设的就已完成 16 项，而在建及批准立项的又有 14 项，资金投入都至少在一两亿元人民币以上，最高的已超过 20 亿元人民币。衍射极限环高能光源由于设定了突破世界最小发散度的技术指标（可实现储存环式光源最高亮度），其加速器和旗舰束线实验站的建造资金很可能最终接近50亿元人民币。

由于科学研究的成本越来越高，如何最大程度地有效获得经费来源，并且与社会现实价值产生更高效率、更多途径的正反馈机制，就是一个越来越重要的课题。不相干获益理论会为解决这个问题提供最大限度的潜力。

第三节　月球墓地——航天工程最大的不相关获益研究

航天工程最大的价值是什么？可能完全超出所有航天科学家和科技部官员们的意外——开发月球墓地。

要想让活着的人上太空成本太高了，并且将来在相当长时期内也很难把这个成本降下来。原因很简单，因为活人的重量是不可分割的，除了把衣服脱光、头发剃光外，再没法减下去了，然后还得穿上很沉的宇航服。但如果把月球当墓地，可以把任何重量的骨灰送到月球上去。

根据2011年9月2日发布的《2010年国民体质监测公报》[①]，中国20—59岁成年男性体重在65.6—70公斤，成年女性体重在53—59.8公斤。而火化后骨灰为体重的3.5%，为1.855—2.45公斤。事实上，月球墓地并不需要把所有骨灰全送上去，只需要选择一部分，甚至很小一部分，比如说50克即可。余下骨灰可保存在地面的月球墓地后备储藏地，这个可以很简易，只要可靠即可，只作为发生意外时的备用，如火箭意外损失等。

假如一个月球墓地售价5万人民币（这个价格以当前丧葬费用看是很平常的）送50克骨灰，月球墓地的墓碑可以在月球就地取材，用机器人生产。月球机器人主持葬礼，视频实时传回地球。如果是登月的宇航员亲

---

① http://www.gov.cn/test/2012-04/19/content_2117320.htm.

自主持葬礼的贵宾服务可以再加如20万费用。这些费用当然只是一个参考，产品设计包装更好的话还可以有更大的价值。

一个活人按60公斤来算，送一个活人上月球的载荷可以送1200个人的墓葬到月球，商业价值就是6000万人民币。只要增加3个人的载荷来开发月球墓地服务，去一趟月球的“嫦娥班车”商业价值就是1.8亿人民币。嫦娥一号的火箭造价2亿人民币，但如果能像高铁列车一样大规模生产，每星期造一枚的话，它的成本肯定就到1亿人民币以下了。只要能有这个业务的支持，月球开发就可以不用太考虑研发经费和发射次数，并且有巨额利润了。

这样的嫦娥班车可以是“单程票”，不用考虑“往返票”的问题，不用带活人需要的食品用度，不用处理活人必然要产生的垃圾。去月球的单程票当然比往返票便宜得多。

每星期3600个月球墓葬业务，不用担心生意来源问题。地球上的任何墓地都有年限和受到地面气候变化的侵蚀，只有月球墓地才是可以真正“永垂不朽”的，因此它具有巨大的社会吸引力，并且这样做还是支持人类探索宇宙的崇高事业。这样算下来一年月球墓地业务收入就可达近100亿人民币，利润约40亿元，中国的航天工程哪里还需要国家再投钱？嫦娥班车要是以这种时刻表开动起来，月球其他科学研究项目和商业开发还用发愁吗？搭月球墓地嫦娥班车的顺风船就过去了。

美欧和中国的那些根本不懂做生意的航天科学家，怎么可能去考虑以这样的方式开发这些真正高利润的商业活动？如果让真正懂得做生意的人以不相干获益的思路去设计科学研究的商业开发问题，哪里还需要科学家们去编出只是讲给外行政客们听的什么“航天工程有1:7到1:12投入产出效益”的骗人故事？

不是自己直接赚的钱就别提与自己有什么关系，那是在别人口袋里的东西。

第四节　对科学原理开发利用也是“不相干获益”

一、一切对科学原理的利用都是不相干获益

很多科学成果本身当然可以转化成实用技术和生产力，即使这样我们也还是把它定位成“不相干获益”。之所以这样定位，是因为即使是直接实用化很强的科学，在其发展之初可能并未看出它具有这样的实用价值。例如，研究成百上千光年以外的星球，最初我们很难想象它会有什么直接的实用价值，但一些脉冲星被意外发现有极高频率稳定度之后，就被用来作为时间校准的工具，这就直接渗透进我们的生活了。

研究外太空的天体，其用处也未必是增加什么，也可能用于减少小行星撞击而给人类带来的毁灭性灾难。地质考古发现并证明了，在地球过去的发展历史中，有千百万次小行星撞击地球的灾难事件。其中 6500 万年前位于墨西哥湾尤卡坦半岛的小行星撞击事件，就很可能导致了地球上恐龙生物的大灭绝。国际天文学界越来越重视近地天体撞击地球的风险，并就近地小行星观测系统制订了两个阶段的目标。第一阶段是在 1998—2008 年，通过 10 年时间观测到 90% 以上直径大于 1 公里的近地小行星，这一目标基本完成。第二阶段是在 2008—2022 年，将直径在 140 米以上的近地小行星全部观测到，目前离实现这个目标还有较大距离。中国中科院在 1999 年组建“近地天体探测和太阳系动力学研究”团队，2006 年 10 月在江苏省盱眙县建立紫金山天文台近地天体观测站。

更重要的是，即使对科学原理的利用方式也是无穷无尽的，并不是科学原理直接推导就可以产生。从科学应用发展史上看，采用“不相干获益”思路对科学理论进行开发利用，可以最大限度地获得技术产品创造性思维的空间，这种空间往往是科学研究最初阶段难以想象的。下面我们还

是以实际案例来说明以便更好理解。

二、石油“不相干获益”开发

石油在最初被开发利用时，目的只是提炼出其中的煤油，作为点灯照明之用。其他部分完全作为废料抛弃或白白烧掉。这不仅造成污染，而且非常可惜。后来，从石油中不断提炼出更多的产品：汽油作为汽车运行的燃料；煤油除了照明外，航空煤油是航空业的主要燃料；轻质的甲烷可做燃料、化工原料、制氢的原料等；甚至连最后剩下的“废渣”沥青也是道路建设的重要材料。石油所有成分最后都被充分地以各种不同的方式利用了，而这些利用从最初的原理来看都是“不相干”的。

三、半导体二极管的“不相干获益”开发

半导体二极管基本科学原理是“单向导电性”，也就是正向可导电，反向不导电。实际的半导体二极管器件特性并不是理想的这种单向导电性，而是比较复杂的情况。

最左边的反向电压大到一定程度，会形成雪崩击穿，也就是反向电压微小的增加，会导致反向电流急剧上升，这会破坏单向导电性。但是，利用这个看似缺陷的特性，却可以制作出稳压二极管，它是现在所有电子设备电源系统的核心原件。

在反向不导电的正常工作区域，并不是绝对地没有电流，而是会有一个极为微小的反向漏电流，这相当于一个阻值巨大的电阻。这个特性除常规二极管单向导电的利用外，也是集成电路中用来作为制作绝缘层的常用特性。

在正向导电情况下，当电压较小时，有一个电阻值会随电压增加迅速减小的区域，它近似平方律特性，可以作为一些功率检波的器件，是开发

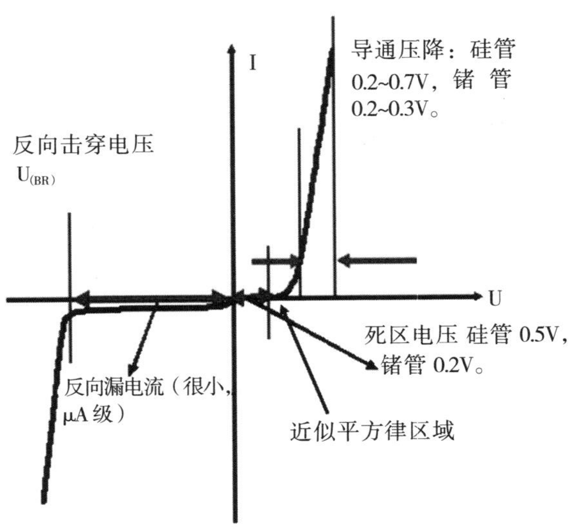

图 21-1　半导体二极管特性

功率计的理想器件。

由以上各种应用可见，二极管本来基本的科学原理是单向导电特性，但在实际二极管器件开发利用中，它的一切相对最初科学理论看似不理想的特性，最后都被充分开发利用作为其他的“不相干获益”应用。

第五节　科学不相干获益最直接经济价值——满足好奇与自尊

一、科学旅游——科学的最直接经济价值并不在科学

正因为科学的实用价值不是直接体现出来的，所以科学直接满足人类好奇心和自尊心的价值在纯科学研究的阶段可能发挥越来越重要的作用。

其实，CEPC—SPPC 等项目的最大直接经济价值并不是人们想到的科学技术上的意义，而是这种具有“世界之最”的科学设施很容易进行旅

游线路的开发。这样的开发应当在项目的一开始就予以充分考虑，以此可以获得所在地政府、企业在土地和土建方面的更大支持。同步建设加速器博物馆等科学教育普及和旅游资源。加速器内部在不影响工作前提下应当设置专门的路线供游人参观学习。还可通过实时高清视频直播将不便于游人直接参观的加速器工作环节在展厅展示出来。

2015 年，中国国内旅游突破 41.2 亿人次，旅游收入超过 4 万亿元人民币。在这些人群中，自由行人群为 32 亿人次，人均消费 937.5 元。出境游数量为 1.2 亿人次，人均消费高达 11625 元。如果能通过科学旅游开发每年新增 300 多万次国内游客，就足以补偿每年 CEPC 项目的 30 亿建设成本了。如果将高端出境游客留在国内，只要 30 万人就足够了，更别说吸引的国外游客。这些价值即使在建设期过后依然是长期存在的。因此，不仅是要建 CEPC—SPPC，而且应当留足余地将未来一切可能出现的新原理加速器全都建在这个超大型实验物理科学城里。这样仅仅是科学旅游和房地产开发就足以补偿相应的支出。并且这样高度集中的物理科学资源也极为有利于互相激发，以最快的效率产生新的理论思想碰撞，产生出新的理论“粒子”。

以上设想是否具有可能性呢？仅仅以初步选址的秦皇岛市为例，该市 2014 年旅游总收入 294 亿，接待国内外游客 2852 万人。每年再新增 300 万游客和收入规模，相对于这一个市的旅游产业和收入来说，不过就是增加 10% 而已。而别说对全中国的旅游业产业影响。

就在本书出版前夕，西安新闻网[①]传来一个新闻：2017年1月11日，陕西延安黄陵县（*就是黄帝陵所在地*）与中国科学院高能物理研究所举行推动大型环形正负电子对撞机项目立项合作协议签约仪式，推动 CEPC 项目落户在黄陵县。如果这个能够成功，那么对延安尤其黄陵县的旅游产业推动效果就更大了。那会让黄陵县的 GDP，而且是高质量的绿色 GDP 翻

① http://news.xiancn.com/content/2017-01/12/content_3186683.htm.

图 21-2　贵州省“十大文化产业园”之一的平塘国际射电天文科普旅游文化园沙盘效果

好几番。

几年前，安装 FAST 装置的贵州偏远的克度镇就已经打出了建设国际天文小镇的口号，跟随建设大量旅游设施。据公开规划，克度镇平塘国际射电天文科普旅游文化园计划在 2016 年 9 月份建成，其中将包括一个四星级旅游度假酒店，游涡星系广场、中轴迎宾广场、FAST 访客服务中心、天文体验园、暗夜观星园、天文教育园、天文时光村、平塘星级酒店综合体、星辰主题酒店、天文风情客栈、光影天街、万国风情美食街、星空旅游乐场、欢乐葡萄园、科旅度假园 15 个项目。这个文化产业园投资 24 亿人民币，比 FAST 的建设成本高出 4 倍。当地的房地产价格几年之间从每平方米 1000 多飙升到 5000 元。

那些认为应该把搞科学研究的钱拿去扶贫的人怎么能明白，真拿 6 个多亿建设 FAST 的钱去扶贫，怎么可能扶出这么好的效果？真把这 6 个亿分给一个贫困县的人，他们没有创富的有效资源，这 6 个亿还不是最后只能喝酒、打麻将全花掉了，然后再伸手要吗？这种资源纯属可遇不可求的，但一定程度上又是人力可为的。这不比到处花钱挖古迹寻找旅游资源强得多吗？这不比人为地挖空心思花巨资建设各种巨型的纪念雕塑，恨不能把中国历史上，甚至艺术作品、神话传说中稍有点名气的人都翻出来炒作旅游价值要高得多吗？

二、满足自尊——科学经费最重要潜在来源

另外，将部分设施的命名权向社会开放，可以吸引一批富人募捐资金支持这些科学设施，这也是一种经济开发的可能方式。如果将一部世界之最的科学研究设备的独家命名权开放给一些富人，还怕找不到金主吗？如果将FAST的独家命名权拍卖，叫“XXX射电望远镜”，区区6个多亿的投资马上就回来了，说不定还能拍出比这个多出两三倍的价钱来。如果把CEPC所在高能物理城的独家命名权拍卖，最终叫“XXX高能物理城”，并且同时可以拨给一部分土地作为其开发之用，区区300亿人民币对那些把1亿当作小目标的人来说哪里会是问题？

1984年洛杉矶奥运会之前办奥运会都是赔钱的，尤伯罗斯把大量奥运会的宣传广告和转播权独家拍卖，马上就把奥运会变成赚钱的了。怎么会认为有那么多世界之最和科学界冠军的科学研究设备和项目肯定会是赔钱的事情呢？

那么多富人赚那么多钱干什么？不是为生活之用，而是想要永远留名于世。诺贝尔为什么要把他的钱都拿出来设立诺贝尔奖，就是要让更多人满足永远留名于世的梦想。你可以通过做科学研究实现这一点，也可以容许富翁们通过其他为科学做贡献的方式来实现这一点。别忘了诺贝尔本身就不是通过直接科学研究所做的贡献，而是通过捐献巨额财富永远被科学所记住的。对物理学发展还有一个很重大贡献的是“索尔维会议”。欧内斯特·索尔维（Ernest Solvay，1838.4.16—1922.5.26）是一位比利时企业家，他本人是化学家和科学爱好者，提出过一些未被科学界接受的理论。不过，他像诺贝尔一样将大量家产捐献给了科学事业。1911年10月，

图 21–3　1927 年 10 月，在比利时首都布鲁塞尔召开的第五届索尔维会议照片。参会者众星云集，有一多半是诺贝尔奖获得者。从左至右分别是：

（第三排）皮卡尔德、亨里奥特、埃伦费斯特、赫尔岑、顿德尔、薛定谔、维夏菲尔特、泡利、海森堡、福勒、布里渊

（第二排）德拜、努森、布拉格、克雷默、狄拉克、康普顿、德布罗意、玻恩、玻尔

（第一排）朗缪尔、普朗克、居里夫人、洛伦兹、爱因斯坦、朗之万、古耶、威尔逊、理查森

由他赞助在比利时召开了第一届索尔维会议，此后每 3 年召开一次。这个会议众星云集，尤其是大量 20 世纪上半叶量子力学发展过程中的重要事件很多都是以索尔维会议为背景的。此外，他还在布鲁塞尔大学捐献建立了多个研究所。

世界上曾经的亿万富豪无数，若干年后再无人知道他们是谁，而为科学做出贡献的人，历史却会永远记住。科学的发展不仅要给那些科学的天才们以机会，也要给那些拥有巨额财富的富豪们以机会。

莫斯科时间 2008 年 10 月 12 日，美国电脑游戏开发商理查德 · 加里奥特花 3000 万美元与另外两名宇航员一起，乘坐俄罗斯“联盟 TMA—13”载人飞船升空，作为第十八长期考察组一员前往国际空间站。

1987 年，一批美国富豪投资 1.5 亿美元，在美国亚利桑那州图森市以北沙漠中建设了一座几乎完全密封的微型人工生态循环系统，名为“生物圈 2 号”（Biosphere2）。该命名是把地球本身作为“生物圈 1 号”。该项目是由美国前橄榄球运动员约翰·艾伦发起，爱德华·P·巴斯及其他人员主持建造，由几家财团联手出资，主要投资者为美国石油大王洛克菲勒。项目由空间生物圈风险投资公司承建。建设工作历时 8 年，实验系统占地 12000 平方米，容积达 141600 立方米，由 80000 根白漆钢梁和 6000 块玻璃组成。1991 年 9 月 26 日，4 男 4 女共 8 名科研人员首次进驻生物圈 2 号，1993 年 6 月 26 日走出，停留共计 21 个月。该项目虽然最终以失败告终，但实验过程中积累了大量实际的测量数据。有意思的是，长期的实验过程中有大量好奇的游客参观了该实验系统。

以上富豪们参与的科学研究是有重要价值的，但却并没有引起科学界的足够重视，并将其开发为规范化的常规科学研究经费来源方法。科学家们只是习惯于完全单纯地向政府要资金，拿着金饭碗去要饭吃。富豪们主持的科学研究活动可能会过多受他们个人兴趣的支配，从而影响其科学上的独立性和纯科学的应有规律。如果能够将此方式有效规范，是完全可以在不对科学研究本身的严肃性产生丝毫影响的前提下，将它变成重大科学研究经费来源的重要途径的。这个要成规模地操作需要制订相应的法律和操作细节，不过有几个原则是需要注意的：

1. 应给获得命名权的个人以充分的尊重。包括但不限于设备或建筑标识名称、所有科学论文、专著、官方媒体宣传、获奖项目名称等必须完整使用相应的命名权名称。在相关建筑物前建设纪念碑、个人雕像。

2. 只能是独家，不要出现 2 个和 2 个以上的人赞助命名。

3. 如果他们所支持的项目获得任何奖励，他们应充分地以各种可能的方式分享相应的荣誉。如参与颁奖过程（尽管他们不能作为获奖者出现），尤其应尽可能在获奖项目名称中出现他们的名字。

4. 价格过高的如 CEPC—SPPC 等研究项目设备可以配合一部分优惠

建设用地等作为补偿。

5. 获得命名权完全不意味着相应的个人对相应科学研究的过程有任何干预的权力，无论研究结果如何，他们都应放弃对专业研究过程做任何评价的权力。这也是充分保障他们名誉的必要之举。

6. 以公开拍卖方式建立命名权赞助关系，获得参与拍卖资格者中价高者得。拍卖底价原则上不低于项目建设价格。

7. 拍卖活动应在政府投资该项目建成投入使用之后进行，以使其不具有项目本身的任何科学技术上的风险。

8. 以命名权赞助相应科学研究项目的资金如何划分需要有一定的规定。原则上可以按一定比例划分成几个部分：大部分回归政府科学研究基金池，一部分作为相应项目人员的生活费用和奖励资金，增加相应项目的研究经费、命名权拍卖操作费用。

9. 并不一定要所有项目都能拍卖出去，只要从总金额上有一定比例拍卖回收，并且返回到财政基础科学研究支出基金里再投入，就会产生巨大的放大效应。假设基础科学研究经费的净财政支出额 S 一定，基础科学研究总投入通过命名权拍卖等方式实现的回收率为 r，实际可实现的总基础科学研究投入为 St，则：

$S=St-rSt$

$St=S/(1-r)$

如果 $r=80\%$，也就是通过拍卖命名权回收的金额占总体实际基础科学研究投入的 80%，则

$St=S/(1-r)=S/(1-80\%)=5S$

这就是说，这种情况下可以把基础科学研究的财政支出放大 5 倍。同理，如果 r=90%，放大倍数会达到 10 倍。

2015 年中国全国研发经费投入总量为 1.4 万亿元，基础研究经费约为 670.6 亿元，占比为 4.79%，基础研究经费在总研发经费中占比长年维持在 5% 左右。科学界时常呼吁更多增加投入比例，如中科院院士程

津培在 2014 年初的两会期间提到：世界上主要创新型国家这一指标大多在 15%~30%，至少要达到 15%~20%，才能有力驱动基础研究创新。“研发总投入中，基础研究、应用研究以及试验发展三者比较合理的比例是 1∶1∶3。这一数据是综合研究了世界上主要创新型国家的发展规律得出，中国的发展也不可能脱离这一规律。”因此他建议“基础研究经费占全社会研发总投入的比例到 2020 年争取达到 10%”。但是，所有人都想在一个总盘子中分得更多比例，你分的比例多了，就得有其他人降低比例。如果采用作者的不相干获益理论去开拓基础科学研究的经费来源，将放大倍数提升 2 到 5 倍，就等效于将基础科学研究支出占比提升到 10%~25%，但实际上只是 5%。按 2015 年财政基础研究经费算可以将 670.6 亿经费放大到 1341 亿到 3353 亿人民币的实际投入。如果比例真提升到 10%，等效比例会达到 20%~50%。想直接通过争盘子的方式去做工作，想达到这样的比例难度是很大的，但采用作者所建立的“不相干获益”理论，实现这一点不仅具有可行性，而且可能获得的潜在经费来源远比这个更多。

三、创建科学朝圣之地

如果中国趁目前经济社会条件良好的有利时机大力积累一批可以领先全球几十年、上百年的顶尖科学设施，仅仅科学旅游开发的经济效益和社会效益就极其可观。如果全中国把科学旅游作为一个全新的旅游概念，在现有基础上增加 10% 收入每年就是 4000 亿。建 100 个 CEPC 都有富余。所以，那些以社会经济实用性为借口反对 CEPC 的人，事实上根本就不具备任何经济头脑，怎么可能去要求杨振宁这么出色的理论物理学家也懂得怎么做生意呢？这个项目最大的旅游价值和卖点就在于它贵，不仅是全世界和全人类有史以来最贵的科学实验设备，而且贵到美国和欧洲人都建不起，但我们把它建起来了。全中国、全世界的人都会迫切地想来看一看，只要明白这一点，还愁它的投资赚不回来吗？这种途径的收益资金可能比较难以直接回到基础科学研究的财政支出基金里面，但如果有这个收入的支持，政府扩大基础科学研究的经费比例就有更大信心了，其他部门对自己比例减少的意见也会更少。

迪拜原来只有沙漠和石油，现在崛起了一座现代化的城市。他们要在完全没有任何旅游资源的地方硬性地造出资源来，就花世界最多的钱填海建棕榈岛，建世界最高的160层的哈利法塔（BurjKhalifa）。并且还留有余地，如果有其他地方建的楼高过这个，他们还会把这个楼升级到保持世界最高楼的纪录。为什么一定要追求“世界最高楼”的名号，就是因为人们的记忆力很有限，只能记住“世界之最”的东西，其他的东西要记住就很难了，如同奥运赛场上只能记住冠军名字一样。营销大师里斯・特劳特的定位理论就是以这个事实为基础的。纯粹的房地产只是低层次炫富的工具，而“世界能量最高的加速器”“全世界最贵的科学研究设备”，这本身不仅是可以震撼全社会的最佳旅游品牌，而且是有最深层文化内涵的东西。由此就会明白不去建 CEPC 的思想从纯经济和商业上错误到什么程度。

过去很多旅游资源主要是古迹和自然风光，人造的旅游资源主要是一些游乐园。如果将顶尖的巨型科学设施开发为旅游资源，它们带给人们的视觉和心灵震撼、教育意义等会远远超过一般的文物古迹。那些上千年前、几百年前的简陋人类文明成就，其现实和未来意义怎么可能与最新的、最先进的科学研究设施相提并论？ 500 米直径的 FAST，50 或 100 公里周长的 CEPC—SPPC 项目等都具备这种开发的巨大潜力。

上海迪士尼投资 55 亿美元，合 360 亿人民币。作为对比，香港迪士尼投资 35 亿美元，建成后 7 年才开始赢利。上海迪士尼仅仅是全球一大批迪斯尼中的一个，不仅对今天的中国整体上几乎没有旅游增值价值，即使对上海一个市的旅游业也没太多增值作用。而 CEPC 不仅是对所在地秦皇岛市，而且对整个中国的旅游资源都有巨大增值价值。上海迪士尼的投资足够建设 CEPC，为什么中国人要愚蠢到同意这么一个很可能长期亏损的项目，却要否定在全国和秦皇岛所在地都有巨大旅游资源增值价值的CEPC呢？尽管迪士尼的投资和亏损主要是由迪士尼公司这个企业承担的。

据沙特麦加商会统计，每年麦加仅10天朝圣期间产生的旅游价值高达100亿美元。每年都差不多会有这个收入规模。

这里有一个非常重要的地方：并不是任何科学研究设备都具有旅游价值，而必须是具有“世界之最”的科学研究设备。如果只是一般的科学研究设备，无论专业还是非专业的普通人不会有特别的感觉。如果是世界之最的科学研究设施，无论是专业的科学家还是外行的普通人，都会把这些地方变成心目中的“科学圣地”，而绝对不是什么“浪费大笔钱财买一个超英赶美的虚名”。规模越是庞大、耗费成本越高的科学研究设施，就越是具备成为科学朝圣之地的条件。我们强烈支持它，认为它有最佳的经济价值，就是因为它贵，便宜了游客还真就没什么兴趣了。普通古迹旅游点的所谓“镇馆之宝”“镇园之宝”……不就是那些钻石、黄金、祖母绿、玉器、字画、古瓷器、皇冠、宝剑等昂贵的东西吗？如果按现在黄金300元一克，300亿的科学研究设备就是100吨黄金，1000亿就是333吨黄金。告诉游客来看看100吨黄金，未来是333吨黄金建的科学研究设备，有什么文物古迹能比得了？只要明白了这一点，就会理解美国放弃SSC是多么缺乏生意头脑的选择，也会明白CEPC—SPPC项目对中国是何等的重要和划算之极了。杨振宁完全不懂怎么做生意可以理解，作为哈佛大学物理学博士的王先生完全不懂什么叫科学也可以理解，因为他已经离开物理学界（更重要的是离开科学界）20多年了。但王先生做了20多年金融后却依然如此缺乏生意头脑，那就很让人遗憾了。

四、开发科学旅游价值的优越性

以“不相干获益”原则开发科学旅游价值有巨大的优越性。

公平。它只要求世界之最，而不管你研究的领域是什么。因此，这个价值开发对所有不同领域的科学研究是完全公平的。如果某个领域科学旅游开发价值不大，主要原因是其没有在自己的领域做到世界之最，其他原因就不用多找了。而所谓科学研究的成果要的也就是这个。如果不是世界第一，世界独创，那就只是在重复别人的东西。

容易评估。它不需要去太多了解各个领域专业的理论和知识，与这些专业知识几乎无关。只要知道投入多少，能达到世界第一的程度是什么两个因素就够了，别扯太多做决策的政府官员们听不懂的东西。

这个途径并不能解决所有问题，但特别适合解决那些投资巨大的科学研究项目问题。

别老是想着传统的利用科学原理的技术开发实用价值才能拿到钱，如果能深刻地理解如何满足人类的好奇心和自尊心，钱就来了，而且可能远超所想！

第二十二章
科学化

仅仅争论某个领域的知识是不是科学意义是非常有限的。只有给出如何使它们成为科学的方法才有真正的价值。只要采用科学的方法，一切都可以成为科学。如果忘记科学的方法，一切科学也都可能退化成迷信。科学不是形象包装用的形容词，而是动词。中医、气功都可以科学化，关键只在于是否采用了科学的方法。

第一节 并非“纯科学”的情况

由于本书将科学的标准从实验调整为测量，因此可以使一切领域都可以有条件科学化。科学化需要遵从的也就是数学和测量两个原则。作者之所以提出“纯科学”这一概念，是要提醒读者即使在过去被认为最为科学的领域，依然存在一些不够科学的情况。非“纯科学”有以下各种不同情况。

1. 科学，但非纯科学。在大量自然科学领域，基本上被认为属于科学。但如果以纯科学标准来衡量，依然存在很多并非达到纯科学标准要求的地方，甚至在被认为最为科学的物理学领域也是如此。

2. 测量化，但非数学化的准科学。这种情况在社会科学领域比较多，典型的如以考古学为基础的历史学。历史的考古是具有相当高测量基础的，但过去历史研究因缺乏高度跨学科的基础而难以系统地建立因果联系，从而难以数学化。

3. 数学化，但非测量化的准科学。这种情况表面看已经具备相当好的科学化程度，但即使这个学科内部也有很多人并不认为它真正具备科学的要求。典型的是数理经济学。它高度地数学化，却没有建立良好的测量基础。计量经济学表面看似努力建立经济学的测量基础，但它还是一种数学化的统计和相关分析，并不是系统的经济测量学。

4. 原始科学形态。如中医等。

5. 既非测量化，也非数学化的非科学。部分社会科学的研究属于这种类型，例如哲学、美学等。艺术本身并不属于科学，以艺术为认识对象的美学却应当成为科学。不过，这类学科目前既缺乏测量基础也缺乏数量基础。

在实际的认识活动中，一切面向高度复杂系统的研究，如果缺乏系统的严格科学方法约束，都很容易陷入非科学的境地。在《生态社会人口论》一书中，我将人口与极限的关系抽象归纳出了 7 个公理，并且采用循环因果律、突变论等工具将该问题数学化。在《超越战争论——战争与和平的数学原理》一书中，我采用循环因果律等工具将战争基本规律抽象成三个基本的数学规律。通过这两本书，我事实上进行了这些领域科学化的工作。以下我们还是以另外一些具体的案例研究，来更多说明应当如何科学化的问题。

第二节　中医的科学化问题

一、对古典中医在科学性上的全面准确认知

关于中医至少有以下几个方面的判断：

1. 显然，无论以任何标准衡量，古典中医的理论和方法都不能被称为科学。近代科学仅有 400 多年历史，而中医的发展历史可以追溯到数以千年以上，它们本来就是远在近代科学形成之前就发展起来的。由于类似中医这种经验型的知识难以给出确切的判定标准，因此对它的起源研究也就很难给出确切的时间点。如果以中国现在发现的最早记载有药物的文献书籍《诗经》来算，它出现于西周（约公元前 11 世纪—公元前 771 年），已经有 3000 多年的历史，比古希腊文明出现的时间还要早。如以无名氏所作《黄帝内经》《神农本草经》和张仲景的《伤寒杂病论》等专业的中医文献书籍来算，也有 2000 年左右的历史。如果去考证古埃及的医学文献《爱德文 · 斯密斯卷轴》都可以追溯到 4000 年以上的历史。古巴比伦和古印度也都可以发现 3000 年以上历史的古代医学文献。中医与这些文明古国的医学有类似之处，都是经验型知识的医学。在杭州跨湖桥遗址中，发现了内部有显然不是用于食用的成捆植物根茎的陶釜，并有火烧痕迹，有专家推测这是跨湖桥人煎煮草药的罐子。但博物馆展品说明上提示该推测并未最终确认，这是科学认真的态度。跨湖桥遗址中还发现了茶籽，这表明跨湖桥人已经开始享用饮料。今天南方很多地方也有喝凉茶（把一些植物煎煮后当饮料）的习惯。因此，如果要最终确认跨湖桥遗址的那些陶釜里煮的植物是草药，还需要排除它们是植物软料和偶然装入等可能。当然，目前是草药的可能性较大，如果确认，这就是具有 8000 年历史的医药活动证据。这些古老的医药知识不能完全满足近代科学的标准是很自然的事情。

2. 我们说“古典的中医不是科学”，并不意味着说它就不能有效地治好某些病。

3. 如果你不能百分百地以科学的方法来改造中医，就不能简单地以中医能够治好一些病就称自己也是科学。科学不是广告性的形容词。

4. 中医必须，也完全能够科学化。只有科学与非科学的区别，而不应去强调“中医”与“西医”的区别。只要人们采用科学的方法，中医是可以科学化的。如果不能严格采用科学的方法，西医也可能会变成非科学的。因此，我们更希望讨论“中医”与“科学医学”的关系，而不是“中医”与“西医”的关系。

二、中医测量的科学性问题

由于早期缺乏医学测量仪器，凭医生感觉器官的观测几乎成为唯一的手段。这种凭感觉的观测方法主要归结为“望、闻、问、切”四类方法。

以切脉为例。切脉有类似科学测量的价值，但它显然不是近代科学意义上的测量。问题还不在于其测量精度的高低。首先表达脉象的位、数、形、势和浮、沉、迟、数的描述不是科学测量的表征。很简单，根据科学整体性的标准，一切科学的测量都必须能够百分百地还原为 7 个基本的国际计量单位。但所有脉象的表征基本上做不到这一点，它也不能用仪器进行测量。

要想科学化，这些中医的脉象依然可以保留相应的名称，但必须全部进行重新的定义。这种定义一定要用基于 7 个基本的国际计量单位或它们的导出单位进行，而绝对不能自成体系。

脉象是脉动多方面物理量的特征表达，类似声纹、色谱等，并不是单纯的脉搏频率和血压概念。要使它们科学化的确存在很大困难，但并非做不到。尤其当今计算机和数字化技术的发展，使得很复杂的脉谱分析可以在医疗测量仪器中以低成本的方式实现。

三、中医理论的科学性问题

另一个方面是中医的理论没有数学化。阴阳、五行学说为什么不能称为科学的理论？原因很简单：

1. 它的理论和概念都不是数学化的。

2. 它的概念和规律不能百分百地还原为其他公认的科学认知（特别强调一点是必须绝对地、百分百地还原，而不止是用一些科学的概念进行包装）。其理论概念难以被其他科学概念所理解。

3. 没有测量基础。阴阳等概念和五行等概念都没有对应的近代意义上的科学测量基础。

四、中医如何科学化

如何使中医科学化？其方法也很清晰明了：

1. 必须将所有概念完全建立在科学的测量基础之上。

2. 所有中医理论必须数学化。并且所有新的中医理论和概念必须百分百可以还原为其他更基础科学的概念。

3. 其他科学成果和认知可以全面系统地引入中医研究。如果不能科学化，就不能充分利用其他科学的成果。这也是中医为什么必须科学化的关键所在。

由于中医的理论较为含糊，因此我们很难直接用科学的方法描述中医的特点是什么。不过大致来说，中医较多是从人体的总体上来看待医学问题。如，中医的阴阳概念是对人体整体健康状态的描述，而不是单个生理指标的描述。当人生病时，科学的医学会寻找致病的外界或内在刺激因素是什么。如某种病毒或细菌等在人体中大量繁殖等；而中医更多是从人身体整体状态角度出发，事实上这些致病因素在人体中可能普遍存在，人体自身存在各种抗病能力，典型的如免疫系统。事实上，人体自身抗病能力并非只是免疫系统，它是人体整体健康状态的表现。某些人的身体状态变化，导致不能再抵制这些致病因素，从而导致最终身体发生病变。因此，从原理上说，治疗的方法就可以从两个方面入手：一是直接抵抗原始致病因素，如可杀死致病的病毒或细菌的药物。二是相应增加人体的抵抗力，使得人体自身抗病能力可以抵抗相应的致病因素。

治疗结石，科学医学倾向于直接针对结石，用超声波碎石，或手术取出结石。中医可能是用排石汤药增强身体的蠕动，打通内部循环，使身体自己通过蠕动将结石排出。

问题只是，致病因素一般较为单纯，因此用科学分析方法可提纯并研究清楚该致病因素。但身体的总体健康状况涉及因素太多，难以用少量生理指标来表征，它几乎涉及人体所有的生理指标。但这并不是说没有途径可寻。切脉以及看舌苔的人工测量方法，事实上是较多基于人的总体健康状况与脉象和舌苔表象之间有某种因果联系。当然，仅仅脉象和舌苔的信息量是不足以准确表征人体总体状况的。如果能够继承中医切脉的经验，开发出某种“脉谱仪”，同时与现有的其他医学测量数据相结合，可以开发出各种表征人体总体健康状况的指标来。

例如，可以像经济运行中的CPI等指标一样，根据多个单项可测量的生理指标组合，开发出某些诸如“寒热度”等可反映人体总体，或表征总体某些方面健康状态的生理指数。当这些指数位于某些数值时，属于“寒带”，在另一些数值区间时，属于“热带”，在某一些中间值，属于正常的“平衡带”。以此为参照，还可能开发出更多人体健康状态指标，并以此作为判断总体，或某些方面健康状态的依据。

由于科学的步进式发展特点，我们不能指望开发出一个可以表征人体所有状况的技术指标，而必须将目标缩减为仅在现有科学认知基础上增加一个新的未知因素。这样开发出的指标是可证伪、可改进的。它们完全可以还原为7个基本的国际计量单位，可以利用其他一切可能的科学研究结果。并且这样的研究成果也可以很容易地被其他科学利用。

而阴阳学说是极其难以改进的。以阴阳学说为基础的“寒”和“热”的概念不是科学，但以上面所说的方法开发的“寒热度”指标却是科学。这些指标在初始阶段可能误差较大，偏差较多。但因它们是可改进的，任何发现的偏差和误差都会成为进一步改进的有价值的测量数据。但中医切脉的偏差很难被发现，也就难以改进。

中医的确能有效地治好很多病，但也有很多人以中医为名进行欺骗。科学的发展中也出现过很多伪科学，但科学方法本身就拥有强有力的剔除伪科学的能力。中医本身这种能力还很弱。

如果你不能最有效地区分出谁是骗子，人们就会把你自己也当成骗子，尽管你不是。

中医常常因一些借中医之名行骗的行为而受到误解，并且这种误解难以消除。这也是即使从中医自身来说也必须科学化的重要原因之一。

第三节　气功研究的科学化问题

一、我个人的气功练习记录

气功也与中医类似，因时常出现的一些欺骗行为而使其声名严重受损。

作者本人曾练习过气功，因此对这一现象有亲身体会。以下是对该现象的一些客观记录：

在南京上大学期间，我练习过陈式太极拳，伴随太极拳也练过气功。这样的练习很容易达到一种足以让人惊讶的程度。如在冬季南京积雪的寒冷天气，在室外练习“运气”，10个手指是暴露在外的。一般情况下，10个手指很快就会因外界温度很低而变得冰凉。但是，通过“意念运气”，可以精确控制使某一个手指达到发热的程度，同时相临的另外手指却还是保持冰冷状态。很遗憾，这只是他人用手触摸，以及自己皮肤感觉获得的结果，没有用温度计进行直接测量获得精确数据。但根据旁边人用手指的触摸感觉，发热的手指温度，甚至与包裹在衣服内、保暖状态很好的皮肤温度差不多。它与相临的还是保持冰冷状态的手指温差之大非常明显和惊人。

达到这种程度“功力”并非需要什么“气功大师”的水平，我当时从开始练习仅仅用了 3 个月的时间即达到这种状态，而传授陈式太极拳的老师告诉我：不仅是他本人，而且一般身体状况较好的年轻人在三四个月的时间练习之后，2/3 以上都可以达到这种程度，它们是高度可重现的现象。

作者之所以要去练习太极拳，是因为当时因学习过于紧张而产生了长期失眠的问题，尝试各种中西医药物都难以解决，经人推荐进行了这个练习。经过这个气功练习之后，失眠的问题的确彻底消失。直到今天，无论工作生活如何紧张，我的睡眠状况都很好，几乎再没有出现失眠现象。后因问题已经解决，中间未再持续坚持练习。在长时间未练习后断续地练习，如果练习时不够平静和“用力过猛”，会出现鼻腔出血现象。后征询太极拳老师的建议放弃了继续练习，做这种练习时不能足够平静或用力偏大，会产生鼻腔出血的现象，在其他练习者中也常会出现。

二、气功研究的科学方法

很遗憾，即使在中国积极宣称“弘扬中国传统文化”的学者，也非常缺乏用系统的科学方法来研究这些现象，并对它们进行系统的数据记录和分析。因为没有全面系统地采用科学的方法，因此，很多年以后人们依然沉浸在“信还是不信”，以及陷入打着“气功”和“中医”旗号的骗子成堆的泥潭之中。

科学研究的规律都是一样的，如果我们希望在气功领域的研究能有科学的结果，也必须遵循从少到多，从易到难，从简单到复杂，从低级到高级，从而在这个研究过程中可一直严格遵循科学的步进式发展和整体性、还原性、未知因素唯一性等基本要求。可以先从一些容易可重现的现象开始，首先获得一些稳定的、可以被科学界一致公认的结果，而后寻求将其还原为已有科学知识。然后再一步步向更多、更复杂的现象推进。

现在生理学研究已经清楚地知道：人存在中枢神经和植物神经系统。中枢神经受意志和显意识的支配，而植物神经系统一般不受意志的直接支配。因此，内脏的运动，如心脏跳动、肠胃的蠕动、血液的循环等一般很难受中枢神经或人的意志的直接支配，它们受控于植物神经系统。但中枢神经也可以对植物神经产生影响，最简单的例子就是人情绪紧张的时候，心跳会加快。因此，“中枢神经可以对植物神经系统产生一定影响”并不是什么超出科学常识的事情。但一般情况下，意志要对植物神经系统控制的内脏运动产生精确的影响，是非常困难和罕见的。

如果气功实现的对手指温度的控制，是因血液循环加快而引起的话，这意味着它实现了通过中枢神经精确地控制了手指部分的血液循环流动。如果控制精度不够好会导致鼻腔出血，这也从另一个角度显示了“人的中枢神经和意志的确可以控制，从而显著改变特定身体区域的血液循环”这种理论假设。这本身是具有很高科学价值的现象。要对这一现象进行科学的研究并不困难，如可以从几个层面来进行：

一是现象的确认。可以在不同研究群体（可以跨国），选择15—25岁群体的年轻人（如选择每组20~100人），这些人没有练过气功，然后按照相同的练习方法开始练习。在三四个月之后，确认他们中有多少比例可以实现通过意念运气精确控制手指温度，并用红外温度计测量记录不同手指温差，手掌温度分布。如果在所有不同独立研究群体中，都可以稳定地成功实现对手指温度的显著差别控制，就可以在科学的意义上确认这一现象，并很快得到全球科学界一致公认的结果。

二是进一步对人是如何实现的对不同手指血液循环的控制机理进行研究。可以进一步测量，在这一过程中的手掌温度分布，并结合人已有的手掌解剖学和血液构造知识，建立某种理论猜想，并通过反复测量去验证。

很明显，只要采用以上方法，气功研究的每一步都可获得全体科学界一致公认的结果，并可以此为基础去获得更多结果。

但是，直到今天，由于太缺乏完整的科学研究方法规范，很难说科学界认可了哪个气功现象。一个只需要三四个月的时间，就可以轻易让全球整个科学界公认的科学实验，为什么气功研究界竟然没有人去做呢？

三、首先必须绝对排除一切形式的“气功大师”

气功研究者们往往一上来就只是对那些所谓“气功大师”的功力兴趣盎然。他们的确也进行某些装模作样的测量，但这种测量一上来往往就是如下方案：

• 用气功大师的功力去改变物质的原子结构。

• 用气功大师的功力去改变气象过程，甚至坐在北京的封闭屋子里帮着大兴安岭降雨灭火。

• 气功大师在广州发功而在北京接收电磁反应和变化。

……

如果在广州通过自由空间发出的某种现有已知的电磁辐射，可以在北京测量到的话，由于任何电磁辐射在空间中的能量衰减，是与距离的立方成正比，在广州的能量将会强大到把气功师附近的人烧死的程度。以上这些都是一些明摆着违反现有科学基本常识的事情，甚至明摆着就是骗人的行为。它们显然违反了科学的步进式发展规律。这样的研究活动怎么可能会产生任何有科学价值的结果呢？必须注意一点：

在全球科学界一致公认的气功研究成果未充分获得之前，一切对所谓“气功大师”的功力进行测量的方法都是不科学的，因为它们不仅不可重现，而且科学界还没有足够的知识储备去鉴别这些现象。因此，尤其还处在科学化过程最初期的气功研究，必须首先将一切研究活动集中在普通人，或普通人经过短期训练就可很容易掌握的气功现象。尤其重要的是，必须在这个过程中极其严格地坚持理论假说未知因素唯一性要求。如果我们不能最严格地遵从这一切科学的基本原则，即使他们发现的“气功大师”的现象是真的，也不是科学。如果还是采用这样的非科学方法，气功研究就永远只能是在“信还是不信”“是真的还是骗子”的泥潭中挣扎，而绝对不可能成为科学。

因此，在气功研究过程中，用不着向人们展示有哪个国际知名大学、专业知名学者、社会知名人士肯定了这个现象，只需要告诉人们在一个新的气功研究中，那个唯一新增加的未知因素是什么就足够了。而只要我们在其研究表述中发现了第二个未知的因素，它就是非科学的。只要出现“气功大师”本身，就足以证明它违反了未知因素唯一性要求，从而判明其为非科学。

尤其要强调的一点是，即使这些“气功大师”的功力百分百是真的，也是非科学的。只有当对这个现象的认知达到普通人都可具有的、高度可重复的现象时，才有可能是科学的。

请看看科学研究有哪个领域的研究结果是呈现出“大师神功”的？科学就是要把一切“神秘”和“神奇”的事情变成可理解的正常事情。

第四节　情感与社会系统误差的补偿

有三类系统误差是会长期存在的，对它们的补偿是与社会领域相关研究科学化的长期问题。它们是：利益误差、神秘系统误差、自尊系统误差。有很多认知几乎就不是对客观对象的认识，而仅仅是人类认识本身的系统误差。相关问题在前面已经讨论，在此不再赘述。

第二十三章

第七代信息技术和第三次科学革命

信息工具是科学发展的技术基础，它的革命性变化必然会使科学产生相应的革命。第七代信息技术是理想化的数字信息技术，正全面突破，第三次科学革命即将因此而起爆。

第一节　第七代信息革命技术特点

本书序言中讨论了各代信息革命对科学发展的基础技术作用，目前处于第六代信息技术发展的末期和第七代信息革命初期。第七代信息技术是第六代经过充分发展，突破了其内部以硬盘存储随机访问性能等为代表的内在深刻技术瓶颈，进化成为理想化的信息技术形态。第七代信息的技术特点支撑会对未来科学发展产生革命性的影响。

第六代信息技术相比过去有巨大的不同点，就是它在绝大多数性能指标量上的增长速度特别快。1965 年 4 月 19 日，当时还是仙童半导体公司工程师的戈登·摩尔（Gordon Moore）在《电子学》杂志（*Electronics Magazine*）第 114 页发表了一篇文章《让集成电路填满更多的组件》。文中预言半导体芯片上集成的晶体管和电阻数量将 12 个月增加一倍。1975 年，已经创立了 INTEL 公司的摩尔在 IEEE 国际电子组件大会上提交了一篇论文，根据当时的实际情况对摩尔定律进行了修正，把“每年增加一倍”改为“每两年增加一倍”。业界普遍的说法是“每 18 个月增加一倍”。但 1997 年 9 月，摩尔在接受一次采访时声明，他自己从来没有说过“每 18 个月增加一倍”。从事半导体研究的非营利组织 SEMATECH 是跟随 24 个月周期的。根据计算机行业长期发展规律来看，18 个月的倍增周期的确更符合实际。这种变化规律在超过半个多世纪的发展过程中一直符合得非常好。按照摩尔定律，计算机的运算性能每 18 个月就会增加一倍，每个芯片上的晶体管数量增加一倍，或成本下降一半。不过，摩尔定律被认为只是一种经验性的观测或推测，而不是一个物理或自然定律。随着半导体集成电路线宽接近几个原子水平的 10 纳米以下的极限，国际半导体技术发展路线图的增长已经放缓。倍增周期未来会拉长到 36 个月或更长。这个趋势在 2013 年左右已经开始出现。当线宽小到 5 个原子的厚度时，

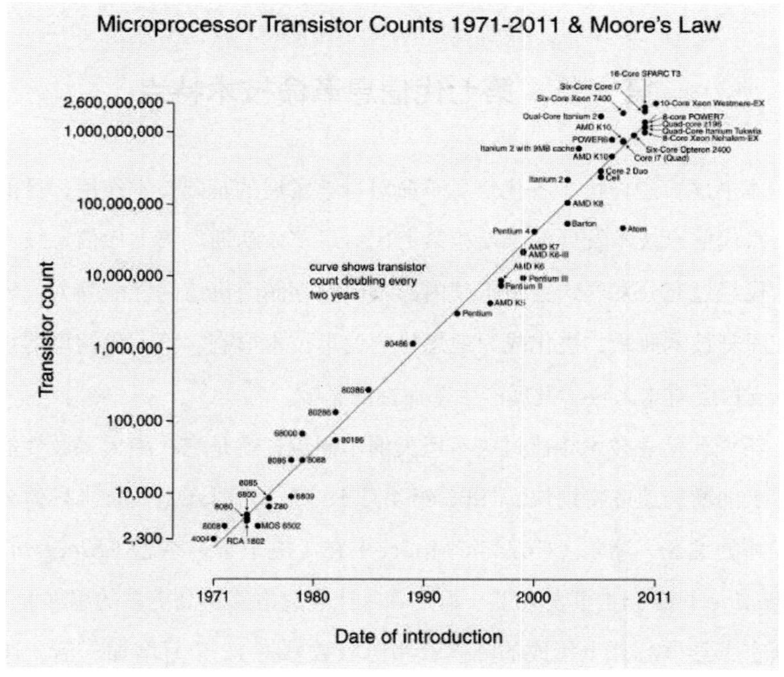

图 23–1　摩尔定律

量子隧道效应将会变得较为显著，传输电荷的电子将会穿过绝缘层，使晶体管器件之间的绝缘失效。2014 年 8 月，INTEL 公司公布了首次采用 14 纳米工艺的芯片 Core M。但在 2016 年按原计划准备采用 10 纳米工艺推出 Cannonlake 处理器时，却遇到难以克服的困难，还是采用了 14 纳米工艺。这些事件让业界感觉到摩尔定律实实在在开始被打破了。

但是，线宽所决定的极限并不是绝对的，即使在遇到这个极限的情况下，依然有很多方法可以提升集成度和性能。例如采用 3D 技术、其他新的生产工艺、提升整体计算机效率和软件效率、增大计算机系统集成密度等途径来提升计算机的性能。

第二节　从 ENIAC 到手机电脑

1946 年 2 月 14 日，第一台数字式的电子多用途计算机 ENIAC（Electronic Numerical Integrator And Computer）在美国宾夕法尼亚

图 23-2　第一台数字式的电子多用途计算机 ENIAC

大学摩尔电机工程学院研制成功。项目总负责人为 John Mauchly，总工程师为年仅 25 岁的 John Eckert。该通用电子计算机采用了 18800 个真空管制造，运算速度为每秒 5000 次加法运算。

事实上，在这台电子计算机之前，1942 年爱荷华州立大学的约翰・文森特・阿塔纳索夫（John Vincent Atanasoff）和他的研究生克利福特・贝瑞（Clifford Berry）测试了更早的电子计算机——“阿塔纳索夫-贝瑞计算机”（Atanasoff—Berry Computer，简称 ABC）。这被认为真正的第一台电子计算机，只是它并非通用，不可编程，只能用于求解线性方程组。二战时英国还由计算机之父图灵负责开发了一台密码破译机，专门用来破译纳粹德国的恩尼格玛（ Enigma ）密码机，二战中发挥了难以想象的巨大作用，它几乎将纳粹德国用恩尼格玛加密的情报变成透明的。这台机器一半电子，另一半机械，严格说还不算纯粹的电子计算机。另外由于其密级太高，对战后计算机历史的影响较小。

电子计算机经过整整 70 年以摩尔定律的速度发展，到 2016 年 6 月 20 日，德国法兰克福国际超算大会（ISC）公布了新一期全球超级计算机 TOP500 榜单，由中国国家并行计算机工程技术研究中心研制的“神威・太湖之光”以超第二名近三倍的运算速度夺得世界第一，峰值计算

图 23-3 “神威・太湖之光”超级计算机

能力达到每秒 12.5436 亿亿次浮点运算。这超过第一台 ENIAC 计算速度超过几十万亿倍。“神威·太湖之光”使用了 40960 块 5 厘米见方的申威 26010 处理器，每个处理器的运算能力都可以达到 3 万亿次，超过当初的 ENIAC 性能 6 亿倍。

今天的一台 PC 性能都达到千亿次水平的运算能力。而有以下几个原因使智能手机 CPU 芯片的运算能力在快速地超越 PC。

1.PC 的 CPU 只有 INTEL 和 AMD 等极少数厂家生产，并且是 INTEL 一家高度领先地垄断。而手机芯片有高通、华为海思、苹果、三星、联发科、瑞芯微、INTEL、联芯、英伟达等十多家公司在进行接近平等的激烈竞争，甚至还有更多厂家在积极进入这个领域，市场份额变化剧烈。追求更高运算性能是制胜的主要法宝。

2.PC 有 INTEL 和微软的天然联盟，形成了整个产业链上的更高垄断，而手机操作系统平台 Android 是以开源的 Linux 为基础，与手机 CPU 几乎是完全分离的。

3.PC 发展过程中有大量不同外围设备接口，使得操作系统和应用软件极为复杂化，天然垄断性非常高。而手机除 USD 和 SD 卡外极少有外围接口类型。

4. 手机芯片市场远比 PC 广阔。2015 年手机芯片年销量超过 14 亿，并且还在以 10% 以上速度增长。而 PC 的 CPU 芯片 2011 年达到 3.65 亿历史峰值后，每年以 10% 左右速度持续下降，到 2015 年只剩下 2.762 亿。

因此，手机芯片平台的竞争远比 PC 更加开放和激烈，市场远比 PC 空间巨大，使得手机芯片的进化速度远超过 PC 的 CPU。2016 年大量普及的 64 位 8 核 CPU 的智能手机已经追赶上了 PC 的性能。直接用手机做处理器，通过 USB 接口外接键盘和单纯的显示屏，就可以形成手提电脑和桌面 PC 的产品已经上市。PC 时代不仅即将终结，更重要的是其终结的过程可用“雪崩”来形容，手机、PAD、手提 PC、台式 PC 统一为“手机组合电脑”的时代正在大踏步到来。买一部高性能手机加上带鼠标的蓝

图 23-4 硅谷创新公司 Andromium 开发的手机电脑产品。图片中这台看起来像手提电脑的产品，其实只是一个"哑终端"，只是此时的主机从最初的大中型计算机系统变成了手机

牙键盘、9—13 英寸触摸显示屏、19—24 英寸台式显示屏，从而一次性获得一部高性能手机、PAD、手提电脑和台式电脑。后者在过去总共需要花费 2 万元到 3 万元人民币，但采用这种方案 4000 到 6000 元就足够了。当这种方案普及后，5 年之内 PC 的销量就将下滑到接近零的程度。

随后，既然手机 CPU 比 PC 的 CPU 性能更强，用手机 CPU 做服务器的时代也将很自然地快速来临。

计算能力并不仅仅体现在核心的 CPU 性能上，其他很多因素都会严重影响到最终可用的计算资源。

通过刀片服务器技术，可以将大量 CPU 尽可能高密度地集成在服务器机架里，获得单位体积空间更大的计算能力。

通过采用 VMware 等公司的虚拟化（也称中间件）软件技术，可以使服务器的 CPU 计算资源，甚至 CPU 内部不同核的资源逻辑上虚拟成一个 CPU，从而高度地可重用，使过去只能运行在多台服务器上的软件可以运行在一台服务器上，或者多台服务器运行一个业务，从而极大提升服务器硬件的利用效率。因此，随着这类技术的发展，虽然每年对服务器能力的需求一直在大幅度增长，但是整个服务器市场却持续在萎缩。

存储体系结构也会深刻影响最终的计算性能。由于硬盘的随机访问速度与内存之间有六个数量级的差异，因此，以硬盘操作系统为基础的软件架构会深受硬盘性能的约束。有很多软件运算存在大量等待时间，从硬盘中交换数据。如果采用海量的大内存，会显著提升整体的运算性能。我1998 年曾在中国《计算机世界报》上分三篇连载提出过“海量内存计算机（RC）”的设想，这比 SAP 公司提出“内存计算”早了 10 年。通过大量采用内存，消除虚拟内存等造成的大量内存与硬盘之间的数据交换，可以使计算性能，尤其大量数据处理的计算性能获得高达 10 倍、甚至更高比例的提升。

第三节　外存随机访问性能爆炸

一、磁盘

目前还在普遍使用的磁盘在整个计算机系统中占据了非常重要的地位，并且对计算机系统的构成造成了非常大的影响。1956 年，IBM 推出了第一台磁盘驱动器 RAMAC305，它可以存储 5MB 数据，每 MB 成本为10000 美元。它使用了 50 个 24 英寸盘片，使它的体积有两个冰箱那么大。

1973 年，IBM 研制成功了一种新型的硬盘 IBM3340。这种硬盘拥有几个同轴的金属盘片，盘片上涂着磁性材料。它们和可以移动的磁头共同密封在一个盒子里面，磁头能从旋转的盘片上读出磁信号的变化。这种原理的硬盘一直使用到今天，IBM 把它称作温彻斯特（Winchester）硬盘，也称“温盘”。“温彻斯特”这个名字并不是哪位与磁盘技术有关的发明者名字，而是有个很有意思的来历。IBM3340 拥有两个 30MB 的存储单元，当时一种很有名的“温彻斯特来复枪”的口径和装药也是两个数字“30”，喜爱这种来复枪的开发者们就把这种硬盘的内部代号称为“温彻斯特”。温彻斯特硬盘采用了一个很重要的一直使用到今天的技术——它的磁头并不与盘片接触，同时与盘片的距离又要近到能保证信息的读写，实现这一点需要很高的技巧。如果要提高存取数据的速度，硬盘的盘片就应该快速

图 23-5　硬盘内部构造

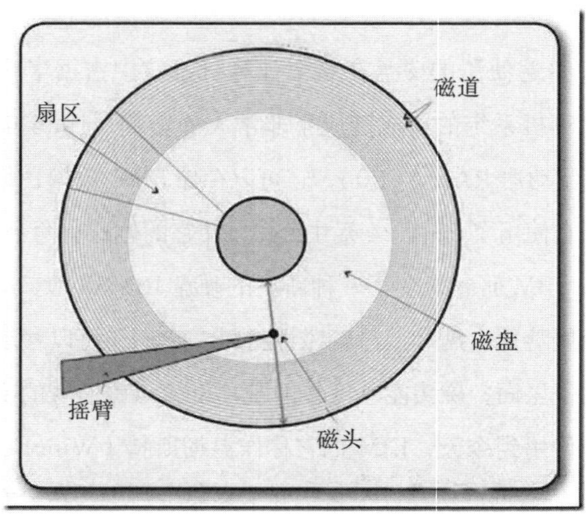

图 23-6　硬盘访问原理

旋转。在这种情况下如果磁头与盘片接触，那么很容易造成材料损坏。技术人员想到让磁头在盘片上方“飞行”，与盘片保持非常近的距离。因为盘片高速旋转会产生流动的风，只要磁头的形状合适，它就能像飞机一样飞行，同时又与盘片保持稳定的且足够近的距离，这利用了空气动力学的原理。磁头被固定在一个能沿盘片径向运动的臂上。由于磁头相对盘片高速运动，并且二者距离很近，哪怕是一丁点灰尘也会造成磁盘的损坏。所以，盘片、磁头和驱动机构被密封在了一个盒子里。直到今天我们使用的硬盘大体结构仍是如此，只是后来采用巨阻磁头等技术，使盘片密度越来越高，硬盘的存储量越来越大。

1980 年，希捷（Seagate）公司制造出了 PC 上的第一块 5 英寸温彻斯特硬盘，容量 5MB。在当时对于个人电脑来说这算是个天文数字。2016 年，市场上普及型的硬盘容量已经是 4T 左右，高的可达 6T，是 1980 年第一代 PC 硬盘容量的约百万倍。随着固体存储技术大规模普及，磁盘技术正在进入技术生命周期的末尾阶段，其存储容量的增长也陷于停滞。

硬盘有这样几个表达的指标：

1. 磁道：英文为 Track。

2. 柱面或扇面：英文为 Cylinder。它表示一面磁盘的盘面上磁道数量。一个柱面是指相同半径所有盘片双面上的磁道。因此，多个盘片的磁道和扇面划分是完全一样的。

3. 扇区：英文为 Sector。它表示一条磁道上划分的最小存储区块。一般在一个扇区里可存储 512 字节到 4K 字节的信息。硬盘是以扇区为最小访问单位。

4. 磁头：英文为 Head。因会采用多个盘片，以及双面使用，Head 数量可能多达 16 个。

因此，硬盘的存储容量就等于：

Cylinders × Heads × Sectors ×（**每扇区大小**，512B to 4096B）

磁盘系统存储能力在存储量上很好地遵从了摩尔定律的发展规律。随着存储密度的提升，单位存储成本也随之按摩尔定律的规律下降，从最初1956年第一台磁盘存储系统的每MB成本1万美元，下降到现在每GB只有2.5美分，降为原来的4亿分之一。

二、访问性能

但是，磁盘的访问性能，尤其是随机访问性能却并没有完全同步变化。

硬盘存储数据的原理是通过盘片的高速转动，使磁头可以访问盘片上各柱面不同盘片磁道的不同扇区。通过磁头的摆动来访问不同的柱面。显然，盘片的存储密度越高，相同转速情况下按顺序存储数据的速度越快。这种按顺序存储数据的方式在计算机技术中被称为“流式访问”。如果要随机地访问一个磁道上不同位置的数据，需要磁盘从当前位置转动到相应位置时才能访问。这样的极端情况下有可能接近转一整圈后才访问到要访问的数据存储位置。

另外，如果数据存放在不同的磁道里，还需要摆动磁头，先寻找到相应的磁道。这被称为“寻道”，找到磁道后，再转动到相应位置才能访问相应的数据。

因此可见，这种温盘访问数据的速度问题是很复杂的，不同方式下访问速度差别非常大。总体上说，其访问速度从高到低有三种情况：

1. 最高是同一磁道内完全按顺序访问。这种情况会发生在大文件访问时。

2. 其次是同一磁道内随机访问。

3. 最低是不同磁道内访问。

越是零碎的文件数据，越是可能要以随机方式去访问。所以硬盘的大文件访问速度与小文件随机访问速度之间的差距非常大。而且，随着硬盘的盘片存储密度的提升和转速的提升，流式访问的速度会同步提升。但是，寻道的速度是很难提升的。描述这一点的一个指标是“平均寻道时间”，意思是从一个磁道寻找到下一个磁盘的平均时间，这个指标从最初开发出硬盘时就是十几 ms，到现在最快也就是 3ms，几乎没什么变化。有一个指标衡量随机访问性能的，叫 IOPS，就是每秒执行读写操作的次数。当然这个指标需要指明一次读写的数据量有多大，如果读写数据量为 4K，就是 4K 条件下的 IOPS。硬盘的这个指标在 50—200，看起来硬盘接口的数据吞吐量提升得不少，7200 转，接口速度 6Gbps 的都有。但表达随机访问性能的 4K 小数据量的 IOPS 这个指标却很难有多大提升。

举个简单的例子，人们就可以清楚理解硬盘访问速度上的问题了。硬盘的结构就如同大楼，不同磁道就如同不同的楼层。磁头就像一个邮差，要向某一个人（扇区）收发信件（数据）。如果是在一个楼层内访问，幸运的话需要收发信件的人就在你身边，随手就把信递交过去了，可能只要一秒钟，稍远点的走几步也就到了，可能只要几秒。但如果要到另外一个楼层去收发邮件那就很麻烦了，楼层可能有几百、几千层，你要站在电梯口等电梯到了才能上去，然后每层电梯可能都要停下来上下客人，等到了目标楼层，出电梯后才能去找需要收发信件的人。等电梯乘电梯的过程可能要几分钟，甚至十几分钟。如何控制电梯运行，以便使等待时间尽可能少就是一个头痛的问题。磁头寻道技术也的确就叫“电梯算法”。

与盘片可以保持稳定的高速转动不同，磁头在需要访问的磁道停下来，才能使这个磁道被有效访问完，并可能转向。因此，要想提升磁头的寻道效率是极其困难的。这也就是为什么硬盘流式访问速度不断提升，而平均寻道时间技术却几乎停滞不前的原因所在。

表达硬盘的随机访问性能 IOPS 依据于平均寻道时间和旋转延迟时间。如果数据传输延时，IOPS=1000ms/（平均寻道时间 + 旋转延时时间）。如果平均寻道时间是 3ms，旋转延时时间为 2ms，IOPS 就是 1000/（3+2）=200。这已经是硬盘中 IOPS 性能顶级之列的了，这个指标在相当长的发展时期内几乎可以看作不变的。

这个看似细节的硬盘技术指标限制带来了很多麻烦。为了提升如互联网的并发访问能力，就不得不把相同内容重复存储在不同硬盘上，形成所谓内容分发网络（CDN）。还有采用内存或闪存做高速缓存来提升硬盘的并发访问能力。但读者访问互联网时，如果点击了某个网页很长时间没有反应，或者下载了大部分内容，而有一部分内容却不显示了，这些都很可能是硬盘随机访问能力太差造成的。

三、磁盘随机访问能力不变的影响

由于磁盘随机访问性能很少改进，对整个计算机系统的设计产生了非常大的影响。

首先是必须采用多层次的存储结构。由于硬盘随机访问性能如此之低，且无法改进，因此它不可能直接用于与CPU匹配进行运算，如果那样的话CPU无论怎么提升性能，绝大多数时间只能用于等待数据了。这就是为什么计算机需要采用多层次存储结构的原理所在。从CPU开始，由内向外存储器依次为：

寄存器（registers）→静态存储器（SRAM）高速缓存→动态存储器（DRAM）内存→硬盘外存→软盘、光盘、U盘等移动存储。

以上访问速度（尤其随机访问速度）越来越低，寄存器比内存大约快一个数量级。而内存的随机访问性能是硬盘的成百万到千万倍。各级存储成本也越来越低，存储容量越来越大（除移动存储外）。从寄存器到内存都是易失性的，也就是一停电数据就全没了。外存和移动存储是非易失性的，也就是停电后也能保持数据不丢。这就是为什么计算机系统要采用当前这种架构的原因：

软件要“安装”在硬盘上，如果只是存在内存里，停电时就全丢了。

因内存容量非常有限，就采用虚拟内存方式。也就是在硬盘上开一个区域作为虚拟内存，当内存不够用时，就把内存中暂时不用的数据搬到硬盘上，将需要的数据倒腾到内存里。可以想见这有多费劲，并且会对整体运算性能产生多么大的负面影响。有大量 CPU 运算资源就在这些等待中浪费掉了。如果你看到你的电脑硬盘在哗哗地转，但软件却像死机了一样停着不动了，那就是在大量进行这种倒腾数据的过程。

当然，如果能有一种存储器既是非易失的，随机访问速度又与内存一样好，价格又便宜，那整个计算机系统结构就会完全不同。过去没有这样的存储器，可是现在快有了。

四、闪存

在磁存储技术发展的同时，采用半导体开发存储的技术也在发展。CPU 等运算控制单元采用半导体技术，内存 DRAM 也采用半导体技术，如果非易失性的存储也采用半导体技术当然是最好的。

1. 从 ROM 到 EEPROM

最早的半导体存储是只读存储器 ROM（Read—Only Memory），它是采用掩模工艺在生产芯片时就直接把数据内容写进去了。这种方式生产成本很低，当然局限是很明显的，无法由用户方便地决定存进去什么数据，它只是在大规模生产标准化的只读数据时才可用。

而后就是“可编程只读存储器”PROM（Programmable Read—Only Memory），它可以由用户来写入数据，但只能写一次。PROM 的典型产品是“双极性熔丝结构”，当用户需要写入某单元数据时，可以给这个单元通上足够大的电流，并保持一定时间，将原先的熔丝熔断，这样就达到了写入数据的效果。

再然后就是“可擦写可编程只读存储器”EPROM（Erasable Programmable Read—Only Memory）。它是可以由用户写入数据，然后可采用紫外线照射方法擦除原来写入的数据，擦除后即可进行再编程写入。紫外线照射的时间相当长，可能需要一两天的时间。这一类芯片也很好识别，芯片上有“石英玻璃窗”用于紫外线照射擦除操作。而平时“石英玻璃窗”要用黑色不干胶纸盖住，以防止太阳光里的紫外线把数据意外擦除。

接下来就是“电可擦除可编程只读存储器”EEPROM（Electrically Erasable Programmable Read—Only Memory），也有写成E2PROM。它不仅可擦写，而且不用紫外线照射那么麻烦了，直接用电信号进行擦除操作，写入也是电信号，这就完成了全电子化的半导体存储。但是，EEPROM擦除和写入的时间还是比较长。最关键的是，它只能读写10次。

2. 从CD—ROM到DVD—RW

以上发展过程与光盘的发展有些类似。最初是完全只读的光盘，在生产时就是出版过程，把内容都写好了，这是最早的CD—ROM光盘。然后是DVD—R（DVD— Recordable）的一次性可刻录光盘，可由用户一次性刻录进数据。再然后就是可重复刻录光盘DVD—RW（DVD—ReWritable），1997年由先锋（Pioneer）公司推出。

3. NOR闪存与NAND闪存

1984年，东芝公司舛冈富士雄提出了快速闪存存储器（就是现在最常见的“闪存”，Flash memory）的概念，它结合了ROM的非易失和RAM的高速访问性能优点。1988年，公司推出了一款256K bit闪存芯片，采用的是NOR闪存（或非门型闪存）。1989年日立公司研制成功NAND闪存（与非门型闪存）。NAND闪存的写周期比NOR闪存短90%以上，擦除处理的速度也相对较快，存储单元只有NOR闪存的一半使其密度更高。NOR的特点是芯片内执行（XIP，eXecute In Place），这样应用程序可以直接在flash闪存内运行，不必再把代码读到系统RAM中。NOR的读出效率很高，甚至略高于NAND，在1—4MB的小容量时具有很高的成本效益。在闪存发展的初期，即使很多专业的工程师也搞不清楚两种闪存到底有什么区别，因此两种闪存都有发展。但由于NAND闪存在大容量时的出色表现，尤其在写操作时NOR太慢，执行一个写入/擦除操作的时间为5s，与此相反，擦除NAND器件最多只需要4ms，这使得今天市场上越来越多的闪存采用 NAND 闪存技术。但在读取速度和可靠性要求较高，而对写入速度要求不高的领域，NOR 还有一些市场。

4. 闪存的发展与丰富的产品形态

闪存出现以后，长期持续以超过摩尔定律的速度增长，每 12 个月容量就翻一番，这使它发展到一定程度时，就必然开始具备取代硬盘的潜力。2006 年 3 月，三星公司率先发布一款 32GB 容量的固态硬盘 SSD（采用闪存，但继承和兼容了硬盘接口的外存设备）笔记本电脑。到 2012 年，苹果公司的笔记本电脑就全面转向了全固体硬盘 SSD 技术。

2013 年 8 月，三星电子宣布批量投产全球第一个采用 3D 垂直设计的 NAND 闪存“V—NAND”，采用 24 层结构。原来的芯片可以想象成平房，而 3D 芯片可以想象成楼房。24 层 3D 芯片就是 24 层楼房的芯片。这样在相同线宽技术条件下，24 层 3D 芯片的集成度就可以在理论上高出普通芯片的 24 倍。但因为要消耗更多的校验位，因此实际存储能力只会高出不到 10 倍。3D 闪存的普及会使闪存芯片出现 10 倍的存储密度和成本的跳跃，正带来革命性的转折。

磁盘采用复杂的机械结构，使得它的小型化非常困难。虽然业界也尝试开发出微型硬盘以适应数码产品及手机等应用，例如早在 2003 年，东芝公司就已经开发出了一款到目前为止还是世界上最小尺寸的硬盘驱动器，其直径只有 0.85 英寸，有硬币一般大小。但是，由于闪存在适应产品微型化方面比硬盘容易得多，因此，硬盘的微型化努力并未取得市场的太多回报。

闪存除了以 SSD 方式应用外，目前最大量的应用是采用 USB 接口的 U 盘了。另外，各种闪存卡也大行其道，有 SM 卡（SmartMedia）、CF 卡（Compact Flash）、MMC 卡（MultiMediaCard）、SD 卡（Secure Digital）、记忆棒（Memory Stick）、XD 卡（XD—Picture Card）和微硬盘（Microdrive）。这些移动闪存产品虽然外观、规格不同，但是技术原理都是相同的。

另外闪存还可以非常容易地直接以芯片方式集成在线路板上，以及采用 PCI—e、HP 公司主导的 NGFF（Next Generation Form Factor）接口、mSATA 接口等开发闪存产品，这些闪存产品是直接用电路接口插在设备内部接口上的。

5. 全闪存时代

虽然从外表看，闪存的最大区别是它的体积可以做得很小，但事实上闪存与磁盘相比影响最大的突破是在随机访问性能上。前面我们谈到，硬盘在随机访问能力上几乎是无法提升的，而闪存本质上是一种随机访问设备。如果去查接口上的最大数据吞吐量的性能指标，SSD 相比硬盘差别好像不是很大。但如果比较 IOPS 性能，两者有天壤之别。SSD 产品 4K 的 IOPS 可以很容易做到 10 万左右，比磁盘提升 500 到上千倍。而高性能的企业级 SSD 的 IOPS 甚至已经可以做到近千万级别，比硬盘高 5 尤到 10 万倍。如 2013 年年初，高性能企业级固态存储厂商 Fusion—io 就开发出 4K 的 IOPS 性能达到 960 万的 SSD。闪存不仅 IOPS 可以做得很高，而且比较容易升级到更高水平。如果互联网数据中心都采用闪存，不仅网络用户体验会非常顺畅，而且会给计算机体系结构带来巨大的改变和影响。

现在普通 PC 的 CPU 性能已经远远超过了硬盘所能支撑的范围。因此，如果读者三五年前买的电脑，现在已经慢得像牛车的话，只要换上 SSD 盘，就会比刚买的时候还要快步如飞，启动时间不会超过 15 秒，除真需要巨大运算量的业务外，其他所有软件运行都会非常顺畅，数据库类的软件甚至比刚买电脑时跑得还要快。

五、更新型的存储技术—3D Xpoint

2015 年 8 月，Intel 公司联合美光发布了性能惊人的新存储产品 3D Xpoint。目前 Intel 公司对这种全新的存储产品原理还处于保密状态。它不是 3D NAND Flash，而是全新一代的半导体闪存。

英特尔向媒体透露的有关该架构的情况包括：

1. 交叉点阵列结构——垂直导线连接着 1280 亿个密集排列的存储单元。每个存储单元存储一位数据。借助这种紧凑的结构可获得高性能和高密度位。

2. 可堆叠——除了紧凑的交叉点阵列结构之外，存储单元还被堆叠到多个层中。目前，现有的技术可使集成两个存储层的单个芯片存储 128Gb 数据。未来，通过改进光刻技术、增加存储层的数量，系统容量能够获得进一步提高。

3. 选择器——存储单元通过改变发送至每个选择器的电压实现访问和写入或读取。这不仅消除了对晶体管的需求，也在提高存储容量的同时降低了成本。

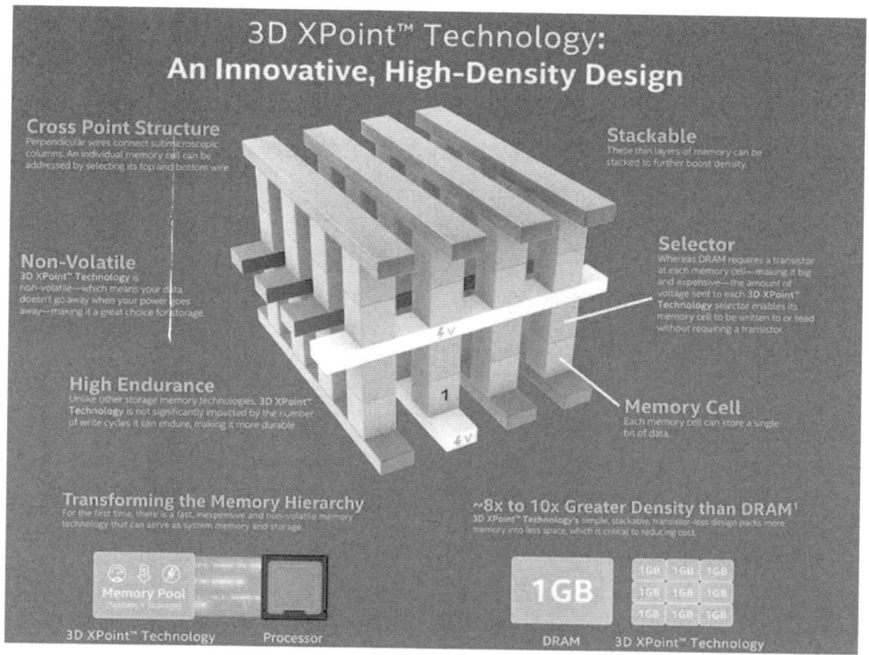

图 23-7　3D XPoint 的架构，右下方是与 DRAM 的密度比较，从图示看是 9 倍密度，但有可能这只是图示，不代表真正的密度（10 倍密度）的形态。引自 INTEL 官网文章《英特尔与美光 3D XPoint 技术掀起闪存市场 8.5 级强震》

4. 快速切换单元——凭借小尺寸存储单元、快速切换选择器、低延迟交叉点阵列和快速写入算法，存储单元能够以高于目前所有非易失性存储技术的速度切换其状态。

美光公司 CEO Mark Durcan 在正式发布活动中强调："新的技术与现有美光 SSD 中使用的 3D NAND Flash 技术完全不同，请大家不要将两者混淆，3D XPoint 是一个完全新型的闪存。"由于这种存储器不需要擦除操作，因此读写性能有巨大的提升，2016 年发布的产品采用内存的 DIMM 接口的产品 Optane，可当作内存使用，1/2 的 DDR 成本，4 倍的容量。从目前产品实际测试看，IOPS 比闪存提升 7 倍左右。根据其初步的介绍和一些分析，很多人猜测这可能是忆阻器，也有人猜测是后面将要讨论的相变存储器。

1971 年，加利福尼亚大学伯克利分校的美籍华裔教授蔡少棠提出忆阻器（Memristor）存在的可能性[①]。现在也有叫阻变式存储器 RRAM（Resistive Random Access Memory），电阻式存储器 ReRAM。忆阻器是一种能够描述电荷和磁通之间关系的全新元件，也是一种具有记忆功能的非线性电阻，不仅可以记忆流经自身的电荷数量，也可以通过控制激励源的电流或者磁通来改变自身的阻值大小，并且这种阻值变化可以在断电下继续保存相当长的一段时间。但是受限于当时电子工艺技术和理论研究的缺失，很长一段时间内并没有发现符合忆阻器特性的实物电子元件。直到 2008 年美国惠普实验室采用先进的纳米工艺和在极其苛刻的环境条件下，首次实现制作出纳米忆阻器，这种忆阻器就是交叉点阵结构。包括惠普、Elpida、索尼、松下、美光、海力士、富士通等都致力于这种忆阻器的开发。

---

① Chua, L. O.（1971）, "Memristor–The Missing Circuit Element", IEEE Transactions on Circuit Theory, CT–18（5）: 507–519.

六、潜在存储技术 PCM 和 STT—MRAM

相（phase）是物理化学上的概念，它是指物体的化学性质完全相同，但是物理性质发生变化的不同状态。例如水有三种不同的状态：蒸汽（汽相）、液态（液相）以及冰（固相）。一些物质的结晶和非结晶等也是不同的相。物质从一种相转变成另外一种相的过程就叫作“相变”，例如水从气态水转化为液态水就是一种相变。一些特殊物质如硫族化合物在晶态和非晶态的不同相情况下，存在巨大的导电性差异，利用这个特性可以用来存储数据。GST（Ge2Sb2Te5）材料在非晶态相状态下，电阻通常可超过百万欧。而在晶态相状态下，电阻为 1 千欧到 10 千欧。通过将其加热到不同温度，可以使这种材料在晶态和非晶态相之间进行转换，利用这个特性就可以完成数据的擦除和写入。

1970 年 9 月 28 日，Dr.StanfordOvshinsky（Stanford Robert Ovshinsky，1922.11.24—2012.10.17）在Electronics发布了一篇文章描述了世界上第一个 256 位半导体相变存储器。美光、IBM 等公司长期跟踪研究了这种存储技术。

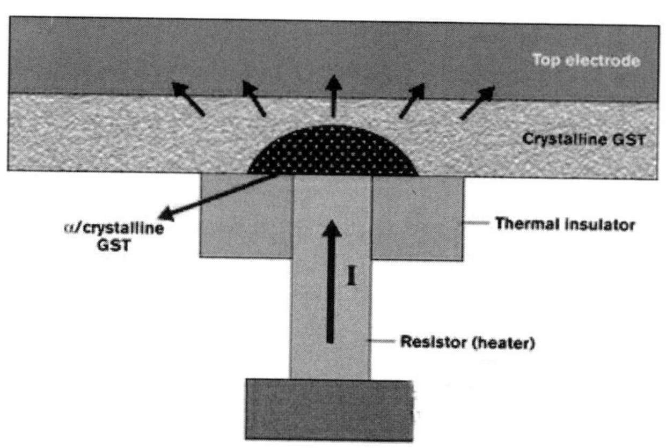

图 21–8　相应存储器 PCM 存储单元工作原理

2016年5月份，在巴黎的IEEE国际存储器研讨会上，美国IBM的科学家首次展示了64k单元阵列上实现每个单元成功储存3比特的能力，并且其重复擦写次数突破了100万次。

另一种潜在的技术是磁阻存储MRAM。磁阻存储的概念几乎是和磁盘记录技术同时被提出来的。磁致电阻现象150年前就由英国科学家威廉·汤姆森（William Thomson，1st Baron Kelvin，1824.6.26—1907.12.17）发现，但是对于一般的材料而言，它是比较微弱的一种效应，在电阻变化小于40%的时候，很难判断出本来就很微小的电流变化。随着材料和工艺的进步，该技术有了突破性的进展。

1995年摩托罗拉公司（后来芯片部门独立成为飞思卡尔半导体）演示了第一个MRAM芯片，并生产出了1MB的芯片原型。2007年，IBM和TDK公司合作开发新一代MRAM，采用自旋传输STT（Spin Transfer Torque）技术，使磁致电阻的变化达到了1倍左右。这种STT—MRAM的记录密度理论上可以达到DRAM的成百上千倍，速度却比现有的内存技术都要快。与目前的NAND闪存相比，写入速度快10万倍，而读取速度则是快接近10倍，信息保存时间和可重复读写次数几乎都是无限长。只要透过少量电力就可以驱动的非挥发性存储器，不使用时也完全不需要电力，极为省电。MRAM已经在通信、军事、数码产品上有了一定的应用，如作为高速缓存等。

但是，MRAM过去有一个致命的缺点，就是50纳米以下的生产工艺相当困难，费用又极为庞大，以致迟迟不能商品化。2011年三星电子买下拥有STT—MRAM技术的开发公司Grandis。而SK海力士（SKHynix）则是与东芝（Toshiba）合作，共同研发MRAM技术。2016年，IBM和三星电子在IEEE上发布研究论文称携手研发11纳米工艺的STT—MRAM存储器。两家公司也表示，预计在3年内展开量产，也引起了业界高度的注目。由于95%的DRAM制造设施都可以用于STT—MRAM的生产，这将大大降低成本并缩短换代周期。

表 23-1　新型存储器比较

	3D 闪存	3D Xpoint 及忆阻器	相变存储器 PCM	磁阻存储器 STT-MRAM
理论存储能力	海量，超过现有 NAND 闪存 10 倍以上	比 DRAM 高 10 倍	海量	海量
随机访问性能	比 DRAM 低九成	接近 DRAM	超过 DRAM	显著超过 DRAM
重复擦写能力	TLC 1000；MLC 1 万；SLC 10 万次	超过 100 万次	千万次	无限
保存时间	10 年		10 亿年	无限

从表 23-1 比较可以看出，即使是现在已经确切商用化的 3D 闪存，因随机访问能力彻底突破硬盘的瓶颈，已经带来巨大的革命。如果后面三种存储技术任何一个获得商用，将主要会在重复擦写能力和寿命上相对闪存产生革命性的突破，并且随机访问能力越过与 DRAM 内存相比较的临界点，使得其可以用作程序运行存储设备。尤其 PCM 和 STT—MRAM 接近完全理想的存储技术。

因此，2016 年到 2030 年的信息技术将是存储革命的历史时期。这将给信息技术带来非常巨大的变化，尤其对后面将谈到的用存储换计算的方式。存储结构的这种变化并不是采用摩尔定律这种稳定倍增同期的方式，而可能是几年时间突然有三到四个数量级的“性能爆炸”。因此它的出现可能让很多人在短时间内难以想象和适应。例如，过去需要一整层楼做 CDN 的系统，采用全新的技术可能只要一个机架就足够了，并且提供的服务质量还要好得多。整个信息行业，甚至全社会都会在相当长时间内难以想象这样的变化究竟意味着什么。

第四节　外围接口大一统

外围接口是计算机的 I/O 界面。在过去，计算机的外围接口繁多，有并口、串口、电话 MODEM 接口、RJ—45 网络接口、键盘接口、鼠标接口、软件盘接口、硬盘和光盘的接口（IDE、SATA、SCSI 等）、CGA 和 VGA 等显示接口、音频接口、SD 卡接口、手提电脑的 PCMIA、WIFI、蓝牙、电源接口……如此众多的不同接口不仅让计算机物理接口繁多，而且软件开发也很麻烦。

通用串行接口 USB（Universal Serial Bus）出现后，计算机的外围接口逐渐开始统一。1994 年 11 月 11 日发布了 USB V0.7 版本，它采用菊花链形式可以把所有的外设连接起来，最多可以连接 127 个外部设备，并且不会损失带宽。USB 发展进程见表 23-2。

表 23-2　USB 的发展历程

USB 版本	理论最大传输速率	推出时间
USB1.0	1.5Mbps（192KB/s）	1996 年 1 月
USB1.1	12Mbps（1.5MB/s）	1998 年 9 月
USB2.0	480Mbps（60MB/s）	2000 年 4 月
USB3.0	5Gbps（500MB/s）	2008 年 11 月　/　2013 年 12 月
USB 3.1Gen 2		
采用新的 Type-C 双面可互换接口	10Gbps（1280MB/s）	2013 年 12 月

2015 年已经有 USB3.1 产品推出，这类产品已经可以支持电脑上的显示器，USB AV 3.1 提供 9.8Gbps 频宽，与 HDMI1.4 相同，最高支持 4096 x 2304 @ 30FPS 的 4K 显示画面视频（HDMI2.0 的视频接口最大速率也只是 18Gbps），甚至电源（USB3.1 供电能力最高可采用 20V/5A，

供电 100W）等一切有线接口。[1] 苹果的火线 FireWire、闪电 Lightning、Intel 的雷电 Thunderbolt2.0（可支持到 20Gbps）甚至 60 帧的 4k 视频以上的需求也会最终统一到 USB3.1 的后续产品上。

无线的 WIFI 和蓝牙还会长期保留。也就是说 2016 年到 2020 年，随着 USB3.1 接口普及，电脑等所有相关信息产品和数码产品的外围接口会完全大统一，变得理想化。电视、投影仪与计算机显示器完全统一。

第五节　宽带接口理想化

固网互联网接口从初期最多 56kbps 的电话 MODEM 上网，到 ADSL、ADSL2、ADSL2+、VDSL，到电信的光纤到户和广电的 CCMTS 等。更新的光纤到户和 CCMTS 可以很容易提供 50Mbps 到 100Mbps 以上独占带宽接入能力。从 2016 年到 2020 年，固网宽带将变得理想化。

无线移动技术从 2G 的 EDGE（几百 K）、3G（几 M 至十几 M）、发展到 4G（10M—100M），目前正向 5G（1G 到 1T）发展。注意移动的带宽是一个基站甚至一个射频扇区内所有用户共享的带宽。5G 有可能从 2020 年左右开始普及。也就是说，从 2020 年到 2025 年，移动宽带将会变得理想化。

---

① "Universal Serial Bus Revision 3.1 Specification"：http://www.usb.org/developers/docs/.

第六节　计算、存储和带宽之间的性能转换

一、用存储换计算

过去我们往往把注意力关注在信息处理技术的计算能力上，但事实上，通过提升计算能力只是解决问题的一个方面。在没有电子计算机的时代，科学家和工程师们也干了那么多的大事情，那是怎么做的呢？

其实解决很多计算问题并不一定需要巨大计算能力的计算机，而是可以通过存储来换计算。例如，三角函数、开方、对数等都是运算量非常巨大的数学函数，即使采用计算机运算量也是很大的。今天我们可能会问一个问题：在过去没有电子计算机的时代，科学家和工程师们是怎么进行工程计算的呢？因为电子计算机如此地普及，我们可能把很多非常好的方法给忘了。编程者们遇到数学运算时轻易地就去调用数学函数标准子程序。但是，过去的工程师和科学家们是把各种数学函数先计算完，做成数据表。做好这个基础工作后，具体进行工程和科学研究计算时，遇到各个数学函数，直接去查表就可以了。如果采用原始的算法，仅仅计算一个角度的三角函数可能要几个小时，但如果查表的话，几秒钟就查出结果了，两者之间的“运算”速度有几个数量级的差别。这就是一种用存储换计算的方法，这种方法也可以用在电子计算机技术中。

过去硬盘虽然存储量按照摩尔定律指数增长，但因随机访问性能太差，如果存在硬盘中的巨型数学表查起来速度会很慢，所以很难以硬盘为基础实现存储换计算。但当存储量为海量，并且比内存速度更快的非易失性存储器普及后，用查表方法解决数学函数计算问题，就会把需要成千上万次加法运算的数学函数计算，变成只要一次查表操作就可完成的事情。采用这种方法，一些需要超算才能处理的气象、卫星、地震等计算业务，

可能用台式电脑就可以完成了。

其实，只要将过去的数据库类的软件从硬盘上全部搬到内存里，利用随机访问速度极高的 DRAM，运行速度就必然会有数量级的提升。如果再针对性地进行优化，性能就更高了。

一些软件中使用频度极高的变量，如循环语句中的计数器变量等，只要指定为速度最快的寄存器变量类型，总体运算速度就会大大加快。

今天的文字处理对计算机性能来说已经是太低级的业务。如果采用 64 位字长将全球所有文字进行统一编码，甚至将字体、各种特殊符号等全都统一编进去，文字处理软件就会非常简单。这样做会使文本存储信息量成倍增长，而计算量和软件编程的复杂度却都会极大降低。

过去音乐采用 MP3 等压缩可以使存储量减少，现在因为存储量的丰富，采用无编码的音乐格式开始流行。过去 MP3 等是用运算换存储，而现在转成无损格式不仅是存储换运算，而且提升了音乐品质。

以上这些都是存储可以变成运算性能的案例。

二、用计算换存储和带宽

视频的信息量本来是非常大的，采用 Mpeg1、Mpeg2、H.261、H.262、H.263、H.263+、H.264、H.265 等视频压缩技术后，可以使视频的信息量减少为原来的 $\frac{1}{100}$ 到 $\frac{1}{300}$。但压缩效率越高，耗用的运算资源越大，这是用运算换存储和带宽。例如，H.265 相比 H.264 压缩效率可提升 1 倍，使相同质量下码率减少 50%，但付出的代价是运算量要提升 10 倍左右。

三、用存储换带宽

采用缓存，内容分发网络 CDN（Content Delivery Network），可

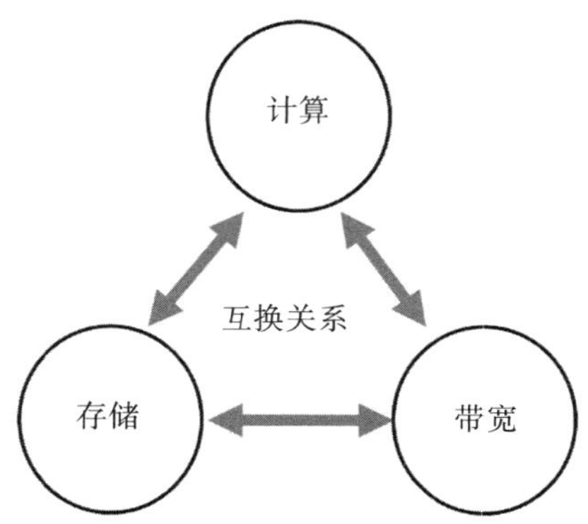

图 23–9　计算、存储和带宽三者间有两两互换的关系

以使大量重复发送的信息工作被节省，而只需要从本地或近处的 CDN 节点获取。这是用存储换带宽。

四、用带宽换存储和计算

如果采用 IOPS 性能很高的闪存，或未来新型的固体存储产品（忆阻器、相变存储器或磁阻存储器等），可以获得极大的并发访问能力，这样就可以不用 CDN 从而产生巨大的重复存储，这需要巨大的带宽。但因带宽是非常富余的资源，因此这样的替换依然是划算的。这是用带宽换存储的思路。这是与 CDN 相反的思路。

如果减少信息压缩率，计算量会减少，但带宽会增大。这就是用带宽来换计算。

从以上可见，计算、存储、带宽三个要素之间是可以互换的，当某一资源更为丰富，另一资源较为紧缺时，就可以用更丰富的资源去换取更紧缺的资源，尤其是存储和计算之间的资源互换性更为重要和具有普遍性。这样一来，这三个资源中，任何一个获得更大发展，就会使其他资源得到缓解。因此，单纯地考虑计算资源的发展等思路是不合适的。

五、用空间、统一的接口换计算

从2016年到2025年，因为摩尔定律会遇到极限，因此，芯片线宽的缩小会越来越难。因此，另外一些过去从未注意到的趋势会在这个时期产生越来越大的影响。当闪存取代硬盘后，不仅体积会极大地缩小，而且可直接集成在电路板上，能耗也大大降低。

另外大量外围接口统一之后，外围物理接口和接口电路也会极大简化。

以上这些会使计算机实物的空间极大减少。这在另一方面可以比较容易提升其系统的集成度，从而有利于提升系统计算性能。在超算中考虑计算性能时，不仅是总体的计算性能问题，而且是单位空间和单位能耗的计算能力问题。如果系统集成度能够提升，在单位空间里集成更多CPU单元，其实就可以简单地使超算总体计算的能力提高。只要全部存储换成海量的闪存，或者内存都换成未来STT—MRAM这类更理想的存储设备，即使CPU没有实质性的技术进步，超算的性能也可以极大地增加。

未来全部计算设备更换成USB3.1这类完全统一的接口之后，计算系统会得到极大简化。例如，过去要在手机与电脑之间进行数据交换会非常麻烦，而如果采用手机电脑技术后，手机本身就是电脑，根本就不存在数据交换的问题了。

当宽带增大到一定程度时，远程和本地区别就很小了。为了减少软件运行时的流量消耗，现在大量采用APP方式。但是，不断地升级安装APP新版本软件又会产生更多的流量。如果带宽足够宽，直接在远端运行软件，就不用这么费事了。

消灭问题是解决问题最好的方式。消灭计算需求是提升计算性能最好的方式！

第七节 信息能力需求极限

一、带宽需求极限

人们可能会感觉，在过去随着接入带宽的不断发展，对带宽的需求也在不断发展。因此带宽似乎永远没有理想化满足的时候，但事实并不是这样。需要大带宽的主要是视频，即使是采用 Ultra HD 的 4K 线视频（4096×2160 像素），采用 H.265 格式压缩后所需要的带宽也只是 20M 以下即可。100M 已经可以支持 8K 线的未来接近终极视频，8K 线已经可以把即使是富豪家里的房间一面墙变成屏幕，再提升到 16K 线意义已经很小了。要看 4K 视频，36 英寸以下的电视几乎没任何意义，至少要 50 吋以上，最好 110 英寸。而 8K 屏幕将会大到 100 到 200 英寸（约 2.5 到 5 米），也可以扩到 400 英寸（10 米）。如果用 16K 线的视频和 8K 线的视频分别占满 10 米大的一面墙，只有用手扶着屏幕才能看出差别，坐在沙发上什么差别也看不出来。

直到 2016 年，很多国家包括中国花了十多年时间连 2K 线的 HD 都还没有普及，更别说 8K 视频。其主要瓶颈是在电视和节目内容，而不在信息技术上。

对科学研究所需要的论文、书籍、测量数据、图片、视频等资料信息，已经可以不需要考虑任何信息传递瓶颈问题了。

对于核心网络的带宽来说，由于光纤通信的发展，几乎不需要考虑其瓶颈问题了。每根光纤 1550 纳米和 1310 纳米两个窗口可利用的资源总计约为 160 个波长，现在传输技术每个波长可达到 100G 以上（理论上有可能达到 400G）。这样一根光纤采用密集波分复用技术已经可商用化的带宽即可达到双向 8T 的水平（理论上有可能达到 32T）。例如，ZTE 公司商用化的 ZXWM M920 骨干 OTN 产品即可支持 80×100G 超大容量传输，即单根光纤传输容量最大可达 8Tb/s①。

即使考虑保护，现在已经商用化的 144 芯光缆最大传输带宽可达 500T 以上，这个可以供两千万路以上 4K 的 UHD 视频同时传输，一根光纤可以同时传约 40 万个 4K 电视节目，文本和图片等对它来说完全是可以忽略不计的信息了。事实上，中兴通讯在 2000 年左右就已经开发出 1.6T 的传输产品，那时我就在负责传输产品开发的 ZTE 本部事业部任研究所副所长，当时开发这个产品的目的就是树立技术形象，并没打算真卖多少，该产品到现在才进化到 8T。带宽高到这种程度的密集波分复用产品几乎只是象征性的，其能力远远超出实用需求。根据 Northern Sky Research 市场调研机构的数据，全球电视频道数量 2024 年相比 2015 年会有 47% 的增长，总数量会达到 38500 个左右。就算全球所有电视频道全都换成 4K，一根光纤 1/10 的带宽都用不到。

以大型科学测量中会产生海量数据的美国引力波测量仪 aLIGO 为例，它的大量传感器时刻产生巨大的数据量。每年产生的数据总量为 0.8PB（1PB=1024TB=1048576GB），按这个总量计算，如果它是以稳定的、持续不断的数据流产生，传输这些数据需要的带宽也就是 0.8×1024×1024×1024×8/（365×24×3600）=212.8Mbps。这个码率比现在一个家庭宽带用户的带宽多不了多少。

现在互联网上流量效率是非常低的。如果新的 SDN（软件定义网络）大量普及，网络流量还会极大优化，成数量级地降低带宽需求。

二、存储需求极限

① http://www.zte.com.cn/china/products/bearer/optical_transmission/wdm_otn/405497.

aLIGO 产生的数据量每年 0.8PB，看起来很大，就算采用现在已经商用化的企业级 4T 硬盘 200 多块就可全存下了。价格也就在 30 万人民币，一个中国普通研发人员一年的成本而已。欧洲强子对撞机每年产生的数据量稍大一些，也不过是 4PB 多。

如果一个人的身份信息量为 1K，全国近 14 亿人的身份信息数据也就约 1.5T，不仅现在的一个 4T 的硬盘可以装下，不久一个小小 2T 的 U 盘都可以全部装下了。2013 年美国 CES 展上，金士顿公司就展示了世界上第一个 1T 的 U 盘。2011 年，台湾 ITRI（工业技术研究所）和存储厂商创见（Transcend）就联合研制成功了 2TB 的 USB 3.0 U 盘，但这个并没有真正商用。

据 IT 数据公司 Gartner 在 2013 年所做分析测算，全球每年产生的数据量以 50% 的速度在增长，到 2020 年全球数据量会达到 35ZB[①]。更新的预测可能达到 40ZB。但是，这个是过去以硬盘为基础的存储结构导致的结果。当新的闪存和其他固体存储器获得大规模普及极大降低 CDN 等存储需求量，以及信息增长遇到极限之后，这个增速很可能会减缓，甚至停滞、下降。

三、计算需求极限

如果采用存储换计算的方式，对计算的需求量会呈几个数量级地下降。除了采用虚拟化技术降低了服务器资源需求外，现在的 P2P 等软件重用了用户终端的存储资源，一些特殊软件也利用用户终端闲置的计算资源来从事计算量非常大的工作。如将发现素数的程序嵌入在用户终端电脑的屏保软件中，使得数以 10 万计的大量用户终端加入了发现素数数学研

① 1ZB=1024EB=1024 × 1024PB=1024 × 1024 × 1024TB=1024 × 1024 × 1024 × 1024 GB.

究过程中，不亚于采用巨型机的工作效果。这种方式被称为“志愿计算”（后面会谈到这个词汇并不太合适）。未来带宽变得理想之后，用户终端的计算资源可以更方便地被重用。

大自然是很奇妙的，在芯片计算能力发展遇到摩尔定律极限，光纤传输、移动通信等遇到香农极限的同时，对计算、存储和带宽能力的现实需求增长其实也在遇到极限。但这样的判断可能使人们立即联想到一些现在受到嘲笑的名言：

电子计算机最初被发明时，IBM 的创立者托马斯 · 沃森曾说“全世界只需要 5 台电脑就足够了”。

在 PC 发展的初期阶段，微软公司比尔 · 盖茨在一次演讲中称“无论如何，个人用户的计算机内存只需 640K 足够了”。

但是，他们谈这些问题时并没有考虑实际的需求极限。人的感觉是有阈限的，所以视音频信号是有最大极限的。很多人认为未来互联网上 99% 以上的信息是视频信息，而现在视频信息处理的需求已经接近人类生理极限。

没在这个行业里深入泡过的人可能很难理解，光传输行业和整个通信行业早就痛苦于技术能力严重过剩。过去国际上有 10 多家通信生产巨头，现在只剩下不到一半了，曾经辉煌的马可尼、西门子、北方电讯、朗讯、阿尔卡特、摩托罗拉、诺基亚、爱立信，到 2015 年被整合成两家公司（诺西阿朗、爱马北），而且合并的进程还未结束。

IT 技术的创新在快速产生新产品的同时，也在更快地消灭过去的需求，甚至行业。它是在实际信息处理能力和方便程度极大提升的同时，却使大量过去的商业需求被消灭。曾经的电报、寻呼、电话 MODEM、DSL 等都全行业地被新的 IT 技术快速消灭。连 USB3.1 的普及也会让大量生产不同线缆的公司退出市场。

第八节　传感网、物联网与测量网

2000 年美国就有人提出“传感网”的概念，这个概念是更为学术化的。后来就发展成很通俗的“物联网”了。其实，从传感网这个概念可以很好地理解未来物联网是什么，其实就是将大量传感器连接到互联网上。它也可以称为是“测量网”。由于传感技术的发展，大量在过去是属于尖端科学测量精度的设备，越来越成为民用化的便宜商业产品。以这些测量设备大量普及，联网的测量点越多，我们对世界的认识就具有越多通道。它使我们可以形成越来越完备的直接测量世界各个方面要素的能力，这个世界对人类越来越“透明”。

第九节　云计算、大数据与全数据

一、测量信息与知识的管理——编址、寻址与地址映射

随着人类获得的测量信息和知识越来越多，如何管理它们，并利用它们进行更进一步的科学研究和实际利用就是一个很大的问题。学术论文、学术杂志、书籍、图书馆、博物馆等是过去科学时代储存管理知识信息的主要方式。

通过学术论文中的参考文献建立了一个研究与其他知识信息之间的链接，以便进行搜索。学术杂志和书籍的目录，图书馆的编目、目录、索引等是建立知识信息管理和查询的重要方法和入口。

在计算机和互联网时代，提供了索引库、超链接等方法进行知识信息的管理。

进行知识信息的管理方法其实都是类似的。无非就是编址、编目、目录、链接、超链接、分类和索引等。它们名称不同，其实都是包含了三个内容——编址、寻址和地址映射。对知识信息首先是进行“编址”。编址是建立一套标准和统一的简单规则名字或号码，去代表被管理的对象：

▶ 编址：计算机内存地址、IP 地址、MAC 地址

▶ 编目：图书馆藏资源编目、影音资料编目

▶ 编号：员工号、身份证号、社会安全号

▶ 人的姓名

▶ 互联网域名 DNS

▶ 作者提出的统一网络用户名 UNS①

▶ 电子邮箱地址

▶ 互联网统一资源定位 URL

▶ 电话号码

▶ 邮政编码

▶ 商品条码

▶ 二维码

▶ 车牌号码

▶ 图书或期刊页码

▶ 学科分类及代码

▶ 文字的计算机编码

▶ ……

然后根据编址建立寻址关系：

▶ 指针

▶ 参考文献

① 参见汪涛：《通播网宣言》，北京邮电大学出版社，2006 年 10 月。

▶ 目录

▶ 链接

▶ 超链接

▶ 索引

▶ 各种计算机文件系统

▶ 文字的键盘输入法

寻址关系是建立地址与被其编址表达的对象之间关系，以获得该对象（数据、知识、信息等）。

多层编址

为了更方便地管理，编址可能不是简单顺序，而可能会有层次。

计算机内存地址本来是一维的，按顺序从 0 开始一直排下去，但这样管理起来不是很方便。因此，就按一定大小将内存分成“页”，比如按 64K 进行分页，每页就是 64K 的数据块。无论硬盘，还是闪存，也都会将数据做这样的分块，名称可以不同（扇区、数据块等）。无论在物理地址的管理，还是逻辑地址的管理上，都采用了这种方法。这样在信息处理时，先按更高层的“页”“扇区”“数据块”等的地址找到它们，再从中按最低层次的地址寻找最细分的编址对象。分层也可以是超过 2 层的多层编址。这是一种同一地址体系内从宏观到微观的分层编址。

另外还有为不同层次应用而进行的不同地址体系的编址。

如直接管理低层物理对象的物理地址便于最直接的内部管理，如：

▶ 移动通信的基站号、载频号、扇区号、时隙号等

▶ 企业内部员工编号

▶ 仓库内部货架号

▶ ……

另一些地址是统一的。如：

全国统一的邮政编号、身份证号码、电话号码、IP 地址等。

还有一些是比较容易接受的名字。如：

人的姓名、街道名称、企业名称、互联网域名等。

地址映射

不同的地址适合于不同的应用。因此，需要通过地址映射将适合于人接受的地址体系，翻译成适合计算机或网络接受的地址体系，这就是“地址映射”，或称“地址翻译”。地址映射也是一种寻址，如将域名或 UNS 名映射成 IP 地址，再将 IP 地址映射成 MAC 地址，以最终找到编址要代表并管理的对象。地址映射也是一种寻址，在计算机里有些情况下叫“间接寻址”。

相关的技术不断变化，但万变不离其宗。编址、寻址和地址映射是我们管理知识信息，寻找知识信息之间相关联系，甚至认识世界最基本的方法。编址是为良好地管理，但如果对相同的对象产生了应用目的相同层次的不同编址体系，那就会带来重复和管理的复杂化。但因不同主体的利益角度不同，这种重复的编址体系避免起来也很困难。如同不同国家有不同的语言一样，它造成了相互理解的困难和分割。语言不过是人对整个被认识世界的编址，不同语言也就意味着要引入地址映射或地址翻译才能相互理解。

二、信息领域的学术与概念炒作——看穿热点概念

在谈大数据之前，我们需要先回顾一下信息技术领域里的各种学术概念与概念炒作，否则可能很难理解清楚“大数据”是个什么东西。因为信息技术发展变化得实在太快了，很多新出现的技术和知识别说是外行人，就是内行的工程师们往往都搞不懂。为了尽快推动这些新知识、新技术或新产品被社会接受，往往就喜欢炒作很多概念。这样一来，社会大众就会把很多想当然的东西加入到这个概念中去。另一方面，更多人为了把自己的东西借势进行推广，也会主动把不管是不是合适，只是属于自己的东西加入到这个热点概念中去。因此，信息技术中的很多被社会广泛接受的东

西，往往就会很快变得连最初推广这个概念的人也搞不清楚它们到底是什么意思了。

为了让不同计算机协同工作，很早就产生了“并行处理”“分布式计算”“集群”“网格计算”“虚拟化”“计算机热备份”等技术，但这些技术概念都很难被社会公众所理解。于是“云计算”一词就很好地符合了社会公众的理解方式而被炒翻天。但这样一来，“云计算”这个词的含义很快就变得“云天雾地”，就算在 IDC 中租了一台服务器，也被称作建立了“一朵云”，几乎就没有不是云的东西了。如果要去追寻这类概念究竟是从什么时候开始的，几乎可以追到计算机技术发展的一开始。但“云计算”这个概念本身是从什么时候开始，与其追踪它的源头，不如从循环因果律来看它是什么时候确立了循环因果的关系，从而被迅速放大的。

从事电子商务的 Amazon 等公司建立了越来越庞大的服务器资源，这些资源除了自己用之外，也可以对外提供服务。2005 年，Amazon 宣布了 Amazon Web Services 平台，它可以将自己的服务器等资源通过互联网提供给社会。2006 年 8 月 9 日，同样有巨大服务器资源的 Google 公司首席执行官埃里克 · 施密特（Eric Schmidt）在搜索引擎大会（SES San Jose 2006）阐述“云计算”的概念。于是，这个概念就迅速在业界传开了。拥有大量服务器资源的厂商、生产服务器的厂商、集成商、通信运营商与通信设备生产商们迅速建立了相互都有利的商业增量关系。于是“云计算”这个词就被迅速放大。而从真正技术角度说，它不过就是 GOOGLE 等公司将自己 GFS、HDFS 等搜索和资源管理接口开放给社会而已。因此，以上那些技术基础都只是铺垫，而真正让“云计算”这个概念火爆起来的其实只是商业模式创新的“效用计算”（**将计算存储等资源打包对外提供服务**）。业界也并不太在意人们将尽可能多的含义加入到“云计算”这个词汇中，甚至可以说是多多益善。但从这一循环因果的关系我们也能很好地理解这个概念的边界在哪里。

从理论上说，计算机的并行处理、分布计算和虚拟化等，在提供增量计算资源，让相关厂家获得增量商业的同时，也会减少服务器的需求。不过这表面看不太清楚，也没办法管这么多。但并行处理和分布计算其实也可以一直分布到用户终端的计算上，其实 P2P、志愿计算等就是这种技术。但已经建立起“云计算”循环因果关系的几乎所有角色们显然都不希望发生这样的事情，所以“云”就只是限定在网络侧，而没有延伸到用户终端上去。这样的理解从纯技术角度说是不对的，却不仅未被社会大众所认识到，甚至专业技术和学术界也意识不到这个问题。P2P 多是在用户不了解自己的资源将被占用的情况下被商家利用，而“志愿计算”这个词本身就会受到相当大的限制。因为“志愿”表面上看就意味着只是为社会付出，这是一种道德行为，它的号召力必然相当有限。如果利用已经普及的电子支付将 P2P 和“志愿计算”变成商业交易过程，这种“云天雾地计算”才是“云计算”的完全形态。

IBM 为了更多利用其服务器产品和服务产品，提出了“电子商务”的概念，其实 IBM 自己从没想过要做电子商务，这几乎就不是任何技术概念。但后来只要是用任何电子设备进行商务活动的全成电子商务了，尤其在互联网上进行商务交易活动和电子支付的过程。现在已经很少人明白最初 IBM 提出“电子商务”这个概念不过就是想多卖些服务器和他们的商场 POS 系统而已，而后就被亚马逊、E—bay、阿里巴巴、京东、当当、滴滴、百度外卖、美团等公司不断地将电子商务进行重新定义和按自己的业务丰富其内涵了。

三、从数据库、大数据到“全数据”

明白了以上技术的真正内涵与概念炒作的关系，我们才能完整理解大数据、它未来的发展，以及它与科学发展的关系了。每过一定时间，数据处理行业都会出现一些新的概念炒作，其中有些概念有不同程度理论内涵的技术支持，而有些几乎纯属概念炒作，即使它们有些技术的支撑，也是没必要搞出这么一个新概念的。它历史上曾出现过的概念有如下这些：

- ▶ 数据存储
- ▶ 数据库
- ▶ 数据库管理系统
- ▶ 关系型数据库
- ▶ 结构化查询语言（SQL）
- ▶ 分布式数据库
- ▶ 管理信息系统（MIS）
- ▶ 数据仓库
- ▶ 数据挖掘
- ▶ 面向对象的数据库
- ▶ 决策支持系统（DSS）
- ▶ 云存储
- ▶ 软件定义存储
- ▶ 融合存储
- ▶ 大数据

以上概念其实除了关系型数据库和结构化查询语言（SQL）是一种非常基础的理论（**最后形成“数据结构”的分支学科**）和技术创新之外，其他大多只是结合了少量新的应用型技术工具，或新的应用的商业概念炒作，包括“大数据”也主要是一种概念炒作而已。

1951 年 3 月，由 ENIAC 的主要设计者莫奇利和埃克特设计的第一台通用自动计算机 UNIVAC—I 交付使用。它不仅能做科学计算，而且能做数据处理。“ENIAC”仅仅造出一台，而“UNIVAC”先后生产了近 50 台并且作为商品出售。那时的信息存储技术极为困难，UNIVAC—1 使用水银延迟线（Mercury Delay Line）做内存装置。这是二战中为雷达开发的存储装置，它真的是利用水银作为存储材料，今天可能难以想象。穿孔纸带、磁带等都曾作为外存装备，磁环也曾作为内存。同年，雷明顿兰德公司（Remington Rand Inc.）为 Univac I 推出了一种一秒钟可以输入数百条记录的磁带驱动器。这开始了最早的数据管理。

1961 年，美国通用电气公司 GE 的 Charles Bachman 成功地开发出世界上第一个网状数据库管理系统——集成数据存储（Integrated DataStore IDS），也是第一个数据库管理系统 DBMS。之后，通用电气公司一个客户——BF Goodrich Chemical 公司最终重写了整个系统，并将重写后的系统命名为集成数据管理系统（IDMS）。

1968 年，IBM 公司开发出 IMS（Information Management System），这是一种适合其主机的层次数据库。这是 IBM 公司最早研制的大型数据库系统程序产品。

1970 年，IBM 的研究员 E.F.Codd 博士在刊物 *Communication of the ACM* 上发表了一篇名为 *A Relational Model of Data for Large Shared Data Banks* 的论文，提出了关系模型的概念，奠定了关系模型的理论基础。

1974 年，IBM 的 Ray Boyce 和 Don Chamberlin 提出了 SQL（Structured Query Language）语言。

1976 年霍尼韦尔公司（Honeywell）开发了第一个商用关系数据库系统——Multics Relational Data Store。

1988 年，IBM 公司的研究者 Barry Devlin 和 Paul Murphy 发明了一个新的术语——信息仓库，之后，IT 的厂商开始构建实验性的数据仓库。1991 年，W.H. Bill Inmon 出版了一本《如何构建数据仓库》的书，使得数据仓库一词流行开来。随之又出现纯属概念炒作的“数据挖掘”。

2006 年，我在《通播网宣言》一书中，根据互联网一开始军用目的而形成的路由协议特点，提出了民用的 IP 路由完全可以采用电信网络的一般管理方式，将软件与硬件完全分离。这比 2009 年斯坦福大学以 Openflow 协议为基础的软件定义网络 SDN 提出早了 3 年时间。因此，可以说我是世界上最早提出并论证SDN技术的人。SDN出现以后，软件定义存储SDS就接着出现了。

2008年8月，维克托·迈尔舍·恩伯格及肯尼斯·库克耶编写的《大数据时代》中提出了"大数据"这个概念。随后，大数据这个词被全社会热炒开了。这样的词汇之所以被热炒，类似"云计算"中通俗的"云"一样，"大"这个词很容易被社会大众所理解，并且，这个概念也很好地符合了服务器端的所有相关厂商和运营商的商业利益，循环因果关系迅速被建立起来。同样，一旦这个词汇变成全社会无人不谈的概念之后，它的含义就完全被模糊了——只要有数据的就全是大数据，总之，没有不是大数据的数据。

IBM给出大数据"4V"定义：

1. 数量（Volume）。大数据，当然数量要大。大到什么程度呢？越大越好，从GB、TB、PB发展到EB级。

2. 多样性（Variety）。不仅是结构化的数据，而且是各种文本、图片、视频、网页等数据。

3. 速度（Velocity）。这样多、这样大的数据当然需要高速的获得和高速的带宽传递。

4. 真实性（Veracity）。数据的可靠、真实、精确，决定了数据的质量。

后来又加上了一个V，变成"5V"。

5. 价值（Value）。充分利用大数据，可以获得众多的价值。

但凡这种几个"P"、几个"C"、"三要三不要"之类数字化概念总结，多是为便于理解推广之用的。

数据大、复杂、多样到这种程度，就变成"全数据"了——所有对象本身数据完备、因果关系完备、影响因素的数据完备、所需要的测量数据精度足够……总之，应有尽有。

四、“全数据”的实质

虽然大数据更多是一种概念炒作，但它也带给我们很多对于知识信息管理的启示。随着计算机和网络处理能力越来越强，它不仅所能处理的数据量越来越大，应用面越广，而且不同数据之间的关联处理能力也越来越强。过去数据库系统主要关注于结构化的数据，这种结构化之强甚至数据长度或最大数据长度（在数据库里叫“字段”和“记录”）都是严格一致的。

互联网主要采用“超链接”来建立网页和内容之间的管理和关联关系，并且可以直接根据内容建立模糊匹配的管理关系。但这些信息和管理它们的方式按照关系数据库理论来看是“非结构化的数据”。在大数据时代，由于 Hadoop 等软件的出现，使得人们可以统一管理和处理结构化数据与非结构化数据。这不仅是一个新的数据管理工具，而且会带来全新的解决问题的方法。中国大数据理论权威，武汉大学计算机学院院长胡瑞敏教授曾和我谈到一个大数据带来的突破性方法案例。

过去研究图像识别算法时，最后往往都会遇到一些技术极限。例如当车牌被污染到一定程度，图像变得非常模糊时，识别车牌号的算法识别率就会极大降低，并且要想提升的话会非常困难。但采用大数据的方法，将较容易识别的车辆型号和颜色与其他应用（如导航）中卫星导航的数据进行关联，找到拍摄车辆图片特定时间的使用车辆导航的车主，再从车管所数据库里关联到该车主身份名下的车辆进行确认，马上就可准确地获得该车辆的车牌号信息。这完全是通过数据关联进行的识别，而不依赖于图片识别算法的进化程度。

如果在整个北京市充分地布满 PM2.5 传感器，将不同日期，同一天内不同时间的 PM2.5 数据与车辆交通状况的完备数据、餐馆营业的完备数据、工厂开工的完备数据、工地施工的完备数据等进行关联，很容易就可

图 23–10　英国北海的诺森伯兰郡海岸线上浮出的树桩与倒下的原木

图 23–11　跨湖桥独木舟原址旁边的海侵证据。作者 2016 年 9 月 20 日拍摄于杭州跨湖桥遗址博物馆

以确认哪些因素导致了 PM2.5 的变化，以及它们所起的作用有多大。

在过去进行统计相关分析时，因成本和技术可行性的限制，往往无法获得完备的数据，而只能进行抽样获取少部分样本进行分析。对部分样本进行统计分析建立的规律应用到未来新出现的样本中去。但因为数据存储

图 23-12　1937 年中山大学吴尚时发现的广州七星岗，20 世纪 50 年代天津渤海发现的一系列贝壳堤古海岸遗址群，都揭示了 7000 年前的海平面上升事件

和获取数据的成本极大降低，我们已经可以在研究和分析大量对象时，获取到它们所有对象在所有时间空间的完备测量数据。从而，不仅可以获取过去抽样分析的统计规律，而且可以建立抽样方法很可能遗漏掉的极少量“例外”样本的特殊统计规律，以及根据完备对象信息所发现的统计规律。

因此，大数据真正的本质是完备的“全数据”，即使数据量不一定很大。而一些看起来很大的数据也不一定很全，因此它们未必是真正的大数据。另外更重要的是需要建立不同数据体系之间的充分关联，从而找到事物之间的“普遍联系”。大数据要大到与“辩证法”的认识方法相接近的程度。

五、全数据关联案例——从诺亚方舟、跨湖桥文化湮灭到冰期天文理论

英国《每日邮报》2016 年 5 月 16 日报道，由于潮起潮落冲刷了淤泥，英国北海的诺森伯兰郡海岸线上浮出许多树桩与倒下的原木，绵延 200 米

长。考古学家表示这是一片7000年前因海平面上涨而淹没的原始森林，并且还在那里发现了人类与动物的足迹。

2016年9月20日我参观了杭州跨湖桥遗址，兴盛于8000年前的跨湖桥文化被认为因海侵事件突然终止于7000年前。在该遗址最珍贵文物之一的世界上最早的独木舟旁边不到10米远的地方，还遗留着一个树桩，周围有大量白色的沉积海盐。跨湖桥文化其他多个遗址也发现了贝壳、新的潮汐线等海侵的考古证据。如果当时的海平面上升不是一次短促的海啸，而是持续一定时间段的海平面上升的话，那就不会是这一个地区的现象，而会是一个全球海平面的同时上升事件。这必然会在全球所有海岸线的同一时期找到相应的证据。

欧洲《圣经》中有大洪水、诺亚方舟的传说。黑海在远古时代是古地中海的一部分，历史上曾多次与地中海分分合合。7600年前黑海与地中海是分开的，这使得黑海在此之前变成一个海拔远低于海平面的内陆湖泊，周围有大量人类居住。1997年，哥伦比亚大学的地质学家威廉·瑞恩（William Ryan）和沃尔特·皮特曼（Walter Pitman）发现了一些有说服力的证据，他们认为在大概7600年前，中东地区可能发生过一场大洪水。2000年1月25日，他们出版了一本书*Noah's Flood: The New Scientific Discoveries About The Event That Changed History*，详细讨论这一历史事件。因海平面的上升，地中海的海水冲破了土耳其伊斯坦布尔旁边的博斯普鲁斯海峡，形成了一场非常巨大的洪水，淹没了曾经的“黑海湖”附近的大片区域，形成了今天的黑海。1999年发现“泰坦尼克”号沉船的海洋学家和考古学家罗伯特·巴拉德研究小组发现了黑海水下约121米深处古黑海的海岸线。根据从这些海岸线获得的贝壳进行碳14测定的数据看，发生大洪水的时间是在公元前5000年前。碳14测年精度在这个时间范围误差在正负60年以内，而这个更为精确的时间点与跨湖桥文化湮灭的时间几乎是完全重合的。这场大洪水持续时间从古地质历史角度看并不算长，只有300多天的时间，地中海的海水以每天约40立方千米的水量注入黑海。

西方的大洪水，与东方杭州的跨湖桥文化终止的时间点，竟然很有可能是完全重合的！

对海洋平面变化的地质研究表明，在第四纪末次冰期最盛期、气候最冷、冰川规模最大的时段，出现于距今18000年前后，全球年均气温比现今低6°C左右。北美大陆60%、欧洲和西伯利亚都有巨大的冰盖覆盖，冰盖厚可达3千米，一些地区冰盖扩延至北纬40° 以南。当时海洋平面比现在低130—160米。那时的中国东海岸处在冲绳海沟边缘，台湾与大陆是连成一体的。此后全球气温逐渐上升，冰盖持续消融。至7000年前北美和欧洲的冰盖完全消失，此后海平面上升趋缓，一直到6000年前达到最高，比今天海平面高三到四米，此后波动下降到5000年前，基本与今天海平面持平。

地球在漫长的地质尺度上周期性地发生冰期和暖期的交替，这是什么原因导致的呢？其实很容易想到的一个原因是地球与太阳之间位置的天文变化。地球自转导致了白天与黑夜，地球公转导致了一年四季。由此可见地球与太阳之间的关系对地球气温影响是决定性的。用地球轨道偏心率、地轴倾角和地转轴进动三种参数的变化幅度与周期可以解释历史上冰期交替变化（专业术语叫“冰期旋回”），这就是所谓的“冰期天文理论”。该理论1842年由Adhemar提出，经过Croll，发展到塞尔维亚工程师和数学家米兰科维奇（Milankovitch）在20世纪40年代最终完成。这个理论非常优美之处在于：地球、月球和太阳的天文运动是一个可以根据天文测量数据进行精确演算的系统，可以计算确定过去几十万、数百万年每个时期的地球与太阳相对位置，也可以预测未来几十万数百万年每年的精确位置。也就是可以对地球未来的气候进行精确预测。通过精确天文测量和计算发现了2万年、4万年、8万年和10万年等周期，以及40万年的大周期。

这个冰期天文理论更精确地解释了7000年前为什么地球会处于暖期[①]。

以上是我最近亲历的一个全数据关联的研究案例。当所有这些表面看完全不相干的知识信息等数据关联在一起时，它们可以相互还原，并且其中一个数据最准确地确定时间后，其他所有本来还不太明确的时点都可以同样精确地确定了。从这样的数据关联中我们可以发现让人多么兴奋的科学联系！

如果全人类所有的科学测量数据全都可以如此以“全数据”的方式关联在一起时，可以很容易地发现其中大量过去未曾关注过的因果关系。

第十节 第三次科学革命

一、当今科学还处在两个信息技术世代之前

从上面分析可看出，第七代信息革命真正突破所有瓶颈也只是2010—2016年发生的事情，并且直到本书2016年年底完成时还在进行之中。只有当INTEL的3D Xpoint等更新一代的固体存储器件大规模普及后，第七代信息革命才算真正进入完善阶段。虽然在互联网出现之后，很多人已经预见到网络对科学发展所具有的重大影响，如数字图书馆等，但因为过去互联网本身在硬盘等技术限制下所表现出来的特点，并且外界的人很少能理解到这些特点造成了多么严重的限制，因此对信息技术所带来的确切影响究竟是什么还很模糊。至今互联网对科学研究所带来的影响依然是相当有限的。

① 丁仲礼:《米兰科维奇冰期旋回理论：挑战与机遇》,《第四纪研究》，2006年9月。周尚哲:《冰期天文理论的创立与演变》,《华南师范大学学报（自然科学版）》，2014年3月。Milankovitch M M.Canon of insolation and ice—age problem.（Beograd: KoniglichSerbische Akademie，1941）

第二代科学具有的特点如下：

1. 高度封闭的圈子。科学研究主体是高校和研究院里的学者。他们是高度封闭的圈子，甚至不同学科的学者之间也相对封闭。

2. 学术研究成果以第四代信息技术呈现，以参考文献为学术成果间关系的主要链接路径。形式主要为纸质媒体的学术期刊论文、书籍著作、学术会议论文等。直到现在，评价一个国家科学研究水平的核心指标就是论文发表数量、更权威核心期刊论文数量、论文被引用数量等。连学术著作都很少被列入评价体系。网络文章更不会被列入评价体系。

3. 高度专业化。以学科分类进行专业分工。各学者主要以特定学科作为研究方向，学科间互通非常困难。这种困难既有管理上的原因，不同学者分属不同的研究机构，也有信息技术上的原因。

4. 有自然科学和社会科学之分。

5. 研究经费以政府拨款为主。

6. 各种成果奖励作为重要的精神和物质激励机制。尤其诺贝尔奖为代表的奖励机制。

7. 其他。

从以上特点可以看出，直到 2016 年之前，第五代和第六代信息技术对科学研究的改变几乎可以忽略不计，仅仅是加速了学者们查询一些资料的速度而已。

二、开放存取（Open Access）运动

自从 1665 年 1 月 5 日，法国议院参事戴·萨罗于巴黎创办世界上第一个科学期刊《学者杂志》（*Le Journal des Scavans*）以来[①]，在学术期刊上发表论文越来越成为科学研究的最主要成果表现形式。至今全球学术

① 刘瑞兴：《世界上第一种学术期刊及其第一任主编》，《现代情报》，1991.8.29。

期刊数量已经超过 68200 种[①]。学术期刊的出版本身也是一种商业行为，出版期刊的出版机构也需要获利以支撑其出版活动的持续。到了 20 世纪 70 年代，这竟然也成为一个问题了，因为期刊费用越来越贵，图书馆收藏期刊越来越困难。很多研究 OA 的文章把这看作推动这个运动的重要原因之一。

美国康奈尔大学的物理学家保罗·金斯帕格（Paul Ginsparg）于 1991 年创建了互联网上第一个预印本服务器 arXiv[②]。1994 年 6 月，美国弗吉尼亚理工学院（Virginia Polytechnic Institute）的认知科学家斯蒂万·哈纳德（Steven Harnad）向所有电子期刊用户发出著名的“颠覆性倡议”，针对学术期刊的出版商业问题号召用户自行存档电子期刊，以免费分享。这个倡议影响深远，哈纳德因此获得“OA 总设计师”的称号（the Chief architct of Open Access）。20 世纪 90 年代末期和 21 世纪初，OA 运动影响越来越大。2002 年 2 月发布的《布达佩斯开放获取计划》提出推动科技文献的开放获取，即用户通过互联网免费阅读、下载、复制和传播作品。2003 年 10 月，德国马普学会发起柏林会议，通过《关于自然科学与人文科学知识开放获取的柏林宣言》，将开放获取的对象扩展到科研论文、数据、参考资料、照片图表、学术类多媒体资源等，并提出了开放获取的两个条件：

1. 作者或版权所有人承诺向所有用户提供免费的、不能撤回的和在全世界范围内的复制、利用、传播权利，只需保证以适当方式表明作者权利。

2. 作品的完整版本应以标准格式存储到在线存储库中以支持作品的开放获取和长期保存。

---

① 张珩旭、高晓巍、刘筱敏：《全球学术期刊地域、学科和语言分布概览》，微信公众号《创新研究》，2016 年 4 月 15 日。

② http://arxiv.org/

随后在 2004 年 5 月，中国科学院院长路甬祥、中国国家自然科学基金委员会主任陈宜瑜代表中国科学院和中国国家自然科学基金委员会签署了《柏林宣言》，OA 运动传入中国。OA 运动得到全球各国政府、区域合作组织、国际学术机构甚至联合国相关机构越来越大的重视。“中国科技论文在线”[①]，以及各高校图书馆都开始积极推出 OA 资源。截至 2008 年，在《柏林宣言》上签字的国际机构达 250 多家，开放获取的科技文献的数量已经占每年学术论文总量的 10%，全球每年出版的开放获取期刊超过 5500 种，占全球学术期刊总数的 22%。

OA 运动主要还是以传统学术期刊为基础，把原来以学术期刊方式发表的论文转为免费的网络资源方式，或者完全按传统论文格式，通过同行评审等流程的论文，直接发表在 OA 资源上。

事实上，在网上可以获得学术资源的方式现在已经越来越广了。

GOOGLE、百度等搜索引擎公司都有学术和文库等服务学术资源的产品，百度百科、维基百科、豆丁、道客巴巴……越来越多网络公司提供服务于学术研究的资源，它们可能未经评审，但不乏高校讲课的课件 PPT、公开论文等有价值的学术资源。

知乎等建立了专门讨论学术问题的平台。

有些收取一定费用的网络学术资源 CNKI 更是收藏了以传统出版方式出版的论文资源。我有大量研究所需论文都是从 CNKI 以及百度文库等资源上购买下载的。

更多的网络论坛文章、博客文章、微信公众号文章、微博文章等都有大量未经评审的文章资源，其中不乏精品之作。以上这些企业化的学术呈现途径甚至发明了“打赏”、有偿问题回答等方式建立商业模式。有了网络并不一定非得完全免费不可，网络支付因电子商务的发展已经可以适应微量价值支付转账。因此，只要便宜到一定程度就与免费没太大区别了。

---

① http://www.paper.edu.cn/index.php.

有一定微量价值支付对优质学术资源提供者和学术研究者却是一种很好的补偿和奖励。

因此，OA 运动还是有一定局限的。

如何建立最适合第七代信息技术时代的最佳学术呈现方式，可能还需要相当长时间的摸索。如何在没有同行评审的情况下保证文章的正确性和质量是一个非常大的问题，或者如何解决传统同行评审所带来的跨学科研究上的局限，也是需要深入解决的问题。本书所建立的纯科学最大价值之一，即是为科学成果评价以及高水平科技创新等问题提供了系统的回答。

三、研究结果的同行评价与非同行客观评价标准

科学研究结果的评价就是一个对其测量的问题。同行评价会存在很多问题，其评价的结果高度取决于同行个人的素养和知识范围。越是创新的科学研究，越是可能超越同行的知识范围。

计量基准的发展历程是不断从实物计量基准，发展到非实物计量基准，目的就在于不要使科学测量的基础高度依赖于某个具体的实物，科学研究结果的评价方法也应当是类似的。同行评价类似于实物计量基准，非同行评价就是要寻找到不依赖于同行专家的纯客观评价标准。这种非同行评价标准的建立不仅是 OA 运动能否长期顺利发展的关键，也是第三代科学发展的关键问题。

四、第三代科学的特征

第三代科学必须是完全采用第七代信息技术的，不再有任何纸质媒体体现。这样说并非意味着科学研究过程中绝对不能有任何纸质体现，而是说纸质媒体如果还留在科学研究过程之中，就如同现在还在用竹简进行科学研究最终成果表现形式和评价指标一样。一切以纸质论文体现出来的科